长江流域山洪致灾临界雨强拟定及预警技术研究

CHANGJIANGLIUYUSHANHONGZHIZAILINJIE
YUQIANGNIDINGJIYUJINGJISHUYANJIU

程海云 熊明 杨文发 主编

长江出版社

图书在版编目(CIP)数据

长江流域山洪致灾临界雨强拟定及预警技术研究/程海云,熊明,杨文发主编.—武汉:长江出版社,2015.9

ISBN 978-7-5492-3774-6

Ⅰ.①长… Ⅱ.①程…②熊…③杨… Ⅲ.①长江流域—暴雨洪水—降雨强度—降水预报 Ⅳ.①P331.1②P457.6

中国版本图书馆CIP数据核字(2015)第230615号

| 长江流域山洪致灾临界雨强拟定及预警技术研究 | 程海云　熊明　杨文发　主编 |

责任编辑：郭利娜

装帧设计：刘斯佳

出版发行：长江出版社

地　　址：武汉市解放大道1863号　　　　　　　邮　编：430010

网　　址：http://www.cjpress.com.cn

电　　话：(027)82926557(总编室)

　　　　　(027)82926806(市场营销部)

经　　销：各地新华书店

印　　刷：武汉美盈风谷印刷有限公司

规　　格：787mm×1092mm　　1/16　　19.25印张　　450千字

版　　次：2015年9月第1版　　　　　　2016年5月第1次印刷

ISBN 978-7-5492-3774-6

定　　价：79.00元

(版权所有　翻版必究　印装有误　负责调换)

前　言

　　长江流域大部地区处于亚热带东南季风和西南季风影响区域,受季风气候影响,汛期4—10月降雨量丰沛,但因流域内不同地区地理、地貌及局地气候特征等迥异,往往造成降雨时空分布不均,尤其是山丘地区,因降雨引发的山洪灾害事件也日趋严重。近年来,长江流域因强降雨引发的山洪灾害事件日渐增多。例如,2010年8月7日22时许,甘肃省甘南藏族自治州舟曲县突发强降雨诱发特大山洪泥石流,致使舟曲县城沿河房屋被冲毁,泥石流阻断白龙江形成堰塞湖;本次特大山洪泥石流事件造成1557人遇难、284人失踪(截至2010年9月7日统计)等的重大人员伤亡,财产损失惨重,难以统计。2011年6月9日晚11时至10日凌晨,湖南省岳阳市境内出现特大暴雨,临湘市詹桥镇云山、观山村发生山洪泥石流灾害,造成28人死亡、6人失踪。山洪灾害不仅对当地人民群众生命和财产安全造成损害,同时还严重阻碍山洪灾害防治区的经济社会发展。为了进一步指导解决山洪防治工作中存在的致灾临界雨强拟定方法及山洪灾害预警技术应用问题,长江水利委员会水文局联合长江科学院、南京信息工程大学和中国气象局武汉暴雨研究所等单位共同承担水利部公益性行业科研专项经费项目"长江流域山洪致灾临界雨强拟定及预警技术"(201201063)的研究。本书就是在此项目资助下出版的。

　　全书共分为11章。

　　第1章主要介绍山洪灾害研究的必要性和研究内容,山洪灾害预警技术、数值降雨预报技术及雷达预估降水等领域的研究进展,以及长江流域近几年发生的典型山洪灾害案例及典型山洪灾害示范区的选取原则和概况。

　　第2章阐述了山洪灾害临界(雨强临界雨量)拟定的统计分析法和水文水力学法,动态临界雨量和暴雨临界曲线以及临界雨量不确定性分析的研究进展。

　　第3章介绍了临界雨量与降雨、地质地貌、人类活动因素的关系以及致灾雨量与前期降雨量的关系等,采用经验分析法和经典判别分析法分别构建了临界雨量—前期降雨量关系模型。

　　第4章详细介绍了不同概率条件下临界雨量推求方法,并将该方法应用于湖南省临湘、陕西宁强、贵州望谟和四川都江堰等地区进行验证。

第 5 章介绍了拟定临界雨量的统计分析方法及应用示范情况,示范区临湘市境内的 19 个预警站点和 10 个预警分区临界雨量阈值拟定成果,并对马氏距离识别法和针对基本无资料地区的其他几种临界雨量拟定方法等进行试验探讨。

第 6 章重点提出了一种基于 API 模型拟定山洪动态临界雨量方法并进行了试验应用。

第 7 章重点针对基于雷达预估技术的短时(0~2h)预警技术应用研究,主要介绍在复杂地形下的致灾强降雨雷达定量估测降水的 $Z-I$ 最优分型动态技术法,雷达强对流识别算术技术,面向临湘山洪灾害防治区短时预警系统工作流程,并提出面向山洪灾害防治区短时(0~2h)降水预估技术应用方案。

第 8 章阐述基于数值预报技术的短期(1~2d)预警技术的应用研究,主要介绍了适用于山洪灾害预警的 WRF 中尺度数值模式,并研究 WRF 模式的资料同化、不同物理参数化方案选取及降水预报的偏差订正技术,提出面向山洪灾害防治区短期(1~2d)降水预报技术应用方案。

第 9 章主要介绍了所开发的临湘市山洪灾害监测预警原型系统的结构、功能设计等内容,并介绍了该系统于 2014 年开展山洪预警实时试验应用情况。

第 10 章主要提出面向山洪灾害防治区山洪预警综合应用技术方案,重点介绍了山洪预警三级响应机制和考虑数值天气模式短期降雨预报和天气雷达短时降雨预估信息的山洪预警综合技术应用方案等。

第 11 章总结了本项研究的主要成果与结论。

本书所取得的研究成果已在长江流域典型山洪示范区临湘市进行了应用示范,特别是实施了临湘市示范区 2014 年山洪灾害预警技术的实时应用试验,因 2014 年汛期临湘地区发生的强降雨过程偏少,对所拟定的临界雨量阈值及基于此开展的山洪预警方案的试验效果,因验证样本个例偏少,还难以得到较充分的检验。本项研究侧重解决生产实际中存在的技术问题,所提出的临界雨量拟定及预警技术应用方案实用可行,易于推广应用。本书所提出的主要研究结论可为长江流域开展山洪灾害防治实践提供有效的应用借鉴和技术指导,对于促进当前山洪灾害防治非工程措施水平等具有重要的指导意义,经济效益和社会效益显著。

本书由程海云、熊明、杨文发主编。具体参与本书编写工作的还有:第 1 章绪论由长江水利委员会(以下简称长江委)水文局的熊明、李春龙、袁雅鸣、周厚芳主笔;第 2、3、4、5、6 章有关临界雨量拟定方法内容由长江委长江科学院程卫帅、长江委水文局的袁雅鸣、陈瑜彬、许银山主笔;第 7 章有关雷达估测降水内容由南京信息工程大学的周北平、赵光平主笔;第 8 章及附录有关数值预报内容由中国气象局武汉暴雨研究所的李俊、陈超君、赖安伟、长江委水文局的邱辉、张方伟主笔;第 9、10 章有关山洪灾害监测预警系统、预警试验检验及山洪灾害综合预警方案内容由长江委水文局的訾丽、陈新国、杨文发、高珺主笔；第 11 章结论由长江委水文局的杨文发、訾丽主笔。沈浒英、万汉生、高珺、欧阳骏、匡奕煜、段红、欧应钧、郑静、许继军、尹正杰、桑连海、姚立强、汪朝晖、董玲燕、魏鸣、杜爱军、管理、李红莉、王丽娟、周生辉、刘红艳、陈威霖、姜旭、张蒙蒙、王威等参与了本书的研究工作。本书由长江委水文局杨文发教授级高级工程师统稿，长江委水文局的熊明教授级高级工程师、周新春教授级高级工程师对本书进行校审，长江委水文局程海云教授级高级工程师进行审定。

  本书在编写过程中，得到长江委长江科学院、中国气象局武汉暴雨研究所、南京信息工程大学、长江委防汛抗旱办公室、湖南省岳阳市气象局、岳阳市防汛抗旱办公室等单位有关专家的大力支持，在此一并致以衷心的感谢！另外，由于时间仓促、水平有限，本书难免有疏漏和不妥之处，敬请读者批评指正。

编　者

2015 年 6 月

目 录

第1章 绪论　　1

1.1　研究背景和必要性　　1
1.2　山洪灾害预警技术应用研究进展　　2
1.3　研究目标和内容　　8
1.4　长江流域典型山洪灾害案例概况　　9
1.5　典型山洪灾害示范区选择及概况　　16

第2章　山洪灾害临界雨强(临界雨量)拟定技术研究综述　　29

2.1　山洪灾害临界雨强(临界雨量)界定　　29
2.2　统计分析法拟定临界雨量　　30
2.3　水文水力学法拟定临界雨量　　32
2.4　临界雨量指标的拓展　　34
2.5　临界雨量不确定性探讨分析　　35
2.6　小结　　36

第3章　临界雨量与其主要影响因素关系分析　　38

3.1　临界雨量主要影响因素　　38
3.2　致灾雨量与前期降雨量之间关系分析　　39
3.3　临界雨量与前期降雨量关系模型构建　　49
3.4　小结　　63

第 4 章　不同概率条件下临界雨量分析方法　　64

  4.1　不同概率条件下临界雨量推求方法　　64

  4.2　临界雨量概率分析方法在临湘市示范区的应用　　65

  4.3　临界雨量概率分析方法在其他地区的应用　　69

  4.4　分析讨论　　76

  4.5　小结　　77

第 5 章　基于统计分析法的临界雨量拟定技术　　78

  5.1　资料处理和方法　　78

  5.2　临湘市示范区山洪致灾降雨时段特征统计　　81

  5.3　基于统计分析法拟定临界雨量阈值方案　　84

  5.4　临湘市示范区单站临界雨量预警阈值拟定及成果　　84

  5.5　临湘市示范区分区临界雨量预警阈值拟定及成果　　96

  5.6　其他几种临界雨量拟定方法分析应用　　99

  5.7　基于马氏距离识别法的临界雨量拟定方法试验　　105

  5.8　无资料条件下基于流量反推法拟定临界雨量方法试验　　112

  5.9　小结　　115

第 6 章　基于 API 模型拟定山洪动态临界雨量方法探讨　　117

  6.1　概述　　117

  6.2　动态临界雨量拟定技术　　117

  6.3　应用试验　　122

  6.4　小结　　127

第 7 章　基于雷达预估技术的短时(0~2h)预警技术　　128

    7.1　概述　　128

    7.2　雷达定量估测降水及动态订正技术　　128

    7.3　雷达强对流识别算术技术　　134

    7.4　综合应用试验　　142

    7.5　面向临湘市示范区基于雷达监测信息山洪灾害防治区短时(0~2h)降水预警系统研制　　150

    7.6　面向山洪灾害防治区短时 0~2h 预警技术方案　　157

    7.7　小结　　162

第 8 章　基于数值预报技术的短期(1~2d)预警技术　　163

    8.1　概述　　163

    8.2　不同中尺度模型面向山洪预警适用性比较分析　　163

    8.3　面向示范区数值预报模式不同参数化方案试验研究　　169

    8.4　面向示范区数值预报模式资料同化试验研究　　176

    8.5　不同山洪致灾降雨过程批量数值模拟　　180

    8.6　数值预报模式产品释用——降水偏差订正技术研究　　205

    8.7　面向山洪灾害防治区短期(1~2d)预警预报技术方案　　209

    8.8　小结　　215

第 9 章　面向山洪防治典型示范区山洪灾害监测预警原型系统　　216

    9.1　概述　　216

    9.2　山洪预警系统总体结构与设计　　217

    9.3　山洪灾害监测预警系统功能　　219

    9.4　山洪灾害监测预警系统预警功能设计　　223

    9.5　临湘市示范区山洪灾害监测预警平台应用试验　　227

    9.6　小结　　249

第 10 章　面向山洪灾害防治区山洪预警综合应用技术方案　　250

  10.1　基于临界雨量的山洪预警指标确定　　250

  10.2　面向山洪预警的定量降雨预报技术应用　　251

  10.3　山洪预警机制确定　　251

  10.4　面向山洪防治区的山洪预警综合应用技术方案　　252

  10.5　小结　　255

第 11 章　结论与建议　　256

  11.1　主要研究成果与结论　　256

  11.2　创新点　　258

  11.3　建议　　259

参考文献　　261

附录　面向山洪预警的中尺度数值模式 WRF 应用指南　　267

第1章 绪论

1.1 研究背景和必要性

1.1.1 长江流域山洪灾害概况

长江流域主要处于亚热带东南季风和西南季风影响区域,受季风气候影响,流域降雨季节性特征明显,汛期降雨丰沛,且因流域地理、地貌及局地气候特征迥异,往往导致降雨空间分布不均,尤其是山丘地区,因降雨引发的山洪地质灾害发生频繁。山洪灾害破坏性强、危害大、致灾快,不仅对山丘区的基础设施造成毁灭性破坏,而且对人民群众的生命和财产造成损害,已经成为当前防灾减灾中的突出问题,是山丘区经济社会可持续发展的重要制约因素之一。

2006年7月14—16日,受强热带风暴"碧利斯"影响,位于湖南省东南部的郴州、永州和衡阳等地普降暴雨和大暴雨,郴州市资兴、永兴、汝城等县出现了历史罕见的特大暴雨,东江水库以上平均降雨301mm,东江到耒阳区间平均降雨286mm,耒水全流域平均降雨293mm,致使湘江一级支流耒水发生了百年一遇超历史特大洪水,湘江干流全线超警告急。"碧利斯"引发的暴雨山洪灾害造成417人死亡、109人失踪。

2010年8月7日22时许,甘肃省甘南藏族自治州舟曲县突发降强降雨,诱发特大山洪泥石流灾害,县城北面的罗家峪、三眼峪泥石流下泄,由北向南冲向县城,造成沿河房屋被冲毁,泥石流阻断白龙江,形成堰塞湖。截至9月7日,舟曲特大山洪泥石流灾害造成1557人遇难、284人失踪。

2011年6月9日晚11时至10日凌晨,湖南省岳阳市境内发生特大暴雨,临湘市詹桥镇观山村10日零时至3时出现超强降雨,詹桥镇(贺畈监测点)降水量达到301mm。因短时间降雨量特大,6月10日凌晨,临湘市詹桥镇云山、观山村发生山洪泥石流灾害,造成28人死亡、6人失踪。

以上仅为几个较典型的山洪灾害个例。近几年长江流域山洪灾害事件频繁发生,山洪灾害防治工作日趋紧迫,作为山洪防治中一项非常重要的非工程措施,有关山洪致灾临界雨强拟定及预警技术成为山洪灾害防治工作中急需解决的关键技术问题。

1.1.2 研究的必要性

近年来,长江流域因强降雨引发的山洪灾害事件增多且频繁,造成社会和经济损失巨大,山洪灾害不仅对当地人民群众生命和财产安全造成损害,同时还严重阻碍山洪灾害防治区的经济和社会发展。因此,开展山洪灾害防治预警技术等应用研究,是完善山洪防治非工程措施中的一个有效举措,也是当前长江流域防洪减灾工作中亟待解决的突出问题。

早在2002年,遵照温家宝总理指示,水利部会同土资源部、中国气象局、建设部和国家环保总局,针对由降雨在山丘区引发的山洪及山洪诱发的泥石流、滑坡等灾害,组织开展了全国山洪灾害规划编写的前期科研专项工作,编制了《全国山洪灾害防治规划》;2003年以后全国山洪灾害防治工作开始逐步推进;2009年国家防汛抗旱总指挥部安排在全国103个县进行了山洪灾害防治非工程措施的试点建设,取得了明显的防灾减灾效益;2010年继续增加安排500个县试点建设工作,这些工作为进一步开展山洪灾害防治工作奠定了重要基础,也迫切需要解决实际山洪防治工作中临界雨量如何有效拟定并应用于山洪灾害的预警技术问题。

2011年发布的"中央1号文件"明确提出"山洪地质灾害防治要坚持工程措施和非工程措施相结合,抓紧完善专群结合的监测预警体系,加快实施防灾避让和重点治理",为贯彻落实"中央1号文件"指示,更加迫切需要解决实际山洪防治工作中面临的致灾临界雨强阈值科学分析及开展有效山洪灾害预警技术问题,本书以实际山洪防治工作中所需要解决的关键技术问题为研究目标,选择长江流域的山洪防治典型示范区,开展示范区临界雨量拟定应用分析,提出典型示范区的山洪灾害致灾临界雨强阈值成果,并结合应用当前先进的天气雷达和中尺度数值天气模式技术为基础,提高山洪灾害临近和短期降水预报预警技术能力,改进和完善长江流域现有山洪灾害防治非工程措施水平,以保障人民群众生命安全,减少财产损失,为进一步服务民生水利提供技术支撑。

1.2 山洪灾害预警技术应用研究进展

近年来,山洪灾害已成为国内外防灾减灾领域中关注的焦点,面对越来越严重的山洪灾害,很多国家已经或正在研发有效的山洪监测与预警预报系统和中小河流洪水防御方法,力求使灾害程度达到最小。山洪灾害的发生与降雨密切相关,为了有效延长山洪灾害预警时间,尽可能充分考虑应用预报雨量信息开展山洪预警是本书的重要研究内容之一。因此,山洪灾害预警技术的应用研究较大程度上与数值降雨预报技术和雷达预估降雨技术等密不可分。

1.2.1 山洪灾害预警技术研究进展

目前,国内外已经在山洪灾害预警预报方面取得了一系列成果。例如,美国水文研究中心(HRC)研发了山洪预警指南系统(Flash Flood Guidance System, FFGS),已广泛应用于中美洲、韩国、湄公河流域四国与南非、罗马尼亚及美国加利福尼亚州等地;马里兰大学与美国国家河流预报中心研制了分布式水文模型山洪预报系统(HEC—DHM);日本国际合作社(JICA)开发了在加勒比海地区以社区为基础的山洪早期警报系统等;世界气象组织(WHO)也在积极推进一体化的洪水管理理念,并在南亚地区的孟加拉国、印度和尼泊尔三国成功地开展了"社区加盟洪水预警与管理"的示范区项目。

山洪预报可以采用常规的水文气象模型,但由于山洪具有流速快、预见期短及资料短缺等特点,所以山洪预警与常规水文预报的技术思路有所不同。目前,国外常用的山洪预报预警大致有两种途径:其一为高分辨率分布式水文模拟法,如意大利 ProGEA 公司开发的基于 TOPKAPI 分布水文模型的中小河流洪水预报系统、马里兰大学与美国国家河流预报中心共同研发的分布式水文模型山洪预报系统;其二为动态临界雨量值法,如美国水文研究中心研制的山洪预警指南系统。

此外,对具有一定水文系列资料的小流域多采用经验方法,根据历史上本地区内中小流域特大暴雨条件下的流域面积—量—峰关系的整理与应用,或依据本流域观测资料建立降雨总量与洪峰相关的预报预警方案。

(1)高分辨率分布式水文模拟法

基于高分辨率分布式水文模型的山洪预警预报方法基本思路是利用高精度数字高程模型(DEM)生成数字流域,在每个小子流域(或 DEM 网格)上应用现有的水文模型(萨克拉门托模型、新安江模型等)来推求径流,再进行汇流演算(瞬时地貌单位线法、等流时线法等),最后求得每个子流域(或网格)出口断面的流量过程、峰值流量及其出现时间等洪水预报数据,然后根据实时监测的水文数据,结合计算所得的各小流域(或网格)的降雨径流情况,一旦达到预警限值,将通过网络系统和防汛短消息平台向相关责任人员发送预警信息。例如,河南省水利厅 2005 年起通过对美国陆军工程师团 HEC—HMS 流域预报模型的深入研究,采用新型地貌单位线等水文分析最新成果,从技术手段上为无水文资料地区进行洪水预报预警开辟了新途径[1]。

基于分布式水文模型的山洪预警预报方法的难点可概括如下:

1)由于山洪易发地一般水文资料较少,分布式水文模型对资料也有较高要求,同样面临模型参数的率定和检验。因此,必须尽可能收集流域内水文资料,否则很难进行有效的实际应用。

2)通常流域出口断面的预警流量(水位)值是可被测知的,但是每个子流域(或网格)的预警流量(水位)值是很难确定的,而发生山洪灾害的地点往往是流域中的某个小支流而非流域出口。因此,必须建立流域中每个子流域(或网格)的预警流量值或建立获取预警流量值的方法。

3)山洪发生时间较短,也就是按照现有常规水文 6h 报汛条件是很难有效预报山洪的。

因此,必须建立适用于山洪预报的报汛机制,加密报汛频次。

4) 分布式水文模型在制作小尺度山洪预报时对雨量的空间分布要求很高,而目前雨量站网的布设很难满足山洪预报站网密度的要求。因此,必须在山洪易发区适当加密雨量站网布设。

5) 由于山洪的突发性,即使在水文模型能有效预报出山洪的情况下,也很难对发生山洪的区域进行预警。因此,基于气象卫星、天气雷达、地面自动雨量站监测手段相结合的多源信息融合应用,并应用气象模式预测山洪易发区小尺度空间上的未来几个小时降雨,考虑未来降雨进行水文模拟计算,可以提高山洪预警的预见期。

(2) 信息动态临界雨量值法

美国水文研究中心研发的动态临界雨量值法(或山洪预警指南法),其思路是以小流域上已发生的降雨量,通过水文模型计算分析,得到流域实时土壤湿度信息,反推出流域出口断面洪峰流量要达到预先设定的预警值所需要的降雨量,这个降雨量称之为"山洪预警指南值"(Flash Flood Guidance,FFG)或动态的"临界雨量值"。当实时或预报雨量达到山洪预警指南值时,即发布山洪预警或警示。概言之,在分析当前的土壤湿度时,若时间允许,运用水文模型得到山洪预警指南值;在发布未来预报或预警时,若时间仓促,不运行水文模型,可对比该站点(或小范围的面平均)雨量是否达到或超过山洪预警指南值,来决定是否发布预警。

美国国家海洋与大气管理局(NOAA)中的河流预报中心(RFC)采用美国水文研究中心研发的山洪预警指南系统,实时提供山洪预警指南值分布图,天气预报机构结合山洪预警指南值发布洪水预警,另外在中北美洲有的地区也应用山洪预警指南系统进行山洪预警,为山洪灾害防御提供技术支撑。

动态临界雨量值法在实际运用中的难点:

1) 对于无资料或资料短缺的流域,水文模型参数的获取也非常困难。因此,采用该方法必须尽可能地收集水文资料。

2) 如何通过区域相关分析确定河道断面参数是一个关键问题。

3) 必须建立、健全山洪历史数据库以便对山洪预警进行验证。

4) 该方法主要适用有一定监测条件下的中小河流区域,而对于水系特征不明显的山丘区,较难以采用动态临界雨量值法开展山洪预警。

1.2.2 数值降雨预报技术研究进展

数值天气预报已成为现代天气预报业务的基础和天气预报业务发展的主流方向[2,3],改进和提高数值预报精度是提高天气预报准确率的关键。影响数值预报精度的主要因素有:模式初始场的误差、大气运动各种物理过程以及相互作用在数值模式中的描述、分辨率带来的计算误差等。而前两种误差比因分辨率较低造成的计算误差要大,且技术改进难度也比后者大得多，所以在数值预报领域里，资料同化技术和模式物理过程方案的研究是繁重而艰巨的工作。

我国数值天气预报业务经过多年发展，逐步从引进吸收与自主研发并重转入了自主研发、持续发展的新格局。在国家级初步构建了包括全球和区域模式预报系统、集合预报系统及专业数值预报系统在内的较为完整的数值预报体系[3]。与前期业务预报模式相比，国家级全球和区域中尺度数值模式预报业务系统有了明显变化[3-5]：一是模式的分辨率明显提高；二是半隐式—半拉格朗日积分方案和将快、慢波分离的积分方案是当前业务模式中主要使用的积分方案；三是随着模式分辨率的提高，模式物理过程也同步得到改进，特别是改进了模式格点尺度凝结方程；四是资料同化系统实现了从最优插值向三维变分的技术升级，实现了对卫星辐射率资料的直接同化；五是我国自行研制的具有"一体化"特征的业务系统已经开始运行。

目前，我国全球模式 T639 的预报性能有了较明显的改善，预报产品在业务中得到广泛应用；GRAPES 中尺度数值预报系统于 2004 年实现业务化；GRAPES 全球中期数值天气预报系统于 2009 年 3 月实现准业务运行；全球台风路径预报能力[3]逐步提高。在全国各个省（自治区、直辖市）都建立了不同程度满足业务与科研需要的区域中尺度数值预报系统，其中 WRF、MM5、GRAPES 等中尺度模式得到了较为广泛的应用。欧洲中期数值预报中心（ECMWF）、英国气象局、法国气象局、加拿大气象局、日本气象厅、澳大利亚气象局等发达国家都已经建立了气象资料四维变分同化系统[6]。在未来几年里，世界数值预报先进国家的全球模式分辨率都将提高到全球中尺度模式的水平，尤其是 ECMWF 的确定性预报业务模式已于 2009 年底升级为 TL1279 L91，水平分辨率约 16km，垂直分层达 91 层，全球中期集合预报业务模式也相应升级为 TL639 L91，水平分辨率约 30km。另外，为期 10 年的国际"观测系统研究与可预报性试验"计划（THORPEX）正在世界气象组织框架内组织实施，将有力地推进观测—预报交互系统技术、资料同化技术、多模式多中心超级集合预报技术的发展[7]，加速提高 1～14d 数值预报准确率。

现有业务运行的区域模式[4]，德国气象局的分辨率较高，为水平 7km，垂直达 35 层，而美国国家气象中心的为业务模式水平 12km，垂直达 50 层；未来，加拿大气象局、德国气象局和英国气象局的业务区域模式，水平将达 2km，垂直为 50～60 层。

数值天气预报的未来发展与遥感技术和高性能计算机技术的发展关系非常密切[4]。未来数值天气预报的发展必然向局地千米尺度甚至百米尺度分辨率的精细化预报系统以及可用预报时效超过两周的全球天气预报方向发展。因此，我国数值预报的未来主要科学目标是：深入研究高分辨率数值预报模式所应包含的大气运动谱及其精细化表述[8]；与高分辨率数值预报模式相适应的观测资料四维同化技术和理论；高分辨率数值预报模式中的各种物理、化学过程以及观测系统设计；大气模式与其他圈层模式的耦合对精细天气预报的影响以及数值预报的不确定性与集合预报理论的研究。

根据我国数值预报业务的发展现状,未来几年的业务数值预报将集中精力改进完善的工作包括:

(1)提高模式分辨率[8],完善模式动力框架的协调性能

与世界上较为先进的数值预报中心相比,我国业务预报模式的分辨率明显较粗,还远远不能满足我国现代化天气预报的"精细化"、"定点"、"定量"、"无缝隙"等要求,根据我国的实际条件,合理地提高预报模式的分辨率,同时进一步完善模式动力框架的协调性能,提高模式程序的计算效率是十分必要的。

(2)模式物理过程参数化方案更加精细化[8]

物理过程的深层次问题随着模式的发展变得更加重要,需要进一步结合有关观测资料,发展切实可行的诊断方法,弥补这方面的不足。同时,具有中国地理特征、天气气候特点的物理过程参数化方案仍有欠缺或空白,需要通过组织一系列中国区域的针对性观测试验,开展深入研究。此外,对于影响降水过程的物理方案,如云预报方案,次网格尺度积云对流参数化方案,云与辐射的相互影响,影响水分循环的陆面过程、边界层过程等在诊断评估的基础上进一步改进、完善。业务数值预报模式正在朝着不断完善的方向发展。随着模式分辨率的提高,云微物理过程、陆面过程和湍流过程、考虑坡度坡向因子的辐射过程等在模式中的参数化方案,以及模式垂直坐标的选择越来越受重视,这些物理过程的描述成为业务数值模式改进的关键[4]。

(3)加强资料质量控制,改进资料同化技术,提高非常规资料的应用能力[6]

要提高预报模式的预报水平,改进模式的初始条件是十分重要的环节。要尽快改进同化方案的技术水平[5],并在此基础上提高对多种卫星遥感资料、雷达、风廓线仪、GPS、自动站加密观测等资料的应用水平[3],特别是有云区卫星遥感资料在数值预报中的有效应用,逐步改进卫星、雷达等遥感资料和近地面稠密资料的同化应用效果。全球同化系统的重点是卫星辐射率资料,区域同化系统的重点是与降水相关的高时空分辨率的观测资料(包括雷达径向风和反射率、地基GPS可降水量和地面自动站观测资料等)。以四维变分同化为基础的集合—变分同化或混合资料同化技术将成为未来资料同化技术的主流发展方向。未来资料同化的重点任务是:优化改进变分化框架,优化同化过程中的模式物理过程计算方案,提高并行计算效率和四维变分同化的海量数据快速处理能力;提高卫星、雷达、地面自动站等多种资料的精细质量控制水平;优化各种资料的同化技术,提高资料使用率和使用效果[4];改进快速同化分析与预报循环方案,实现多源稠密资料的有效同化应用。

(4)建立模式诊断平台,提高对预报模式的改进能力

在预报模式的改进过程中,有针对性地建立模式诊断平台,充分利用现有的常规、非常规观测资料,对模式各方面的合理性做出诊断,为预报模式的改进指明方向,逐步提高对预报模式的改进能力[3]。

(5) 加强数值预报开发人员与预报员之间的交流,增强模式预报产品检验和应用情况的反馈

模式的深入发展与不断在应用中发现模式存在的问题并逐步改进密切相关。除了系统的预报结果检验外,在预报应用中发现模式中存在的问题也是一种有效的途径。预报员通过对天气系统的预报效果的追踪,可指出模式对某些天气系统预报上存在的系统性缺陷,从而为模式开发人员深层次的诊断改进提供依据和方向。

(6) 业务应用软硬件支撑能力的提高

数值预报支持系统的支撑能力和应用拓展会逐步得到完善和加强[9]。随着数值预报业务的深入发展和全面展开,计算机硬件资源问题,图形图像软件、模式系统版本管理、诊断分析工具及庞大的业务数值预报系统的开发和稳定、可靠、有效运行将得到进一步的保障。

(7) 发展集合预报技术

集合预报[7,10]作为解决单一性预报不确定性问题的途径,正在越来越多地被预报部门所重视。应用集合预报发展灾害性天气的概率预报将是今后灾害天气预报的发展方向[3]。集合预报也将为预报员的天气系统分析预报和面向用户需要的针对性预报提供更加广阔的参考空间。

1.2.3 雷达预估降水研究进展

天气雷达以其高时空分辨率弥补了地面站网观测资料不足的缺点,在定量估测降水方面具有独到的优势。Bent 等[11]首先提出雷达降水估计的概念,并说明了雷达定量估测降水的不确定因子。Marshall 和 Palmer[12]提出 $Z=200I^{1.6}$ 的关系式并解释 DSD 与回波因子以及降水强度之间的关系,在数学上建立了回波因子与降水强度的相关。Twomey 等[13]开始注意到 $Z-I$ 关系随着不同的地理位置以及降水系统存在很大差异。Joss 等[14]利用波长为 4.6cm 的垂直扫描雷达所得到的回波资料转换成雨量,与 4 个雨量站的平均雨量以及雨滴谱仪计算的雨滴直接分布相比较,得出 $Z=300I^{1.4}$ 的关系式。Ninomiya[15]运用变分法原理,使用雷达和雨量计观测资料做暴雨的客观分析。Ahnert 等[16]应用卡尔曼(Kalman)滤波,Tanguay[17]采用最优化校准法进行降水估测。戴铁丕等[18]初步研究了雷达探测区域性降水的可能性。林柄干等[19]将最优化方法与变分校准法结合起来,改进了天气雷达测定区域降水量的方法,提高了估测的精度。李建通等[20]将最优插值法用于天气雷达测定区域降水量并进一步探讨了其估测精度,丰富了我国在雷达—雨量计估测降水上的客观分析方法。郑媛媛等[21]利用卡尔曼滤波校准法、最优化法、概率配对法在淮河流域雨季不同气候区进行降水估测。结果表明:卡尔曼滤波校准法估算结果最好,概率配对法次之,最优化法估算误差最大。李建通等[22]利用时间权重法提高雷达资料对实际降水强中心、降水范围等空间分布特征的预报能力,更好地满足联合估测对雷达初值场的要求,可以有效提高估测区域降水量的精度。黄小玉等[23]用漂移克里金方法来改进定量估测降水的精度和提高处理速度,在业务研究上进行新的探索和尝试。黄勇等[24]以淮河流域为对象,在假设 $Z-I$ 关系法、平均校准法、最优插值法、卡尔曼滤波法和最优插值法联合校准及卡尔曼滤波校准法等 6 种降

水定量估测模式对于不同降水类型而言估测能力有所差异的基础上,通过分析差异的原因,以统计方差为判别标准选取最佳估测方法,进行多种估测结果的集成。刘东红等[25]进行了雷达与雨量计联合估测降水的相关性分析,结果显示校准雨量计密度越大,雷达估测降水的精度越高并趋于稳定,应用雨量计校准雷达对积云强降水或积混对流性降水的估测效果要好于层云稳定性降水。变分校准法和最优插值法适合在雨量计密度高的地区校准雷达,卡尔曼滤波法则相反。

1.3 研究目标和内容

长江流域山洪致灾临界雨强拟定及预警技术,通过对长江流域典型山洪灾害示范区山洪灾害致灾临界雨强与其影响因子关系研究,提出不同概率条件下临界雨量指标以及典型山洪灾害防治示范区临界雨强预警阈值等分析计算方法,并研究基于天气雷达等监测预测、数值天气预报等技术手段的山洪灾害防治区的短时(0～2h)及短期(1～2d)预警技术,为山洪灾害有效预警工作提供有效的技术支撑,具体包括以下主要研究内容。

1.3.1 不同概率条件下临界雨量计算方法

针对不同山洪灾害防治示范区的气候、地质、地貌和前期天气气候状况等特点,综合考虑多种影响因素,根据不同概率条件下临界雨强指标计算,确定不同概率条件下致灾临界雨强的方法,作为确定山洪灾害预警阈值的技术基础,并提出典型示范区的临界雨强预警阈值成果。

1.3.2 确定临界雨强的预警阈值(指标)方法

以长江流域山洪灾害重点防治区为对象,通过分析历史山洪灾害、气象、地理、地质、地貌等资料,开展山洪灾害致灾临界雨强及与各影响因子之间关系分析,阐明山洪致灾临界雨强与前期降雨量、短历时雨强及其他因子等影响关系,研究与不同山洪灾害临界条件相对应的临界雨强阈值的计算方法,并提出致灾临界雨强关键阈值的计算方法及示范应用。

1.3.3 基于数值预报的短期(1～2d)预警技术方案

选择典型山洪降雨个例,采用中尺度高分辨率模式(空间尺度为1～10km、时间尺度为1～3h)在长江流域山洪灾害多发的示范区域进行应用试验,探讨为山洪灾害防治提供适用的定量降雨预报产品,对复杂地形影响所造成的降水也能较好地模拟和预估,可解决无资料地区的降雨预估,为山洪灾害未来1～2d预警提供了一种可行的技术手段。

1.3.4 基于天气雷达的短历时(0～2h)预警技术方案

利用长江流域已建成并投入使用的天气雷达等获取的监测资料,结合逐小时自动雨量观测信息进行短历时强降水预估,探讨开展山洪灾害防治区域 0~2h 预警技术的适用性,提出面向山洪灾害防治区山洪临近预警技术方案。主要包括最优化方法获得不同降水性质的雷达降水 $Z-I$ 关系订正技术、雷达反射因子与地面降水强度空间不一致性优化订正技术方法、$Z-I$ 关系动态校准等研究内容。

1.3.5 面向山洪灾害防治综合预警技术方案

在分析确定临界雨强预警阈值的基础上,结合采用基于雷达信息预估短历时(0~2h)降雨和数值预报模式短期(1~2d)预报降雨技术方案成果,综合提出一种基于实测降雨信息并兼顾考虑现有可获取的短期或临近降雨预报信息的山洪预警技术应用方案,并具体针对典型示范区进行山洪预警示范试验。

1.4 长江流域典型山洪灾害案例概况

1.4.1 陕西佛坪(2002 年 6 月 8—9 日)

(1)灾情概况

2002 年 6 月 9 日,佛坪全县境内普遍遭受暴雨袭击,11 个乡镇都不同程度地受到山洪等危害,其中县城所在地袁家庄镇、长角坝乡、东岳殿乡、西岔河乡、岳坝乡、栗子坝乡、十亩地乡和陈家坝乡等灾情十分严重。据统计,全县因灾死亡 143 人、失踪 105 人,受灾总人数达 2.1 万,占全县总人口的 62%;洪灾中倒塌房屋 10564 间,3250 人无家可归;全县 3067hm² 耕地中,受灾面积达 2533hm²,占总面积的 83%;由北至南穿越县境的主干公路 108 国道和其他县乡公路,被毁总长度达 110km;山洪还冲断 1 座公路大桥,冲坏 2 座公路桥,连接县城两岸的椒溪河大桥,被山洪损坏严重,成为危桥;洪灾还毁坏通信线路 280km。佛坪县降雨从 6 月 8 日 21 时开始,6 月 9 日 12 时停止,降水过程历时 15h,总降雨量达 250.3mm,其中,9 日凌晨 1—2 时,1h 降雨量达 52.8mm。

(2)天气形势

6 月 8—9 日,欧亚 500hPa 形势场上,中高纬度大气环流为经向环流,贝加尔湖到我国东北之间有一闭合低压环流,形成的东北冷涡中心最强达 5400gpm;巴尔喀什湖附近的阻塞高压由于冷空气的持续入侵逐渐减弱;副热带高压脊线位于 15°N 附近,584 线控制广东、广西省部分地区,并随着高空槽的东移而南压;700hPa 汉江上游有西北涡生成并东移;850hPa 切变线位于汉江上游与长江上游之间,其南侧有西南急流存在,中心最大风速为 24m/s;地面形势场上,偏西方向有较强冷空气,8 日上午开始影响陕西佛坪地区。

(3)降雨特征分析

选取佛坪气象站的雨量资料作为分析对象,统计山洪灾害发生前 10d 该站的逐日降雨量(见表 1-1)。

表1-1　　　　　　　佛坪站2002年5月31日至6月9日逐日降雨统计

日期	5月31日	6月1日	6月2日	6月3日	6月4日	6月5日	6月6日	6月7日	6月8日	6月9日
降雨量（mm）	1	0	0	0	0	0	0	5	235	15
降雨强度	小雨	无雨						小雨	大暴雨	中雨

由表可见，山洪灾害的发生与当日大暴雨关系密切，该次山洪灾害发生前期基本无降雨发生。

1.4.2　陕西佛坪（2007年8月29—30日）

（1）灾情概况

2007年8月30日，佛坪县持续发生大到暴雨，致使山洪暴发，形成滑坡、泥石流山地灾害。受灾乡镇主要涉及陈家坝乡、岳坝乡、长角坝乡和佛坪县县城，其中佛坪县县城受灾最为严重。灾后调查统计数据分析显示，2007年8月30日山洪灾害事件造成佛坪县全县9个乡镇13000人受灾，4人伤亡，倒塌居民住房600余间，损坏房屋2000余间，进水房屋57000余间；损毁农地470hm²，绝收120hm²；供水、供电和通信等基础设施严重破坏，县乡道路多处冲毁、倒塌，佛坪至西安段108国道交通中断，灾害直接经济损失达5000万元。暴雨于8月29日凌晨开始，8月30日14时结束，降雨量高达167.2mm，其中30日5—8时的降雨强度达到高峰，3h降雨量达123.6mm。

（2）天气形势

8月29—30日，欧亚500hPa形势场上，高纬度大气环流为经向环流，鄂霍次克海附近有一深厚闭合低压，巴尔喀什湖附近为浅槽控制，并分裂小槽东移入侵汉江流域，中纬度盛行平直的西风气流；副热带高压脊线位于28°N附近，位置较为稳定；700hPa汉江上游有西北涡生成并东移；850hPa切变线位于汉江上游与长江上游之间，其南侧有西南急流存在，中心最大风速为14m/s；地面形势场上，西路较弱冷空气29日上午开始影响陕西佛坪地区。

（3）降雨特征分析

选取佛坪气象站的雨量资料作为分析对象，统计山洪灾害发生前10d的该站逐日降雨量（见表1-2）。

表1-2　　　　　　　佛坪站2007年8月21—30日逐日降雨统计

日期	21日	22日	23日	24日	25日	26日	27日	28日	29日	30日
降雨量（mm）	2	5	9	3	3	1	7	30	167	4
降雨强度				小雨				大雨	大暴雨	小雨

由表可见，山洪灾害发生与当日大暴雨、前日大雨关系密切，与前期持续降雨有一定关系，在前期持续阴雨天气的情况下，连续两日强降雨较易触发山洪灾害。

1.4.3 江西上栗(2008年5月27—28日)

(1)灾情概况

2008年5月27日下午起,江西省浙赣铁路以北地区自西向东普降大到暴雨,局部特大暴雨。上栗县普降暴雨,局部大暴雨到特大暴雨。该次过程暴雨历时短,强度特大,降雨范围集中。强降雨主要集中在28日凌晨至6时,上栗县上栗站3h降雨158mm,6h降雨267mm,至28日8时,上栗县降雨311mm。强降雨单位时间连续降雨量为上栗县百年未遇,县城75%以上面积受淹,枣木水库水位急剧上升6m,溢洪道过水深1.05m,超历史最高洪水位0.25m。强降雨导致上栗河水猛涨,栗水从28日凌晨1—6时平均上涨2.6m,行洪最窄处上涨近4m。强降雨导致山洪暴发,造成了非常严重的洪涝灾害,上栗县47万人有20.1万余人受灾,17万人饮水困难,全县水浸居民5000余户,倒塌房屋1659间,损坏倒塌桥梁38座,水淹损毁道路132处,损毁渠道26.96km,受损山塘186座,倒塌2座较大山塘,损毁堤坝30多处,因山体滑坡等原因倒塌仓库、厂房13余万m^2,全县直接经济损失2.1亿元,其中水利基础设施损失8000余万元。

(2)天气形势

5月27日,高空形势场上,中高纬度大气环流为经向环流,贝加尔湖到黑龙江省之间有一闭合环流,形成的东北冷涡中心最强达5440gpm;巴尔喀什湖附近的阻塞高压由于冷空气的持续入侵逐渐减弱;副热带高压脊线位于15°N以南,584线控制两广部分地区,且随着高空槽的东移而南压;低空有西南急流存在,中心最大风速为22m/s;地面形势场上,偏东方向有较强冷空气,27日开始影响江西上栗地区。

(3)降雨特征分析

由于无上栗站的降雨资料,选取邻近的萍乡站的雨量资料作为分析对象,统计山洪灾害发生前10d该站的逐日降雨量(见表1-3)。

表1-3　　　　萍乡站2008年5月18—27日逐日降雨统计

日期	18日	19日	20日	21日	22日	23日	24日	25日	26日	27日
降雨量(mm)	4	0	0	0	0	42	0	0	31	62
降雨强度	小雨	无雨				大雨	无雨		大雨	暴雨

由表可见,山洪灾害发生与当日暴雨、前日大雨关系密切,在前期降雨的铺垫下,连续2d强降雨即可较易引发山洪灾害。

1.4.4 湖南省洪江(2009年7月24日)

(1)灾情概况

2009年7月24日15时至25日7时,湖南省怀化市洪江区遭受罕见的特大暴雨袭击,截至 25 日 7 时,洪江区 16h 累计降雨量达 369.7mm。其中,1h 降雨 24 日 23—24 时 101.2mm、25 日 4—5 时 104.8mm。日雨量深渡站 399.5mm,暴雨频率接近千年一遇,造成了严重的洪涝灾害。共损坏房屋 1221 栋,死亡 11 人。全区 3 个乡、4 个街道办事处均不同程度受灾,造成直接经济损失 2.17 亿元,受灾人口 3.03 万,占全区总人口的 40% 以上,紧急转移 5410 人。

(2) 天气形势

7 月 24 日,高空形势场上,中高纬度大气环流为经向环流,东北地区的高空槽为影响降雨的主要天气系统;副热带高压脊点西伸至 60°E,脊线位于 20°N 以北,584 线控制长江上游及中下游干流以南地区;中低层切变线位于长江中下游干流稍偏南至乌江一线,洪江处于该区域;低空有西南气流提供水汽输送;地面形势场上,偏东方向有较强冷空气,24 日开始影响湖南省洪江地区。

(3) 降雨特征分析

由于无洪江市各站降雨资料,选取邻近的黔阳站雨量资料作为分析对象,统计山洪灾害发生前 10d 该站的逐日降雨量(见表 1-4)。

表 1-4　　　　　黔阳站 2009 年 7 月 15—24 日逐日降雨统计

日期	15日	16日	17日	18日	19日	20日	21日	22日	23日	24日
降雨量(mm)	0	0	0	0	5	1	0	0	0	116
降雨强度	无雨				小雨		无雨			大暴雨

由表可见,山洪灾害发生与当日大暴雨关系密切,此次灾害发生前期基本无降雨。

1.4.5　陕西安康(2010 年 7 月 18 日)

(1) 灾情概况

2010 年 7 月 18 日,持续的强降雨导致陕西省安康市发生了山体滑坡及山洪、泥石流灾害,造成安康市 60 多万人受灾,紧急转移 10 万多人,暴雨引发的山洪灾害造成 8 人死亡、57 人失踪。18 日 18 时,安康电站最大入库出现 50 年一遇洪水,流量达 25537m³/s,是 1989 年运行至当时的最大入库流量。受其影响,安康电站 18 日 23 时最大下泄流量达 19178m³/s,安康水文站于 19 日 2 时出现水位 251.77m、流量 21700m³/s 的洪峰过程,频率达到 20 年一遇洪水标准,是汉江安康段 "2005·10·2" 洪水以来最大的洪水过程。根据防洪预案规定,安康城区分别在 18 日 16 时、18 时 50 分发布一、二号防汛命令,撤离 3 万余人,白河县发布 1、2、3 号防汛命令,撤离河街 2260 人,平利、紫阳、岚皋、镇坪等县区先后发布防汛命令。

(2) 天气形势

7 月 16—18 日高空图上,从我国东北—黄河河套东部—汉江上游维持一深厚低压系统,西太平洋副热带高压脊线位于 26°～27°N,副热带高压西伸脊点维持在 105°E 附近。西太平洋副热带高压与中高纬度地区的西风大槽强度相当,形成对峙,暖湿气流沿副热带高压外围从南海及印度洋往汉江上游陕南地区输送。中低层高空图上,安康地区有闭合低涡出现。地面图上贝加尔湖有冷空气南下,影响汉江上游安康地区。

(3)降雨特征分析

选取安康气象站的雨量资料作为分析对象,统计山洪灾害发生前10d该站的逐日降雨量(见表1-5)。

表1-5　　　　　　　　安康站2010年7月9—18日逐日降雨统计

日期	9日	10日	11日	12日	13日	14日	15日	16日	17日	18日
降雨量(mm)	9	1	0	2	2	1	2	17	53	94
降雨强度	小雨	无雨		小雨				中雨	暴雨	

由表可见,山洪灾害发生与当日及前日暴雨关系密切,前期出现持续降雨;在前期持续阴雨天气的情况下,连续2日强降雨较易触发山洪灾害。

1.4.6　甘肃舟曲(2010年8月7—8日)

(1)灾情概况

2010年8月7日22时许,甘南藏族自治州舟曲县突降强降雨,县城北面的罗家峪、三眼峪泥石流下泄,由北向南冲向县城,造成沿河房屋被冲毁,泥石流阻断白龙江,形成堰塞湖。截至9月7日,舟曲"8·8"特大泥石流灾害中遇难1557人,失踪284人,灾情损失惨重。

(2)天气形势

8月7—8日,欧亚500hPa形势场上,高纬度为一脊一槽型,即乌拉尔山附近为强大的阻塞高压控制,贝加尔湖至鄂霍次克海一线有一深厚闭合低压维持,巴尔喀什湖附近为浅槽控制,并分裂小槽东移入侵甘肃境内;副热带高压脊线位于32°N附近,位置较为稳定,其外围588线与青藏高压合并形成"高压坝",700hPa、850hPa河套以西有冷槽东移,槽前西南气流为中等强度,700hPa槽前西南风中心最大风速为14m/s;地面形势场上,河西走廊有弱冷空气南下,并于7日下午开始影响甘肃舟曲地区。

(3)降雨特征分析

选取舟曲气象站的雨量资料作为分析对象,统计该站山洪灾害发生前10d的逐日降雨量(见表1-6)。

表1-6　　　　　　　舟曲站2010年7月29日至8月7日逐日降雨统计

日期	7月29日	7月30日	7月31日	8月1日	8月2日	8月3日	8月4日	8月5日	8月6日	8月7日
降雨量(mm)	1	0	3	0	0	11	4	0	0	99
降雨强度	小雨	无雨	小雨	无雨		中雨	小雨	无雨		暴雨

由表可见,山洪灾害发生与当日暴雨关系密切,灾害发生前期发生间歇性弱降雨,当日强降雨即可触发山洪灾害。

1.4.7 湖南省临湘(2011年6月10日)

(1)灾情概况

2011年6月9日晚至10日凌晨,一场300年一遇的特大暴雨突袭临湘市,暴雨致灾最严重地区在临湘市詹桥镇。詹桥镇观山村降雨始于9日23时,超强降雨集中在10日零时至3时,导致了一场特大的山洪泥石流灾害,造成12人死亡、7人失踪。造成泥石流的主要原因是300年一遇的特大暴雨引发的特大山洪,两个半小时内降雨达301mm。

(2)天气形势

6月9—10日,500hPa高空形势场上,中高纬度大气环流为经向环流,黑龙江上空有一深厚的闭合低压中心,宽广的槽区影响长江中下游干流附近及以北地区;副热带高压脊点西伸至118°E,脊线21°N,临湘位于高空低槽前及副热带高压外围的西南暖湿气流交汇处。中低层切变线位于三峡万县—宜昌区间至乌江一线,临湘处于中低层切变线的东南部。在切变线及暖湿气流的作用下,临湘市境内发生强降雨。

(3)降雨特征分析

选取詹桥自动雨量站的雨量资料作为分析对象,山洪灾害发生前10d统计该站的逐日降雨量(见表1-7)。

表1-7　　　　　詹桥站2011年5月31日至6月9日逐日降雨统计

日期	5月31日	6月1日	2日	3日	4日	5日	6日	7日	8日	9日
降雨量(mm)	0	0	1	36	23	22	6	0	0	90
降雨强度	无雨	无雨	小雨	大雨	中雨	小雨	小雨	无雨	无雨	暴雨

由表可见,山洪灾害发生与当日暴雨关系密切,灾前4—6日均有强降雨发生,在前期持续3天强降雨的铺垫下,当日强降雨即可触发山洪灾害。

1.4.8 陕西宁强(2011年7月27—28日)

(1)灾情概况

2011年7月28日凌晨零时至12时,陕西省宁强县广坪镇境内普降特大暴雨,总降雨量达到172mm,致使山洪暴发,河水猛涨,山体滑坡,道路损毁,农作物大面积受损,部分农户房屋毁坏,水、电、路、通信等基础设施受损中断,人民群众生命财产安全受到严重威胁。

据统计,该次暴雨山洪灾害造成广坪镇农作物受灾面积达8896亩,其中绝收1428亩,群众房屋进水2394间,房屋受损470间,房屋倒塌17间。全镇堰渠损坏9960m,河堤损坏3920m,自来水管道损坏19320m,3个塘库因灾受损;冲毁道路32280m,损毁桥涵26座。此次暴雨致使广坪镇8425人受灾,转移安置受灾群众873人,极重灾户126户,共造成直接经济损失达 3017 万元。

(2) 天气形势

7月27—28日,500hPa 高空形势场上,中高纬度大气环流为经向环流,从西伯利亚到我国西北之间有一个深厚的高空槽,该槽以较快的速度南下影响我国。27日20时,副热带高压脊点西伸至110°E附近,北伸至26°N附近,宁强县处于副热带高压西北边缘;中低层切变线位于四川盆地西北方,700hPa 有西北涡东移。西太平洋副热带高压外围西南暖湿气流和北方冷空气的强烈遭遇是造成该次降雨的主要影响因素。

(3) 降雨特征分析

选取宁强县广坪气象站的雨量资料作为分析对象,统计山洪灾害发生前10d广坪站的逐日降雨量(见表1-8)。

表1-8 广坪站2011年7月20—29日逐日降雨统计

日期	20日	21日	22日	23日	24日	25日	26日	27日	28日	29日
降雨量 (mm)	18	1	\	\	\	\	\	57	126	15
降雨强度	中雨	小雨			\			暴雨	大暴雨	中雨

注:"\"表示无资料。

由表可见,山洪灾害发生后与灾害发生前的强降雨过程关系密切,连续2d暴雨及以上量级的强降雨触发了本次山洪灾害。

1.4.9 陕西洋县(2011年7月28—29日)

(1) 灾情概况

2011年7月28日晚21时至29日凌晨2时,陕西省洋县境内普降大到暴雨。该次暴雨历时短,强度特大,降雨范围集中,暴雨引发山洪暴发,其中,具有千年历史的古镇华阳镇灾情严重,冲毁民房200多间、水田1000多亩,毁坏桥梁7座,开园不到一年的景区多处旅游景点被夷为平地,华阳景区被迫关闭。据初步统计,仅华阳镇直接经济损失就达到了1.13亿元,受灾6800人。

(2) 天气形势

7月27—28日,500hPa 高空形势场上,中高纬度大气环流为经向环流,从西伯利亚到我国西北地区之间有一个深厚的高空槽,该槽以较快的速度南下影响我国。28日20时,副热带高压脊点西伸至110°E,北伸至32°N附近,洋县处于副热带高压西北边缘;中低层切变线位于四川盆地西北方,700hPa 上有西北涡东移。西太平洋副热带高压外围西南暖湿气流和北方冷空气的强烈遭遇是造成该次降雨的主要影响因素。

(3) 降雨特征分析

选取华阳镇气象站的雨量资料作为分析对象,统计山洪灾害发生前10d该站的逐日降雨量(见表1-9)。

表1-9　　　　　　华阳镇站2011年7月19—28日逐日降雨统计

日期	19日	20日	21日	22日	23日	24日	25日	26日	27日	28日
降雨量(mm)	\	26	9	1	14	1	1	2	\	117
降雨强度	\	大雨	小雨		中雨		小雨		\	大暴雨

注："\"表示无资料。

由表可见,山洪灾害发生与当日大暴雨关系密切,与前期持续降雨有一定相关,在前期持续降雨的情况下,当日强降雨即可触发山洪灾害。

1.4.10　四川宁南(2012年6月28日)

(1)灾情概况

2012年6月27日20时至28日7时20分,宁南县白鹤滩镇矮子沟遭受局部特大暴雨,降雨量达236.8mm,导致矮子沟处发生特大泥石流灾害,14人死亡,26人失踪。

(2)天气形势

500hPa高空形势场上,欧亚贝加尔湖地区从6月18日20时起一直维持一个深厚的低压系统,至24日,加强为切断低压,低压底部不断分裂出冷空气,从中路沿青藏高原东侧南下影响四川盆地及云贵地区,宁南县处于盆地中路冷空气来向的迎风坡。中低层700hPa宁南附近常有切变线维持。地面图上,长江中下游及东南沿海为高压控制,四川盆地位于地面低压系统的前部。

(3)降雨特征分析

选取距离山洪灾害最近的站点新田站的雨量资料作为分析对象,统计山洪灾害发生前10d该站的逐日降雨量(见表1-10)。

表1-10　　　　　　新田站2012年6月18—27日逐日降雨统计

日期	18日	19日	20日	21日	22日	23日	24日	25日	26日	27日
降雨量(mm)	\	\	8	7	T	9	1	5	22	77
降雨强度	\	\			小雨或零星小雨				中雨	暴雨

注："\"表示无资料,T表示零星小雨。

由表可见,山洪灾害发生与当日暴雨及前日中雨关系密切,与前期持续阴雨天气有一定关系,在前期持续降雨的情况下,连续2d的强降雨触发了山洪灾害。

1.5　典型山洪灾害示范区选择及概况

1.5.1　长江流域典型山洪示范区选择

本书选取长江流域有代表性的山洪灾害防治区作为典型示范区开展重点分析研究,长江流域典型山洪灾害示范区的选择较为重要,所选典型示范区的代表性好坏,不仅直接影响本书研究成果的代表性,也是能否取得有一定推广价值成果的重要前提条件。基于此,对长江流域典型山洪灾害示范区的选择和确定,在参考《山洪灾害临界雨量分析计算细则》(以下简称《细则》)所提出的山洪灾害典型示范区选取原则基础上,还主要考虑了以下资料要求条件或选取原则:①典型示范区应已建有满足一定站网密度的雨量监测站网(平均单站控制面积在200~300km^{2}以下,资料条件差的地区可适当放宽),且分布比较均匀;具有较完整的历史山洪灾害发生记录或调查资料;各站点具有一定时间序列较完整的雨量、水文和气候资料等。②典型示范区内人口密度较大,较具山洪灾害多发地区的地理特征,历史上频繁发生过较严重的山洪灾害事件。③典型示范区可以是一个流域,也可以是一个区域,在划分典型区域边界线时,区域内可包含若干条完整的流域面积不超过200km^{2}的小河流,应尽量避免将小流域人为分割,区域内的地质条件和气象条件相差不大。

另外,依据本书研究内容和目的,所选择的典型示范区还应具备以下条件:

①示范区应已属于《全国山洪灾害防治区划》中的重点防治区。②示范区能对长江流域的降雨、地形地质、经济社会等方面具有较好的代表性,特别是可代表长江流域大部分地区主要受季风性降雨因素影响的山洪防治区。③典型示范区内应已建有可覆盖示范区的天气雷达监测设施,以及拥有一定的雷达监测历史资料等。④示范区应已纳入全国山洪灾害防治县级非工程措施实施计划,并已具备一定的开展过本地山洪灾害防治工作经验和相关山洪预警工作基础,可为示范区内实施山洪预警实时试验提供较好的工作条件。

根据上述典型示范区选择条件或原则,经过综合分析,确定将"长江流域山洪致灾临界雨强拟定及预警技术"研究对象选定为湖南省岳阳市临湘市,临湘市基本符合上述典型山洪示范区选择条件或原则。

1)雨量站网和历史雨量资料。临湘市总面积约1748km^2,可获取全市雨量站共计37站及相关历史雨量资料等,站网密度为1站/50km^2,符合《细则》中规定要求的站网密度条件。

2)从所收集的临湘市境内发生的山洪灾害资料来看,1983—2011年发生在临湘市的直接经济损失达1000万元以上且受灾人口超过10万的暴雨山洪灾害有20次左右,其中11次为较严重的山洪灾害,而且近年(2010年、2011年)又相继发生严重山洪灾害事件。

3)按照流域水系和地形地势等划分临湘市预警分区,共分为10个子区域,每个区域的面积在80~250km^2,符合山洪预警对象主要针对200km^{2}面积的山洪沟条件。

4)根据临湘市的下垫面特点、气候特征、触发山洪的降雨以及社会经济等因素,该市已被纳入全国山洪灾害防治区区划中I5区,可代表长江流域华中华东地区,代表空间范围大,并且该市的南部和北部地区分别纳入湖南省山洪灾害防治区划的一级区和二级区(见图1-1)。

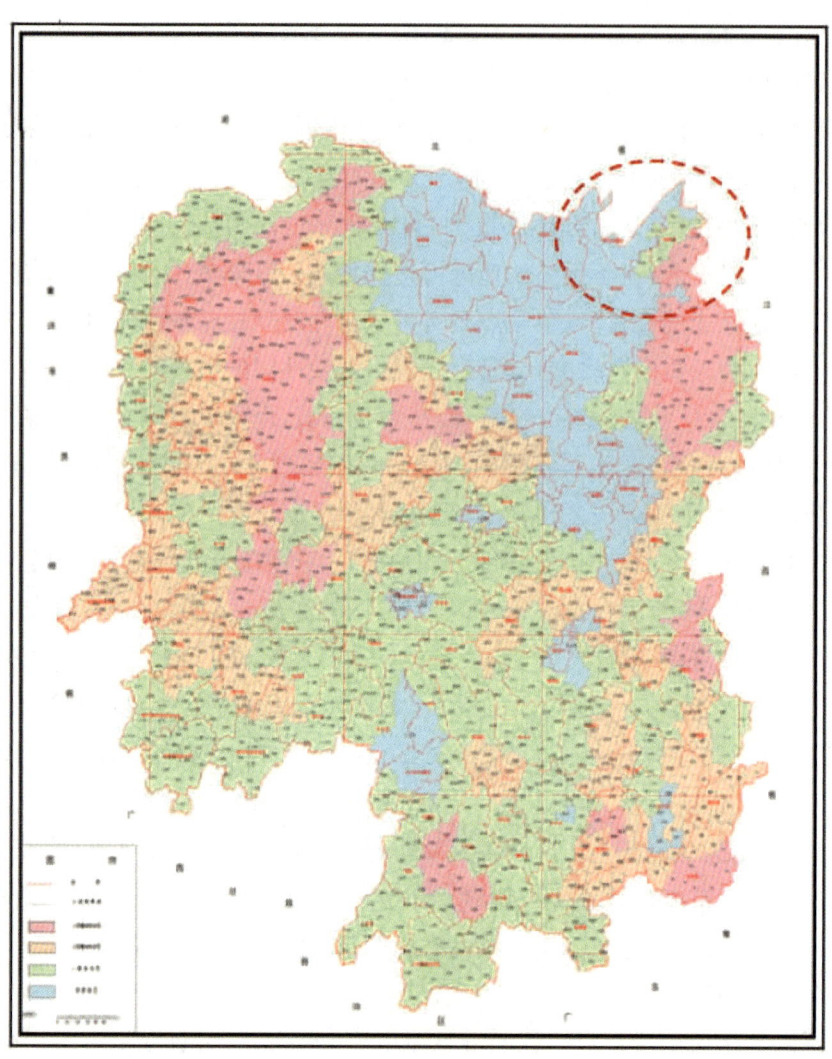

图 1-1　湖南省山洪灾害防治区划图(临湘市示范区位于虚圆圈内)

5)临湘市 2010 年已建有最新多普勒天气雷达监测设施,并已投入实际业务,收集保存有较全的雷达监测历史资料,为顺利开展基于雷达监测资料进行 0～2h 降雨预警技术应用研究提供良好的资料条件和研究基础。

6)临湘市于 2011 年实施山洪灾害防治非工程措施建设,已按照《湖南省山洪灾害防治非工程措施建设 2011 年度省级汇总实施方案》,基本完成该市山洪防治基础资料、山洪预警对象、方式、通信条件等建设,此为本书开展实时山洪预警提供了有利的试验基础和便利。

1.5.2　湖南省临湘市综合概况

1.5.2.1　地理、地形地貌

临湘市地处湖南省东北角,位于 29°10′～29°52′N、113°15′～113°45′E 之间,市域西北滨长江水道,与湖北省监利、洪湖隔江相望;东南依幕阜山,与湖南省岳阳县和湖北省通城、崇阳、赤壁毗连;东、西、北三面嵌入湖北省境,是湘鄂两省交界之地,素有"湘北门户"之称,是湖南省的北大门。市境内南高北低,东南群峰起伏,中部丘岗连绵,西北平畴广阔,大体为"五山一水两分田,二分道路和庄园"。最高山药姑山海拔1261.1m,最低点江南镇谷花洲海拔23m。长江流经市境内西北边沿,全长32.7km。境内河流众多,桃林河、新店河、源潭河蜿蜒向北注入长江。

临湘市在地貌单元上属于长江中下游低山丘陵平原区,其西北部为洞庭湖冲积—湖积平原,东南部为幕阜—九岭山断褶山地。

临湘市地处东亚亚热带季风湿润气候区,属中亚热带向北亚热带过渡的边缘,气候温和,年平均气温16.4℃,极端最高气温40.4℃,极端最低气温-11.8℃,年平均气压100.3kPa,年平均风速2.6m/s,最大风速20.3m/s,年均降水量1469.1mm,年日照时间1811.2h,日照率41%,无霜期长,无霜期259d。春雨、夏热、秋燥、冬寒,四季分明。4—8月为雨季,降水量占全年的70%以上。

临湘市地理位置、地形及水系分布见图1-2。

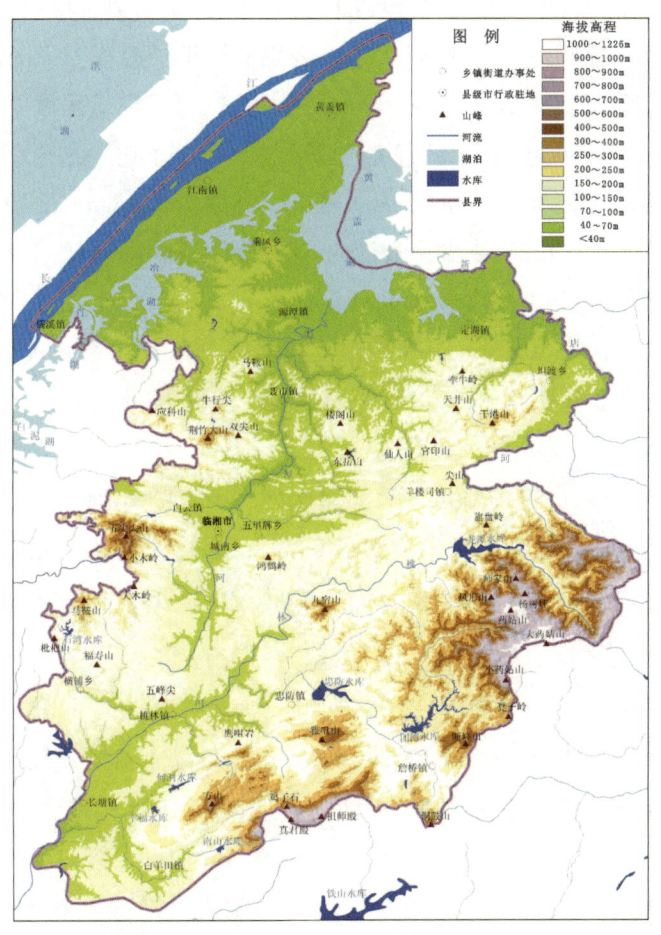

图1-2 临湘市地理位置、地形及水系分布图

1.5.2.2 水系概况

临湘市境内河流众多,长江干流流经临湘市的西北部,主要有桃林河、源潭河、新店河蜿蜒向北注入长江。境内有黄盖湖和冶湖等湖泊及龙潭水库、忠防水库、团湾水库、石湾水库、何洞水库以及幸福水库等。

据水利普查数据,桃林河属于3级河流,是新墙河的右岸支流,河流长82km,流域面积1040.3km²,湖北省境内11.0km²,湖南省境内1029.3km²,流经湖南省临湘市、岳阳岳阳楼区、岳阳县。河流平均比降2.18‰,多年平均年降水深1456.3mm,多年平均年径流深803.9mm。桃林河的右岸支流龙源河,河流长49km,流域面积191km²,河流平均比降3.06‰,多年平均年降水深1480.2mm,多年平均年径流深839.1mm。

源潭河,在临湘市境内,河流级别2级,河流长47km,流域面积414.9km²。河流平均比降0.808‰,多年平均年降水深1432.0mm,多年平均年径流深809.8mm。

新店河,又名蟠河、坦渡河,河流级别2级,河流长60km,流域面积439.5km²,流经湖北省赤壁市和湖南省临湘市,其中在湖北省境内288.7km²,在湖南省境内150.8km²。河流平均比降1.47‰,多年平均年降水深1487.2mm,多年平均年径流深805.7mm。

此外,境内还有鸭栏河、冶湖河、鸭棚河等小河。鸭栏河又称云溪撇洪河,河流级别1级,河流长24km,流域面积109km²,在湖南省境内,流经湖南省临湘市、岳阳云溪区,河流平均比降1.66‰,多年平均年降水深1397.7mm,多年平均年径流深750.0mm。冶湖河,河流级别1级,河流长17km,流域面积62.9km²,在湖南省境内,流经湖南省临湘市、岳阳云溪区。

临湘市境内有黄盖湖和冶湖等较大的湖泊及陈家湖、定子湖、涓田湖、洋溪湖及中山湖等几平方公里的小湖泊,且均属于长江干流洞庭湖至汉江区间水系。黄盖湖,在湖北省赤壁市和湖南省临湘市内,水面面积65.7km²。冶湖,在临湘市和岳阳云溪区内,水面面积10.6km²。

临湘市内主要有龙潭水库、忠防水库、团湾水库、石湾水库、何洞水库以及幸福水库等。其中,龙潭水库、忠防水库、团湾水库为中型水库,其余为小型水库。龙潭水库位于临湘市东南地区,桃林河上游,库长4km,宽1km,面积约233hm²,水深处约50m,总库容6000多万m³,是临湘市最大的水库。

1.5.2.3 地质概况

临湘市位于新华夏系巨型第二沉降带。地表观察和石油钻探、水文地质钻探和物探资料表明,其主要构造形式有:古弧形构造、东西向构造、体系不明构造、华夏式构造、新华夏系构造体系等。

临湘境内地层复杂,发育齐全。其中,侏罗系(J)主要出露的是J_x,分布在市中部的是小木坪组、黄浒洞组,主要是砂质板岩、杂砂岩、板岩、粉砂岩;分布在市南部的是黄浒洞组、雷神庙组，主要是岩屑杂砂岩、夹砂质板岩、厚层板岩、夹细砂岩、千枚状熔岩。白垩系（K）分布在临湘市西北部，主要有罗镜滩组，主要是紫红—紫灰色巨厚层状砾岩、砂砾岩。第四系（Q）主要分布在市北部及东北部，主要是水体（Qh↑∠w→）以及全新世河流沉积（省内曾建名橘子洲组）。全新世河流沉积主要是砂砾、砾石、泥质粉砂、砂质黏土。临湘市地质结构分布见图1-3，地质图图例说明见表1-11。

图1-3 临湘市地质结构分布图

表 1-11　　　　　　　　　　　　地质图图例说明表

序号	符号	名称	特性
1	CP	梁山组、栖霞组、茅口组、龙潭组、下窑组、大隆组、大埔组、黄龙组	二叠系由灰岩与细粉砂岩、泥（页）岩、炭质页岩、硅质页岩等为主，石炭系为碳酸盐岩
2	Jx:中部	小木坪组、黄浒洞组	砂质板岩、杂砂岩、板岩、粉砂岩
3	Jx:南部	黄浒洞组、雷神庙组	岩屑杂砂岩、夹砂质板岩；厚层板岩、夹细砂岩、千枚状熔岩
4	J_1	王龙滩组、桐竹园组	下部以中细粒长石砂岩为主，上部以页岩、细粉砂岩为主，均夹薄煤层或煤线
5	$J_2\eta\gamma$	长乐街、三江口、姑婆山、西山、大圳、铜山岭超单元	二长花岗岩
6	$J_3\eta\gamma$	广南、高家坊超单元	二长花岗岩
7	$K_1\eta\gamma$	早白垩世影珠山超单元、万寿宫单元、元冲单元、桃花洞单元、天雷山单元	二长花岗岩
8	K_2	罗镜滩组	紫红—紫灰色巨厚层状砾岩、砂砾岩
9	K_2-E	白花亭组	砖红色巨厚层状砾岩、砂砾岩、含砾砂岩
10	NhZ	洪江组、金家洞组、留茶坡组、长安组、富禄组、古城组、大塘坡组	含砾泥板石、炭质页岩、燧石层、铁质页岩、冰碛砾岩、炭质黏土岩
11	O	桐梓灰岩、红花园灰岩、大湾组、牯牛潭组、宝塔组	灰岩、白云岩、瘤状生物灰岩、灰岩与瘤状泥质灰岩、龟裂纹状灰岩
12	P_2	栖霞组、孤峰组、武穴组	深灰灰黑色瘤状灰岩、硅质岩、浅灰色灰岩
13	Qh all	全新世沉积物	湖积粉砂、砂质黏土、腐殖黏土
14	Qh al	全新世河流沉积（省内曾建名橘子洲组）	砂砾、砾石、泥质粉砂、砂质黏土
15	Qh w	水体	水体
16	Qp al	更新世沉积物	河流冲积物、砂质黏土、细粉砂、砂砾石
17	Q w	水体	水体
18	S_{1-2}	坟头组、茅山组、新滩组	黄绿灰绿色泥质砂岩、粉砂岩及细砂岩，中上部砂岩明显增多
19	S_1	坟头组	黄绿灰绿色泥质粉砂岩、粉砂岩及细砂岩或石英细砂岩
20	T_3-J_1C	九里岗组、王龙滩组	
21	T_3-C	九里岗组	长石石英砂岩、泥质粉砂岩为主，夹砂质泥岩、炭质页岩，局部含小砾石，有煤线
22	$\in$	娄山关组、牛蹄塘组、石牌组、清庐洞组	页岩夹磷硅质岩或含炭灰岩，粉砂岩、页岩夹灰岩，泥质条带灰岩，厚层块状白云岩
23	$\in_{1-2}$	牛蹄塘组、石牌组、清虚洞组、高台组、孔王溪组	板岩、含磷硅质岩、页岩、泥质灰岩，上部白云岩、灰岩、泥灰岩
24	$\in_1$	牛蹄塘组、石牌组、清虚洞组	

1.5.2.4 土壤及植被、土地利用概况

(1) 土壤及植被

临湘市的主要自然植被是亚热带湿润气候和季风气候条件下的中亚热带常绿阔叶林，与之相应的土壤类型为水稻土和红壤。

水稻土是境内主要农业土壤，受其母质、地下水活动、地貌等影响，发育种类繁多，有潴育型水稻土、潴型水稻土、潜育型水稻土和矿毒型水稻土。

红壤广泛分布在中部丘陵，自然植被遭到破坏，普遍形成酸、瘦、黏的土壤特性，依据不同土壤条件分为红壤、黄红壤、始成红壤三个亚类。红壤类土壤作物种植多为旱粮及茶叶、苎麻、果树、油桐、楠竹等经济林类，水土条件差，自然肥力低，但气候条件好，解决水肥供给和管理便能获得高产。

另外，黄棕壤分布于800~1500m中山区，在临湘市药姑山等山间谷地、山坡地可见，自然植被为常绿落叶混交林，以马尾松、杉树、楠竹、大叶稠较多，部分地方以灌丛、茅草为主，枯枝落叶多，有机质积累高，土壤养分丰富，分山地黄棕壤、始成山地黄棕壤两个亚类。临湘市桃林、忠防等地多为紫色土，常与红壤相间，母岩为白垩纪与第三纪紫色砂页岩或紫色砂砾岩，由于物理风化强烈，岩基常裸露，形成光山秃岭。紫色砂岩、砾岩发育的土壤砂、砾多，疏松透水，保水保肥能力差，常形成严重沟蚀，紫色页岩发育的土壤细密，透水性能差，常受物理作用形成许多交错裂纹，也极易随水流失，坡底多有肥沃土壤。

(2) 土地覆盖/土地利用概况

全市土地利用主要分为农业用地、建设用地及未利用地。农业用地面积约占土地总面积的84.17%。其中，耕地占农业用地总面积的25.90%，园地占农业用地总面积的7.59%，林地占农业用地总面积的56.89%，牧草地占农业用地总面积的0.15%，其他农业用地约占农业用地总面积的9.47%。建设用地面积约占土地总面积的6.65%。未利用地面积16012.36hm^2，占土地总面积的9.18%。其中，水域面积占未利用地面积的77.98%，滩涂沼泽占未利用地面积的11.26%，自然保留地占未利用地面积的10.76%。

根据2012年EOS/MODIS的土地覆盖数据(图1-4)，临湘市林地主要分布在中部，农业用地主要分布在沿河湖及山下海拔较低的地区，建设用地主要分布在城市及其周边。

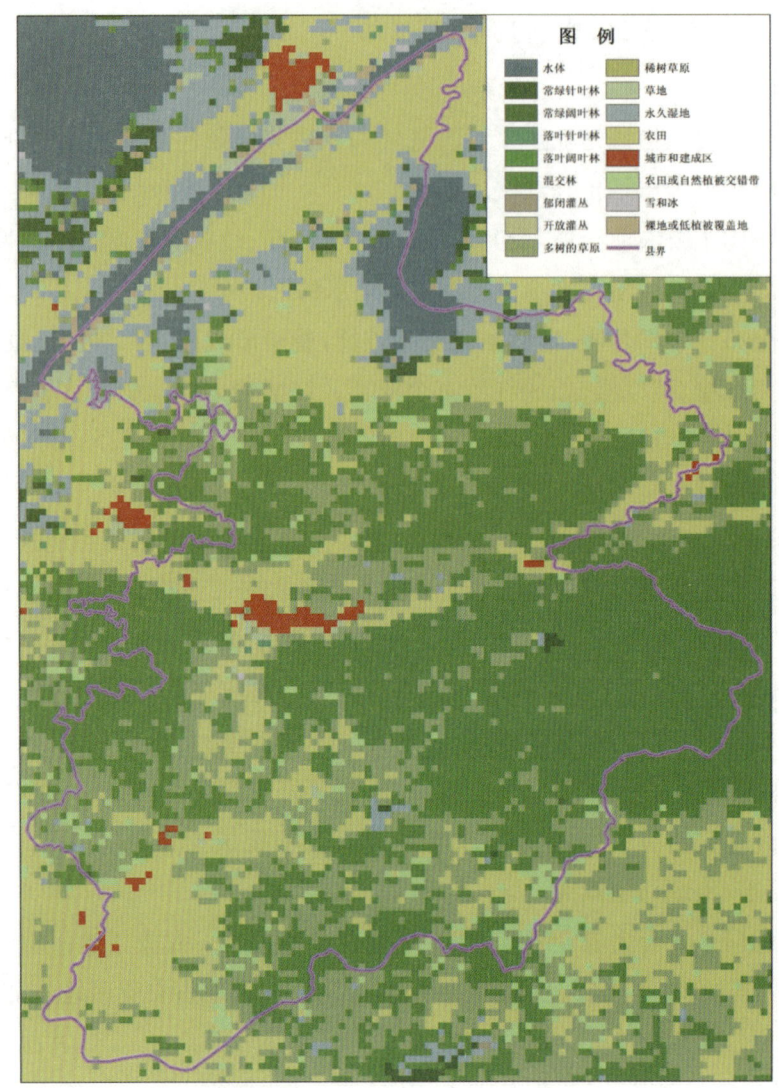

图 1-4　临湘市 2012 年 MODIS 土地覆盖分布图

MODIS 数据来源：Global Land Cover Facility. www.landcover.org

1.5.2.5　社会经济概况

临湘市隶属于岳阳市，属县级市，全市总面积 1748km²，截至 2013 年 12 月，临湘市辖 2 个街道办事处、13 个镇、5 个乡以及 1 个五尖山森林公园。

临湘市气候温和，土壤肥沃，资源丰富，物产丰饶。沿江水广洲阔，是"鱼米之乡"，为粮、棉、油、猪、鱼的重要生产基地。临湘区位独特，交通便捷。水陆两便交通发达，可以概括为 "一江环绕，两省交界，三线横亘"。"一江环绕"即长江黄金水道傍境东流 38km，并有儒溪汽运码头与湖北省螺山隔江对渡，互通往来；"两省交界"即地处湖南省、湖北省交会处，与赤壁、通城、崇阳紧密毗连，商贸物流发达；"三线横亘"即 G4 高速公路、107 国道、京广复线三条交通大动脉穿境而过。南距长沙、北距武汉各150km。

据2012年3月31日临湘市统计局《临湘市2011年国民经济和社会发展统计公报》,2011年年末临湘市总人口52.8万,初步核算,2011全年市内生产总值140.88亿元,比上年增长14.3%。其中,第一产业增加值22.32亿元,增长3.4%;第二产业增加值80.40亿元,增长17.7%;第三产业增加值38.16亿元,增长14%。第一产业增加值占市内生产总值的比重为15.8%,第二产业增加值占市内生产总值比重为57.1%,第三产业增加值占市内生产总值比重为27.1%。

1.5.2.6 临湘市历史山洪灾害事件

临湘市南面为山地,北面临长江,滑坡泥石流发育,由暴雨引发的山洪危害严重,引起人员伤亡、冲毁厂矿、房屋、道路、水库、良田,致使通信、电力中断。据湖南省局气候中心、民政局,《湖南省气象灾害大典》(岳阳卷)以及《湖南省气象灾害大典》(岳阳卷)等资料统计,1983年至2011年9月,发生在临湘市的直接经济损失在1000万元以上且受灾人口超过10万的暴雨山洪灾害有20次左右,临湘市山洪灾害多发生在4月下旬到8月,山洪发生频率高,受灾人口众多,经济损失严重。

初步统计,触发山洪灾害的降雨过程强度较大,中心强度大多超过200mm。1995年8月1—3日,临湘市境内连降暴雨,城区3d降雨量309.9mm(2日降雨量194.0mm),多的地方日降雨量达260mm,受灾人口39万,直接经济损失2800万元。2010年7月8—16日,受高空槽、中低层切变和西南气流共同影响,临湘市出现一次强降雨天气过程,8日18时至9日8时全市普降大暴雨,城区和江南、源潭、儒溪、横铺、桃林达到特大暴雨,其中源潭最大为263.8mm。10日、11日和12日临湘市多个乡镇出现连续暴雨和大暴雨,城区11—12日连续出现暴雨,13—14日又有多个乡镇出现暴雨,个别站点大暴雨;8日18时至14日8时城区总降雨量达到393.7mm,为同时段降雨量30年一遇。连续出现特大暴雨、暴雨袭击,受灾严重,全市20万人受灾。2011年6月10—15日,全市发生暴雨洪水,9日20时至10日8时,10h降雨达到167.1mm,全市平均降雨量接近200mm,贺畈降雨量最大达到275.6mm,15.6万人受灾,直接经济损失10.5亿元。

1.5.3 临湘市山洪致灾强降雨环流形势特征

1.5.3.1 山洪致灾强降雨环流形势特征

筛选并初步分析临湘市近年山洪灾害样本13个,其发生时间及影响天气系统特征见表1-12。表中显示,年中最早的山洪灾害发生在2010年4月21日,最迟的发生在2009年7月27日,其中4月发生1次,5月0次,6月4次,7月8次,说明临湘山洪灾害多发生在6—7月,且山洪灾害具有连续发生的特点,如2010年7月5—14日,10天内发生了6次山洪灾害,在如此短的时间里,在一个县的范围内,山洪灾害如此频繁发生,十分罕见,这次灾害造成的损失极为严重。

表 1-12　　　　2007—2012 年临湘市山洪灾害发生时间及影响天气系统特征表

个例序号	灾害发生日期（年-月-日）	灾害发生时间（时:分）	环流类型	影响天气系统	是否发生在梅雨期
1	2008-06-10	3:00	中阻型	高空槽、低涡、暖性切变线、低空急流、地面冷空气	否
2	2009-06-29	2:00	移动型	高空槽、低涡、暖性切变线、低空急流、地面冷空气	是
3	2009-07-24	11:00	中阻型	高空槽、冷性切变线、低空急流、地面冷空气	否
4	2009-07-27	10:00	移动型	高空槽、低涡、暖性切变线、低空急流、地面冷空气	否
5	2010-4-21	8:00	中阻型	高空槽、冷性切变线、低空急流、地面冷空气	否
6	2010-06-19	13:00	中阻型	高空槽、低涡、暖性切变线、低空急流、地面冷空气	否
7	2010-07-05	10:00	中阻型	高空槽、低涡、暖性切变线、低空急流、地面冷空气	是
8	2010-07-08	21:00	中阻型	高空槽、暖性切变线、低空急流、地面冷空气	是
9	2010-07-09	4:00	中阻型	高空槽、暖性切变线、低空急流、地面冷空气	是
10	2010-07-11	10:00	中阻型	高空槽、暖性切变线、低空急流、地面冷空气	是
11	2010-07-12	12:00	中阻型	高空槽、暖性切变线、低空急流、地面冷空气	是
12	2010-07-14	8:00	中阻型	高空槽、暖性切变线、低空急流、地面冷空气	是
13	2011-06-10	6:00	中阻型	高空槽、低涡、暖性切变线、低空急流、地面冷空气	否

从表 1-12 中对 13 次致灾强降雨过程及对应发生强降雨过程的天气资料普查分析发现，在暴雨过程发生前 48h 至暴雨发生期间，北半球欧亚 500hPa 层大气环流形势具有较为显著的特征，归纳起来大致可分为中阻型和移动型两种类型。

(1) 中阻型

这是较为典型的江淮晚梅雨环流形势，也是临湘市山洪致灾暴雨期间最常见的一种环流类型。这种类型往往与持续性强降雨发生有关。在 13 次致灾暴雨过程中，这种环流类型出现了 11 次，其中山洪灾害发生在梅雨期有 6 次，说明在梅雨期间，对临湘市山洪灾害的预警预报更应加倍警惕。这种环流类型最主要的特征是，中高纬度有 2 个长波槽并伴随闭合低涡中心，分别稳定在乌拉尔山附近及鄂霍次克海附近，两槽之间为强盛的阻塞高压控制；西风带被青藏高原分为 2 支，北支沿高原北侧东移，成为阻高的组成部分，南支沿高原南侧东移，在印缅低压和西太平洋副热带高压的作用下，形成了南支槽影响临湘市，这是影响致灾暴雨的主要高空系统。在副热带地区，由于鄂霍次克海长波槽的压制作用，西太平洋副热带高压往往偏南偏弱，副热带高压脊线一般位于 $18°\sim23°N$ 之间，其西侧偏南气流将水汽源源不断地从南海向临湘市输送，有利于暴雨在临湘市发生，见图1-5。

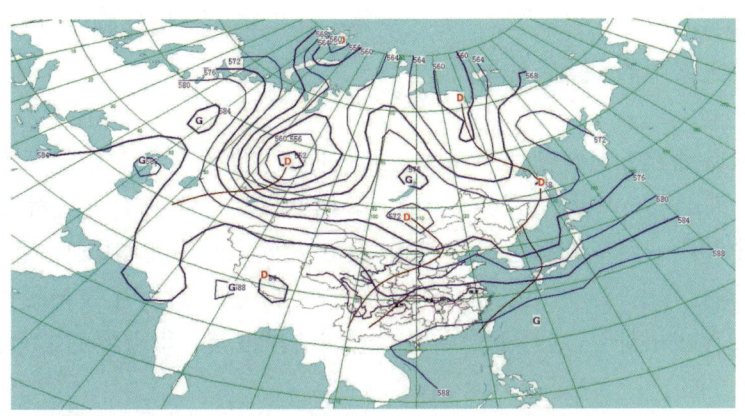

图1-5　临湘致灾暴雨中阻型环流形势示意图

（2）移动型

这是临湘山洪灾害致灾暴雨期间次常见的一种环流类型。这种类型往往与移动性强降雨发生有关。在13次致灾暴雨过程中，这种环流类型出现了2次。这种环流类型最主要的特征是，中高纬度没有出现稳定的阻塞形势，有2个较弱长波槽分别稳定在乌拉尔山附近及鄂霍次克海附近，两槽之间为较平直的西风气流，在青藏高压的作用下，$70°\sim110°E$ 之间形成"阶梯槽"形势，乌山槽底部不断分裂，小槽沿西风气流东移，并在移动过程中不断加深，在移近临湘市之前发展为天气尺度槽，这是影响致灾暴雨的主要高空系统。在副热带地区，由于东亚沿海槽与贝湖加深槽的共同压制作用，西太平洋副热带高压往往偏南偏弱，副热带高压脊线一般位于 $20°N$ 附近，其西侧偏南暖湿气流为临湘市的暴雨发生提供了有利条件，见图1-6。

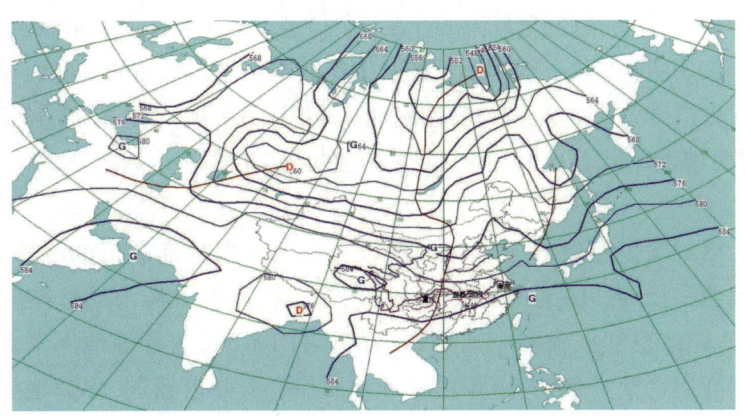

图1-6　临湘市致灾暴雨移动型环流形势示意图

1.5.3.2 山洪致灾强降雨影响天气系统

(1) 高空槽

500hPa 低槽是影响临湘致灾暴雨最重要的天气系统之一。该槽一般从高原上生成后，在东移过程中不断发展加深，在移近临湘市时形成天气尺度槽。表 1-12 的统计表明，13 次致灾暴雨过程都有高空槽的影响，结合天气学理论和多年的预报经验，可以认为高空槽系统是临湘市发生致灾暴雨的必要条件。

(2) 低涡

低涡是造成临湘致灾暴雨过程的一种天气系统。它是在我国西南地区发生发展的中尺度气旋性涡旋，多出现在 700hPa 或 850hPa 上。西南涡是一个具有气旋性环流的闭合小低压，直径 3~5 个纬距。西南低涡生成后，沿切变线发展东移出川，造成临湘市的致灾暴雨。在 13 次致灾暴雨过程中，有 6 次受到低涡的影响，且低涡的出现，往往与暖性切变线和地面缓慢移动雨带的存在相对应，这对于山洪发生时间的预报具有很重要的参考价值。

(3) 切变线

切变线也是造成临湘致灾暴雨过程的一种重要天气系统。它的风场特征、生成的环流背景及演变过程类似于西南低涡，由于没有闭合的气旋性气流，因而触发的对流没有西南低涡那么强烈。但切变线一般能较西南低涡生命期更长，常演变为准静止切变线，是造成临湘市持续性暴雨的主要天气系统。天气学认为，西南风与东南风之间的切变为暖性切变；偏南风与偏北风之间的切变为冷性切变。2 种切变的移动速度及产生降雨的特点有很大差异，暖性切变一般移动速度慢、降雨时间长，其北侧的冷空气也较弱，容易在夏季出现；冷切变一般移动速度快、降雨时间短，其北侧的冷空气较强，容易在春季出现。这些特点将对致灾暴雨的发生时间和强度预报产生影响。在 13 次致灾暴雨过程中，都受到了切变线的影响，结合天气学理论和多年的预报经验，说明临湘致灾暴雨的发生，切变线的存在是必不可少的。

(4) 低空急流

低空急流是指当 20°~28°N、95°~105°E 范围内，850hPa 盛行一致西南风，且有成片 3 站以上最大风速≥12m/s 时，就认为有低空急流的存在。低空急流对于暴雨区的水汽及正涡度输送至关重要，它与暴雨有密切的联系。一般暴雨区都发生在低空急流大风站的左侧。在 13 次致灾暴雨过程中，都受到了低空急流的影响，这与长江流域其他地区的一般性暴雨的统计特点有所不同，现有的统计样本说明，临湘致灾暴雨的发生，低空急流的影响是必不可少的。

(5) 地面冷空气

临湘致灾暴雨的发生与冷空气活动关系极为密切。影响临湘市的冷空气，其移动路经大致可归纳为偏西路径、西北路径、偏北路径、东北路径四条。梅雨期影响临湘市的冷空气主要是东北路径，即冷空气从我国东北地区开始，沿山东、安徽省等地南下影响临湘市。由于梅雨期副热带高压逐渐增强，所以相对应的地面冷空气强度较弱，移速也显得较慢。在 13 次致灾暴雨过程中，都受到了冷空气的影响，这与长江流域其他地区的一般性暴雨的统计特点大为不同，现有的统计样本说明，临湘致灾暴雨的发生，冷空气的影响是必不可少的。

第 2 章 山洪灾害临界雨强（临界雨量）拟定技术研究综述

我国山洪灾害呈多发、易发、频发、重发的特点，全国 1836 个县级行政区具有山洪灾害防治任务。山洪灾害已成为威胁人民群众生命财产安全的突出隐患，是我国防洪减灾工作中亟待解决的突出问题。近年来，我国加大了山洪灾害防治力度，2006 年国务院批复全国山洪灾害防治规划，启动山洪灾害防治试点建设，2009 年将试点范围扩展到全国 103 个县级行政区。山洪灾害预报预警是山洪灾害防治体系中的重要组成内容之一，是减少人员伤亡和财产损失的有效手段。山洪灾害预警是根据气象、水文等预报信息预测山洪灾害将要发生时发布的紧急指令或告警信号。在用于判断山洪灾害发生与否的临界流量/水位法、临界雨量法等方法中，临界雨量法是国内外应用最为广泛的一种[26,27]。这主要是因为临界雨量法能够更好地被公众理解和接受，更重要的则是出于延长预见期的考虑，近年来由于降雨预报技术的进步，部分国家山洪灾害预报的预见期可达 6h[26]。临界雨量法（Rainfall Threshold Approach）又称雨量比较法（Rainfall Comparison Method），一般根据预报降雨量与临界雨量的比较，预测山洪灾害发生与否及其严重和紧急程度，并据此发布警报信息。因此，山洪灾害临界雨量指标是山洪灾害预报预警的重要基础，相关研究对山洪灾害防治有着重要的意义。

2.1 山洪灾害临界雨强（临界雨量）界定

山洪灾害包括山区溪河洪水及由降雨引发的泥石流和滑坡灾害，本书的主要研究对象是由降雨引发的溪河洪水和泥石流的临界雨强（或临界雨量），其中又以溪河洪水为主，滑坡临界雨量涉及的因素更多，一般应当另行分析确定，但在无资料地区，滑坡临界雨量也可参考溪河洪水和泥石流的临界雨量来确定。临界雨量在实际工作中往往也被称为临界雨强，本书中两个概念在实际应用中基本没有明显差别，都是指触发山洪灾害发生一定单位时间内的降雨量，单位时间可理解为 1h、2h、3h、4h、5h、6h 或 24h 等。因此，本书中研究各时段临界雨量即视同对应不同单位时间的临界雨强。

临界雨量的概念广泛出现在包括滑坡和泥石流在内的广义山洪灾害预报预警研究中[28-31]。临界雨量是预报预警的核心指标,直接影响山洪预警的漏报率和空报率。山洪灾害临界雨量的定义方式目前有两种：一种为从降雨量直接定义,当某一时段的降雨量达到或超过某一雨量时,山洪灾害发生,这个雨量就是临界雨量,如《全国山洪灾害防治规划》的定义;另一种为从溪河临界水位(流量)间接定义,即在目标河段断面生成临界水位(流量)的累积降雨量[26]。

两种定义的区别在于山洪灾害临界条件判别方式的不同。前者直接比较降雨量,通常采用统计分析方法进行判别：统计分析时段累积雨量与山洪灾害的对应关系,利用时段雨量的某个统计特征值为依据判别灾害发生与否,这个特征值即为临界雨量。后者通过比较溪河水位(流量)来判断灾害发生与否,并根据河道安全水位(泄量)反推临界雨量,采用的方法是水文水力学方法。两类方法也是目前推求山洪灾害临界雨量的主要方法,有文献将水文水力学方法称为理论方法,将统计分析法与内插法、比拟法合称为经验方法[27]。内插法和比拟法不能独立完成临界雨量推求,将其附在统计分析法中介绍。

2.2 统计分析法拟定临界雨量

统计分析法是一种数据驱动型的临界雨量分析计算方法,不关注山洪灾害发生发展过程涉及的物理机制,直接从降雨数据系列与山洪灾害数据序列推求临界雨量,方法简单,应用方便,对数据的需求相对较少。在国外,统计分析法的研究和应用较少[32],而在我国,由于资料、经费等因素的限制以及其他原因,统计分析法是实际应用中的主要方法。较早采用的方法主要是灾害实例调查法、灾害与降雨频率分析法,并辅以内插法和比拟法,后来出现了从历次山洪灾害的最大平均面雨量和最大单站雨量中取最小值进而推求区域临界雨量的方法[33]。

自《全国山洪灾害防治规划》开始编制以来,我国期刊报道了许多关于当地山洪灾害临界雨量推求的研究[33-38],绝大部分文献的内容是各种统计分析法在当地的实际应用和比较分析。研究表明：在同一地区采用不同统计分析法得到的临界雨量指标并不一致,多数情况下获得的临界雨量初值不能直接应用,需结合专家经验作进一步的确认;多数文献建议通过综合对比分析最终确定临界雨量指标,或将临界雨量指标取为下界值或自下界值开始的某一数值区间。

由于实践中暂时无法对山洪灾害进行巨细无遗的监测,被监测到的通常只是那些损失或规模足以引起人们关注的山洪灾害,因此统计分析法得出的临界雨量很可能并非"真正"的临界雨量,而是足以引起人们关注的那些山洪灾害的临界雨量。在理论上这是一个缺陷,但在实践中也许可以成为一个优点,因为山洪灾害预警的重点正是那些损失或规模足以引起人们关注的山洪灾害。但需要指出的是,当预警指标涉及灾害损失时,应当特别关注区域社会经济条件的变化。

对于小流域而言，流域下垫面条件尤其是河道特征较易发生不可忽视的变化，山洪灾害临界条件也随之变化，历史临界雨量对于修订未来临界雨量的意义有时会有限，这一定程度地破坏了统计分析法的理论基础，破坏严重时需要对数据序列进行数据一致性修正，在实用方面则影响统计分析法的可靠性。在这个意义上，统计分析法是一种因陋就简的临界雨量推求方法。

推求山洪灾害临界雨量的统计模型可以建得很复杂，并利用数据挖掘技术来充分利用历史资料，但目前尚未见到这类研究报道，这是一个可以尝试的研究方向。由于全国山洪灾害防治规划带来的实用化倾向，国内流行的研究思路偏重简单实用，当前采用统计分析法拟定临界雨量较为普遍。

2.2.1 有资料地区拟定临界雨量

2.2.1.1 基于计算面雨量推求区域临界雨量

采用滑动平均法计算目标区域内与历次山洪灾害个例对应的各时段最大面平均雨量，从这些最大面平均雨量中取最小值作为区域临界雨量初值，然后在初值上下根据经验取一定的变幅，构成区域临界雨量区间[33]。只要已发生或预报面雨量在该区间内或超过，区域内就有可能发生山洪灾害。

该方法资料需求相对简单，只需要降雨和相应的山洪灾害个例信息等资料，适用于雨量站密度相对较小的区域，区内雨量站不能控制的部分地区实际上可认为是通过内插法得到的临界雨量。依据本法可判断区内山洪灾害发生与否，但无法确定山洪灾害可能发生的场次和规模，只能作大致的定性估计。

2.2.1.2 单站临界雨量法

与上节方法类似，本方法也只需要降雨资料系列和山洪灾害调查资料。采用滑动平均法得到单个站点与历次山洪灾害个例对应的各时段最大面平均降雨量，取其最小值作为该站的临界雨量初值。临界雨量初值可以采用其他方法进行修正。例如，王仁乔等[34]采用的灾害降雨同频率分析法。统计所有站点临界雨量初值中的最小值及平均值，二者构成的区间成为区域临界雨量区间[33]。

当山洪灾害调查资料不全且无法做补充调查时，可用流量与降雨同频率分析法来计算单站临界雨量，即假设流量（或水位）和降雨同频率，根据安全泄量（水位）的频率计算分析同频率的各时段降雨量，此即临界雨量[35]。这种方法比较简单，只要有降雨资料和河道安全泄量（水位）及其频率就可以得到临界雨量指标，但后者有时难以获得。

理论上，当雨量站密度大到可以控制每个小流域时，预警信息可针对小流域分别发布，也就可以对区域内山洪灾害进行"精细化"预报预警，但受定量降雨预报技术影响，目前实现效果不太理想。

2.2.2 无资料或资料不足地区拟定临界雨量

1)当目标区域中具有实测降雨资料系列的雨量站覆盖了大部分地区,但仍然存在部分无资料的空白区域时,可采用内插法推求临界雨量[33,34]。

2)当目标区域无资料或实测降雨资料系列很短,但仍有条件进行一定的对比分析,可在有资料区域发现相似区域或小流域时,采用比拟法推求临界雨量[33,34]。比拟法要求至少存在一个与目标区域条件相似的有资料的区域或小流域,本质上仍然是资料不足地区临界雨量的推求方法。

内插法和比拟法是将有资料地区临界雨量移用到无资料或资料不足地区的经验方法,无法独立地完成临界雨量推求,但可作为临界雨量推求方法的补充,这里暂列入统计分析法的范畴。

3)当目标区域无资料,但可通过调查获得灾害实例及其对应雨量资料时,可采用灾害实例调查方法来推求临界雨量。通过全面调查获得灾害实例及其对应雨量资料,再统计分析得到临界雨量[33—37]。

4)当目标区域无资料,通过调查只能获得灾害发生数量而无法获得对应雨量资料时,可以采用灾害与降雨频率分析来推求临界雨量。基于灾害场次的调查分析山洪灾害发生频率,并假设灾害与降雨同频率,则与灾害频率相同的设计降雨量可作为临界雨量[35—37]。

灾害实例调查法、灾害与降雨频率分析法都是统计分析法,可独立完成区域临界雨量的推求,在实践中应用较广。上述两种方法精度均存在问题,虽然可以通过对比分析进行修正,但在用作关键预警指标时仍应持谨慎态度,在具备一定资料条件时应尽快采用更可靠的方法复核临界雨量指标。

2.3 水文水力学法拟定临界雨量

水文水力学法主要基于山洪灾害形成的水文学过程、水力学过程。该方法资料需求较多,对灾害、降雨、下垫面条件、径流、河道特性等资料都有相应要求。其原理也较简单,即从河道断面临界流量(水位)反推临界雨量,有文献将本方法直接称为流量反推法[38]。

在国外,拟定临界雨量法中最具代表性的方法是 FFG 方法[26,39],其中临界雨量采用水文水力学方法推求。FFG 直译为山洪指导,实际上就是临界雨量。FFG 方法是美国水文研究中心(HRC)提出的山洪灾害早期预警方法,从 20 世纪 70 年代至今一直在持续改进[40—43],最新进展是将 FFG 与分布式水文模型结合起来,给出网格 FFG(GFFG)[43]。FFG 法在无资料地区精度较差,在输入数据方面应作改进[44]。

山洪灾害预报预警是广受关注的领域,美国、日本、韩国、意大利等国都做过大量工作,提出多个预报预警系统,其中最具代表性的就是 FFG 系统。FFG 系统已被应用于许多国家,如美国、韩国、中美洲7国、湄公河流域4国等,影响很大。FFG系统及其临界雨量推求方法的改进是很活跃的研究领域,因而本书以FFG系统的临界雨量推求方法为代表介绍水文水力学法。

2.3.1 临界雨量的通用推求方法

应用水文水力学方法推求临界雨量的主要步骤包括:①确定引发山洪灾害的临界流量(水位)值,进而推求对应的不同历时的临界径流(净雨);②建立一定土壤饱和度条件下的降雨—径流关系,从临界径流(净雨)推求相应的临界雨量。

2.3.1.1 临界径流的推求

临界雨量值计算的关键是确定临界流量(水位)。可根据防洪标准直接确定临界流量(水位),但一般小流域并不存在严格规划设计的防洪标准,此时可选择几个代表性断面,根据历史灾情和现有水情确定各断面控制水位,通过水力计算获得控制流量,并将其作为临界流量[38]。

逐个分析确定小流域控制水位和流量的工作量非常大,资料的收集工作也很繁难。在FFG系统中,临界流量通常认为是目标断面的平滩流量。平滩流量可利用区域地理信息批量推求,工作量相对小得多,资料需求也更易满足。平滩流量确定后,根据地貌瞬时单位线法或综合单位线法获得单位线峰值,最后计算得到临界径流。

1999年Carpenter等[45]基于水文学原理给出了临界径流计算的通用方法,其中关键是平滩流量的推求,方法主要有两种:①应用曼宁公式计算平滩流量,河道特征参数和糙率通过地理信息系统获取;②通过统计方法推求,因平滩流量与1~2年一遇河道流量之间存在良好的统计关系[46],于是有流量或雨量资料的地区容易得到平滩流量。对于无资料地区,Carpenter等[45]给出了一种根据流域面积和河道比降计算2年一遇流量的经验方法。应用第二种方法时,应根据当地实际,研究平滩流量究竟与哪种重现期流量具有良好的统计关系,对无资料地区还应验证经验公式的适用性。

2.3.1.2 利用降雨径流关系推求临界雨量

假设目标区降雨均匀分布,利用水文模型建立不同历时的实测降雨—径流关系[47]。在初始条件(如土壤饱和度、地下水储量等)不变的条件下,利用水文模型获得某一历时产生的不同径流量及其对应降雨量,并将其点绘在图上,从而获得该历时的降雨径流关系曲线。根据临界径流量值,容易查算得到临界雨量值。需要注意的是,临界雨量是一定土壤饱和度条件下的临界雨量,其他条件不变时,土壤饱和度发生变化,降雨径流关系与临界雨量也随之变化。实际应用时可取几个典型的土壤饱和度,分别计算不同历时的临界雨量。

可供选择的水文模型很多,如物理性模型、概念性模型、数据驱动型模型(统计模型和神经网络模型),其中物理性模型近年来发展很快,并被广泛应用于山洪预报。研究表明,物理性模型能给出更合理的结果[26,48,49]。因此，在条件允许时，应采用物理性模型来建立实测降雨—径流关系。

目前，水文水力学法主要考虑前期降雨量（前期土壤饱和度）和时段累积降雨量两个因素，在多数情况下，这两个因素也是影响临界雨量的主要因素。但在另一些情况下，例如，在主要由降雨强度驱动的山洪灾害（Intensity－Driven Flash Flooding）中[26]，临界雨量的其他影响因素如地形、植被、土壤类型、地质、土地利用方式等下垫面特征参数对临界雨量的影响可能超过前期降雨量（前期土壤饱和度），因此在实际应用现有方法时，应注意分析其适用条件。

2.3.2 临界雨量指标的一种优化方法

临界雨量是山洪灾害预警的关键指标。是否发布山洪灾害预警，取决于预报降雨量和临界雨量之间的关系。降雨预报具有不确定性，从而预警山洪灾害发生与否也具有不确定性，预警不可避免地会出现误报（空报或漏报）现象。预警信息发布及其后续避灾减灾措施需要付出成本，因此在不确定性条件下，临界雨量取值的变化将显著影响灾害损失。为使灾害期望损失尽可能地小，临界雨量取值存在一个优化问题，这是山洪灾害临界雨量推求方法的一种新发展。

Martina 等[50]提出了一种不依赖于实时降雨预报的基于临界雨量的山洪灾害预警方法，其中临界雨量指标采用贝叶斯决策方法进行了优化：随机模拟得到长系列降雨量系列，输入水文模型得到前期土壤饱和度、最大流量系列；根据前期土壤饱和度类型，将对应降水量和最大流量分类成若干子系列，给出各子系列两个变量的联合概率密度函数，基于此构建贝叶斯成本效用函数。效用函数值取决于累积雨量与临界雨量之间的对比关系，以期望成本效用最小为目标，优化决策得到对应于不同前期土壤饱和度类型的山洪灾害临界雨量。2011 年 Montesarchio 等[51]基于雷达数据进一步发展了临界雨量优化模型，并采用了熵决策方法进行求解。

上述方法给出的结果是对应于不同前期土壤饱和度类型的临界雨量，能够比较方便地应用于山洪灾害的预报预警，但确定临界雨量的过程比较繁难，其中贝叶斯成本效用函数的合理构建尤为不易。优化方法考虑了不确定性和灾害损失，理论上临界雨量指标将因此而更优，但由于不确定性和灾害损失的影响因素很多，其可靠性还有待更多的验证。

2.4 临界雨量指标的拓展

2.4.1 动态临界雨量指标

临界雨量随着土壤饱和度或前期降雨的变化而变化，动态临界雨量即是考虑了土壤饱和度或前期影响雨量指数（API）影响的临界雨量。美国的 FFG 系统实际上也是基于动态临界雨量的。刘志雨等[52]提出了一种推求动态临界雨量的简单方法：将所有场次洪水前 24h 的时段最大雨量及其对应的土壤饱和度组成状态空间，采用合适方法给出一条判别曲线，根据对应洪水流量是否超警将状态空间分为两部分，这条曲线就是该时段的动态临界雨量线。

这种动态临界雨量推求方法在总体构架上是一种数据驱动方法，所需资料包括水文、降雨和对应的土壤饱和度资料系列。但土壤饱和度资料往往不易获得，有时水文资料也缺乏，需根据降雨资料采用水文模型模拟得到。

该法在确定动态临界雨量时没有用到降雨—径流关系，而前期降雨不仅会影响前期土壤饱和度，还会影响山洪沟或河道的底水流量，如何考虑底水的动态变化对临界雨量的影响是本方法需要研究解决的一个问题。此外，连续的动态临界雨量线在实际应用中并不方便，通常只需要给出几个关键的土壤饱和度对应的临界雨量值就可满足山洪灾害预警的精度要求。

2.4.2 双指标的暴雨临界曲线

动态临界雨量指标考虑了前期土壤饱和度对临界雨量的影响，但土壤饱和度往往需要根据前期降雨量计算分析得到，而且是实时计算，在实际预警工作中这是一个不利因素，直接采用前期降雨量指标取代土壤饱和度指标可能是一个更好的选择。

江锦红等[53]提出了一种基于降雨观测资料的山洪预警标准，以前期降雨量、降雨强度两个指标共同作为山洪灾害预警标准，根据最小临界雨量和临界雨力按双曲函数关系来绘制双指标的暴雨临界曲线（前期累计降雨量—前 1h 降雨量关系曲线）。其中，最小临界雨量反映长历时暴雨条件下河道最基本的泄洪能力，临界雨力反映当地的短历时暴雨特性、集水区域的产汇流特性和河道的泄洪能力。当暴雨点或由此点绘而成的暴雨曲线位于暴雨临界曲线上方时，可能发生山洪灾害。

暴雨临界曲线法是基于观测或预报降雨量的，预警时不需要进行复杂的实时计算；绘制暴雨临界曲线的资料要求也不高，推求过程简单，实际应用时具有较大优势。但暴雨临界曲线只能根据前期累计降雨量与前 1h 降雨量进行预警，缺乏不同时段的概念。本方法预警判别的时间起点处地表径流应处于河道基流状态，退水不完全时需将多余流量折算成初始累计降雨量。

2.5 临界雨量不确定性探讨分析

近年来，考虑不确定性的山洪灾害预报预警方法已经得到广泛的关注[54—58]，既有基于概率方法的研究，也有基于非概率不确定性分析方法如模糊理论（可能性理论）的研究。考虑不确定性将有助于降低山洪灾害预警系统的空报和漏报率。研究显示，预见期在 3h 以内的山洪灾害预报结果的置信区间较小而且比较稳定，采用不确定性预报方法对改善预报预警质量有较大帮助[55]。尽管相关研究已经较常见,但如何在决策过程中考虑预报不确定性目前仍然是一个重大挑战。

山洪灾害预报预警不确定性研究关注的焦点是降雨不确定性,临界雨量的不确定性也得到一定关注。Ntelekos 等[54]对临界雨量值(FFG 值)的不确定性进行了专门研究,考察了临界径流不确定性、水文模型参数及其初始状态的不确定性对临界雨量的影响,其中临界径流不确定性分析考虑了集水面积、出口断面水力深度、河长、河宽、河道比降、霍顿长度比等6个参数的不确定性。分析表明,临界径流不确定性对临界雨量的影响占主导地位,水文模型参数及其初始状态的不确定性对临界雨量的影响有限,其研究结果同时还显示,前期土壤饱和度较小时临界雨量的不确定性更大。

在 Ntelekos 等研究的基础上,Villarini 等[58]进一步考察了降雨不确定性和临界雨量不确定性对山洪灾害预报的联合影响。这个问题难度很大,如由于前期土壤饱和度的计算需要用到实测或预报的前期降雨量,于是降雨量和临界雨量之间存在显而易见的相关性,如何考虑这种相关性乃至如何分析降雨不确定性对前期土壤饱和度的影响都很困难,目前已有文献对此进行了初步分析[59],但完全解决尚需时日。

临界雨量不确定性分析的主要困难在于基础资料的匮乏,合理确定各类参数的分布概型和分布参数比较困难。另外,对于小流域而言,流域下垫面条件尤其是河道特征较易发生不可忽视的变化,特别是在发生一次山洪灾害以后,其变化可能很剧烈,从而破坏数据的一致性,并导致同一小流域下一次山洪灾害的临界条件发生变化。历史资料本身就不具备数据一致性,将依据历史资料分析计算(或利用历史资料调校模型)得到的临界雨量指标作为判断下一次山洪灾害的预报预警标准,说明应用该山洪预报预警方法本身存在较大的不确定性。总之,如何考虑临界雨量指标的不确定性及其对预报预警的影响是很复杂的问题,需要进一步研究解决。

2.6 小结

当前在实际工作中临界雨量往往也被称作为临界雨强,两个概念都是指触发山洪灾害发生的一定单位时间内的降雨量。因此,本书所指的临界雨量即视同对应不同单位时间的临界雨强。临界雨量(强)是影响山洪灾害预警的关键指标,对山洪灾害防治的影响巨大。山洪灾害临界雨量推求方法很多,按其技术原理可大致分为统计分析法和水文水力学法两类。本书通过总结山洪灾害临界雨量相关研究发现,尽管山洪灾害临界雨量推求方法取得长足进步,但仍然存在一些问题需要解决,未来研究应注意以下几个方面的内容。

1)近期可考虑采用适当的方法提高统计分析法的可靠性和适用范围,但就长期而言,研究重点为加强水文水力学法的改进完善和推广应用。

2)目前采用临界雨量指标解决的问题是山洪灾害发生与否,未来应当研究解决如何定量化地反映区域内山洪灾害发生场次以及灾害强度规模等问题。这个问题难度很大,尝试开展该方面的探索也是有益的。

3)临界雨量的不确定性及其对临界雨量指标优化以及其他决策的影响应予以重视,特别是临界雨量不确定性与降雨预报不确定性之间的关系及其对预警决策以及山洪灾害风险管理的综合影响。

4)目前临界雨量指标常由一组不同时段的降雨量组成,是否存在唯一性且最具代表性的关键时段临界雨量指标是值得研究的问题。如果存在,则需要进一步研究其区域特征是否显著、代表性有多强、可否单独成为临界雨量指标等问题。

第3章 临界雨量与其主要影响因素关系分析

3.1 临界雨量主要影响因素

山洪灾害临界雨量的影响因素可分为降雨、地质地貌条件和人类社会经济活动等。

3.1.1 降雨因素

降雨因素是诱发山洪灾害的直接因素和激发条件。溪河洪水及其诱发的泥石流和滑坡灾害的发生均与降雨因素关系密切。

根据我国降雨量分布特点和山洪灾害调查数据，大陆范围降雨量的空间分布与山洪灾害特别是溪河洪水灾害的空间分布几乎完全一致，这表明降雨量与山洪灾害之间存在着显著的相关关系。正因为如此，临界雨量才被看作是最为重要的山洪灾害预警指标。

降雨强度对山洪灾害发生与否的影响也显而易见，50mm 降雨量是集中在 1h，还是均匀分布在 24h，这两种情况下山洪灾害发生的可能性存在巨大差异。这种影响同样反映在临界雨量指标上。实践中为综合考虑降雨量和降雨强度两个因素，临界雨量指标多由一组不同时段的降雨量构成。

从临界雨量拟定研究综述也可以看出，目前临界雨量计算方法考虑的主要影响因素包括前期降雨量和时段累积降雨量。理论分析还是实际调查的统计结果都表明，前期累积降雨量是影响山洪灾害及其临界雨量的主要因素。

对于溪河洪水灾害，前期降雨量对临界雨量的影响主要是通过对流域土壤饱和度的影响来实现的，临界雨量随着流域土壤饱和度的变化而变化。从流域产汇流过程分析可知，临界雨量随着前期累积降雨量的增加而减小。假设降雨持续均匀且足够大，当集水区不再存在额外的滞蓄水现象、产流恒定时，临界雨量出现最小值。而当出现前期累积雨量趋近于零时，临界雨量趋于最大值。临界雨量和前期降雨量之间存在显著的负相关关系；泥石流灾害的临界雨量也具有类似特征。前期降雨对滑坡灾害的影响也很显著，前期降雨通过土壤湿度、地下水水位、洪流对坡脚的掏蚀作用等因素都能明显地影响滑坡体的稳定性。

3.1.2 地质地貌因素

地质地貌因素是山洪灾害发生的物质基础和潜在条件，影响着山洪灾害的特性和规模。地质地貌条件是影响山洪灾害形成和发生的下垫面因素。泥石流和滑坡灾害必须具备一定的地质地貌条件才能发育,发生在山区的溪河洪水才能被称为山洪,并具备不同于一般河流洪水的山区洪水特点。

地质构造在泥石流和滑坡的形成和活动中起控制性作用。断裂构造运动影响区域地壳稳定性,对地形和斜坡岩体的破坏作用十分明显,在沿断裂带区域,泥石流和滑坡灾害极易发生。在新构造运动强烈的山丘区,地震活动强烈,破坏山体稳定性,加速松散固体物质的积累过程,从而加剧了泥石流和滑坡的活动。研究表明,地震过后,泥石流和滑坡灾害的临界雨量都会降低[60-62]。

地形条件,即地势的起伏变化,为山洪灾害的形成提供了动力条件。山体高而坡度大的地区,水体、土体由于处于高势能、低阻力状态而极不稳定,致灾相对容易和迅速,临界雨量因而相对较小;山体低而坡度缓的地区,致灾相对困难和缓慢或不致灾,临界雨量就相对较大。

地形对山洪灾害的影响是多方面的,不仅为山洪灾害的发生提供势能和发育空间,对降雨也有一定影响。暖湿气流受地形影响容易在山丘区发生降雨,暴雨中心往往位于山丘区,这为山洪灾害的形成提供了充足的水源条件。

地层岩性与山洪灾害的形成与发育之间也存在密切联系。软弱的岩体易风化产生大量松散物质,这对泥石流的形成十分有利;软硬相间的岩体分布区,往往是滑坡灾害的易发地区;坚硬的岩体,由于入渗能力差,有利于地表径流的形成,溪河洪水灾害更易发生,临界雨量相对较小,但需要注意的是,裂隙或破碎岩体的存在会增强入渗能力,减少地表径流。

植被能截留降雨,降低汇流速度,因此植被条件对山洪灾害临界雨量也有影响。同等条件下,植被条件良好的地区发生山洪灾害的可能性较低,临界雨量相对较大。

3.1.3 人类社会经济活动因素

自然因素是山洪灾害形成的基础,人类社会经济活动通过改造自然的种种措施对山洪灾害发生带来较大影响。不恰当的人类社会经济活动可促进山洪灾害的发生发展,增加灾害发生的可能性,扩大灾害规模,加重灾害的危害程度。

山丘区森林集中过伐、矿山开采、农业生产等均可能对地表环境产生剧烈干扰。植被破坏不可避免地加剧山洪灾害发生的频率和强度,降低山洪灾害的临界雨量值;矿山开采等人类活动也导致松散碎屑物质剧增,从而增加滑坡和泥石流灾害的发生可能性和规模;不合理的城镇与房屋选址则可导致山洪灾害加剧,主要加重山洪灾害的危害性,但在一定条件下也可能导致山洪灾害临界雨量降低。例如,在河流滩地修建房屋可能导致本不致灾的山洪致灾,从而使该区山洪灾害临界雨量降低。

3.2 致灾雨量与前期降雨量之间关系分析

影响临界雨量的因素很多,各种因素的影响交织在一起,于是临界雨量应根据降雨、地质、地貌、地形、土壤、植被、人类活动、灾害情况等自然因素和社会因素综合确定,这使临界雨量的计算分析显得很复杂。对于面向实用的简便的统计方法，关注重点而忽略细节是不可避免的选择。

下垫面要素是区域特征，而对于一个较大的区域而言，如果不考虑人类活动因素，地形地貌等下垫面条件通常变化缓慢。至于每次山洪灾害过后都会有所变化的河道特征等因素，则可当作细节问题而不予考虑，这不会严重影响利用统计方法获得的临界雨量的可靠程度。因此，当针对某一特定流域或区域进行山洪灾害临界雨量分析时，降雨因素才是需要重点关注的内容。

本书以临湘市为例，试图建立一种临界雨量与前期降雨量的实用关系模型，主要根据历史灾害相应雨量资料分析山洪灾害的不同时段致灾雨量之间以及致灾雨量与前期累积雨量之间的关系，显然，不同区域的临界雨量——前期降雨量的关系模型有所不同，这种差异反映了区域特征的不同。

3.2.1 不同时段致灾雨量和前期降雨量的界定

不同时段致灾雨量是指引发山洪灾害的实测降雨过程中不同时段的最大实测雨量，通常包括 1h、3h、6h、12h、24h 等时段的最大实测雨量。

前期降雨量是指致灾雨量的统计起始点所标示的时刻（一般指灾害发生时刻）之前一定时长的累积降雨量，如前 3 日累积降雨量是指致灾雨量的统计起始点所标示的时刻之前 3 日的累积降雨量。

3.2.2 不同时段致灾雨量之间的关系

2005 年至 2011 年 6 月 15 日，临湘市共发生 14 次暴雨山洪灾害。2007 年 5 月至 2011 年 6 月降雨系列完整的 21 个站点中，仅临湘市气象观测站（编号 57585）在 14 次灾害中每次都位于降雨区，11 次以上位于降雨区的另有 6 个雨量站（编号分别为 P3524、P3528、P3552、P3553、P3557、P3558）。因其余站点样本较少，本次主要根据临湘市气象观测站、参考资料较完整的其他 6 站的雨量观测资料，结合与之匹配的灾情资料，初步分析不同时段致灾雨量之间以及致灾雨量与其前期降雨量之间的关系。

选取山洪典型示范区临湘市 57585、P3524、P3528、P3552、P3553、P3557、P3558 等 7 个雨量站点分别进行不同时段山洪灾害致灾雨量之间的线性回归分析。各站不同时段致灾雨量之间存在线性正相关关系并能通过显著性检验，拟合优度（R^2）成果见表 3-1，表中：1h_max、3h_max、6h_max、12h_max、24h_max 表示在山洪灾害降雨过程中的 1h、3h、6h、12h、24h 最大雨量（即致灾雨量，下同）。出于篇幅考虑，这里只给出临湘（58575）站的回归分析成果，见图 3-1。

57585、P3524、P3528、P3552、P3553、P3557、P3558 等 7 站分布在临湘市北部，根据这 7 站资料，采用泰森多边形法计算面雨量，然后对不同时段的致灾面雨量进行回归分析。不同时段致灾面雨量之间也存在线性正相关关系并能通过显著性检验，拟合优度成果同列于表 3-1，回归分析成果见图 3-2。

表 3-1　　临湘市示范区代表站不同时段致灾雨量间线性回归分析拟合优度(R^2)表

站点	致灾雨量	1h_max	3h_max	6h_max	12h_max	24h_max
P3524	1h_max	1.00	0.98	0.98	0.83	0.83
	3h_max		1.00	0.98	0.81	0.81
	6h_max			1.00	0.86	0.86
	12h_max				1.00	1.00
	24h_max					1.00
P3528	1h_max	1.00	0.98	0.90	0.81	0.79
	3h_max		1.00	0.96	0.88	0.85
	6h_max			1.00	0.96	0.88
	12h_max				1.00	0.94
	24h_max					1.00
P3552	1h_max	1.00	0.81	0.71	0.62	0.56
	3h_max		1.00	0.96	0.92	0.83
	6h_max			1.00	0.96	0.86
	12h_max				1.00	0.92
	24h_max					1.00
P3553	1h_max	1.00	0.94	0.74	0.48	0.46
	3h_max		1.00	0.86	0.62	0.59
	6h_max			1.00	0.90	0.85
	12h_max				1.00	0.92
	24h_max					1.00
P3557	1h_max	1.00	0.85	0.66	0.62	0.72
	3h_max		1.00	0.94	0.85	0.83
	6h_max			1.00	0.94	0.86
	12h_max				1.00	0.94
	24h_max					1.00
P3558	1h_max	1.00	0.90	0.90	0.86	0.85
	3h_max		1.00	0.94	0.79	0.77
	6h_max			1.00	0.94	0.90
	12h_max				1.00	0.98
	24h_max					1.00
57585	1h_max	1.00	0.93	0.88	0.73	0.76
	3h_max		1.00	0.93	0.83	0.84
	6h_max			1.00	0.95	0.93
	12h_max				1.00	0.98
	24h_max					1.00
面雨量	1h_max	1.00	0.90	0.88	0.83	0.77
	3h_max		1.00	0.95	0.82	0.77
	6h_max			1.00	0.94	0.88
	12h_max				1.00	0.96
	24h_max					1.00

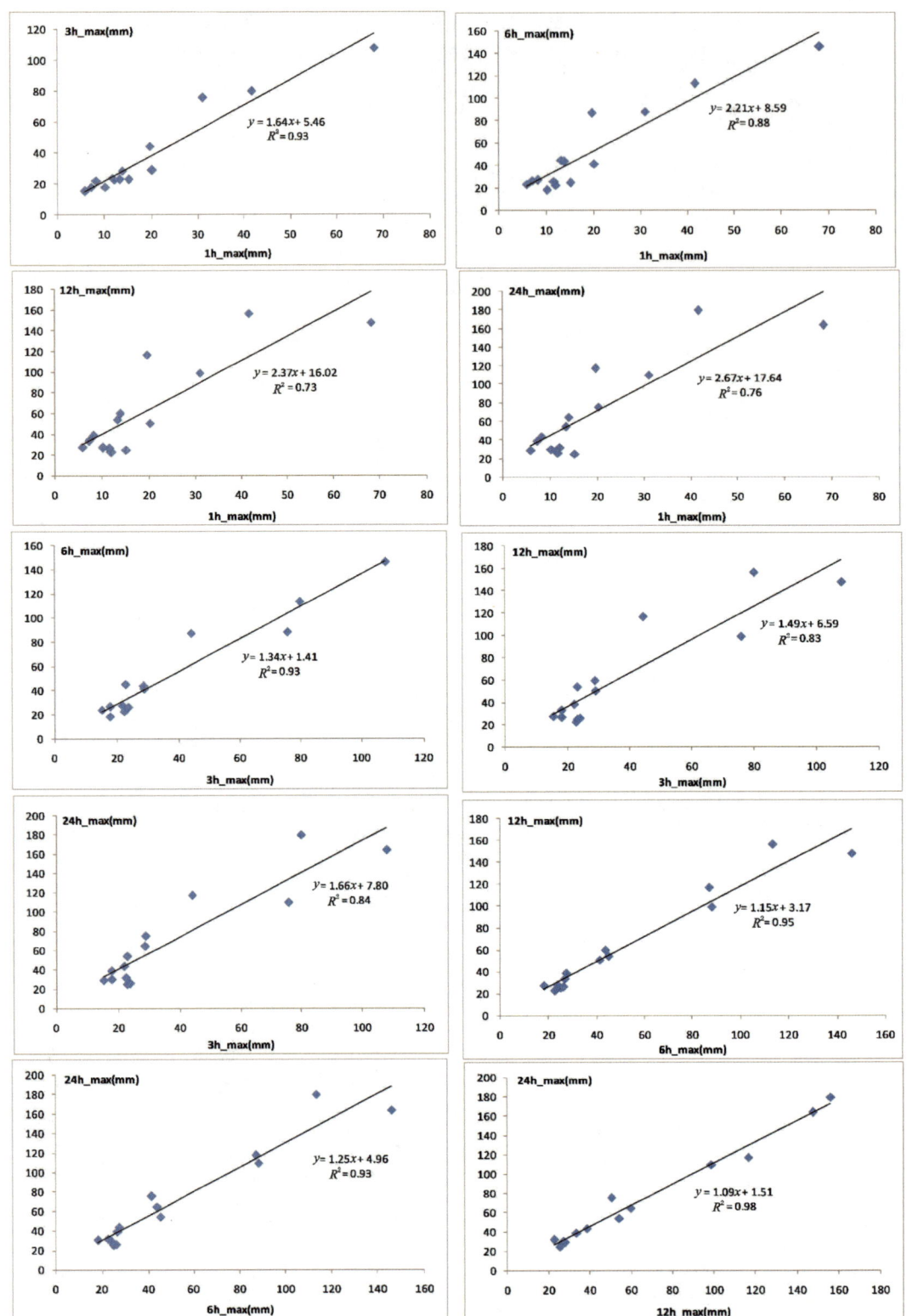

图 3-1　临湘站(57585 站)不同时段致灾雨量间的线性回归关系图

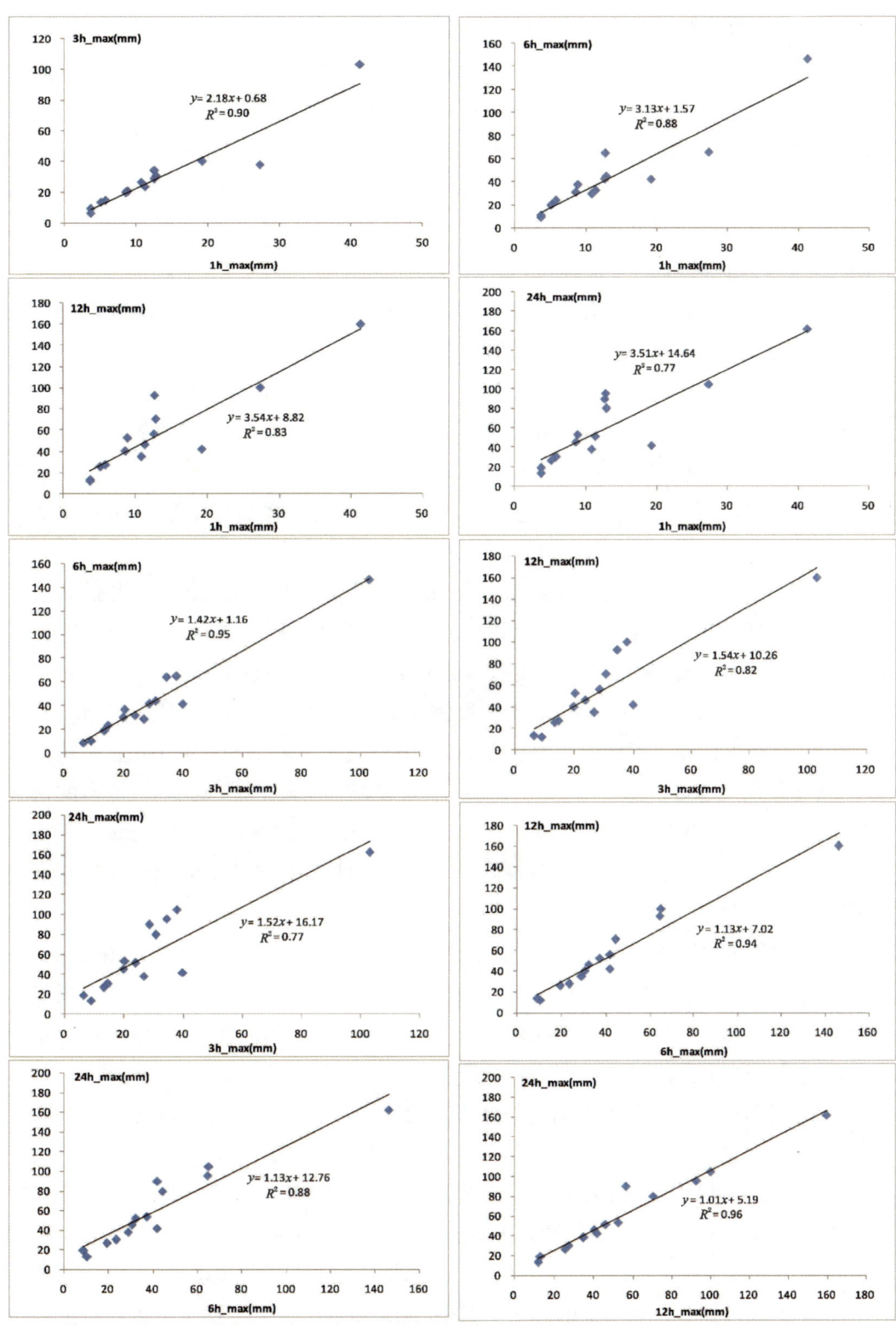

图 3-2 临湘市北部区域不同时段致灾面雨量(7 站,泰森多边形法)之间的线性回归关系图

从表 3-1 知，相关性总体较好，但若以自变量可以解释 75% 以上的因变量变异性（即拟合优度 $R^2>0.75$）为可接受精度标准，则相当部分变量之间的相关性没有好到可以建立具有可接受精度的回归方程的地步。例如，P3552、P3553、P3557 等 3 站的 1h_max 与 6h_max/12h_max/24h_max 的相关性较差，拟合优度分别是 0.71/0.62/0.56、0.74/0.48/0.46、0.66/0.62/0.72，其中 P3553 站尤差，与其他各站同类拟合优度相比，明显异常，1h_max 与 24h_max 回归直线的拟合优度甚至不能通过 $\alpha=0.01$ 的显著性检验。对于一元线性回归分析，F 检验和 t 检验等价，$n=13$，$F=R^2/[(1-R^2)/(n-2)]=9.37<F_{0.01}(1,n-2)=9.65$。这可能是因为这些站点多次出现 6h/12h/24h_max 降雨过程没有包含 1h_max 的情况。其他各站也存在类似情况，但较少见，对相关系数的影响不大。实际上 3h_max 降雨过程未包括 1h_max 的现象也存在，但很罕见，只有极个别。这个现象说明，在无短历时暴雨观测资料的地区，采用推算暴雨时程分配的暴雨衰减指数法从长时段致灾暴雨推求短时段致灾雨量的精度可能不够可靠。同时这也表明不存在一个控制性的时段致灾雨量，据此可以排除寻找一个控制性的时段雨量作为山洪灾害临界雨量指标的尝试的可行性。

从表 3-1 可知，不同时段致灾面雨量间的相关性总体较好，根据相同的可接受精度标准，变量之间可建立具有可接受精度的回归方程，这与单站分析成果有出入。由此可见，作为单站雨量加权平均值的面雨量在一定程度上掩盖了降雨的空间分布特征。图 3-1 显示，临湘气象站（57585）12h 致灾雨量和 24h 致灾雨量之间的线性回归方程是 24h_max＝1.094×12h_max＋1.509，拟合优度为 0.98，即 24h 致灾雨量和 12h 致灾雨量在数值上的差别很小，其变化也几乎可以完全由 12h 致灾雨量来解释。也就是说，从 14 个样本的情况来看，24h 雨量激发的山洪灾害几乎可以完全由 12h 致灾雨量控制，24h 致灾雨量并不是判断山洪灾害发生与否的必不可少的控制指标。作为单站雨量加权平均值的面雨量也存在类似情况（见图 3-2），其余 6 个站点同样如此（见图 3-3）。

事实上，6h 与 24h 致灾雨量的相关性就已非常好，各站的拟合优度均在 0.85 以上（表 3-1），尽管回归方程的参数表明二者在数值上有一定差异（图 3-4），但降雨历时增量和降雨量增量不成比例。图 3-5 进一步表明 6h 与 12h 致灾雨量的相关性更强，但数值上也同样存在一定差异。这说明 6h 致灾雨量在一定程度上也可近似地代表 24h 或 12h 致灾雨量，基于前述初步分析，可代表 24h 致灾雨量的最短时段致灾雨量应当是 6～12h 之间的某个时段临界雨量。

上述现象表明，尽管客观上很难找到一个控制性的时段降雨量，但 12h 致灾雨量在很大程度上能够控制 24h 致灾雨量，6h 致灾雨量在一定程度上也可代表 24h 和 12h 致灾雨量，这暗示临湘很少发生持续超过 12h 的可能导致山洪灾害的强降雨现象，尽管有少数强降雨历时可能超过 6h，但 6h 以后增加的降雨量有限，绝大多数山洪灾害发生与否均可近似地由 6h 以内的时段累积雨量所代表。

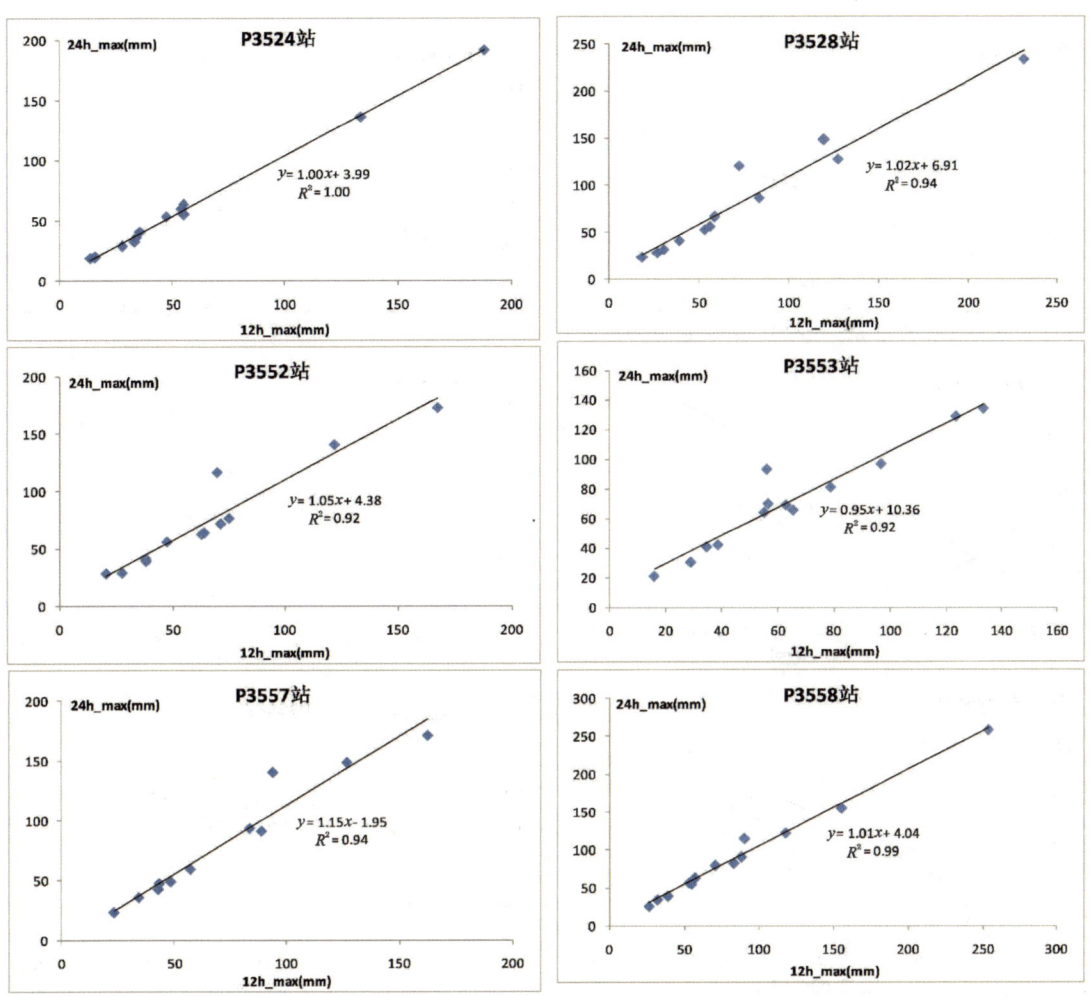

图 3-3 6 个雨量站 12h 与 24h 致灾雨量的线性回归关系图

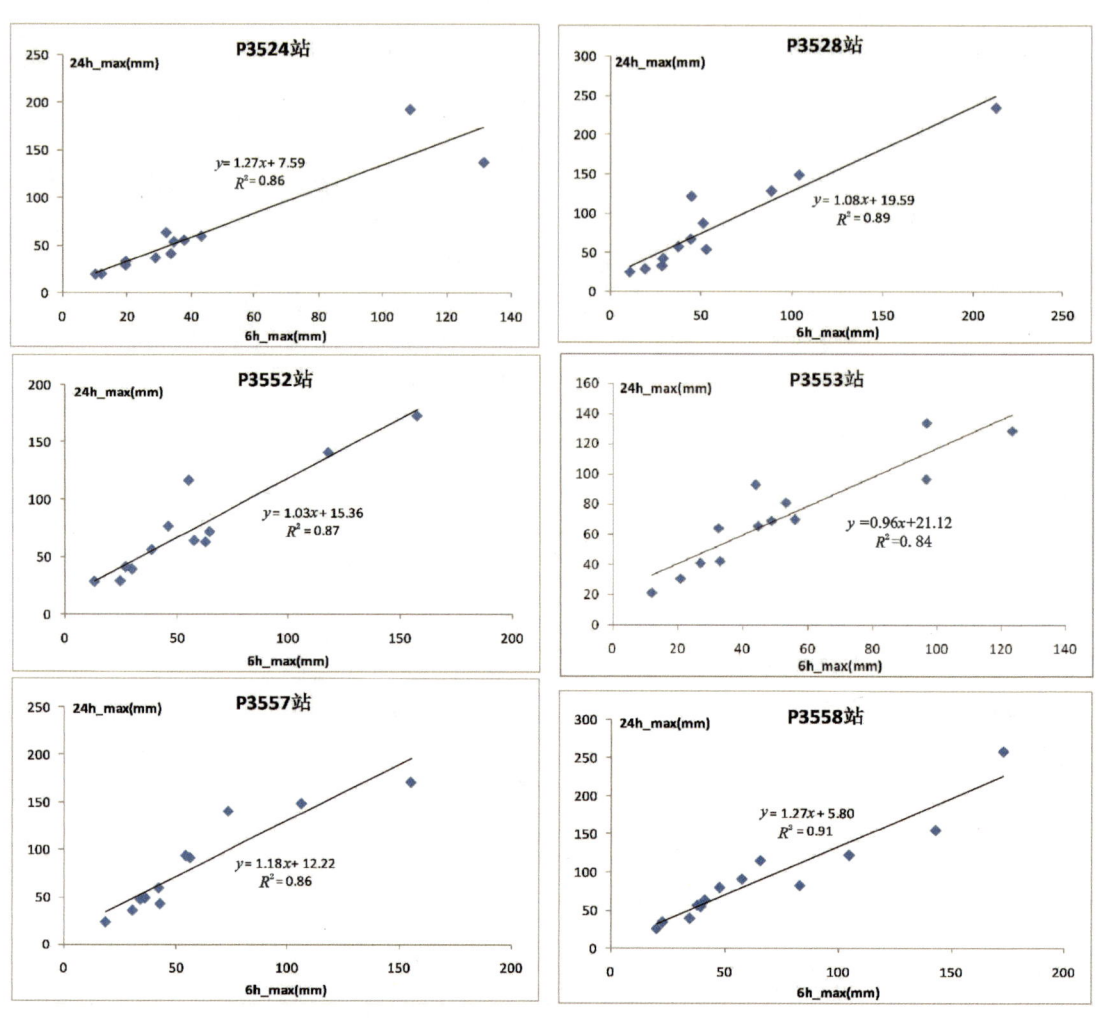

图 3-4　6 个雨量站 6h 与 24h 致灾雨量的线性回归关系图

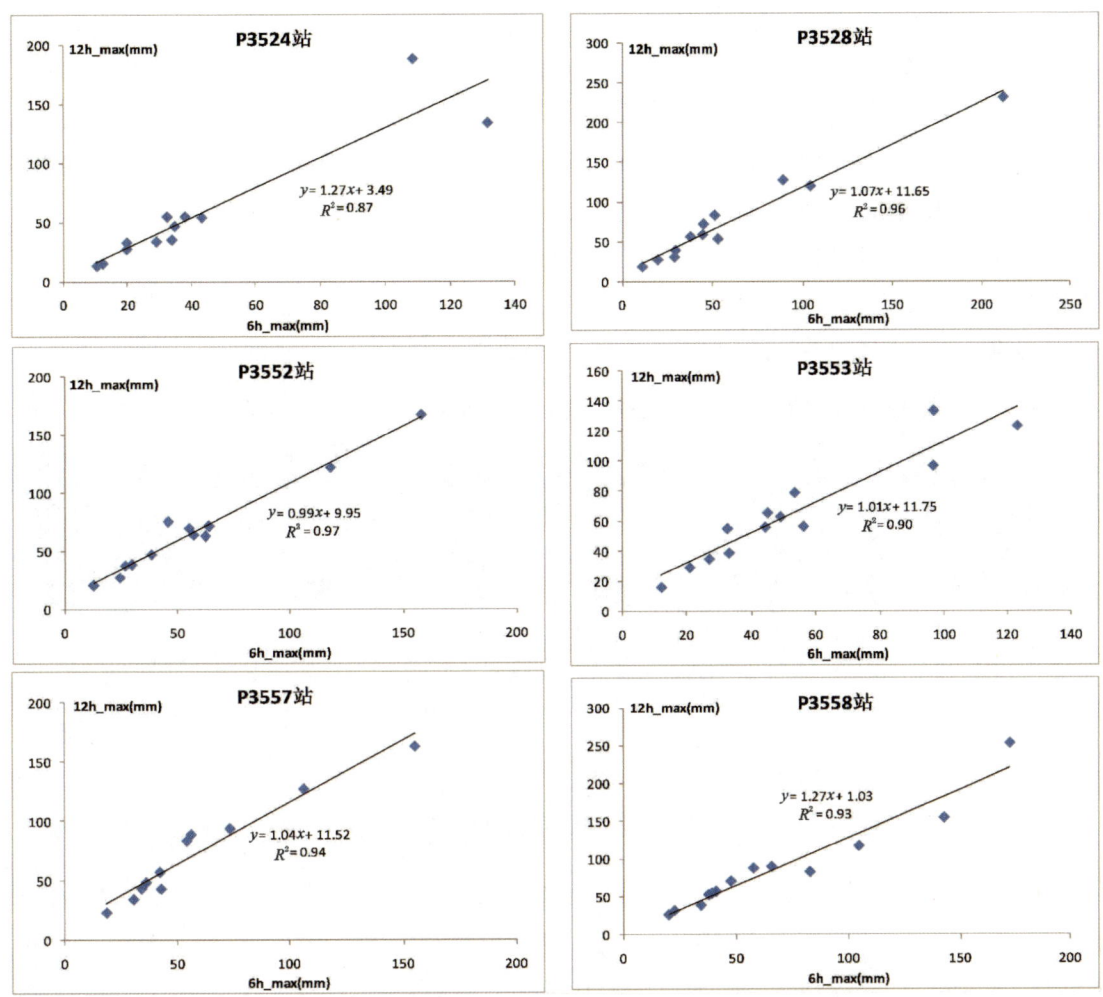

图 3-5　6 个雨量站 6h 与 12h 致灾雨量的线性回归关系图

3.2.3　不同时段致灾雨量与相应前期降雨量之间的关系

前期降雨量主要用于反映前期土壤湿度。不同时段前的降雨对当前土壤湿度的影响显然也有所不同。因此，通常采用有效降雨量反映前期降雨量对土壤湿度的影响。水文学中，有效降雨量常采用前期影响雨量（前期降雨量指数，API）表示，其定义式为：

$$P_{a,t} = KP_{t-1} + K^2 P_{t-2} + K^3 P_{t-3} + \cdots + K^n P_{t-n} \tag{3.1}$$

式中：$P_{a,t}$——第 t 天的前期影响雨量（mm）。

$P_{t-1}, P_{t-2}, P_{t-3}, \cdots, P_{t-n}$——第 t 天之前 $1,2,3,\cdots,n$ 天的降雨量（mm）。

K——P_a 的日折减系数。

P_a 不应超过最大流域蓄水容量。K 与流域蒸散发能力和流域蓄水容量有关，但通常取为常系数，如 0.85 左右；n 的合理取值与 K 有关，如当 $K=0.85$ 时，$K^{30}=0.008$，即 30 日前的有效降雨量只有当日实测降雨量的 0.8% 左右，取 $n=30$ 时误差可以接受。

确定较准确的 K 值比较麻烦,前期影响雨量计算需要前溯的天数也较多,即 n 的取值通常较大,一般在 15 以上,在实际工作中不够简便和通俗易懂。另一方面,在实践工作中,山洪灾害临界雨量通常基于经验和简单统计进行分析计算,精度有限,往往不需要获取精确的前期影响雨量。因此,在实际工作中,前期降雨量往往不用水文学上严格定义的前期影响雨量(前期降雨量指数)表示,而直接用前 3d 或前 7d 累积降雨量表示,这里沿用这一做法。

临湘市各站不同时段致灾雨量与其前 3d/7d 累积降雨量的相关系数和回归分析拟合优度的结果见表 3-2。显然,从表中结果初步分析认为致灾雨量与其前期降雨量的相关性很差,而且正负不一,可以认为两者之间不存在线性相关关系,简单的显著性检验结果可证明这一点。

表 3-2　临湘市各站不同时段致灾雨量与其前 3d/7d 累积降雨量的相关系数和回归分析拟合优度(R^2)表

对象		1h_max		3h_max		6h_max		12h_max		24h_max	
		相关系数	拟合优度	相关系数	拟合优度	相关系数	拟合优度	相关系数	拟合优度	相关系数	拟合优度
P3524	PR_3d	0.01	0.00	0.13	0.02	0.20	0.04	−0.19	0.04	−0.17	0.03
	PR_7d	0.24	0.06	0.34	0.12	0.40	0.16	0.10	0.01	0.11	0.01
P3528	PR_3d	−0.33	0.11	0.18	0.03	0.17	0.03	0.22	0.05	0.36	0.13
	PR_7d	0.04	0.00	0.31	0.10	0.31	0.10	0.36	0.13	0.44	0.20
P3552	PR_3d	−0.02	0.00	−0.39	0.15	−0.42	0.18	−0.38	0.14	−0.23	0.05
	PR_7d	−0.12	0.02	−0.30	0.09	−0.19	0.04	−0.18	0.03	0.03	0.00
P3553	PR_3d	−0.38	0.15	−0.38	0.15	−0.32	0.10	−0.21	0.04	−0.11	0.01
	PR_7d	−0.31	0.09	−0.38	0.15	−0.39	0.15	−0.32	0.11	−0.30	0.09
P3557	PR_3d	−0.01	0.00	0.22	0.05	0.22	0.05	0.27	0.07	0.43	0.18
	PR_7d	−0.04	0.00	0.27	0.07	0.34	0.12	0.35	0.12	0.60	0.36
P3558	PR_3d	−0.42	0.18	0.21	0.05	−0.28	0.08	−0.26	0.07	−0.14	0.02
	PR_7d	0.09	0.01	0.35	0.12	0.22	0.05	0.34	0.11	0.42	0.18
57585	PR_3d	−0.01	0.00	−0.01	0.00	−0.02	0.00	−0.18	0.03	0.08	0.01
	PR_7d	0.30	0.09	0.30	0.09	0.31	0.10	0.22	0.05	0.36	0.13
面雨量	PR_3d	−0.20	0.04	0.02	0.00	0.13	0.28	−0.05	0.00	0.00	0.00
	PR_7d	0.02	0.00	0.17	0.03	0.02	0.08	0.23	0.05	0.25	0.06

以 1h_max 与相应 PR_3d(3d 降雨量)/PR_7d(7d 降雨量)的回归直线为例(见图 3-6)。根据拟合优度可方便地计算两条回归直线的 F 统计量,分别为 0.0010 和 1.1989,均小于 $F_{0.01}(1,n-2)=F_{0.01}(1,12)=9.33$,不能通过显著性水平 $\alpha=0.01$ 的拟合优度检验,甚至小于 $F_{0.10}(1,12)=3.18$,连显著性水平 $\alpha=0.10$ 检验都不能通过,即认为 1h_max 和 PR_3d、PR_7d 之间均不存在显著的线性关系。

需要特别指出的是:致灾雨量并非临界雨量,理论上致灾雨量可以是大于临界雨量的任意值,因此上述"致灾雨量与前期降雨量之间不存在显著的线性相关关系"的结论并不适用于临界雨量与前期降雨量之间的关系。

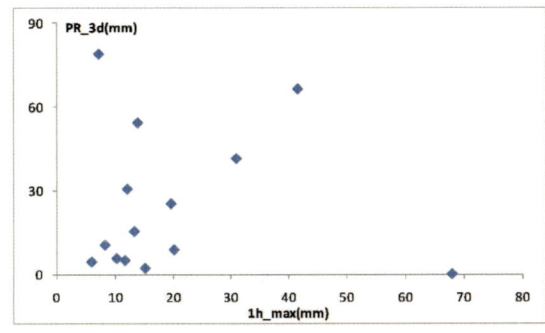 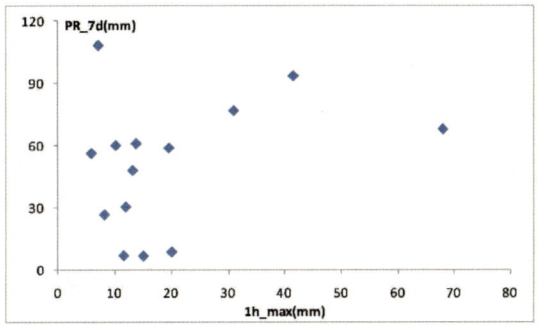

图 3-6　临湘气象站(57585)1h 致灾雨量分别与前 3d/7d 累积降雨量散点图

3.3　临界雨量与前期降雨量关系模型构建

3.3.1　雨量资料的分析处理

由于致灾雨量和前期降雨量之间相关性很差,而且致灾雨量与临界雨量并不等同,无法由此构建临界雨量—前期降雨量关系模型,必须综合考虑其他信息。考虑结合未致灾暴雨的最大雨量及其前期降雨量数据,通过经典的判别分析法和本章提出的一种经验方法,分别给出临界雨量—前期降雨量的关系模型并进行比较分析。这里隐含一个基本假设,针对临湘市示范区内即只有降雨量值达到或超过暴雨标准才有可能触发山洪灾害。

3.3.1.1　未致灾暴雨的提取

未致灾暴雨即降水量达到暴雨标准,但实际未造成山洪灾害发生现象,从 2007—2011 年历史降雨系列中提取,提取标准依据《降水量等级》(GB/T 28592—2012)暴雨的下限值设定,见表 3-3,其中 3h/6h 的未致灾暴雨提取标准是通过线性插值获得的。

表 3-3　　　　　　　　　　未致灾暴雨的提取标准

种类	24h 降水量	12h 降水量	6h 降水量	3h 降水量	1h 降水量
暴雨标准	≥50.0mm	≥30.0mm	≥18.0mm	≥12.0mm	≥8.0mm

以临湘市临湘气象观测站(57585 站)为例。根据表 3-3 的提取标准,除致灾暴雨外,57585 站 2007—2011 年历史降雨系列中满足提取标准的降雨过程共有 25 次,其中 1h、3h、6h、12h、24h 降雨量满足提取标准的分别有 22 次、25 次、25 次、18 次、12 次。

3.3.1.2　致灾降雨系列异常数据的剔除

通常所谓的异常数据是指观测误差较大的数据,可以采用多种方法来剔除异常数据。首先需尽可能地检查异常数据出现的原因,以便有充分的依据对数据进行取舍;对于无法找出原因的异常数据,则常用统计检验方法进行剔除,异常数据的判别准则包括莱茵达准则、格拉布斯准则、狄克逊准则和肖维勒准则等[63]。

致灾雨量系列的异常数据是指山洪灾害致灾雨量观测数据中很可能不是合理的致灾雨

量数据,即本不是但被统计纳入本次山洪灾害观测数据系列的数据,其来源主要有两个:

一是由于本次收集的灾情和雨量资料不够详细,尽管临湘(57585)站每次灾害都有降雨记录,但无法判断该站是否每次都真正位于核心灾害区内。完全存在这种可能:临湘站只是位于灾害区边缘区或者远离灾害区而同时有降雨,尽管较大范围的区域发生了山洪灾害,但该站控制区域并未发生山洪灾害。这样的数据对本次山洪灾害的代表性差,属于需要剔除的异常数据。

二是根据临界雨量的定义,任意时段的致灾雨量超过相应临界雨量就将发生山洪灾害,无需每一时段的致灾雨量都满足超过相应临界雨量的条件。因此很可能会有未超过某时段临界雨量的"致灾雨量"混入观测值中,这属于该时段致灾雨量的异常数据,需要剔除。

上述两类异常数据的剔除可通过统计检验致灾雨量观测数据系列进行分析剔除,但实际效果不好,因这两类异常数据都是系列中的小值,而且数量不明,由异常小值占多数而成主流,从而错误地剔除数值较大的真值可能。这里采用一种比较简单的方法来剔除异常数据,即根据未致灾暴雨系列数据划定临界雨量的下界曲线,位于下界曲线以下的致灾雨量数据为需要剔除的异常数据。

以临湘站1h最大雨量与其前3日累积降雨量数据为例,说明山洪灾害临界雨量下界曲线绘制的基本思路(见图3-7)。

1)找出未致灾暴雨系列的数据中心点,通过数据中心点平行坐标轴作两条正交直线(图3-7中红线所示),将数据空间划分为4个区域。其中,Ⅰ区:发生山洪灾害的可能性最小,不确定性相对较小;Ⅲ区:发生山洪灾害的可能性最大,不确定性相对较小;Ⅱ、Ⅳ区:是否发生山洪灾害的不确定性相对较大。

2)分别找出Ⅱ、Ⅳ区的数据中心点,称为二次数据中心点。同样作正交直线(图3-7中蓝线所示),将Ⅱ、Ⅳ区分别划分为4个子区域。子区域性质与以上类似。

3)从未致灾降雨数据中心点作一条曲线:首先采用距离平方和最小准则使之尽可能靠近两个二次数据中心点,然后采用目估适线方法微调曲线,使尽可能多的致灾降雨点据位于曲线上方,将这条曲线作为山洪灾害临界雨量的下界曲线。

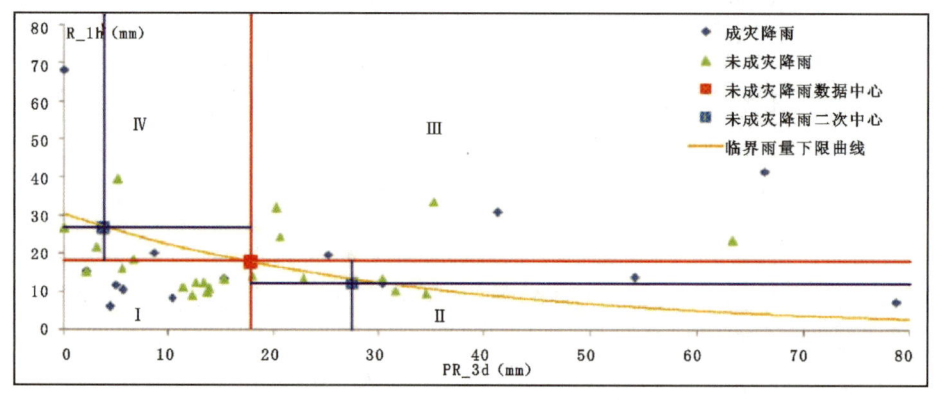

图 3-7 临界雨量下界曲线示意图

理论上,如果样本足够多,可以按上述方法给出更多数据中心点据,然后进行数据拟合画出下界曲线。为方便起见,同时由于样本较少,采用固定线型。根据文献,临界雨量—前期降雨量曲线的线型有采用 $y=(ax+b)/x$ 型双曲线[53]或直线形式[52]的,但 $y=(ax+b)/x$ 型双曲线在靠近 y 轴时上升过快,在无前期降雨时临界雨量无限大,显然不够合理;由于临界雨量不太可能随前期累积降雨量的增加而匀速下降,直线也不够理想,因而考虑采用 $y=(ax+b)/(x+c)$ 型双曲线或指数曲线($y=ae^{bx}$)。这两类曲线在靠近 y 轴时稍陡、远离 y 轴时平缓,与 $y=(ax+b)/x$ 型双曲线型接近而无其缺陷,是比较理想的线型。示例采用指数曲线,考虑到上述基本假设,即只有降雨达到或超过暴雨标准才可能形成山洪灾害,考虑以 $y=c_0$ 作为曲线的渐近线,即下界曲线的表达式为:

$$y = a_0 e^{b_0 x} + c_0$$

式中:a_0, b_0, c_0——常数,$a_0>0, b_0<0, c_0>0$,即相应时段的暴雨标准取值。

异常数据剔除后,有效的致灾降雨数据最多剩下 8 个,各时段的有效数据见表 3-4。

表 3-4　　　　　　　各时段的有效数据表

致灾雨量时段	1h		3h		6h		12h		24h	
前期降雨量时段	3d	7d	3d	7d	3d	7d	3d	7d	3d	7d
有效数据数量	5	4	7	7	8	8	6	6	6	6

3.3.2　基于判别分析法构建关系模型

判别分析法是判别样品所属类型的一种统计方法,应用很广泛。判别分析法在已知研究对象分成若干类型并已取得一批各种类型的已知样品观测数据的基础上,根据某些准则建立判别式,然后对未知类型的样品进行判别分类。

判别分析法可以有不同的判别准则,如马氏距离最小准则、Fisher 准则、最大似然准则、最大概率准则等,按判别准则的不同又可以提出多种判别方法,常用的判别分析法包括距离判别法、Fisher 判别法、Bayes 判别法和逐步判别法。

本章采用距离判别分析法,建立判别函数,构建临界雨量—前期累积降雨量的关系模型。图 3-8 给出了一个示例,由于样本点较少,具有二次判别函数的马氏距离法表现不佳,故只对数据系列进行简单的线性距离判别分析,并将分析成果与经验方法得到的判别线进行比较分析。

线性判别成果见图 3-9 至图 3-18,判别函数,即临界雨量—前期降雨量的线性关系模型。由图可见,用判别线进行回判尚有一定的误判率。

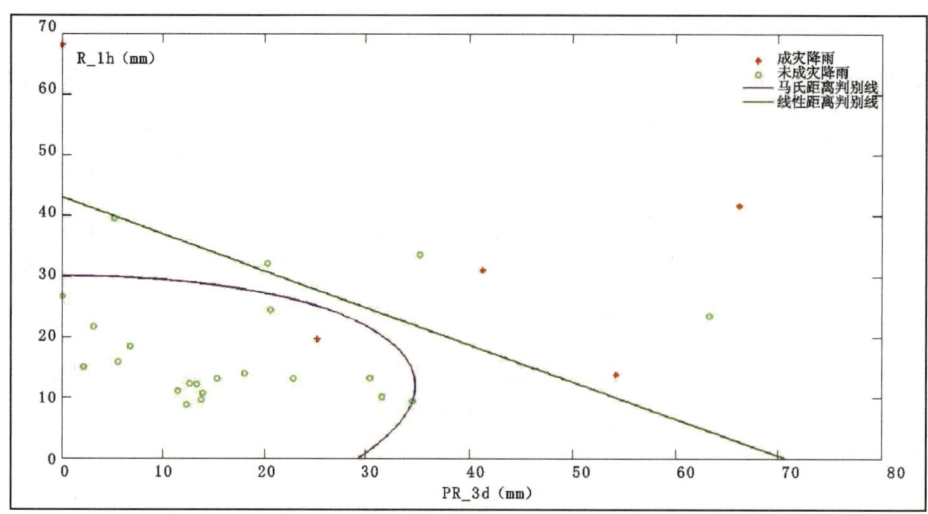

图 3-8　距离判别分析产生的判别曲线示例

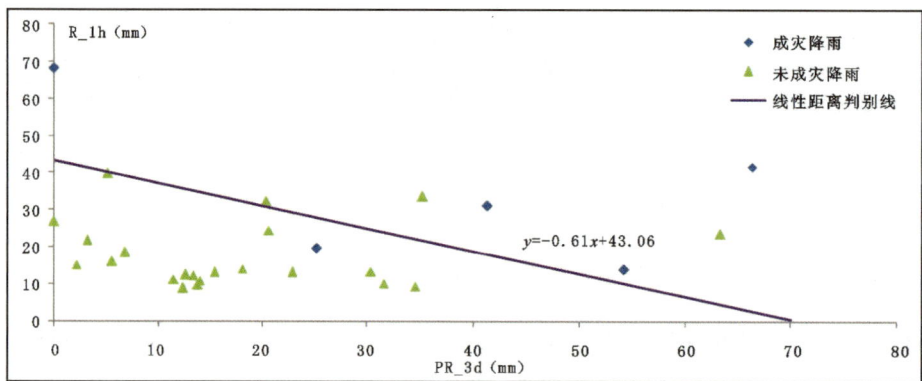

图 3-9　R_1h—PR_3d 关系模型（线性距离判别）

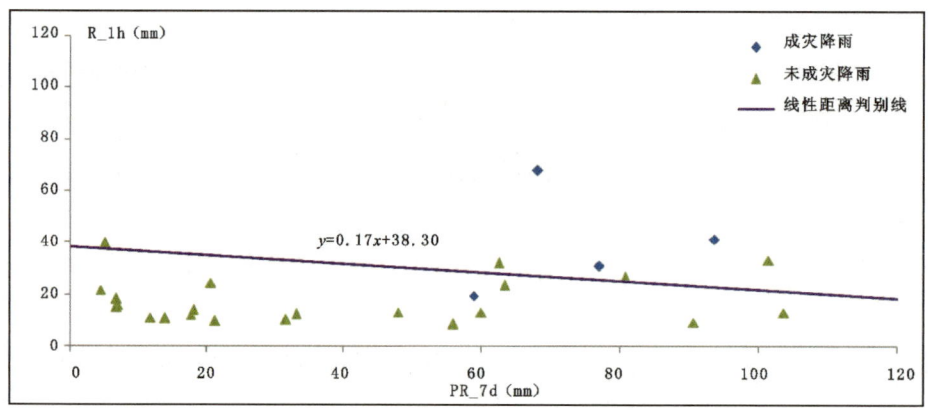

图 3-10　R_1h—PR_7d 关系模型（线性距离判别）

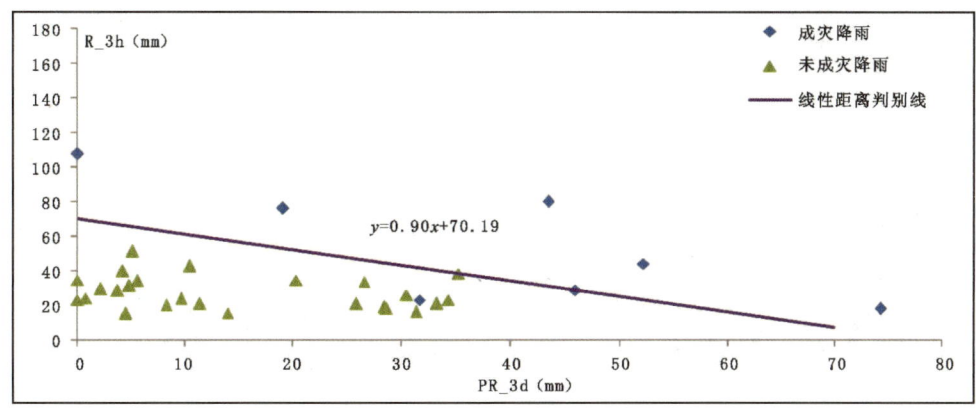

图 3-11　R_3h—PR_3d 关系模型（线性距离判别）

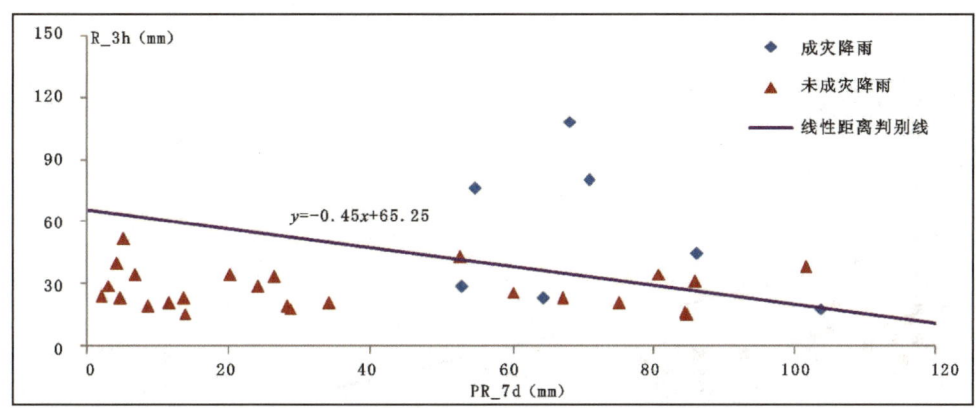

图 3-12　R_3h—PR_7d 关系模型（线性距离判别）

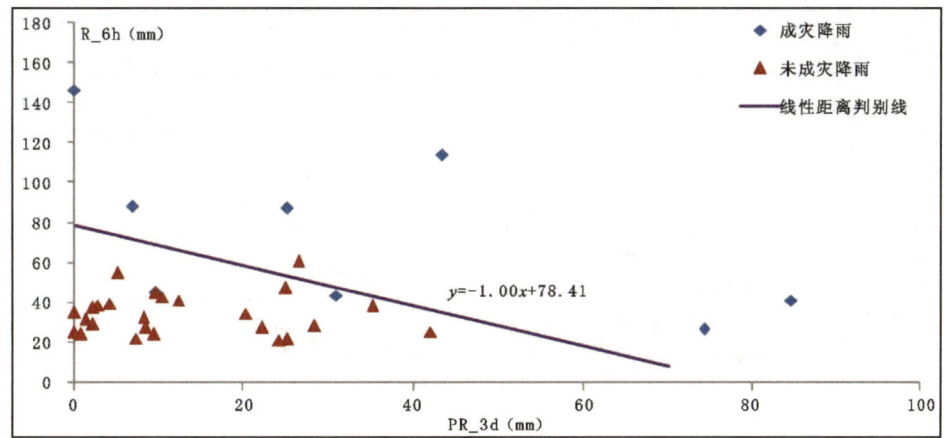

图 3-13　R_6h—PR_3d 关系模型（线性距离判别）

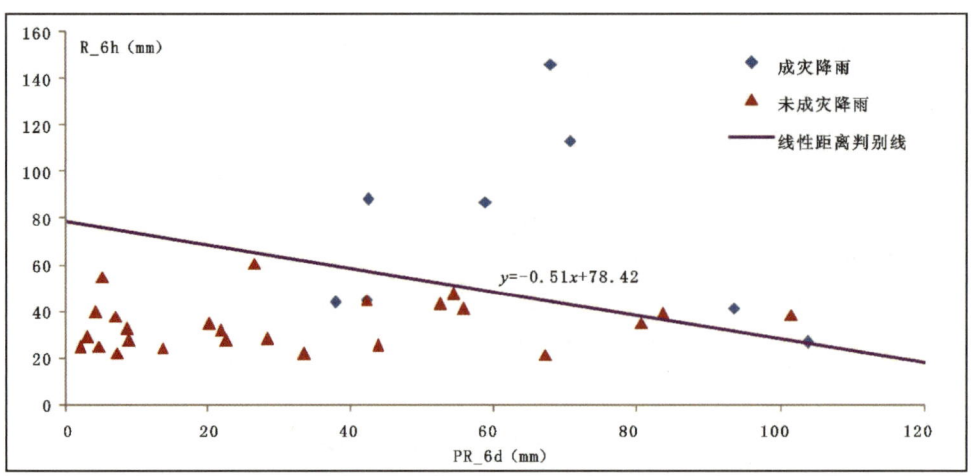

图 3-14　R_6h—PR_7d 关系模型（线性距离判别）

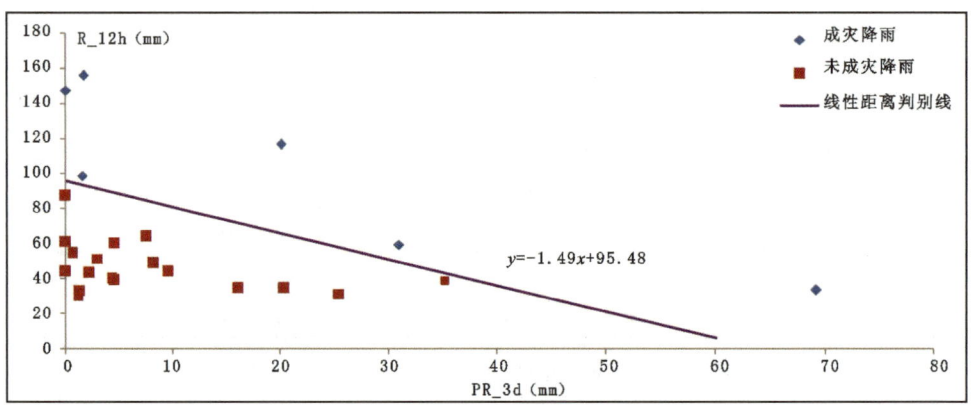

图 3-15　R_12h—PR_3d 关系模型（线性距离判别）

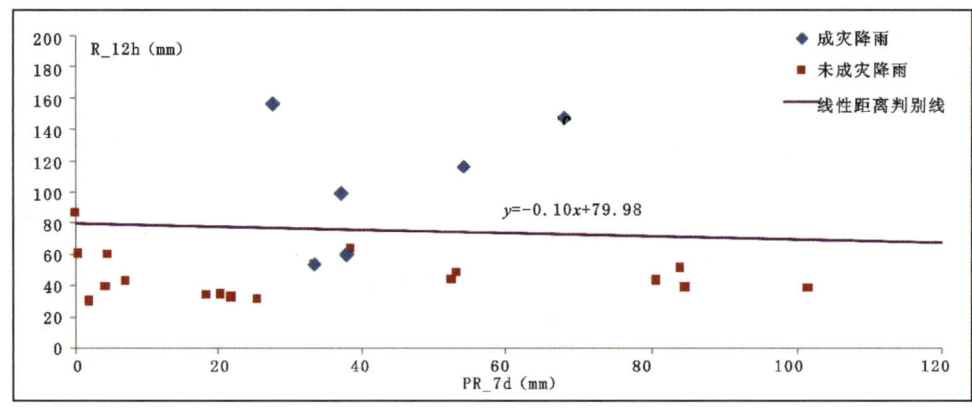

图 3-16　R_12h—PR_7d 关系模型（线性距离判别）

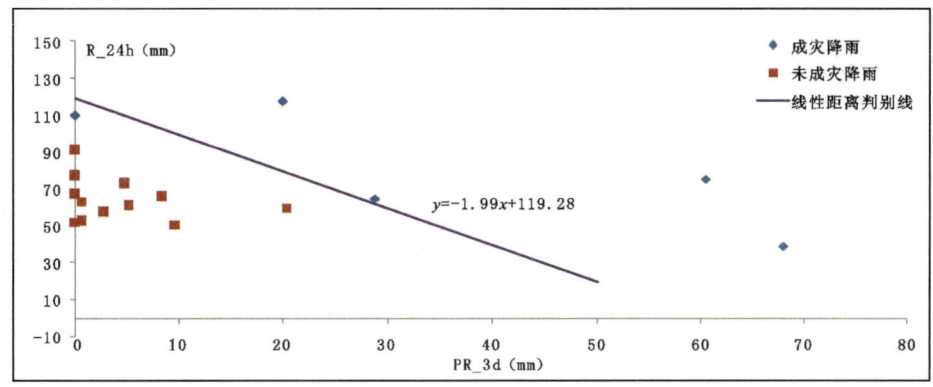

图 3-17　R_24h—PR_3d 关系模型(线性距离判别)

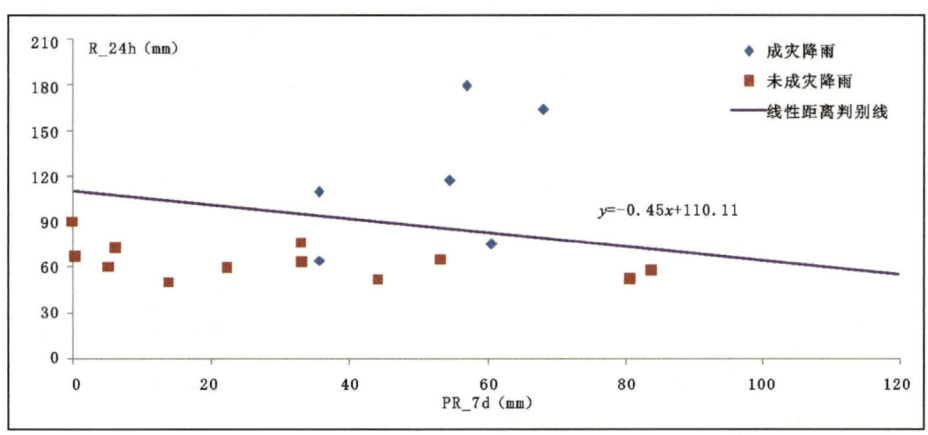

图 3-18　R_24h—PR_7d 关系模型(线性距离判别)

3.3.3　基于经验方法构建关系模型

由于临界雨量不大可能随着前期降雨量的增加而均匀下降,临界雨量—前期降雨量线性模型可能不够理想。这里给出一种建立关系模型的经验方法。

3.3.2 节中已根据未致灾降雨给出临界雨量下界曲线,采用类似方法可根据致灾降雨点据给出临界雨量的上界曲线。上界曲线的线型采用指数曲线,为保证上界曲线位于下界曲线上方,上界曲线以下界曲线为渐近线,公式为:

$$y = ae^{bx} + a_0 e^{b_0 x} + c_0$$

式中:a,b——待定系数,$a>0$、$b<0$;

a_0、b_0、c_0——下界曲线的系数,为已知参数。

据相关研究[63],干旱条件下山洪灾害临界雨量的不确定性比湿润条件下临界雨量的不确定性大,临界雨量的取值空间形状呈现为靠近 y 轴时较大、远离 y 轴则较小的喇叭形是合理的。

位于上界曲线上方的降雨点据导致山洪灾害的可能性很大,位于下界曲线下方的降雨点据导致山洪灾害的可能性很小,而位于临界雨量取值区间的降雨点据是否导致山洪灾害具有较大的不确定性。

对位于取值区间的致灾和未致灾降雨点据进行判别分析,可以得到一条临界雨量—前期降雨量曲线,但由于线性模型不够理想、二次距离判别效果不佳、其他方法则过于复杂等原因,直接取区间中值通过多项式数据拟合得到临界雨量—前期降雨量曲线,一般三次多项式就具有足够的精度。分析成果见图 3-19 至图 3-28,临界雨量—前期降雨量关系模型位于各图中的上部。

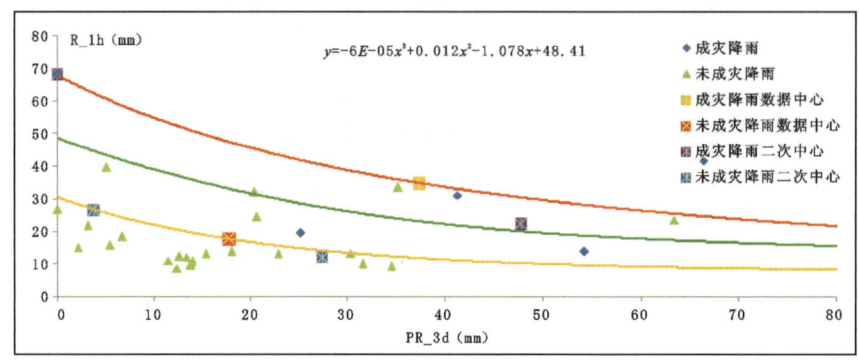

图 3-19　R_1h—PR_3d 关系模型(经验方法)

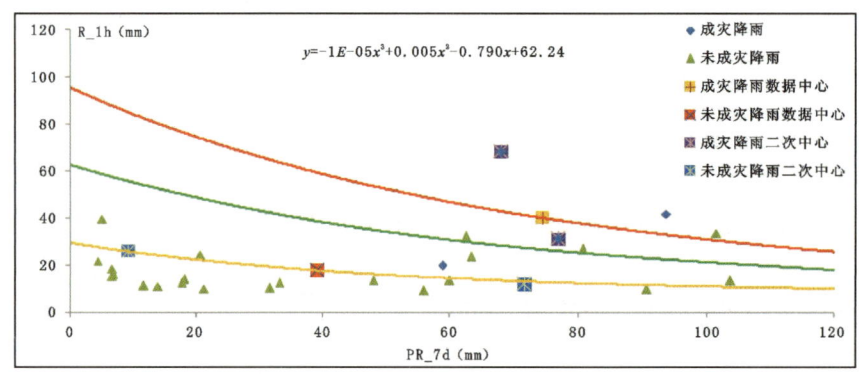

图 3-20　R_1h—PR_7d 关系模型(经验方法)

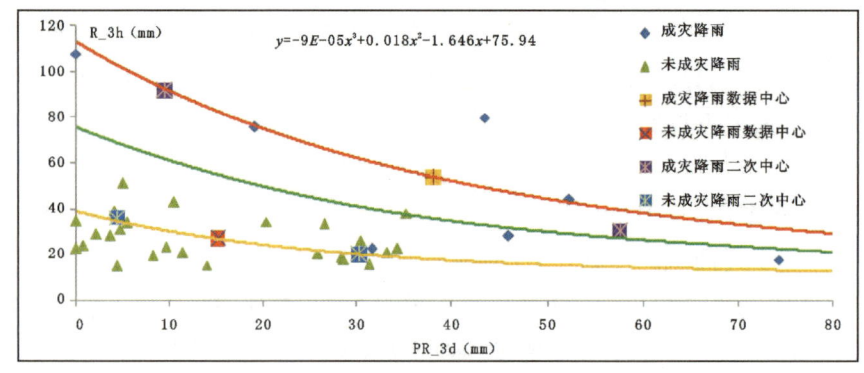

图 3-21　R_3h—PR_3d 关系模型(经验方法)

第3章 临界雨量与其主要影响因素关系分析

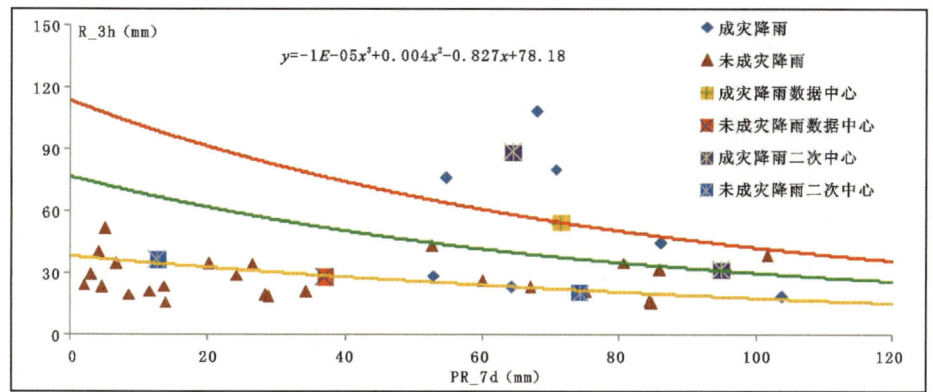

图3-22 R_3h—PR_7d关系模型(经验方法)

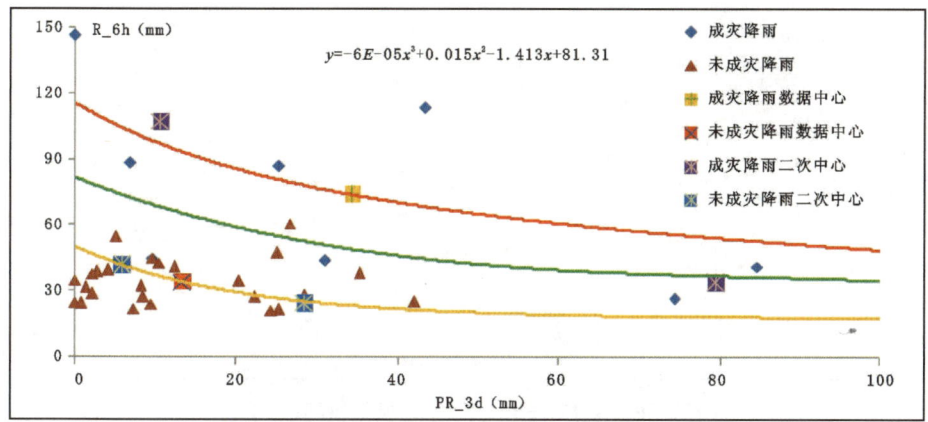

图3-23 R_6h—PR_3d关系模型(经验方法)

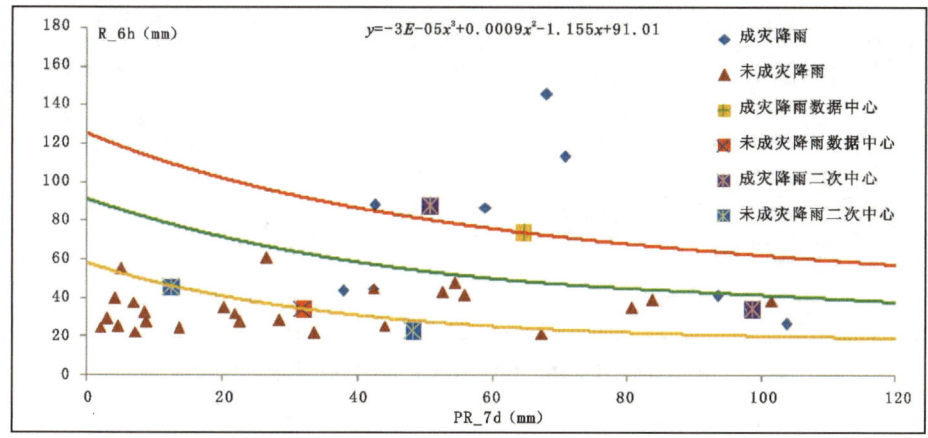

图3-24 R_6h—PR_7d关系模型(经验方法)

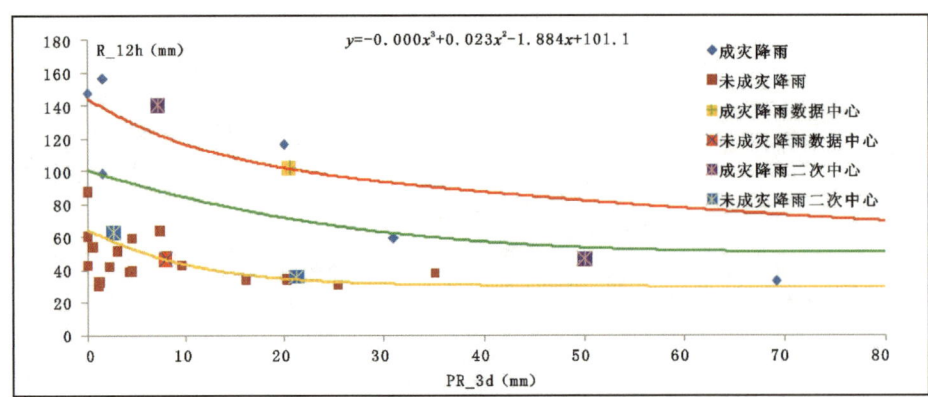

图 3-25　R_12h—PR_3d 关系模型（经验方法）

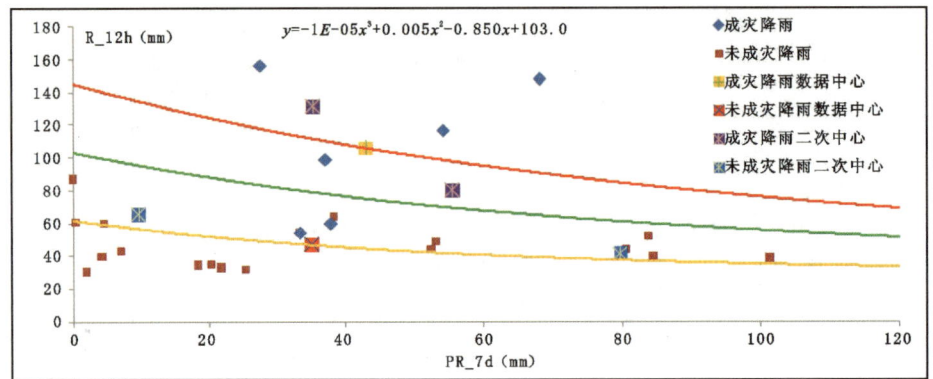

图 3-26　R_12h—PR_7d 关系模型（经验方法）

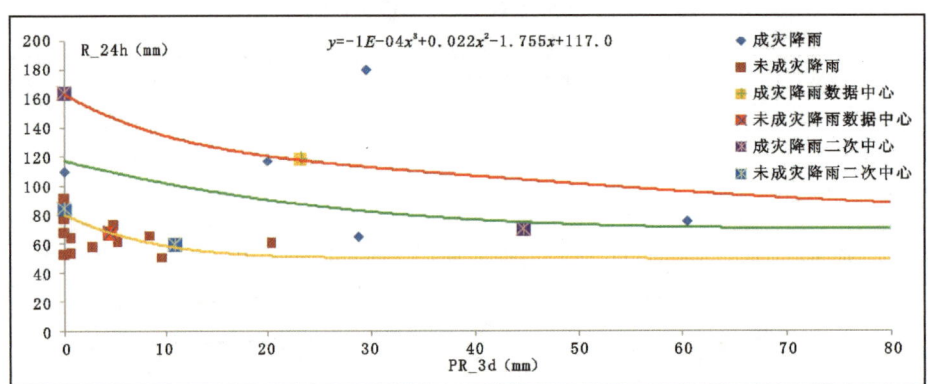

图 3-27　R_24h—PR_3d 关系模型（经验方法）

第3章 临界雨量与其主要影响因素关系分析

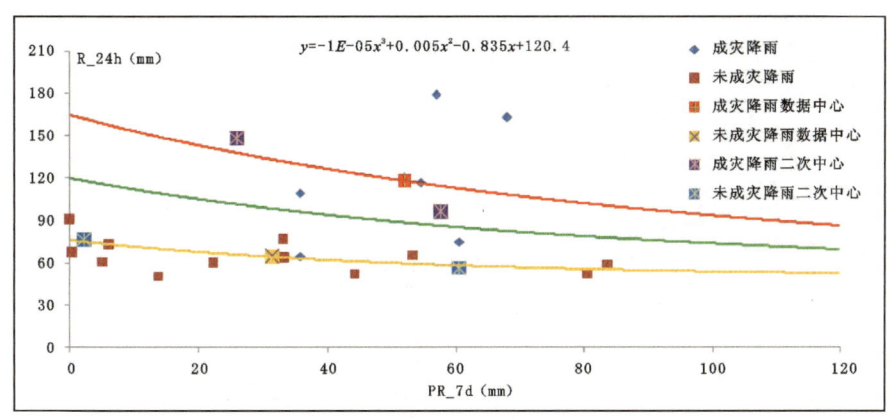

图 3-28　R_24h—PR_7d 关系模型（经验方法）

3.3.4 不同方法构建的关系模型分析比较

由图 3-29 至图 3-38 可见，线性距离判别线和经验判别线具有相当的一致性，在致灾降雨和未致灾降雨数据中心之间部分尤其接近，这说明提出的经验方法具有一定的可行性。

由图可见，即使在样本点较少的情况下，采用两种判别线对样本点进行回判时，也都存在一定的误判率。这说明对于同一雨量站控制的区域，在仅考虑前期降雨量影响的情况下，临界雨量很难表示为一个定值，这既因为其他影响因素的存在，也说明临界雨量存在一定的不确定性。因此，在只考虑前期降雨量影响时，临界雨量理论上应当表示为取值区间的形式，以便包住其他因素和不确定性的影响。在实际工作中，一些地区在确定临界雨量时对前期降雨量的影响也没有考虑，这种情况下临界雨量更应当采取取值区间的表达形式。

但现实往往是复杂的，考虑取为取值区间的临界雨量显然不如单值临界雨量方便，特别是需开展山洪预警应用时，部分基层预警员和民众对单值临界雨量的理解更到位，执行得更好。在实际预警操作中可在取值区间范围内，分析确定某一数值作为山洪灾害预警指标（阈值）。另外也可采取分级预警模式，预警等级根据取值区间划定，如区间下界作为准备转移雨量，上界值作为立即转移雨量。

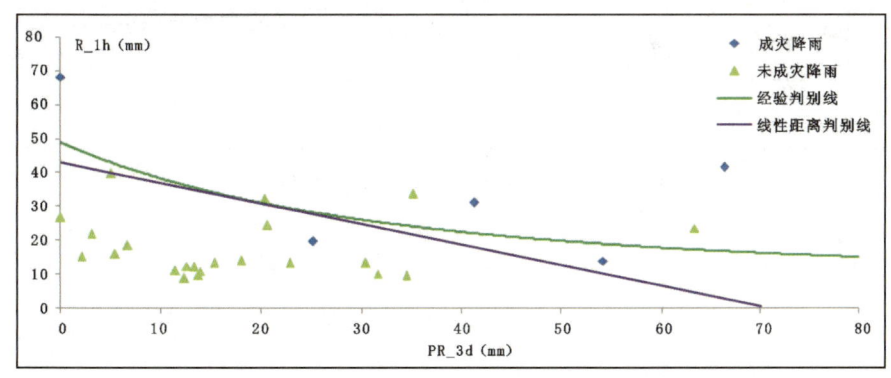

图 3-29　两种 R_1h—PR_3d 判别线的比较

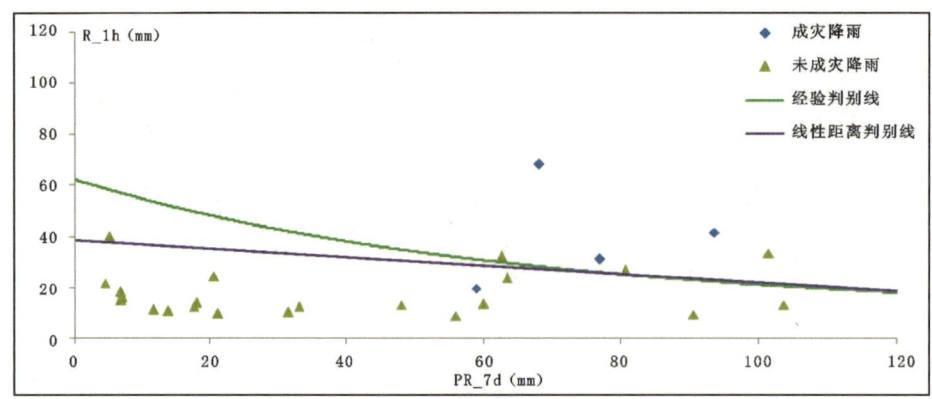

图 3-30　两种 R_1h—PR_7d 判别线的比较

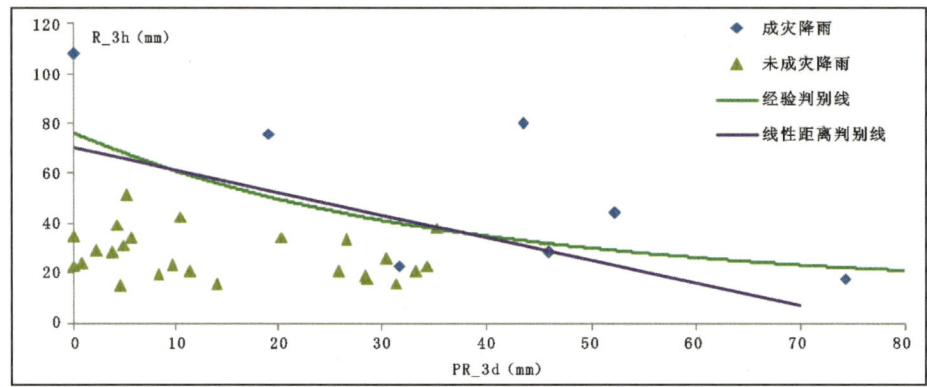

图 3-31　两种 R_3h—PR_3d 判别线的比较

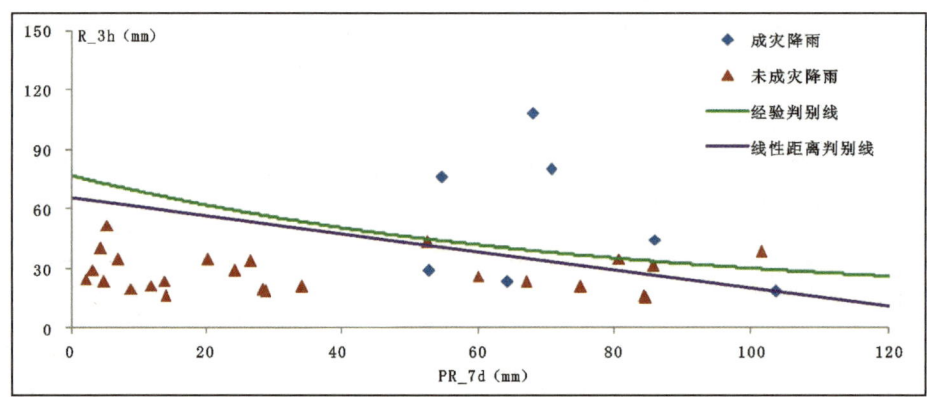

图 3-32　两种 R_3h—PR_7d 判别线的比较

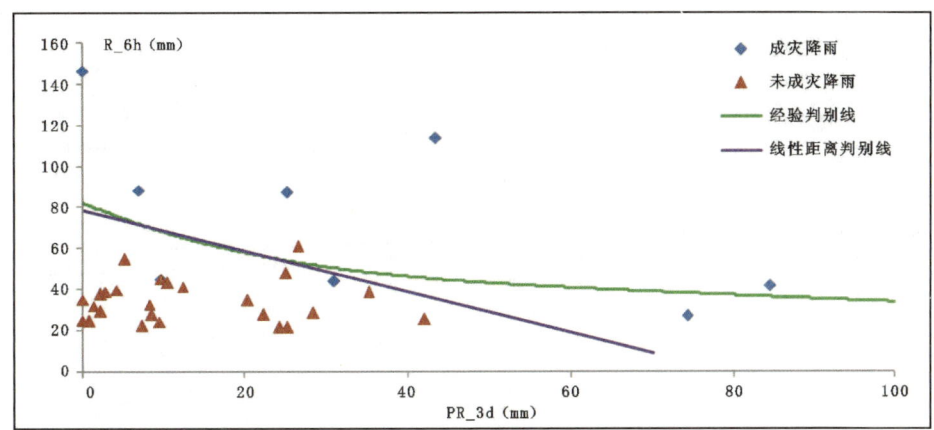

图 3-33　两种 R_6h—PR_3d 判别线的比较

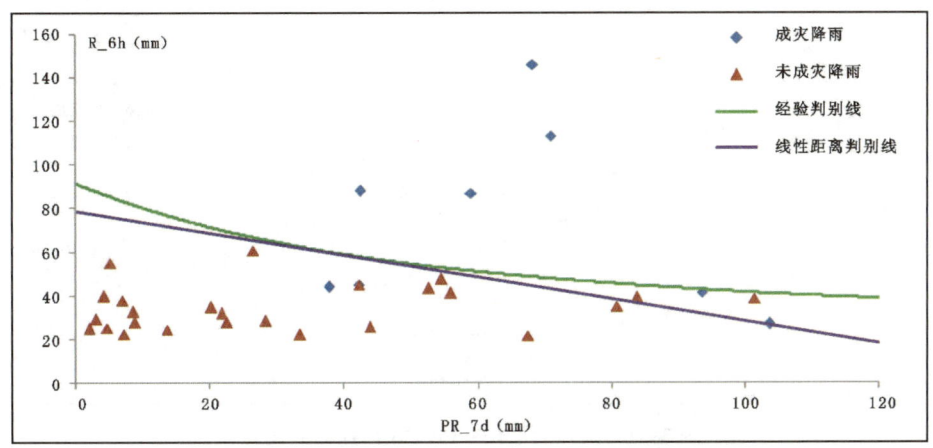

图 3-34　两种 R_6h—PR_7d 判别线的比较

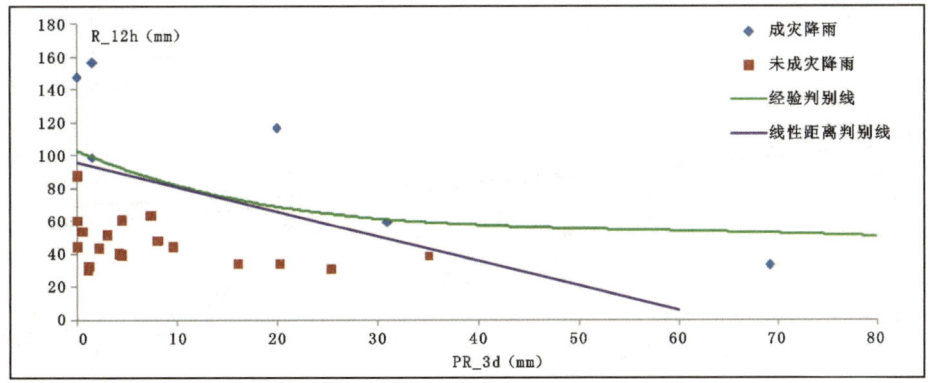

图 3-35　两种 R_12h—PR_3d 判别线的比较

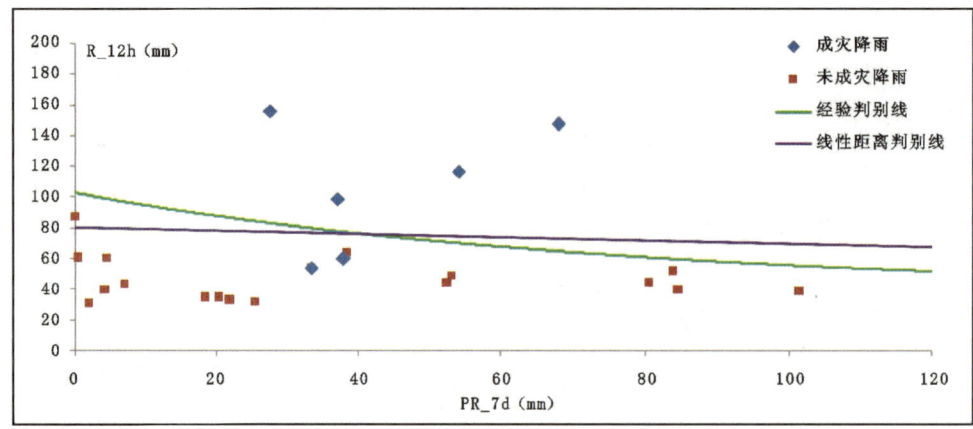

图 3-36　两种 R_12h—PR_7d 判别线的比较

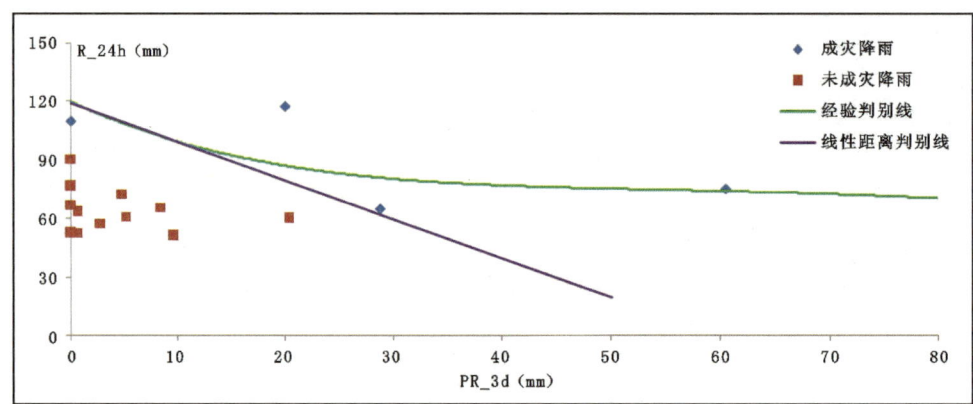

图 3-37　两种 R_24h—PR_3d 判别线的比较

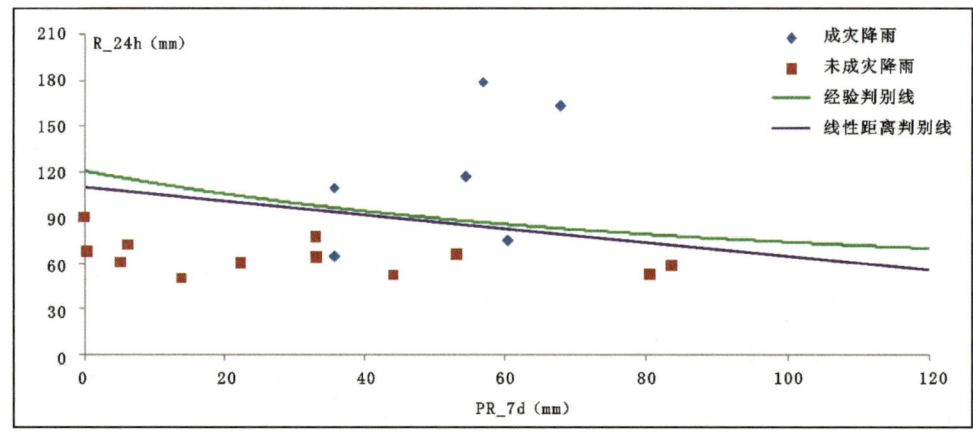

图 3-38　两种 R_24h—PR_7d 判别线的比较

3.4 小结

以湖南省临湘市为例探讨临界雨量及其主要影响因素的关系，针对某一特定流域或区域进行山洪灾害临界雨量分析时，降雨因素是需要重点关注的内容。

1) 通过统计分析不同时段致灾雨量之间的关系，发现不存在唯一性的控制性时段致灾雨量，但绝大多数山洪灾害发生与否均可近似地由 6h 以内的时段累积雨量所代表或控制，从山洪预警需要角度考虑，重点关注或分析 6h 以内的降雨是山洪预警关键性对象或因素。

2) 通过统计分析发现，致灾雨量与前期降雨量之间不存在显著的线性相关关系，并特别指出致灾雨量并非临界雨量，临界雨量与前期降雨量之间显然存在负相关关系。

3) 采用经典的判别分析法和本章提出的经验方法分别构建了临界雨量—前期降雨量关系模型，二者结果具有较好的一致性，但都具有一定的误判率，因此在只考虑前期降雨量影响时，临界雨量理论上最好表示为取值区间的形式，但出于面向实际山洪预警应用需要，为方便起见，也可在取值范围内分析确定某一适当值作为临界雨量阈值，表明超过该阈值，山洪灾害发生的可能性较大。

第4章 不同概率条件下临界雨量分析方法

4.1 不同概率条件下临界雨量推求方法

这里"不同概率"是指一定前期降雨量条件下,一定时长的降雨量达到某一临界值时发生山洪灾害的概率。某一概率(如 P_1)条件下的临界雨量(如 RT_1)的意义是:当相应时段的累积降雨量达到 RT_1 时,山洪灾害的发生概率即为 P_1。

不同于降雨量,临界雨量不是一个实测的数据,而是一个根据相应河段断面的临界流量(水位)、结合产汇流特性等特征反推得到的降雨量,对其不确定性进行分析的难度较大。临界雨量不确定性的主要来源是临界径流不确定性和水文模型参数及其初始状态的不确定性,其中临界径流不确定性主要来源于区域特征参数的不确定性,包括集水面积、出口断面水力深度、河长、河宽、河道比降、霍顿长度比等参数的不确定性。因此,理论上采用考虑参数不确定性的水文水力学方法推求不同概率条件下的临界雨量更有可行性,但显然这种方法数据要求高、计算复杂,也不便推广。考虑到数据驱动的统计方法是目前我国投入实际应用的主要方法,本章给出一种近似的基于统计方法的临界雨量概率分析方法。

首先给出根据经验区间推求不同概率条件下山洪灾害临界雨量的分析方法。其中,临界雨量的经验取值区间是指当前期累积降雨量一定时,上界曲线和下界曲线构成的取值区间。

Ntelekos 等[54]通过分析8个小流域的临界雨量不确定性发现,临界雨量的分布概型能较好地拟合为对数正态分布;前期土壤湿度较小时临界雨量的不确定性更大,前期土壤湿度较大时临界雨量的不确定性相对较小。

与正态分布可以用其均值和标准差来估计置信区间类似,对数正态分布可以利用其几何平均值和几何标准差来求置信区间。令 μ、σ 分别为随机变量对数的均值与标准差,随机变量的几何均值和几何标准差分别为:

$$\mu_{geo} = e^{\mu}, \sigma_{geo} = e^{\sigma} \tag{4.1}$$

对数正态分布的置信区间见表4-1。

表 4-1　　　　　　　　对数正态分布的置信区间

置信区间	对数空间	原始数据空间	置信度(%)
1σ 置信区间	$[\mu-\sigma, \mu+\sigma]$	$[\mu_{geo}/\sigma_{geo}, \mu_{geo}\sigma_{geo}]$	68.27
2σ 置信区间	$[\mu-2\sigma, \mu+2\sigma]$	$[\mu_{geo}/\sigma_{geo}^2, \mu_{geo}\sigma_{geo}^2]$	95.45
3σ 置信区间	$[\mu-3\sigma, \mu+3\sigma]$	$[\mu_{geo}/\sigma_{geo}^3, \mu_{geo}\sigma_{geo}^3]$	99.73

第 4 章 不同概率条件下临界雨量分析方法

临界雨量的经验取值区间$[RT_{min}, RT_{max}]$是根据临界雨量的上下界曲线获得的,实际上是一个非常保守的取值区间。注意到,前述章节直接利用山洪灾害临界雨量的下界曲线删除致灾降雨系列的异常数据,即认为位于下界曲线以下的"致灾雨量"是虚假的致灾雨量,属于需要剔除的异常数据,这相当于认为位于下界曲线以下的区域出现致灾雨量的可能性很小,接近于 0。类似地,位于上界曲线以上区域的降雨量可以假设肯定地认为将导致山洪灾害的发生。这是因为,实际工作中,致灾雨量的均值普遍被当作临界雨量的上界或立即转移临界雨量,这意味着大于均值的降雨引发山洪灾害的可能性很大,接近于 1。上述分析说明,临界雨量落在$[RT_{min}, RT_{max}]$之间的概率非常大,因而将其近似地作为临界雨量的 3σ 置信区间,并根据这一假设推求不同概率条件下的临界雨量。

将$[RT_{min}, RT_{max}]$转换为对数空间的区间$[\ln RT_{min}, \ln RT_{max}]$,并作为临界雨量的 3σ 置信区间。据此推求得到临界雨量的分布参数,即:

$$\sigma = \frac{1}{6}\left[\ln(RT_{max}) - \ln(RT_{min})\right]$$
$$\mu = \ln(RT_{min}) + 3\sigma \quad \text{or} \quad \mu = \ln(RT_{max}) - 3\sigma \tag{4.2}$$

分布参数确定后,可推求不同概率条件下的山洪灾害临界雨量。

4.2 临界雨量概率分析方法在临湘市示范区的应用

4.2.1 示范应用

以前 3d 累积降雨量分别取 20mm、50mm,前 7d 累积降雨量分别取 30mm、60mm 为标准,计算对应临界雨量的分布参数见表 4-2,临界雨量的变异系数见表 4-3。

表 4-2 几个典型临界雨量的分布参数

不同时段临界雨量	RT_1h		RT_3h		RT_6h		RT_12h		RT_24h	
对数空间	μ	σ	μ	σ	μ	σ	μ	σ	μ	σ
PR_3d=20mm	3.33	0.17	3.77	0.18	3.93	0.18	4.10	0.18	4.37	0.14
PR_3d=50mm	2.85	0.18	3.28	0.17	3.61	0.19	3.90	0.17	4.26	0.12
PR_7d=30mm	3.59	0.20	3.89	0.17	4.04	0.16	4.31	0.15	4.54	0.12
PR_7d=60mm	3.24	0.20	3.61	0.16	3.77	0.18	4.12	0.14	4.39	0.11
原始数据空间	μ	σ	μ	σ	μ	σ	μ	σ	μ	σ
PR_3d=20mm	28.35	4.74	44.03	8.13	51.58	9.12	61.02	11.07	80.11	11.33
PR_3d=50mm	17.61	3.25	26.91	4.57	37.61	7.15	50.30	8.49	71.55	8.41
PR_7d=30mm	37.06	7.45	49.50	8.64	57.81	9.48	75.09	10.99	94.37	11.54
PR_7d=60mm	26.18	5.34	37.63	6.05	44.34	8.29	62.29	9.03	81.46	9.08

表 4-3　　　　　　　按经验区间推求得到的临界雨量变异系数

不同时段临界雨量 前期降雨量	RT_1h	RT_3h	RT_6h	RT_12h	RT_24h
PR_3d=20mm	0.17	0.18	0.18	0.18	0.14
PR_3d=50mm	0.18	0.17	0.19	0.17	0.12
PR_7d=30mm	0.20	0.17	0.16	0.15	0.12
PR_7d=60mm	0.20	0.16	0.19	0.14	0.11

示例站点临湘站(57585)的实际临界雨量变异系数暂无法求得,但其值显然较小,应远小于区域降雨量的变异性(临湘市各时段降雨量变异系数为 0.40～0.55),表 4-3 中的结果在一定程度上说明了本研究方法的合理性。另一方面,从表 4-3 可以看出,临界雨量在前期土壤湿度较小和较大情况下的变异系数差别不大,总体上可以接受,但 1h 临界雨量和 6h 临界雨量在不同前期土壤湿度条件下的变异系数之间的关系与有关文献[54]的结论稍有出入,这可能说明相应的经验上下界曲线仍有调整优化的余地。

根据临界雨量的分布函数容易推求得到不同概率条件下的临界雨量取值,以前 3d 降雨量 PR_3d=20mm 的 RT_1h 为例说明:$P=50\%$、$P=75\%$、$P=95\%$ 的临界雨量分别为 27.96mm、31.28mm、36.74mm,即当前 3d 降雨量为 20mm、1h 最大雨量等于或略大于 27.96mm、31.28mm、36.74mm 时分别有 50%、75%、95%的概率发生山洪灾害。当前期降雨量为所选典型前期降雨量时,不同概率条件下的各时段临界雨量分析成果见表 4-4。

表 4-4　　　　不同概率条件下各时段临界雨量分析成果　　　　　　　（单位:mm）

临界雨量 前期降雨量	RT_1h				RT_3h			
	A	B	C	D	A	B	C	D
$P=25\%$	25.00	15.31	31.77	22.39	38.27	23.68	43.39	33.35
$P=50\%$	27.96	17.32	36.33	25.65	43.30	26.53	48.76	37.15
$P=75\%$	31.28	19.60	41.55	29.39	48.99	29.73	54.81	41.38
$P=95\%$	36.74	23.41	50.40	35.75	58.52	35.01	64.84	48.32
$P=99\%$	41.14	26.52	57.72	41.02	66.30	39.28	72.97	53.88
临界雨量 前期降雨量	RT_6h				RT_12h			
	A	B	C	D	A	B	C	D
$P=25\%$	45.12	32.54	51.12	38.47	53.18	44.30	67.35	55.93
$P=50\%$	50.79	36.95	57.05	43.59	60.04	49.60	74.30	61.64
$P=75\%$	57.18	41.95	63.68	49.39	67.79	55.53	81.96	67.94
$P=95\%$	67.79	50.36	74.58	59.12	80.72	65.34	94.40	78.14
$P=99\%$	76.41	57.26	83.34	67.08	91.24	73.25	104.25	86.21
临界雨量 前期降雨量	RT_24h							
	A	B	C	D				
$P=25\%$	72.14	65.66	86.29	75.11				
$P=50\%$	79.32	71.06	93.67	80.96				
$P=75\%$	87.22	76.91	101.70	87.26				
$P=95\%$	99.99	86.17	114.46	97.20				
$P=99\%$	110.05	93.33	124.36	104.85				

注:A="PR_3d=20mm";B="PR_3d=50mm";C="PR_7d=30mm";D="PR_7d=60mm"。

4.2.2 与《全国山洪灾害防治规划》推荐方法的比较

参考《全国山洪灾害防治规划·山洪灾害临界雨量分析计算细则》(以下简称《规划方法》)给出的区域临界雨量计算方法与计算实例(见表 4-5)[64],采用类似方法分析临湘站控制区域的临界雨量区间:下界值取在最小值附近,上界值取在平均值附近,如区间偏大则上界值可稍取小一些;若上下界值明显异常,则参考其他时段临界雨量区间,在最小值和平均值之间取一个适当的区间,区间长度为 20~30mm。分析成果见表 4-6。

考察表 4-6 和表 4-4 可知,规划方法给出的临界雨量区间与 PR_3d=50mm 时 $P=25\%$ 和 $P=99\%$ 临界雨量值构成的取值区间、PR_3d=20mm 时 $P=25\%$ 和 $P=99\%$ 临界雨量值构成的取值区间重叠(为便于对比,后两个区间也列于表 4-6 中),由此可以推测其平均前 3d 累积降雨量应为 20~50mm,而统计数据证明了这一点(见表 4-6)。

根据各时段的平均前 3d 雨量分析不同概率条件下的临界雨量(见表 4-7),$P=25\%$ 和 $P=99\%$ 临界雨量值构成的取值区间与《规划方法》给出的临界雨量区间比较接近,这说明本方法大体上可行,且能提供更多信息。

表 4-5　《规划方法》计算实例:浏阳市山洪典型区临界雨量　(单位:mm)

项目	1h 雨量	3h 雨量	6h 雨量	12h 雨量	24h 雨量	过程雨量
平均值	24.1	43.8	59.6	75.9	90.4	137.7
最小值	16.4	25.7	33.2	40.9	43.3	52.4
最大值	31.5	59.4	82.4	110.6	137	227.2
单站临界雨量法	15~25	25~45	35~55	45~65	55~75	100~150

表 4-6　与《规划方法》临界雨量取值区间的比较　(单位:mm)

项目	RT_1h	RT_3h	RT_6h	RT_12h	RT_24h
平均致灾雨量	34.8	53.8	73.8	95	106.8
最小致灾雨量	13.8	17.9	26.6	33.2	64.6
最大致灾雨量	68.1	107.9	145.9	156.3	179.3
平均前 3d 雨量	37.4	38.1	34.4	20.6	23.2
临界雨量区间	15~35	25~45	35~65	50~80	65~95
PR_3d=50mm [$P=25\%$, $P=99\%$]	15.31~26.52	23.68~39.28	32.54~57.26	44.30~73.25	65.66~93.33
PR_3d=20mm [$P=25\%$, $P=99\%$]	25.00~41.14	38.27~66.30	45.12~76.41	53.18~91.24	72.14~110.05
PR_3d=50mm 经验取值区间	10~30	16~44	21~65	30~82	50~101
PR_3d=20mm 经验取值区间	17~46	25~75	30~86	35~103	52~121
平均前 3d 雨量 [$P=25\%$, $P=99\%$]	18.03~30.86	27.82~47.73	36.63~64.88	52.93~90.43	71.14~107.67

表 4-7　　　　　　　　　与《规划方法》临界雨量区间的比较　　　　　　　（单位：mm）

项目	RT_1h	RT_3h	RT_6h	RT_12h	RT_24h
平均前 3d 降雨量	37.4	38.1	34.4	20.6	23.2
《规划方法》给出的临界雨量区间	15～35	25～45	35～65	50～80	65～95
概率分析法给出的[$P=25\%,P=99\%$]	18.03～30.86	27.82～47.73	36.63～64.88	52.93～90.43	71.14～107.67

除 24h 临界雨量外，《规划方法》临界雨量取值区间的精度误差主要由下界值引起，这是因为下界值是依据已发生山洪灾害中最小致灾雨量给出的，而最小致灾雨量在样本量很小的情况下都实际发生过，根据统计原理可知，下界值的概率不可能很小。

反过来，也可以根据《规划方法》给出的临界雨量区间推求其置信水平，见表 4-8。

表 4-8　　　　　　《规划方法》临界雨量取值区间的置信水平　　　　　　　（单位：mm）

	RT_1h		RT_3h		RT_6h		RT_12h		RT_24h	
	取值区间	概率(%)	取值区间	概率(%)	取值区间	概率(%)	取值区间	概率(%)	取值区间	概率(%)
下界	15	4.45	25	10.25	35	18.06	50	16.03	65	9.22
上界	35	99.88	45	97.72	65	99.02	80	94.95	95	92.22
置信水平	95.43		87.47		80.96		78.92		83.00	

由表 4-8 知，《规划方法》临界雨量取值区间虽然置信水平不一，但都在 75% 以上，可见《规划方法》和本方法的一致性较好。根据上述方法，对临湘市雨量系列比较完整的其他 19 个站点进行了临界雨量分析，PR_3d=20mm 条件下各站 25%～99% 的临界雨量区间成果见表 4-9。

表 4-9　　　　　各站 25%～99% 的临界雨量区间成果（PR_3d=20mm）　　　　　（单位：mm）

序号	区站号	站名	RT_1h	RT_3h	RT_6h	RT_12h	RT_24h
1	P3350	忠防水库	[25.2,40.6]	[38.2,65.6]	[45.7,75.2]	[55.1,90.3]	[72.7,110.6]
2	P3351	横铺	[26.9,41.5]	[38.2,66.1]	[44.5,74.6]	[56.1,90.8]	[72.2,111.1]
3	P3352	长塘	[25.6,40.7]	[39.2,67.3]	[47.8,75.3]	[54.6,90.4]	[71.7,110.6]
4	P3353	龙源	[25.8,39.3]	[39.6,66.1]	[44.6,75.2]	[54.5,90.8]	[70.5,109.3]
5	P3354	清正	[27.1,40.2]	[39.8,65.7]	[46.4,76.4]	[55.8,91.6]	[71.8,112.2]
6	P3355	城南	[29.1,43.8]	[41.5,68.4]	[45.8,75.7]	[57.4,90.7]	[71.4,113.4]
7	P3521	江南	[25.8,37.7]	[37.8,65.2]	[42.2,73.2]	[54.7,88.9]	[70.5,106.6]
8	P3522	贺畈	[25.5,40.4]	[38.4,64.9]	[44.4,74.1]	[55.7,91.5]	[71.2,110.3]
9	P3523	白羊田	[28.1,40.1]	[39.5,69.7]	[46.1,75.8]	[56.5,92.4]	[73.3,113.5]
10	P3524	聂市	[26.2,38.3]	[38.2,67.3]	[44.8,73.5]	[54.4,89.7]	[70.6,109.9]
11	P3528	定湖	[27.3,40.9]	[38.0,64.1]	[44.5,75.3]	[54.3,90.2]	[71.0,110.6]
12	P3552	黄盖湖	[28.0,39.6]	[40.6,69.9]	[45.5,74.6]	[53.8,89.9]	[70.4,110.7]
13	P3553	坦渡	[26.6,37.2]	[36.2,63.8]	[40.7,74.4]	[52.9,88.4]	[68.1,108.8]
14	P3555	詹桥	[25.2,38.9]	[41.1,69.5]	[43.6,73.9]	[54.6,90.2]	[70.4,112.0]
15	P3556	烟竹水库	[27.3,39.1]	[37.6,67.3]	[44.0,74.9]	[55.1,90.3]	[70.6,111.3]
16	P3557	乘风	[26.5,36.6]	[37.1,67.1]	[42.7,73.9]	[53.6,89.9]	[69.3,108.4]
17	P3558	儒溪	[26.3,39.1]	[41.5,68.5]	[45.2,77.4]	[56.2,91.5]	[70.2,111.7]
18	P3559	桃林	[25.2,38.3]	[37.1,65.7]	[44.4,76.8]	[55.5,89.6]	[70.4,109.8]
19	P3622	羊楼司	[26.0,39.4]	[38.8,67.2]	[43.3,74.1]	[54.8,88.9]	[69.7,109.2]

由表可见,各站临界雨量差距不大。

4.3 临界雨量概率分析方法在其他地区的应用

为检验临界雨量概率分析方法在不同地区的可行性和可靠性,在长江流域4个山洪灾害重点防治二级区中选择典型区域进行应用分析。根据《全国山洪灾害防治规划》,长江流域山洪灾害重点防治二级区包括Ⅰ4秦巴山地区、Ⅰ5华中华东地区、Ⅰ8西南地区、Ⅲ1藏南地区等4个。湖南省临湘市属Ⅰ5华中华东地区,本节拟对陕西省宁强县、贵州省望谟县和四川省都江堰市分别进行临界雨量分析。其中:陕西省宁强县属Ⅰ4秦巴山地区;贵州省望谟县本属珠江流域,因其资料条件较好,且与贵州省其他属Ⅰ8西南地区的县域自然条件类似,故本次选其作为Ⅰ8西南地区的典型县份。出于类似的原因,Ⅲ1藏南地区相关资料收集困难,故以距离较近而资料条件较好的四川省都江堰市替代。

4.3.1 陕西宁强县

4.3.1.1 宁强县概况

宁强县位于陕西省西南隅,南连四川,西接甘肃,自北而东依次与略阳、勉县、南郑毗邻。秦岭横亘于北,巴山绵延于南,是个南北交会、襟陇带蜀的低中山区县。地理坐标$32°27'06''\sim33°12'42''N$、$105°20'10''\sim106°35'18''E$,东西长101.65km,南北宽65.32km,总面积3282.73km^2,上属汉中市,下辖21个镇269个行政村。

宁强地处秦岭余脉向大巴山过渡地带,地形地貌复杂,全县大体分为南北两片:北属秦岭山系,大部为海拔1000~1600m的变质岩山地,山脉多经向,山涧纵谷比较发育;南属大巴山系,大部为海拔1000~1800m的台阶山地,山脉多纬向,沟谷切割较深,山顶比较开阔,岩溶地形发育。

宁强属山地暖温带湿润季风气候类型,年平均气温12.9℃,但由于地形地貌复杂,立体、水平、阴阳坡向气候差异明显,时空分布不均。海拔800m以下的河谷区为北亚热带气候类型,占全县总面积的18%,年平均气温高于13.5℃,夏秋旱涝交替;海拔800~1400m地区属暖湿带类型,占全县总面积的66%,年平均气温11.0~13.5℃,夏涝秋淋;海拔1400m以上山地占全县总面积的16%,年平均气温低于10℃,长冬无夏,春秋相连。

宁强降水量年月变化受季风影响很大。在地域分布上,年平均降水量在低山谷坝地区为800~1200mm之间,北少南多,其降水量呈西北往东南向递增;海拔千米以上的地区,县北为900~1300mm,县南为1100~2000mm。降水量的年际年内分配不均,最大年降水量与最小年降水量之比为2~8,大部分降水量集中在5—10月,最大降水量一般出现在6—9月。

暴雨是宁强县夏季多见的一种灾害性天气,呈现明显的季节性、区域性和可重复性,具有很大的破坏性、普遍性和可防御性。宁强年均有3~4场暴雨,最多的1981年发生过14场。暴雨主要集中在6月下旬至9月,占全年暴雨总数的86%,其中7月最多,占总数的30.3%。暴雨引起的山洪灾害是宁强县的主要自然灾害,每年汛期是山洪灾害多发期,在同一流域、同一年内有可能发生多次山洪灾害。暴雨山洪致灾迅速,山洪预报预警水平目前也比较低,因此山洪灾害的防御难度很大,常造成巨大损失。

宁强县在2009年被列入山洪灾害防治县级非工程措施项目建设试点县,当年即建成了县、乡预警及群测群防体系,在随后的山洪灾害防治工作中发挥了重要作用。但2009年试点的建设标准偏低,雨水情信息监测站网密度达不到山洪灾害防治要求,水位信息采集和传输系统经常出现故障,甚至无法使用。2013年宁强县投资700万元继续实施非工程措施项目建设,加密雨水情信息监测站网,安装大量无线预警广播,新建可实现省、市、县、镇四级互联的视频会商系统,建成了比较完善的山洪灾害防治非工程措施体系。

4.3.1.2 宁强山洪灾害临界雨量

(1)资料来源

雨量资料来自《中国地面气候资料日值数据集》,本次仅收集到宁强气象站2009—2013年的逐日雨量资料。灾情资料来自《宁强县志》《宁强年鉴(1993—2002)》《宁强年鉴(2003—2007)》《宁强年鉴(2008—2010)》《宁强年鉴(2011—2012)》以及互联网检索信息。为了匹配雨量资料,本次仅选用2009—2013年的灾情资料。

(2)分析结果

根据上述资料,应用临界雨量概率分析方法计算分析陕西省宁强县的临界雨量。由于雨量资料的限制,只给出了24h临界雨量与其前期降雨量的关系模型(见图4-1和图4-2)和不同概率条件下24h临界雨量分析成果(见表4-10)。

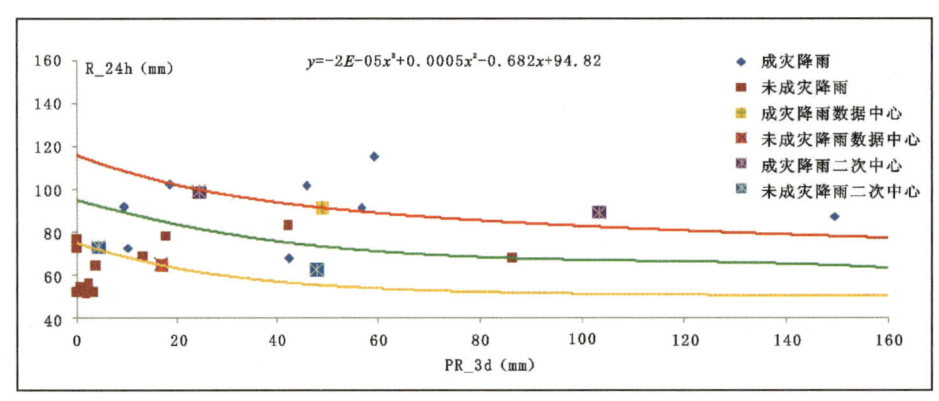

图4-1 陕西省宁强县 R_24h—PR_3d 关系模型

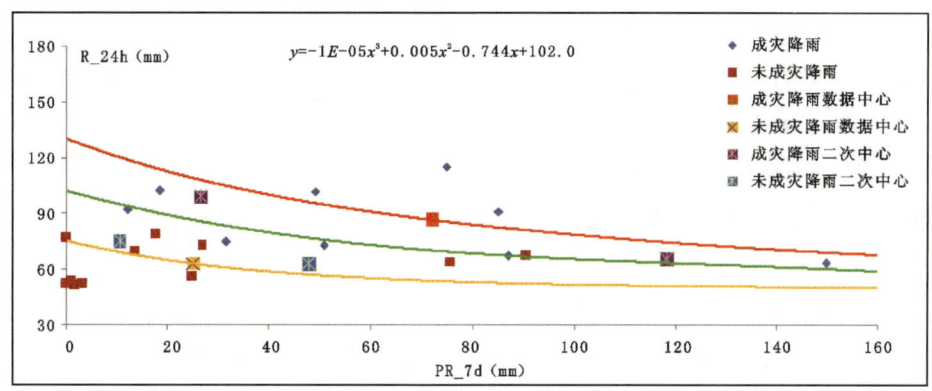

图 4-2　陕西省宁强县 R_24h—PR_7d 关系模型

表 4-10　陕西省宁强县不同概率条件下 24h 临界雨量分析成果　　　　　　（单位：mm）

前期降雨量 不同概率	PR_3d=20mm	PR_3d=50mm	PR_7d=30mm	PR_7d=60mm
$P=25\%$	75.95	66.75	75.80	66.99
$P=50\%$	80.16	70.65	80.58	70.87
$P=75\%$	84.62	74.77	85.66	74.98
$P=95\%$	91.46	81.12	93.55	81.30
$P=99\%$	96.59	85.90	99.51	86.05

根据同样的雨量和灾情资料，采用规划推荐方法推求得到宁强气象站控制区域的临界雨量取值区间为[65，90]。这个取值区间的平均前 3d 累积降雨量为 48.9mm。

根据平均前 3d 累积降雨量查算，本研究方法给出的经验区间（3σ 置信区间）为[55.1，91.2]，这个区间完全覆盖了《规划方法》给出的区间，其中上界接近，而下界与临湘市的情况类似，二者的差距仍然较大。

按照前 3d 累积降雨量查算宁强气象站 25%～99%的临界雨量区间为[66.97，86.17]，与《规划方法》推求得到的临界雨量区间非常接近，而《规划方法》给出的区间的置信水平大于 75%，这说明临界雨量概率分析方法可以应用于宁强县山洪灾害临界雨量的分析计算。

4.3.2　贵州省望谟县

4.3.2.1　望谟县概况

望谟县位于贵州省黔西南布依族苗族自治州东部，地理位置 105°49′～106°32′E、24°53′～25°38′N，东西宽 70.0km，南北长 79.5km。东邻罗甸县，南隔红水河抵广西壮族自治区乐业县，西接册亨县、贞丰县，北靠紫云苗族布依族自治县和镇宁布依族苗族自治县。望谟县是贵州省国家级贫困县，全县总面积 3005.5km²，设 19 个镇 311 个行政村，2010 年末总人口 31.74 万，布依族、苗族、回族、壮族等少数民族占总人口的 80.5％。

望谟县地处贵州高原向广西丘陵过渡的斜坡地带，地势北高南低，最高点为北部打易镇跑马坪，海拔 1718m；最低点为南部桑郎镇红水河出县境处，海拔 275m，县城复兴镇海拔 550m 左右。东西部岩溶地貌发育较典型，以石灰岩峰丛山地为主，西南为非岩溶地貌，呈立体状展布。境内沟壑纵横，群山高耸，山谷相间，河溪交错的地貌景观十分分明。

望谟县属亚热带季风湿润气候区，年平均气温 19℃ 左右，无霜期 340d 左右，由于海拔高差悬殊，气候垂直变异和水平变异都很大。望谟县四季干湿明显，夏秋洪水陡涨陡涝，冬春干旱，水旱灾害频繁而且往往交替发生。境内雨量充沛，平均年降雨量 1000～1200mm，西部降雨量高于东部，其中暴雨较多的地区有打易、二泥、羊玉、牛场、麻山等地；降雨年内分布不均，丰水期（5—9 月）雨量占全年雨量的 74.9％；降雨年际变化也较大，最高达 1743.1mm（1968 年），最少为 568.2mm（1984 年）。

望谟县境河流大多发源于北部山区，河流集水面积大于 20km² 的河流 39 条，均属珠江流域北盘江、红水河水系。最大河流是桑郎河，全长 84.1km，集水面积 749km²；其次是望谟河，全长 74km，集水面积 554km²。望谟县境内河溪属季节性（雨源性）山区河流，汛期降雨集中，河水暴涨暴落。

望谟县山洪灾害频繁，望谟河、羊架河、桑郎河、乐康河和昂武河历史上均发生过严重的山洪灾害，2006 年、2008 年、2010 年、2011 年、2014 年均发生大规模大范围的山洪灾害，造成严重的经济和人员损失。望谟县 2010 年被纳入山洪灾害防治县级非工程措施建设试点县，建成了县、乡监测预警及群测群防体系，全县共建成雨水情监测站 47 处，并在大型隐患点布设了简易的监控设施，新建可实现省县互联的防汛指挥系统，目前已形成比较完善的山洪灾害防治非工程措施体系。

4.3.2.2　望谟山洪灾害临界雨量

（1）资料来源

雨量资料来自《中国地面气候资料日值数据集》，本次收集到望谟气象站 1959—2013 年的逐日雨量资料。

灾情资料来自《望谟县山洪灾害县级非工程措施实施方案》《望谟县山洪灾害防御预案》、《望谟水利及县城防洪专项规划》以及其他工程规划设计资料，因资料不足，辅以互联网检索信息。根据这些资料整理得到 1992 年以来的 15 次山洪灾害灾情资料，其中 2005—2013 年 9 次，这些年份的灾情信息应当比较齐全。

由于需要未致灾暴雨的信息，因此以 2005—2013 年雨量资料和灾情资料作为分析基础。

（2）分析结果

根据上述资料，应用临界雨量概率分析方法计算分析贵州省望谟县的临界雨量。由于雨量资料的限制，只给出了 24h 临界雨量与其前期降雨量的关系模型（见图 4-3 和图 4-4）和不同概率条件下 24h 临界雨量分析成果(见表 4-11)。

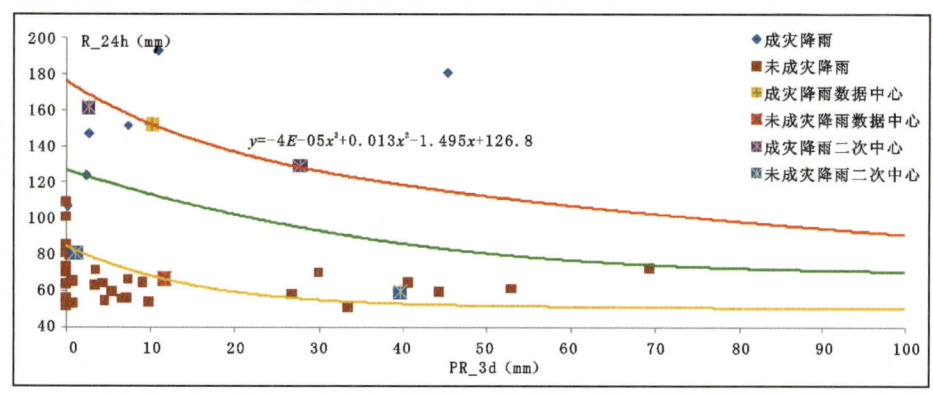

图 4-3　贵州省望谟县 R_24h—PR_3d 关系模型

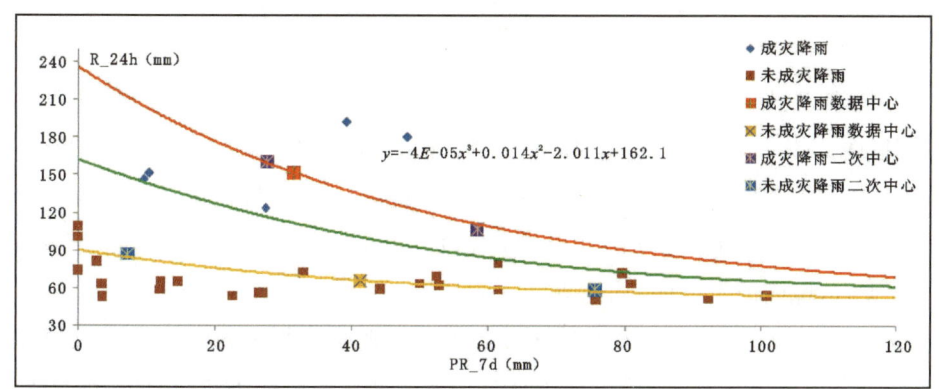

图 4-4　贵州省望谟县 R_24h—PR_7d 关系模型

表 4-11　　　贵州望谟不同概率条件下 24h 临界雨量分析成果　　　　（单位：mm）

前期降雨量 不同概率	PR_3d=20mm	PR_3d=50mm	PR_7d=30mm	PR_7d=60mm
$P=25\%$	74.98	62.09	87.36	72.52
$P=50\%$	80.27	65.64	92.93	76.40
$P=75\%$	85.93	69.39	98.86	80.48
$P=95\%$	94.78	75.16	108.05	86.75
$P=99\%$	101.54	79.50	115.02	91.43

根据同样的雨量和灾情资料，采用规划推荐方法推求得到望谟气象站控制区域的临界雨量取值区间为[90,120]。这个取值区间的平均前 3d 累积降雨量为 9.1mm。

根据平均前 3d 累积降雨量查算，本研究方法给出的经验区间（3σ 置信区间）为[69,127]，这个区间完全覆盖了《规划方法》给出的区间；按照前 3d 累积降雨量查算望谟气象站 25%～99%的临界雨量区间为[87.37,118.21]，这与《规划方法》给出的区间比较接近，说明临界雨量概率分析方法可以应用于望谟县山洪灾害临界雨量的分析计算。

4.3.3 四川省都江堰市

4.3.3.1 都江堰市概况

都江堰市位于成都平原西北边缘,地处岷江山口,介于 31°02′9″~31°44′54″N、103°25′42″~103°47′0″E 之间,东西宽 54km,南北长 68km,面积约 1208km²。下辖 20 个乡镇(街道),2010 年末总人口 60.1 万。

都江堰市在地质构造体系上,属华夏构造体系,跨川西龙门山地带和成都平原岷江冲积扇两个不同的自然地理区,地貌单元属岷江冲积扇一级阶地,位于川西高原向四川盆地过渡区,地貌差异显著。北部为中高山区,西南部为低山丘陵区,东部为丘陵即平原区,地势呈现西高东低的趋势,海拔 592~4582m,相对高差 3900m。山地丘陵面积占 65.79%,平坝面积占 34.21%。

都江堰市属四川盆地中亚热带湿润气候区,多年平均气温为 15.2℃,最冷月平均气温 4.6℃,最热月平均气温 24.4℃;多年平均降水量为 1225.4mm,最丰年降水量为 1605.4 mm,最少年降水量为 713.5mm;降雨年内分配也不均匀,呈现冬季干燥、春季干旱、夏季多暴雨、秋季阴雨连绵的特点,5—9 月降水量占全年总量的 77.8%。都江堰市处于川西平原的源头区,境内河渠纵横,均为岷江支流。

都江堰市山洪灾害频繁,2008 年"5·12"汶川大地震后尤显突出。震后国家相关部门及时启动了山洪灾害防治及防汛预警系统建设工作,都江堰市作为重灾区被列入建设计划,目前已完成建设任务并通过了竣工验收。近年来,都江堰市进一步加强了山洪灾害防治非工程措施体系建设,建设覆盖全域、功能达标的山洪灾害预测预警系统,初步形成覆盖全市的山洪灾害预测预警系统。

4.3.3.2 都江堰山洪灾害临界雨量

(1)资料来源

雨量资料来自《中国地面气候资料日值数据集》,本次收集到都江堰气象站 1954—2013 年的逐日雨量资料。

灾情资料来自《都江堰市山洪灾害县级非工程措施实施方案》以及其他工程规划设计资料,因资料尚不充足,辅以互联网检索信息。根据这些资料整理得到 1981 年以来的 16 次山洪灾害灾情资料,其中 2003—2013 年 13 次,这些年份的灾情信息比较齐全。

由于需要未致灾暴雨的信息,因此以 2003—2013 年雨量资料和灾情资料作为分析基础。

(2)分析结果

根据上述资料,应用临界雨量概率分析方法计算分析四川省都江堰市的临界雨量。由于雨量资料的限制,只给出了24h临界雨量与其前期降雨量的关系模型(见图4-5和图4-6)和不同概率条件下24h临界雨量分析成果(见表4-12)。

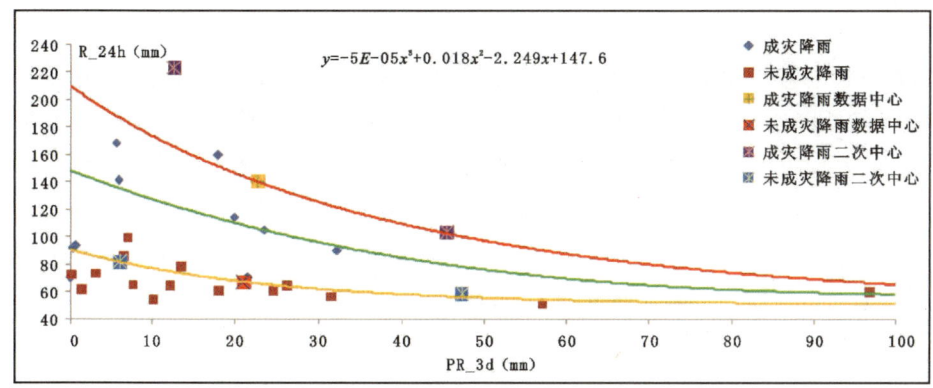

图4-5　四川省都江堰市 R_24h—PR_3d 关系模型

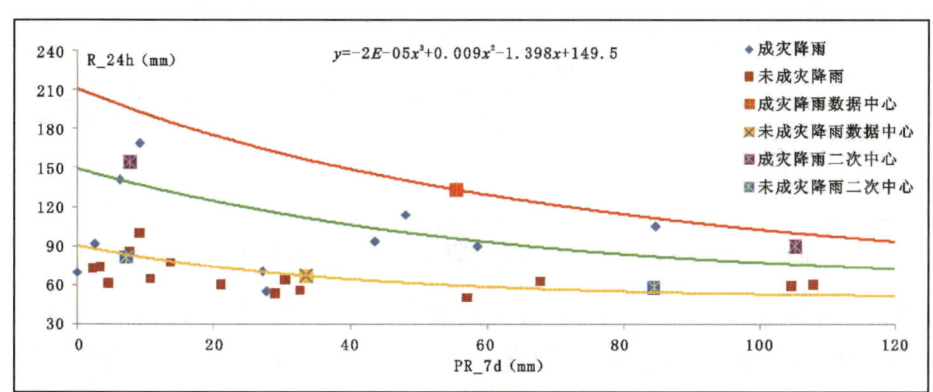

图4-6　四川省都江堰市 R_24h—PR_7d 关系模型

表4-12　　四川省都江堰市不同概率条件下24h临界雨量分析成果　　（单位:mm）

前期降雨量 不同概率	PR_3d=20mm	PR_3d=50mm	PR_7d=30mm	PR_7d=60mm
$P=25\%$	91.19	68.70	95.19	79.47
$P=50\%$	99.50	73.25	104.80	86.90
$P=75\%$	108.56	78.10	115.39	95.04
$P=95\%$	123.07	85.64	132.53	108.09
$P=99\%$	134.40	91.37	146.06	118.31

根据同样的雨量和灾情资料,采用规划推荐方法推求得到都江堰气象站控制区域的临界雨量取值区间为[90,120],这个区间的平均前3d累积降雨量为22.8mm。

根据平均前3d累积降雨量查算,本研究方法给出的经验区间(3σ 置信区间)为[68,147],这个区间完全覆盖了《规划方法》给出的区间;按前3d累积降雨量查算都江堰气象站25%～99%的临界雨量区间为[88.06,128.76],这与《规划方法》推求得到的临界雨量区间比较接近,说明临界雨量概率分析方法同样可以应用于都江堰山洪灾害临界雨量的分析计算。

4.4 分析讨论

比较分析湖南省临湘市、陕西宁强县、贵州望谟县和四川都江堰市4个典型区的24h临界雨量—前3d累积降雨量关系曲线可知(图4-7),在无前期降雨量或前期降雨量很小时,不同区域临界雨量的差异较大,而随着前期降雨量的增加,临界雨量逐步趋同。但由于本方法所得临界雨量—前期降雨量关系曲线在两端精度较低,这一结论是否可信还有待进一步检验。

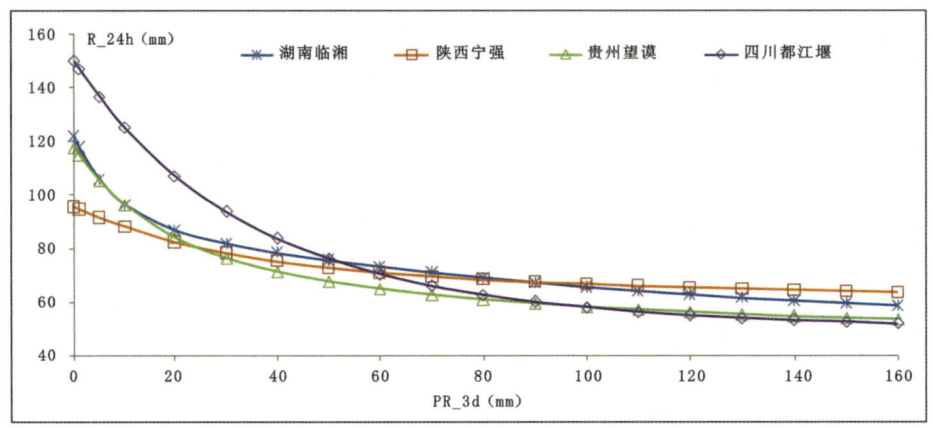

图4-7 不同区域24h临界雨量—前3d累积降雨量关系曲线比较图

临界雨量—前期降雨量关系曲线在致灾降雨点据中心处的精度较高,故截取各区致灾降雨点据临近的曲线进行比较分析的可靠性可能稍高一些。湖南省临湘致灾降雨点据的前期降雨量均值为23.2mm,陕西宁强为49.0mm,贵州望谟为9.1mm,四川都江堰为22.8mm。故截取前期降雨量为[10,50]区间的临界雨量—前期降雨量曲线进行比较分析,见图4-8。

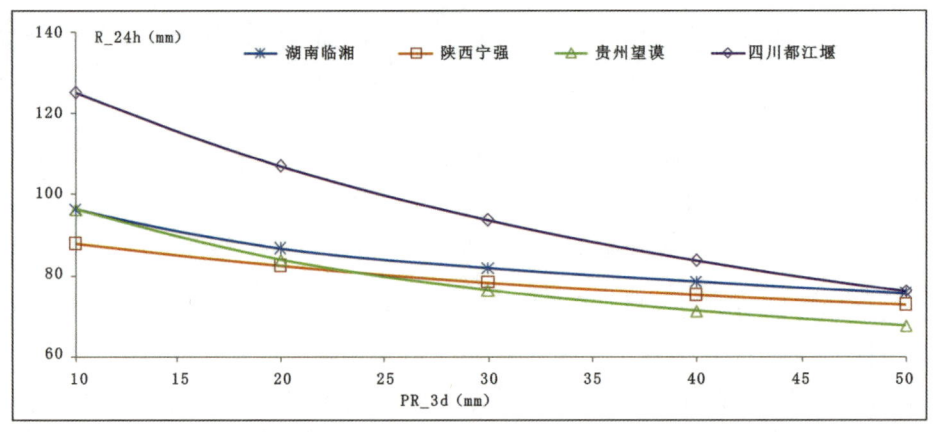

图4-8 不同区域24h临界雨量—前3d累积降雨量关系曲线比较图(前期降雨量10~50mm)

在图4-8中,各区的临界雨量—前期降雨量曲线相互交叉,很难看出规律性的变化。这可能是由于临界雨量的影响因素多且复杂,在考虑前期降雨量影响的情况下,只通过简单比较不同区域的临界雨量的手段,很难从中总结出普遍的规律。但从图4-8可知,随着前3d降雨量越大,超过约25mm以后,上述4个典型地区24h临界雨量逐渐趋同现象很明显。

4.5 小结

根据有关研究,将山洪灾害临界雨量的分布概型初定为对数正态分布,并近似地假设山洪灾害临界雨量上下界曲线构成的取值区间为其3σ置信区间,据此以湖南省临湘市临湘站为例,给出推求不同概率条件下山洪灾害临界雨量的计算方法,通过与山洪灾害防治规划推荐采用的临界雨量分析计算方法的比较分析,认为提出的临界雨量概率分析方法具有可行性,在陕西宁强县、贵州望谟县和四川都江堰市等3个地区的推广应用表明该方法在不同地区也具有可行性和可靠性。

通过比较4个典型区临界雨量—前期降雨量关系曲线,初步认为在无前期降雨量或前期降雨量很小时,不同区域临界雨量的差异较大,而随着前期降雨量的增加,临界雨量逐步趋同,并认为在只考虑前期降雨量影响的情况下,很难推论临界雨量—前期降雨量曲线在不同区域的规律性变化,未来需要补充更全面的信息进行更深入的研究。

第5章 基于统计分析法的临界雨量拟定技术

5.1 资料处理和方法

5.1.1 雨量资料

雨量资料由湖南省岳阳市气象局提供,主要有临湘市境内共 37 个雨量站 2007—2012 年逐小时雨量资料,其中 18 个站为新建,只有 2012 年以后的资料,而 2012 年临湘市境内没有山洪灾害事件记录,故重点整理 19 个站的雨量资料。该 19 个站的基本信息见表 5-1 和图 5-1,所选定的 19 个站基本能够覆盖临湘市境内主要山洪沟,具有一定的代表性。

表 5-1　　　　　　临湘山洪灾害雨量监测站基本信息表

序号	站号	站名	E(°)	N(°)	海拔高度(m)
1	P3350	忠防水库	113.5244	29.34972	144.0
2	P3351	横铺	113.3489	29.35833	82.0
3	P3352	长塘	113.3375	29.26833	48.0
4	P3353	龙源	113.6933	29.44472	192.0
5	P3354	清正	113.5842	29.41972	154.0
6	P3355	城南	113.4311	29.47389	62.0
7	P3521	江南	113.4411	29.74111	53.0
8	P3522	贺畈	113.5139	29.29861	153.0
9	P3523	白羊田	113.4069	29.21944	70.0
10	P3524	聂市	113.4964	29.57333	52.0
11	P3528	定湖	113.6389	29.62028	50.0
12	P3552	黄盖湖	113.5336	29.78722	54.0
13	P3553	坦渡	113.6942	29.58750	57.0
14	P3555	詹桥	113.6081	29.30139	172.0
15	P3556	烟竹水库	113.4467	29.63556	39.0
16	P3557	乘风	113.4867	29.68528	50.0
17	P3558	儒溪	113.3250	29.62444	21.0
18	P3559	桃林	113.4200	29.34278	71.0
19	P3622	羊楼司	113.6217	29.50444	98.0

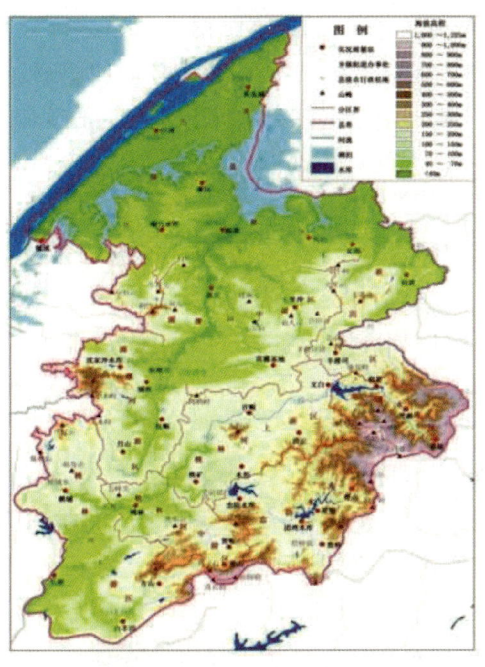

图 5-1　临湘市示范区所选代表雨量站分布图

初步分析所收集的临湘市历史山洪雨量资料,还存在下述问题。

(1)所收集的雨量资料序列时间太短

仅有 6 年的历史雨量资料,该 6 年期间所发生的山洪灾害事件有限。

(2)雨量监测站网各年密度不均

上述 19 个站在 2007—2012 年期间存在逐年递增的情况。2008 年以前,雨量监测站密度不够,部分山洪沟尚无雨量监测站点覆盖,无法计算临界雨量,后期逐渐新建了雨量监测站。

(3)资料误差问题

初步对所收集雨量资料核查,发现个别站雨量部分时段异常偏大(如璧山站),这可能与观测误差或记录误差有关,故暂认为这些资料不可用。

5.1.2　灾情资料

有关历史山洪灾情资料由岳阳市气象局提供,包括 1983—2012 年临湘市境内所发生的山洪灾害灾情资料,具体包括:记录编号,灾害发生地点,灾害类别,应归属的灾害名称,伴随灾害,灾害开始日期,灾害结束日期,气象要素实况,灾害影响,受灾人口,死亡人口,失踪人口,受伤人口,被困人口,饮水困难人口,转移安置人口,倒塌房屋,损坏房屋,直接经济损失,农作物受灾面积,农业经济损失,水毁大型水库,水毁中型水库,水毁小型水库,水毁塘坝,水毁沟渠长度,堤坝决口情况,水情信息,水利经济损失,工业经济损失,损坏桥梁涵洞,基础设施经济损失,数据来源等。由于仅有 2007—2012 年雨量资料,故仅选用了该期间的山洪事件作为统计样本。考虑到灾情的强度范围及灾害预警的现实意义,仅将受灾或受影响人口在 1 万以上的灾害事件纳入统计范围,局地强降雨导致局地轻微的山洪灾害未予统计。

另外,所收集的部分资料中的灾情记录,发生地点和时间不够详细,且灾害程度描述不够客观,与相应时间段的雨量资料无法对应,有些灾例难以具体考证,未纳入本研究统计样本中。

5.1.3 临界雨量计算方法

基于前期文献调研,当前国内外山洪预警中采用的临界雨量指标,仍然主要采用对有一定历史雨量资料条件采用统计分析拟定方法,鉴于此,本章仍采用 2003 年国家防汛抗旱总指挥部办公室推荐的《临界雨量分析计算细则》(以下简称《细则》)方法为主,并在此基础上,结合水文学等方法,进一步拓展临界雨量拟定方法应用探讨。下面以单站临界雨量的分析计算为例进行介绍。

根据区域内历次山洪灾害个例发生的时间表,统计区域及周边邻近地区各雨量站对应的雨量资料(区域内有的地方可能未发生山洪,但雨量资料也一并统计)。重点收集逐时雨量资料,在每次过程中依次查找并统计 1h、2h、3h、4h、5h、6h 及 24h 不同时段的最大雨量值等。

具体针对山洪沟内的代表站临界雨量初步分析计算,假定区域内共有 S 个雨量站,共发生山洪灾害个例 N 次,统计 t 个时间段的对应雨量值,R_{tij} 为 t 时间段第 i 个雨量站第 j 次山洪灾害的最大雨量,则各站每个时间段 N 次统计值中,最小的一个为临界雨量初值,即暂假设认为该值是临界雨量,但需要后续进一步分析确定。计算公式如下:

$$R_{tij} 临界 = \min(R_{tij}) \qquad (j = 1, 2, \cdots, N) \tag{5.1}$$

本次采用的山洪临界雨量拟定方法,主要原理基本上与 2003 年国家防汛抗旱总指挥部办公室推荐的《细则》中提出的单站法相同,仍遵从"最大之中找最小"的基本原则,但考虑到现有的资料条件及基于临界雨量的预警应用和实用性需要,本次研究在临界雨量分析计算过程中,对雨量数据的分析处理、分析对象等方面都有较大的改进和完善。

1) 本次临界雨量拟定分析,侧重山洪预警的实用性及 3.2.2 节中分析结论,重点针对山洪灾害发生之前的一个集中性强降雨阶段,而该阶段是触发山洪发生的直接诱因,并且也是山洪预警最为需要重点关注的关键性时期;王仁乔[65]等对湖北省 200 次典型山洪灾害气象成因研究表明,激发山洪灾害的关键因素主要是 6h 以内的雨强,也就是山洪发生前的短历时集中性强降雨。本研究拟定临界雨强重点针对山洪发生前 6h 内集中强降雨。借用"雨峰"概念,确定山洪灾害发生前出现的一段集中性强降雨阶段,即连续逐小时雨量不小于 10mm 时间段,其间只允许有单个 1h 雨量小于 10mm 的现象。"雨峰"阶段的降雨量,往往是触发山洪灾害发生的直接影响因素,也是需要重点关注和预警的有效时段。因此,本次临界雨量的分析,仅重点针对出现的"雨峰"阶段的雨量进行分析。而 2003 年《细则》仅根据致灾降雨发生的起止时间,仅按山洪灾害发生前的不同历时(如 1h,2h,3h,…,12h,24h,72h 等)分别进行雨量统计,但实际上山洪灾害的发生和结束时间一般较难以准确界定,统计致灾雨量时因难以获取致灾的具体发生和结束时间,拟定的临界雨量针对性不强,应用于实际预警时效果往往不佳。

2）本次研究暂认为山洪致灾过程中存在相对关键或有效的降雨时段，并且认为大多山洪致灾发生降雨历时的关键时段为6h以内。因此，本次研究重点拟定1h、2h、3h、4h、5h、6h时段的临界雨量。而2003年《细则》中则没有确定致灾降雨历时有效关键时段，临界雨量的分析时段较多，且跨时长，从1h、3h、6h、12h、24h到过程累计雨量等，预警指标太多，在山洪预警实际应用过程中，往往会应用不便，且难以达到较好的预警效果。

3）本次研究主要针对发生降雨过程中出现"雨峰"现象的不同历时和相应降雨量值，仅统计雨峰发生的时段最大雨量，按"雨峰"的不同历时分别进行比较，得出的临界雨量阈值更加严谨和合理。2003年《细则》基本上没有考虑致灾降雨的历时因素，只是按不同历时分别统计不同时段降雨量，然后按同一历时比较分析该时段的临界雨量值，这样较易造成各时段临界雨量偏小，可能会导致较多出现山洪预警空报现象。

4）本次研究对某一时段临界雨量仅给出一个确定性的阈值，代表超过该值，发生山洪灾害可能性较大，更加实用和便于预警应用。2003年《细则》拟定的临界雨量是一个范围，在山洪实际预警中应用很不方便。

5）本次研究充分参考了灾害调查法、暴雨频率法的结果，进行合理性判断，并将不合理的阈值采用时段等差插值法替代。2003年《细则》仅以统计法为依据，没有结合其他方法来综合判断临界雨量的合理性。

6）本次研究统计了预警代表站的所有资料序列中未致灾的最大时段雨量，通过"最大之中找最大"原则，统计分析出未致灾最大时段雨量并与所拟定的临界雨量初步结果进行比较，分析所拟定的临界雨量阈值的合理性，从而通过这种"排除法"使拟定的临界雨量阈值可能更趋合理。2003年《细则》没有统计未致灾的最大时段雨量，即"最大不可能降雨"，因而得出的临界雨量可能偏小。

5.2 临湘市示范区山洪致灾降雨时段特征统计

针对所筛选出的临湘市历史13个山洪灾害样本，通过对各代表站灾害发生前10d内逐小时雨量分析发现，无论前期（前10d至灾害发生日）降雨量的大小，或临近灾害发生的前几个小时的逐小时雨量都具有一个共同特点，即在每次山洪灾害发生前，山洪灾害发生区域附近的代表站总会出现一个持续1h及以上且雨量均在10mm/h以上的强降雨历时阶段（即为"雨峰"，其间可出现最多单个1h小于10mm的现象），即"雨峰"现象，这里把触发山洪灾害发生的集中性强降雨阶段也称作"雨峰"阶段，"雨峰"阶段的累计雨量也称作致灾雨量。由此可以认为，雨峰的出现，是导致山洪灾害发生的必要条件，因此针对"雨峰"阶段的雨量进行分析，是临界雨量计算的主要依据。

基于此，对每次山洪灾害案例对应的降雨资料进行"雨峰"分析，重点分析山洪灾害发生前所出现的连续逐小时的雨量不小于10mm的时间段，允许且只允许其间出现单次1h雨量小于10mm。以此分析标准，对13次山洪灾害共58站次致灾强降雨阶段的历时和最大时段雨量进行统计分析（见表5-2），雨峰历时最长为7h，最短为1h，历时在2h的发生频率最高

15次,1h的发生频率最低仅有1次,一般多为2~6h(见表5-3),说明致灾降雨发生时间急促且短暂,多在7h内就诱发山洪发生。这与国内有关专家提出的暴雨开始距山洪暴发的平均历时观点基本一致,大多不超过6h[65]。

表5-2　2007—2012年临湘市山洪灾害发生前各雨量代表站"雨峰"阶段最大时段雨量及前期降雨量统计

站名	时间 (年-月-日)	"雨峰" 历时 (h)	强降雨 累计雨量 (mm)	1h	2h	3h	4h	5h	6h	7h	前10d 降雨量 (mm)
白羊田	2010-07-08	2	84	59	84						7
	2011-06-10	4	149	64	90	135	149				31
长塘	2011-06-10	5	242	64	127	188	219	242			76
城南	2011-06-10	6	180	77	99	124	140	164	180		94
乘风	2009-07-27	3	60	30	46	60					110
	2010-07-12	6	106	25	46	60	73	92	106		118
	2011-06-10	6	155	49	81	101	118	143	155		75
定湖	2010-04-21	6	89	18	31	47	60	73	89		120
	2010-06-19	3	53	33	45	53					9
	2010-07-11	4	94	30	54	79	94				212
	2011-06-10	7	228	85	134	155	179	193	213	228	73
贺畈	2010-06-19	3	64	34	56	64					8
	2011-06-10	7	267	58	95	135	180	218	247	267	81
横铺	2011-06-10	6	183	64	92	146	156	171	183		39
黄盖湖	2009-06-29	3	146	64	125	146					2
	2010-06-19	1	56	56							11
	2011-06-10	2	74	38	74						100
江南	2009-06-29	3	134	52	84	134					3
	2010-07-05	2	51	37	51						4
	2010-07-08	2	72	53	72						7
	2010-07-09	4	156	63	118	136	156				158
	2010-07-11	5	71	22	38	45	56	71			373
	2010-07-12	7	112	19	37	54	71	86	102	112	475
龙源	2008-06-10	4	75	28	53	64	75				23
	2011-06-10	4	145	58	91	118	145				73
聂市	2010-07-08	2	58	40	58						42
	2010-07-09	6	109	35	64	74	85	95	109		110
	2011-06-10	5	122	49	82	93	108	122			59

续表

站名	时间 (年-月-日)	"雨峰" 历时 (h)	强降雨 累计雨量 (mm)	1h	2h	3h	4h	5h	6h	7h	前10d 降雨量 (mm)
清正	2011-06-10	6	177	41	75	106	141	161	177		62
儒溪	2010-06-19	2	78	46	78						6
	2010-07-05	3	76	35	66	76					6
	2010-07-08	2	91	77	91						124
	2010-07-09	5	135	58	93	107	121	135			229
	2010-07-12	7	129	27	46	64	82	99	116	129	500
	2011-06-10	4	112	49	84	100	112				64
坦渡	2010-04-21	6	97	21	36	51	69	84	97		123
	2010-07-05	3	53	21	39	53					51
	2011-06-10	2	114	95	114						62
桃林	2010-06-19	2	56	42	56						5
	2010-07-08	2	87	71	87						22
	2010-07-09	2	58	43	58						109
	2011-06-10	5	226	61	104	150	188	226			27
烟竹水库	2009-07-27	3	65	34	50	65					110
	2010-07-08	2	70	61	70						67
	2010-07-09	6	172	59	103	124	148	163	172		148
	2010-07-11	4	94	40	59	76	94				393
	2010-07-12	7	174	46	73	91	126	146	161	174	516
	2010-07-14	6	144	39	65	84	113	132	144		720
	2011-06-10	4	114	54	91	103	114				56
羊楼司	2010-04-21	4	61	14	36	49	61				108
	2010-07-05	3	51	19	37	51					6
	2010-07-08	2	54	32	54						69
	2010-07-09	6	83	25	47	52	66				130
	2011-06-10	6	243	96	130	182	205	228	243		51
詹桥	2009-07-24	5	164	56	99	130	148	164			21
	2010-07-08	2	90	73	90						25
	2011-06-10	2	86	46	86						87
忠防水库	2011-06-10	7	230	60	108	142	189	207	220	230	66

表 5-3　　　　　　　　　　　致灾暴雨强降雨历时统计表

强降雨历时	1h	2h	3h	4h	5h	6h	7h
发生次数	1	15	9	9	6	12	6

5.3　基于统计分析法拟定临界雨量阈值方案

基于上述分析,以单站为例,简述采用统计分析法拟定临界雨量技术方案。

1)收集山洪防治区历史灾情及区域内代表雨量站逐小时雨量资料。

2)根据灾情发生时间和地点,依次摘录并统计分析对应站点灾害发生前"雨峰"阶段的特征雨量,暂认为"雨峰"阶段历时不超过 6h,即连续 1h 雨量不小于 10mm(其中最多允许间断 1h)的逐小时雨量。

3)按照"雨峰"阶段的不同历时长,分别统计各次灾害各站点累计最大雨量。

4)按照"最大之中找最小"的方法,统计筛选出各次灾害各时段最小的雨量值,暂作为各时段的临界雨量;如果资料序列较短,不足以支持各时段临界雨量的分析,还需要后续分析确认。

5)进一步利用灾害调查或暴雨频率等方法的分析成果,对比分析确定 1h 的临界雨量,因为 1h 致灾降雨急促而短暂,对于灾害临近的预警至关重要,而实际情况强降雨在 1h 内就触发山洪灾害的个例较少,其临界雨量很难分析确定,有时还须借助其他方法来综合确定。

6)在具备 1~2 个基本时段临界雨量阈值成果后,可采用插值法、外延法、排除法等确定其他几个时段的临界雨量,最终分析完成 1h、2h、3h、4h、5h 和 6h 一组临界雨量成果。

5.4　临湘市示范区单站临界雨量预警阈值拟定及成果

5.4.1　临界雨量的主要影响因素

山洪灾害临界雨量的影响因素主要分为降雨、地质地貌条件及人类社会经济活动等。在拟定临湘市临界雨量前,简要讨论有关影响因素可能对本次临界雨量分析存在的影响。

(1)临界雨量与前期降雨量的关系

前述章节已阐述,"雨峰"阶段的降雨是触发山洪灾害最关键、最直接的因素,而影响临界雨量大小的因素,主要是"雨峰"阶段之前发生的降雨或土壤含水量。目前,国内外相关研究表明,临界雨量与山洪灾害前期降雨量呈明显的负相关。

刘志雨[52]等曾提出:山洪的大小除了与降雨总量、降雨强度有关外,还和流域土壤饱和程度或前期影响雨量指数密切相关。当土壤较干时,降水下渗大,产生地表径流则小;反之,当土壤较湿时,降水入渗少,大多形成地表径流。触发某次山洪灾害案例发生的临界雨量是可变的,并与前期降雨量呈负相关。土壤特性对下渗的影响,主要决定于土壤的透水性能及前期土壤含水量。前期土壤含水量,是通过影响降雨的下渗量从而影响临界雨量的。而土壤下渗量的大小,不仅与前期土壤含水量有关,还与土壤类型、受雨面坡度、下渗时间有关。

1)土壤类型对下渗量的影响。

临湘市北部属丘陵地带和湖区,多为红壤土和水稻土,这种土壤黏性大、含水量高,土壤的下渗能力较差。而临湘市南部属高地,也是山洪灾害发生的源地,紫色页岩发育的土壤细密,透水性能差,下渗条件更差。

2)受水面坡度对下渗量的影响。

一般山洪灾害的发生,都是由地势较高的地区开始逐渐向低地传播。而地势高的地区一般山峰陡峭、坡度较大,这里地表水受动力作用的坡面汇流及地表径流远大于受重力作用的下渗运动,水头势能使得地表水运动速度极快,甚至会出现还没"超渗"即会"产流"的现象,进而减少了下渗量,这与平原地区的超渗产流规律完全不同。

3)下渗时间对下渗量的影响。

毋庸置疑,在达到土壤饱和之前,下渗量与下渗时间成正比。对于短暂且急促致灾暴雨而言,雨强大于下渗率时,强烈的动力作用使得雨水无法在地表面出现足够时间的滞留,因此缩短了下渗时间,也就减少了下渗量。

综上所述,鉴于临湘市境内的土壤类型及分布状况,在坡降陡峭的山溪性河流发生的致灾降雨情况下,在 6h 内的下渗量相对于致灾强降水量而言是有限的,其对于地表产流量的损失这里暂时不计。从山洪灾害预警的紧迫性、实用性及可操作性的角度出发,本书采用的临界雨量的分析计算,暂不考虑前期降雨对临界雨量拟定的影响,仅重点针对触发山洪灾害发生前雨峰时期的降雨量因素。

(2)地质地貌条件的影响

过去的研究认为,一条山洪沟或一个区域内发生山洪灾害特别是泥石流或滑坡灾害后,会导致该地区的地形地貌、河道坡降发生改变,继而使得临界雨量变大。事实上,对地形造成较大影响的主要是滑坡,山溪洪水及并发泥石流是对地形有一定的影响,在本研究应用中,暂不考虑每次山洪灾害发生后可能对地质地貌条件变化产生的影响。若确认有地质地貌发生重大改变,再对相对应山洪沟临界雨量进行调整。

(3)人类社会经济活动的影响

一般来说,人类活动主要是通过破坏河道、傍水建筑等方式加重山洪灾害的损失程度,这些可能导致山洪灾害临界雨量降低。但这些变化暂时难以统一量化考虑,所以本书的临界雨量计算,暂不考虑过去人类活动的影响。

(4)临界雨量的适用范围

由于资料的局限性,所提出的临界雨量成果,没有针对不同山洪灾害程度等级分别拟定分级临界雨量。即这里的临界雨量只针对山洪灾害事件是否发生,而没有针对山洪灾害程度大小、细化不同强度等级临界雨量指标。

5.4.2 各时段单站临界雨量阈值拟定

根据前面对有关山洪致灾降雨有效历时时间特征统计初步分析观点,考虑到致灾强降雨持续历时 7h 的个例偏少,且 6h 以内的时段临界雨量基本能有效预警更长历时的致灾强降雨事件，本节仅分析计算 1~6h 各时段的临界雨量。显而易见，既然致灾雨量大于或等于临界雨量，则说明山洪灾害并不一定发生在"雨峰"阶段的末尾，有可能在"雨峰"阶段之中的某一时刻就已经触发了灾害，由于历史灾情或降雨资料记录的不足，灾害的发生时间尚未精确到几时几分，因此还无法确定灾害在"雨峰"的哪一时刻起发生，之前的致灾降雨量究竟有多少，这给临界雨量的分析造成难度。

现以江南站临界雨量的拟定为例来说明这个问题，江南站山洪灾害发生前强降雨阶段逐小时雨量统计见表 5-4。采用原临界雨量统计方法统计得出的临界雨量，1~7h 分别应为：19mm、37mm、45mm、56mm、71mm、102mm、112mm。仔细对比分析对应的山洪资料，发现这组数据中 1~3h 的临界雨量指标与实际情况不符合。如果采用该临界雨量指标，那么江南站平均每年都会发生 10 次以上的山洪灾害，这与实际相差甚远，显然这一组临界雨量值是不合理的。

表 5-4　　2007—2012 年江南站山洪灾害发生前强降雨阶段逐小时雨量统计

序号	时间 年-月-日	强降雨 时长(h)	强降雨 累计雨量 (mm)	1h (mm)	2h (mm)	3h (mm)	4h (mm)	5h (mm)	6h (mm)	7h (mm)
1	2009-06-29	3	134	52	84	134				
2	2010-07-05	2	51	37	51					
3	2010-07-08	2	72	53	72					
4	2010-07-09	4	156	63	118	136	156			
5	2010-07-11	5	71	22	38	45	56	71		
6	2010-07-12	7	112	19	37	54	71	86	102	112
	降雨最小值		51	19	37	45	56	71	102	112

基于上述江南站强降雨雨量统计，如果附加一个雨峰历时的条件，即假设该站致灾雨峰的历时是 1h，那么致灾雨量必然发生在 1h 之内，1h 的临界雨量指标值也必然被包含在该站历次山洪灾害雨峰历时为 1h 的致灾雨量范围内，依次可类推至 2h、3h、4h、5h、6h。为此，这里提出各时段临界雨量指标分析确定原则：如果分析认为某代表站触发山洪灾害的强降雨（1h 雨量不小于 10mm）历时是 1h，则将该站历史所有 1h 致灾雨量中的最小者，作为 1h 的临界雨量；如果分析认为触发山洪灾害的强降雨历时是 2h，则统计该站历史上所有 2h 致灾雨量中的最小者，作为 2h 的临界雨量。同理，按相同方法分析出其他时段（主要指 1~6h 内的不同历时）的临界雨量值，若资料不充分，则可相应进行插值处理，最后完成该站 1~6h 内的一组临界雨量指标拟定。

根据以上处理原则，如果某雨量站逐小时雨量资料时间序列较长，且对应的灾情记录完整，则能够较好地统计分析出该站各时段临界雨量。但如果所收集的雨量及灾情资料尚不能满足该条件，则还必须通过灾害调查法、插值法等附加条件来确定各时段的临界雨量值，该附加条件主要包含以下 3 个方面。

(1) 利用灾害调查结果结合单站法确定基本时段临界雨量

仍以临湘市境内的江南站临界雨量分析为例，首先要依据灾害调查确认可信的数据，结合上述原则，来确定基本时段的临界雨量。从表 5-4 可以看出，江南站致灾降雨有 2 次是 2h

内发生的,统计得其最小值51mm;另外还有1次是5h完成的,对应雨量值是71mm。根据灾害调查结果对比分析认为,取临界雨量值2h为51mm、5h为71mm比较合理,暂可以采用,故将2h和5h作为该站临界雨量的基本时段。而其余各时段的临界雨量,由于雨峰历时无法类比,并且与灾害调查结果差距较大,故需通过下一步方法再确定。

(2)用插值法确定其他各时段临界雨量

确定了基本时段的临界雨量,在误差允许的范围内,假定各时段临界雨量满足线性关系,即可采用等差插值法、外延法来确定其他时段的临界雨量。但对于只有一个基本时段临界雨量的站点,其他各时段的临界雨量,可以采用逐小时差值10mm来确定,因为在统计每个站强降雨阶段时,均把连续1h时雨量不小于10mm作为标准。湖南省在《湖南省山洪灾害防治县级非工程措施建设2011年度省级汇总实施方案》中提出,采用灾害调查和概率统计综合结果认为:临湘市山洪灾害1h临界雨量不小于50mm,故将此作为与外延法无关的独立条件。

(3)用"排除法"对各时段临界雨量进行校正

为了更有效地确定各时段临界雨量阈值,还需对该站历史上所有未致灾的强降雨阶段最大的逐时段雨量进行统计(即最大之中找最大),作为"最大不可能"致灾雨量的极限值,临湘市各雨量站各时段临界雨量下限值见表5-5。根据灾害调查等分析法的结果,认为当1h雨量不大于40mm、2h雨量不大于40mm、3h雨量不大于50mm、4h雨量不大于60mm、5h雨量不大于70mm、6h雨量不大于80mm、7h雨量不大于90mm时,发生灾害的可能性不大,故采用排除法时,满足上述条件的雨量值不纳入统计(即不列入表5-5中)。

表5-5 临湘市各雨量站各时段临界雨量下限值表 (单位:mm)

序号	区站号	站名	1h	2h	3h	4h	5h	6h	7h
1	P3350	忠防水库		42					
2	P3351	横铺		48					
3	P3352	长塘		66					
4	P3353	龙源			70				
5	P3354	清正		62					
6	P3355	城南	43	49					
7	P3521	江南		50					
8	P3522	贺畈			62				
9	P3523	白羊田	49						
10	P3524	聂市		58					
11	P3528	定湖			52				
12	P3552	黄盖湖		57					
13	P3553	坦渡		48					
14	P3555	詹桥			52				
15	P3556	烟竹水库	45						95
16	P3557	乘风		50	59				90
17	P3558	儒溪	48						
18	P3559	桃林		55					
19	P3622	羊楼司		42					

按照上述分析原则及附加条件综合分析,可以确定江南站各时段临界雨量:1h 为 50mm,2h 为 51mm,3h 为 57mm,4h 为 64mm,5h 为 71mm,6h 为 81mm。

根据同样的方法,完成临湘市其他山洪灾害防治雨量监测站各时段临界雨量表及分布图(见表 5-6 和图 5-2 至图 5-8)。另外,还分析了 24h 临界雨量,该指标主要是供专业预报员内部报警的判别指标。由于实际出现的强降雨持续时间极少能超过 7h,所以 7h 以上的临界雨量指标对于实际的山洪预警能有效应用较少,而且多数研究 7h 以上的临界雨量值与 6h 很接近,并且依据 12h、24h 更长历时的临界雨量指标进行山洪预警,很可能造成空报或漏报现象,因为同样为 100mm 的降雨量,发生在 6h 内极可能会触发山洪灾害,但均匀分布在 24h 内往往难以致灾。但是,当 24h 雨量达到临界雨量时,仍有可能发生山洪灾害,将 24h 临界雨量作为预报员的预警指标,以提醒预报员对出现这种现象要给予极大关注。

表 5-6 提出临湘市各代表站的临界雨量阈值,仅供参考应用,在实践中可能会因为雨量资料时间序列不够长、收集山洪灾害个例少以及线性插值误差影响而不够准确,该成果有待后续不断验证完善。分析拟定的一组临界雨量值,是按照致灾强降雨的历时分时段进行统计的,因此用作山洪预警时,仅需满足一组指标中某时段的临界雨量条件即可预警,而无需各时段临界雨量条件全部满足,此种情况下,仍是可能出现山洪预警空报现象。

表 5-6　　临湘市山洪灾害雨量监测代表站致灾临界雨量阈值拟定成果表　　(单位:mm)

序号	区站号	站名	1h	2h	3h	4h	5h	6h	24h
1	P3350	忠防水库	50	60	70	80	90	100	110
2	P3351	横铺	50	60	70	80	90	100	110
3	P3352	长塘	58	68	78	88	98	108	118
4	P3353	龙源	50	60	71	75	85	95	105
5	P3354	清正	55	65	75	85	95	105	115
6	P3355	城南	59	69	79	89	99	109	119
7	P3521	江南	50	51	57	64	71	81	91
8	P3522	贺畈	50	57	64	74	84	94	104
9	P3523	白羊田	59	69	79	89	99	109	119
10	P3524	聂市	50	58	68	78	88	98	108
11	P3528	定湖	50	52	53	65	77	89	99
12	P3552	黄盖湖	56	66	76	86	96	106	116
13	P3553	坦渡	51	53	63	73	83	93	
14	P3555	詹桥	50	60	70	80	90	100	110
15	P3556	烟竹水库	50	58	65	75	85	96	106
16	P3557	乘风	50	55	60	70	80	90	100
17	P3558	儒溪	56	66	76	86	96	106	116
18	P3559	桃林	50	56	66	76	86	96	106
19	P3622	羊楼司	50	51	61	71	81	91	101

第 5 章 基于统计分析法的临界雨量拟定技术

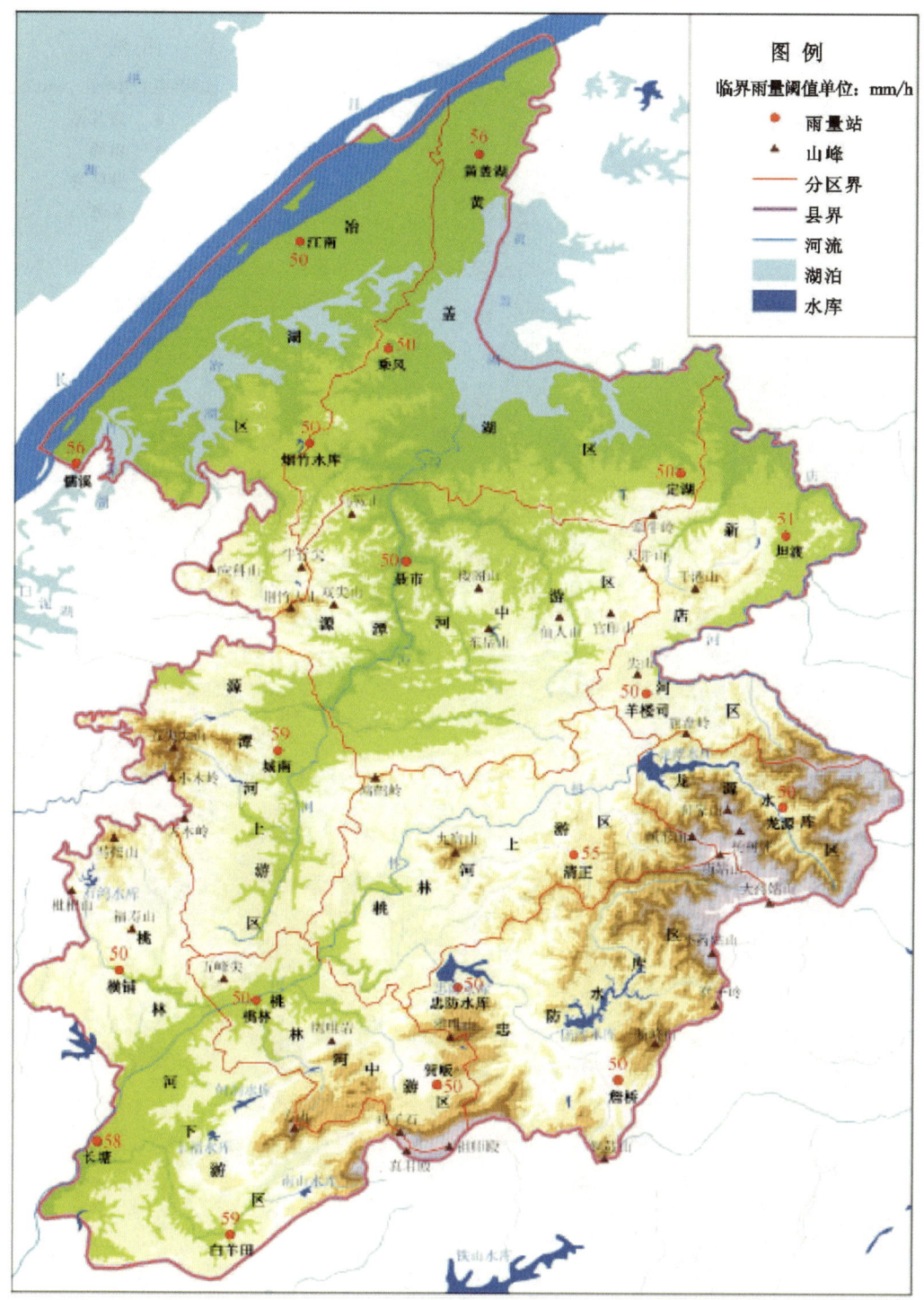

图 5-2 拟定的临湘市示范区各预警代表站 1h 临界雨量阈值图

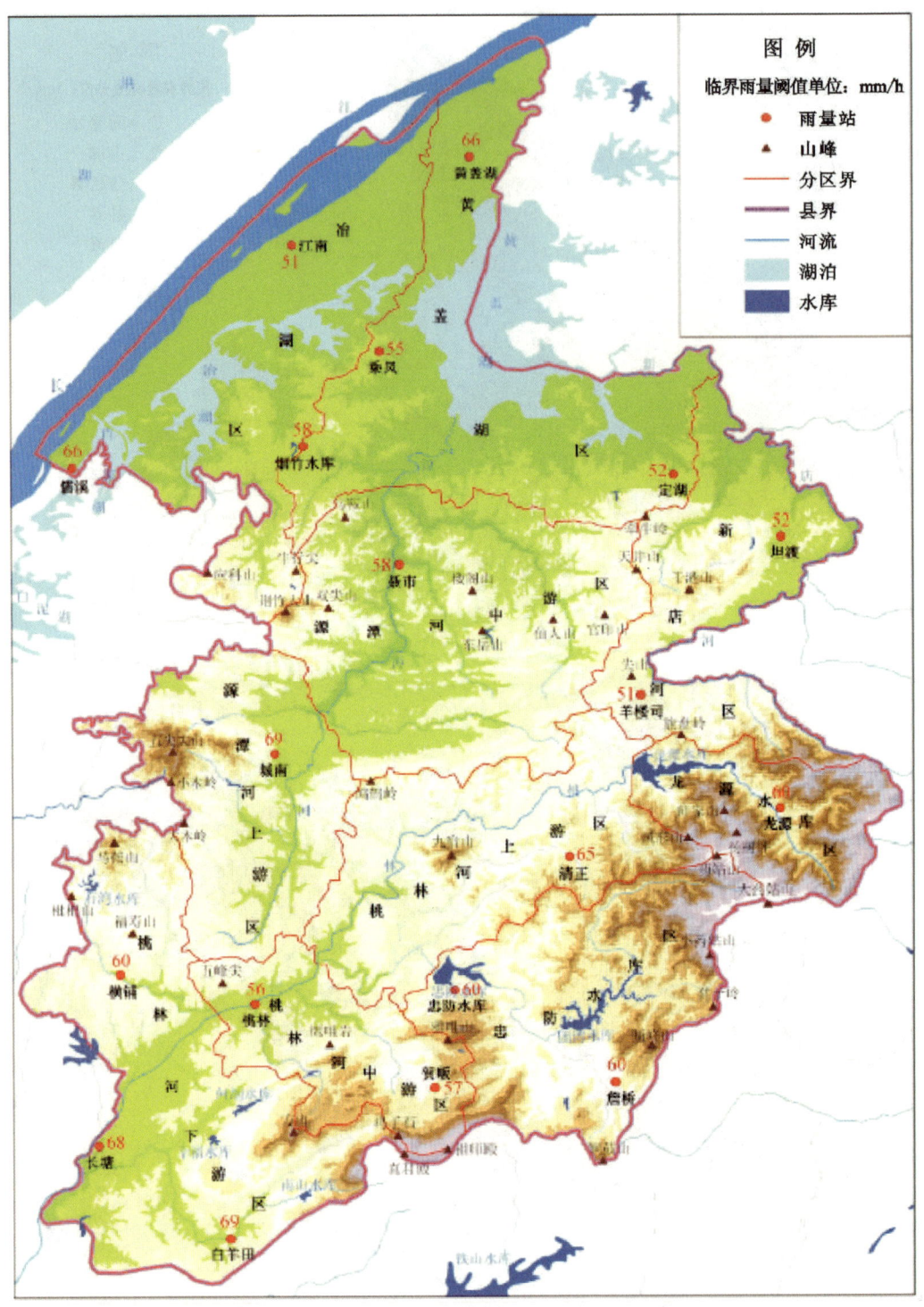

图 5-3 拟定的临湘市示范区各预警代表站 2h 临界雨量阈值图

第 5 章 基于统计分析法的临界雨量拟定技术

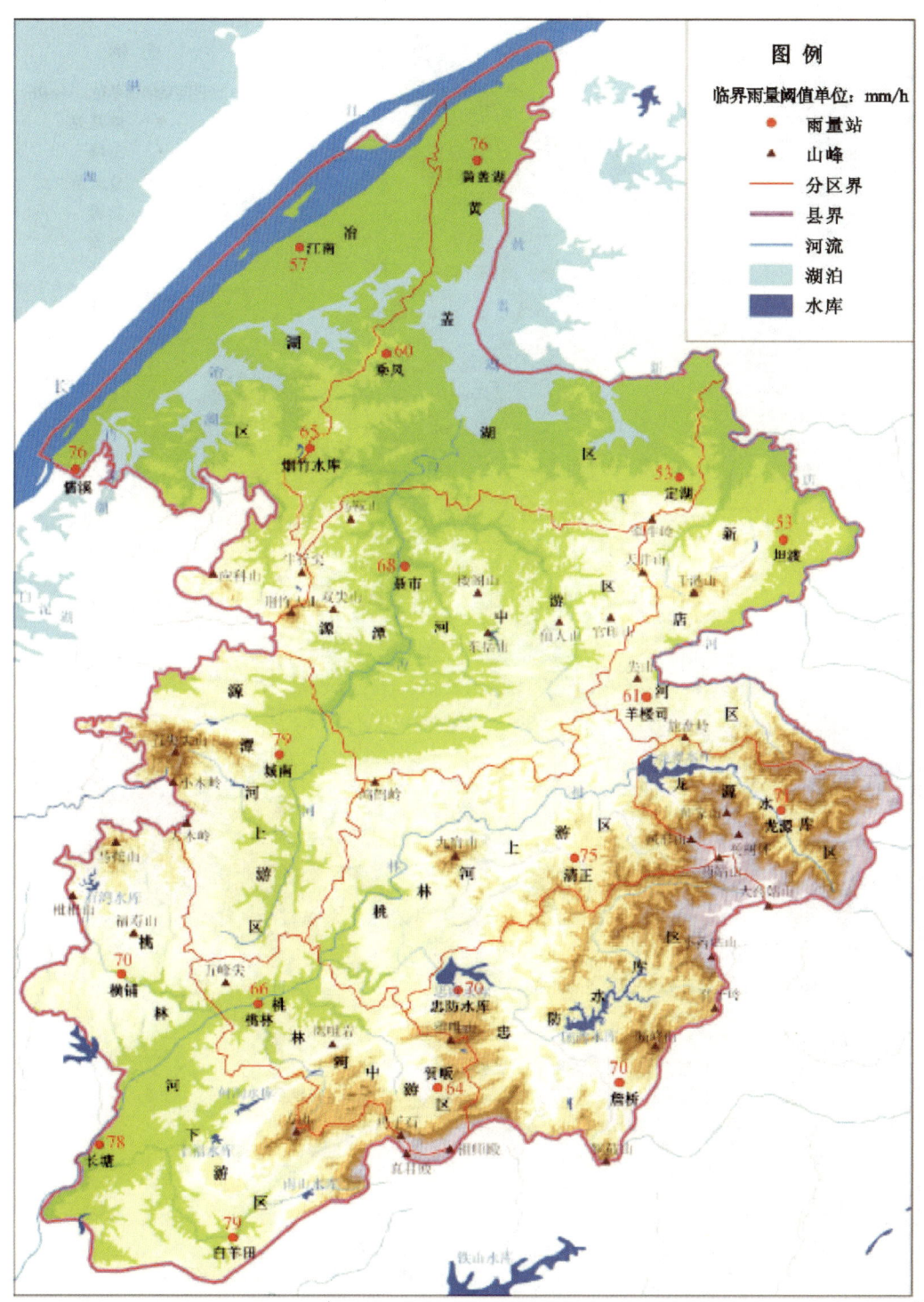

图 5-4 拟定的临湘市示范区各预警代表站 3h 临界雨量阈值图

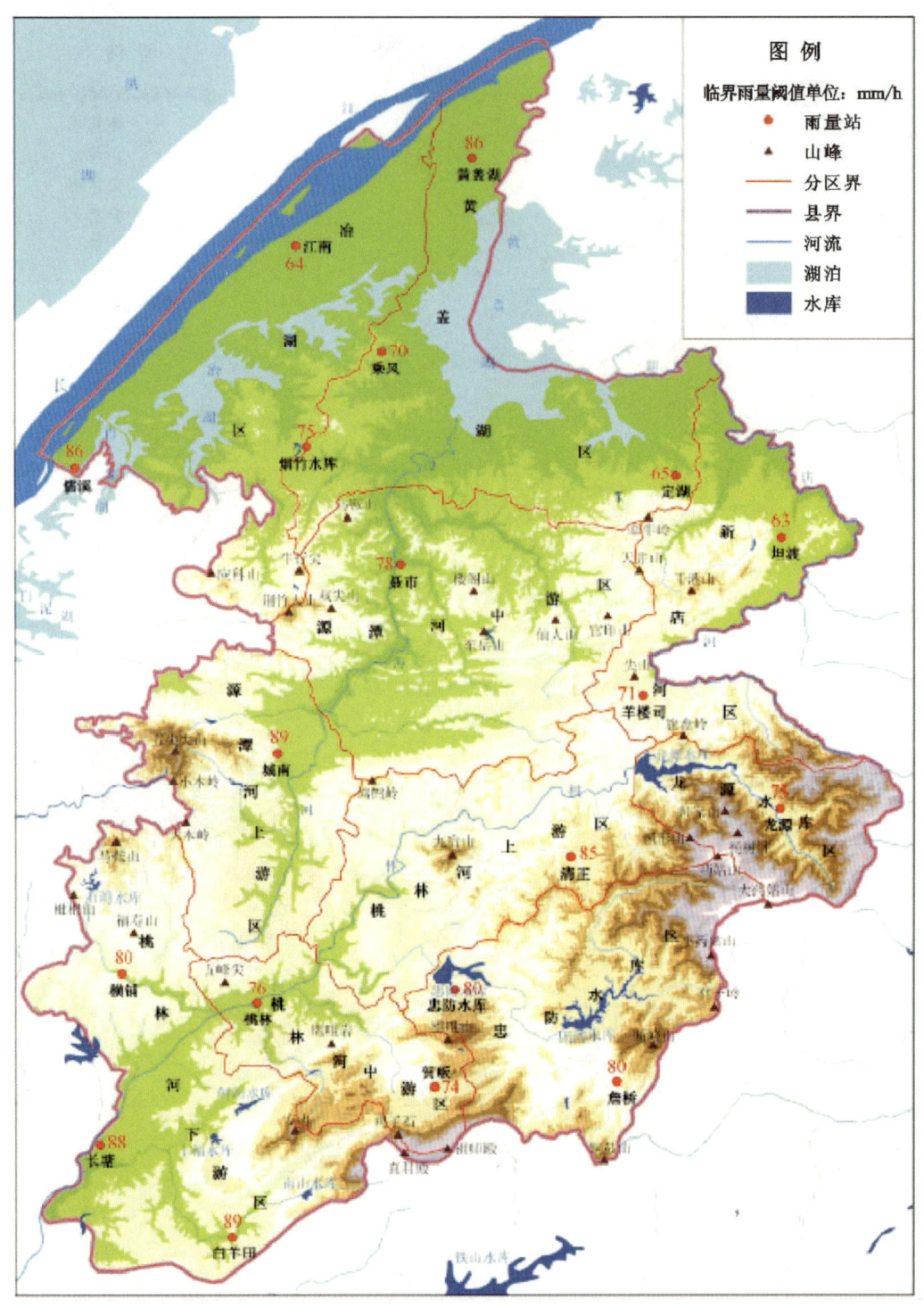

图 5-5 拟定的临湘市示范区各预警代表站 4h 临界雨量阈值图

第5章 基于统计分析法的临界雨量拟定技术

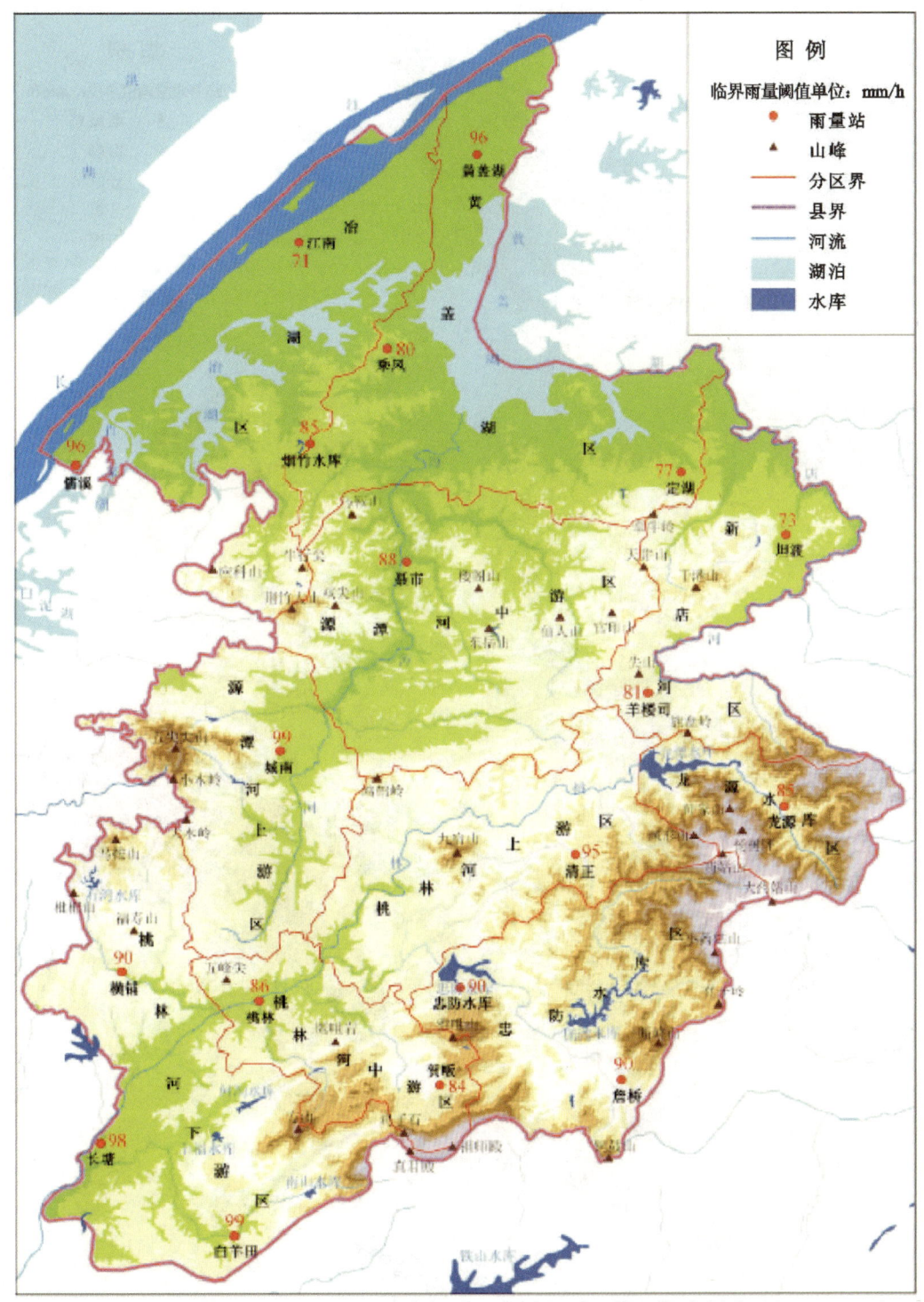

图 5-6 拟定的临湘市示范区各预警代表站 5h 临界雨量阈值图

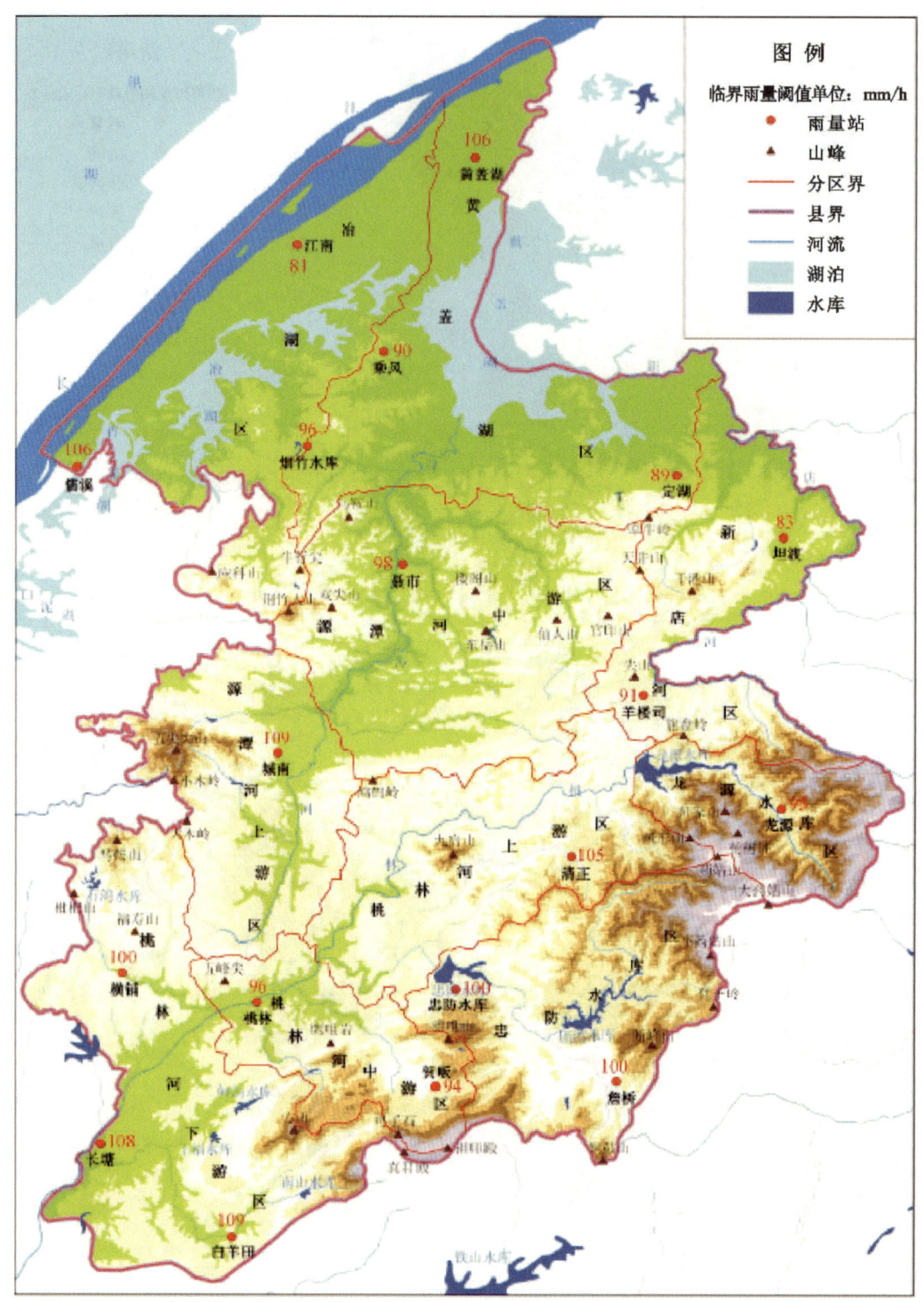

图 5-7　拟定的临湘市示范区各预警代表站 6h 临界雨量阈值图

第5章 基于统计分析法的临界雨量拟定技术

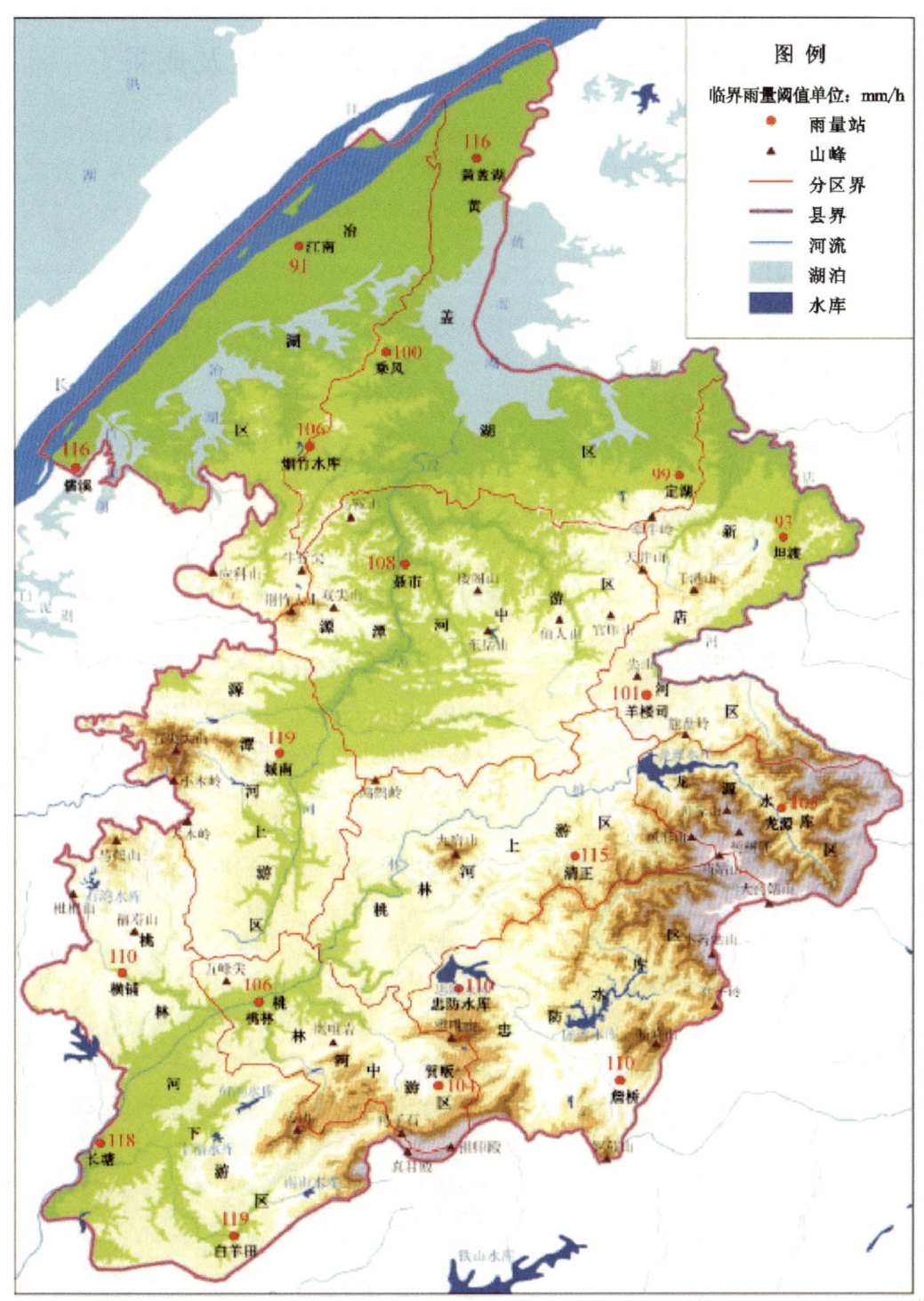

图 5-8 拟定的临湘市示范区各预警代表站 24h 临界雨量阈值图

5.5 临湘市示范区分区临界雨量预警阈值拟定及成果

上述临湘市19个代表站的单站临界雨量阈值分析成果，仅可代表该站附近的山洪沟临界雨量指标，考虑到降雨预报的现有水平及山洪预警的实际需求，本节从针对预警分区角度出发，仍以统计分析法为主，提出针对分区临界雨量阈值拟定方案或原则。

5.5.1 预警分区的划分原则

按照2003年12月国家防汛抗旱总指挥部办公室提出的《细则》中有关分区条件，结合临湘市实际情况，进一步明确分区原则。

1) 考虑到分区临界雨量的代表性，每个分区地形应大致相似。
2) 为代表一条完整山洪沟，预警分区不能分割该境内一级支流区域，区域边界线应与分水岭重合。
3) 区域内主要河流干流的分界点，应尽量与一级支流交汇处一致。
4) 为便于分区临界雨量计算，要保证每个分区都至少包含一个山洪预警代表站。
5) 预警分区面积应在100～250 km² 之间，且分区之间的面积不能相差太大。

5.5.2 预警分区的划分

利用 SRTM DEM 90m 分辨率的数据，采用 ARCGIS 软件，应用水文分析模块，首先提取出稍大于临湘市行政范围的 DEM 数据；对栅格的 DEM 数据进行预处理，即填注和削峰等处理；确定各单元格的流向；计算出汇流栅格图；采用阈值法，生成汇流点；最后利用流向和汇流点数据自动生成子流域。

在 DEM 栅格数据生成的子流域的基础上，利用县界多边形，提取出示范区即临湘市内的子流域，然后遵循上述区域划分的主要原则，逐级合并子流域，最终划分为冶湖区、黄盖湖区、源潭河上游区、源潭河中游区、新店河区、龙源水库区、忠防水库区、桃林河上游区、桃林河中游区和桃林河下游区等10个子区域。所采用的19个预警代表站均分布在每个分区内，每个区域的面积在80～250 km²。临湘市示范区的最终区域划分见表5-7和图5-9。

表5-7　　　　　　临湘市山洪分区名称及分区面积表

分区代码	分区名称	面积（km²）
1	冶湖区	238.1
2	黄盖湖区	236.0
3	源潭河中游区	238.4
4	新店河区	134.5
5	源潭河上游区	147.5
6	桃林河上游区	171.2
7	龙源水库区	82.7
8	桃林河下游区	232.7
9	桃林河中游区	95.2
10	忠防水库区	171.7
	总计	1748

第5章 基于统计分析法的临界雨量拟定技术

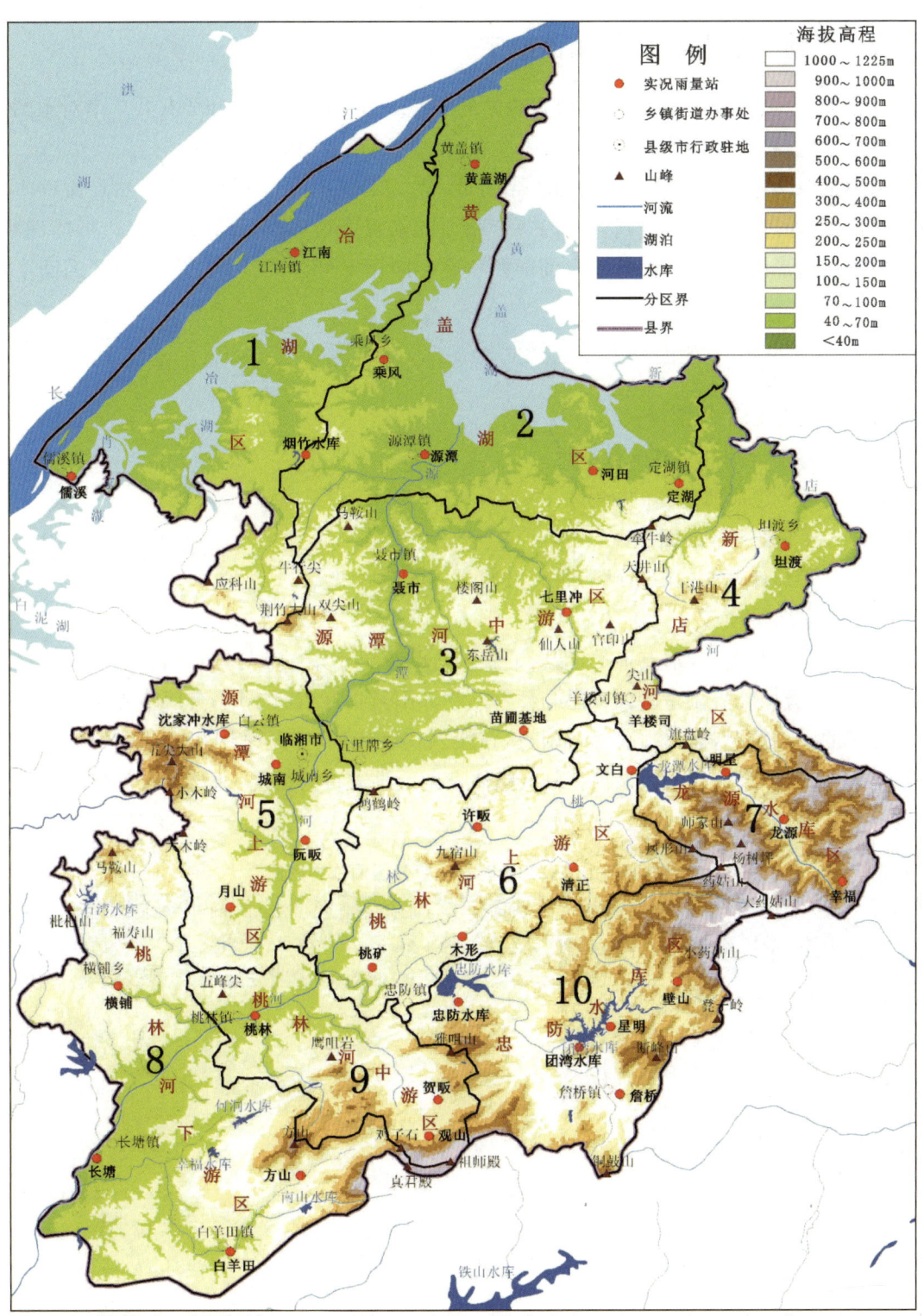

图5-9 临湘市地形、水系、雨量站及山洪预警分区图(图中数字代表分区序号)

5.5.3 预警分区临界雨量阈值拟定

计算 10 个预警分区内 19 个预警代表站的 1h、2h、3h、4h、5h、6h 和 24h 共 7 个对象的分区临界雨量值，将其作为计算单元相应时段分区平均雨量的"真值"。

采用泰森多边形法计算分区的面临界雨量。在 ARCGIS 中，首先用雨量站点文件生成泰森多边形，通过叠加分析得到各区内每个站点的泰森多边形，再计算每个多边形的面积，以及每个多边形的权重，作为各站点的面积权重。应用下列公式计算出各个分区的面平均雨量：

$$R = \frac{R_1 f_1 + R_2 f_2 + \cdots + R_i f_i}{f_1 + f_2 + \cdots f_i} = \frac{1}{F}\sum_{i=1}^{n} R_i f_i = \sum_{i=1}^{n} R_i F_i \tag{5.2}$$

式中：R——分区面平均雨量；

R_i——各雨量站的临界雨量；

f_i——各多边形所包围的面积；

F——各个研究区的面积；

F_i——参与计算的各雨量站的面积权重；

i——多边形的个数。

由于站点分布不均，站点不足，借用了邻区站点参与计算。参与计算站点以及计算结果见表 5-8。该分区临界雨量阈值成果与预警站临界雨量指标有所不同，分区临界雨量阈值代表所在区的平均情况，非单站或邻近附近，在投入实际应用时，是采用相应分区的预报平均雨量进行比较，预警信息代表该预警分区整体发生山洪灾害的情况，故该分区临界雨量较对应的预警代表站临界雨量阈值往往偏小。

表 5-8　　　　　　　　临湘市山洪灾害各时段预警分区面临界雨量

分区代码	分区名称	序号	区站号	站名	面积 (km²)	面积权重 (%)	1h面临界雨量 (mm)	2h面临界雨量 (mm)	3h面临界雨量 (mm)	4h面临界雨量 (mm)	5h面临界雨量 (mm)	6h面临界雨量 (mm)	24h面临界雨量 (mm)
1	冶湖区	1	P3521	江南	76.78	32.24	51.6	57.6	64.9	73.9	82.9	93.2	103.2
		2	P3552	黄盖湖	18.37	7.72							
		3	P3556	烟竹水库	72.63	30.50							
		4	P3557	乘风	24.78	10.40							
		5	P3558	儒溪	45.57	19.14							
			小计		238.12	100							
2	黄盖湖区	1	P3528	定湖	78.17	33.12	51.3	56.8	61.8	72.5	83.1	94.0	104.0
		2	P3552	黄盖湖	49.39	20.93							
		3	P3556	烟竹水库	37.46	15.88							
		4	P3557	乘风	70.95	30.07							
			小计		235.97	100							

续表

分区代码	分区名称	序号	区站号	站名	面积(km²)	面积权重(%)	1h面临界雨量(mm)	2h面临界雨量(mm)	3h面临界雨量(mm)	4h面临界雨量(mm)	5h面临界雨量(mm)	6h面临界雨量(mm)	24h面临界雨量(mm)
3	源潭河中游区	1	P3355	城南	38.36	16.09	51.4	57.7	67.1	77.2	87.4	97.5	107.5
		2	P3524	聂市	126.04	52.87							
		3	P3528	定湖	14.28	5.99							
		4	P3622	羊楼司	59.72	25.05							
			小计		238.40	100							
4	新店河区	1	P3528	定湖	30.53	22.70	50.4	51.6	56.2	66.7	77.1	87.6	97.6
		2	P3553	坦渡	49.76	37.00							
		3	P3622	羊楼司	54.21	40.30							
			小计		134.49	100							
5	源潭河上游区	1	P3355	城南	147.49	100	59	69	79	89	99	109	119
			小计		147.49	100							
6	桃林河上游区	1	P3350	忠防水库	52.47	30.65	53.6	63.0	73.0	83.0	93.0	103.0	113.0
		2	P3354	清正	87.79	51.28							
		3	P3355	城南	19.27	11.25							
		4	P3622	羊楼司	11.68	6.82							
			小计		171.20	100							
7	龙源水库区	1	P3353	龙源	82.73	100	50	60	71	75	85	95	105
			小计		82.73	100							
8	桃林河下游区	1	P3351	横铺	80.12	34.43	54.6	64.1	74.1	84.1	94.1	104.1	114.1
		2	P3352	长塘	50.72	21.80							
		3	P3523	白羊田	73.75	31.69							
		4	P3559	桃林	28.11	12.08							
			小计		232.70	100							
9	桃林河中游区	1	P3350	忠防水库	4.60	4.83	50.0	56.6	65.3	75.3	85.3	95.3	105.3
		2	P3522	贺畈	42.29	44.40							
		3	P3559	桃林	48.36	50.78							
			小计		95.24	100							
10	忠防水库区	1	P3350	忠防水库	41.45	24.13	51.1	60.8	70.6	80.3	90.3	100.3	110.3
		2	P3353	龙源	10.08	5.87							
		3	P3354	清正	36.59	21.31							
		4	P3522	贺畈	13.62	7.93							
		5	P3555	詹桥	70.00	40.76							
			小计		171.74	100							

5.6 其他几种临界雨量拟定方法分析应用

对于国内大部分山洪灾害高发区的临界雨量分析研究来说，无资料或资料缺乏现象还较普遍,本节针对无资料地区分别介绍近似采用灾害调查法、比拟法及暴雨频率法拟定临界雨量,并简要进行对比讨论。

5.6.1 灾害调查法

表 5-9 是《湖南省山洪灾害防治非工程措施建设 2011 年度省级汇总实施方案》所给出的临湘市各站立即转移预警指标(也就是山洪灾害临界雨量),该临界雨量值是以灾害调查为基础,综合概率统计分析得出的。与表 5-6 比较可以看出,各时段临界雨量与临湘市预警站点对应时段临界雨量十分接近,但灾害调查法只能提供一个定性的、粗略的均值,临界雨量空间分布的不均匀性没能体现,以此依据开展不同山洪沟的山洪灾害预警,还显不足。

表 5-9　　　　　　　临湘市山洪灾害防治区小流域预警指标　　　　　　　（单位:mm）

分区序号	预警区域	立即转移预警指标				
		1h	3h	6h	12h	24h
1	七星港	50	70	90	100	115
2	万丰港	50	70	90	100	115
3	三八港	50	70	90	100	115
4	土木港	50	70	90	100	115
5	大岭港	50	70	90	100	115
6	东里港	50	70	90	100	115
7	沙坪港	50	70	90	100	115
8	金盆港	50	70	90	100	115
9	叶家桥	50	70	90	100	115
10	田乡港	50	70	90	100	115
11	白羊港	50	70	90	100	115
12	石桥港	50	70	90	100	115
13	龙须港	50	70	90	100	115
14	伏溪港	50	70	90	100	115
15	关山村港	50	70	90	100	115
16	红土港	50	70	90	100	115
17	水井港	50	70	90	100	115
18	张万港	50	70	90	100	115
19	花桥港	50	70	90	100	115
20	中防港	50	70	90	100	115
21	板桥港	50	70	90	100	115
22	枫林港	50	70	90	100	115
23	荆圣港	50	70	90	100	115
24	高桥港	50	70	90	100	115
25	排贝港	50	70	90	100	115
26	彭畈港	50	70	90	100	115
27	新安港	50	70	90	100	115
28	楠木港	50	70	90	100	115
29	横铺港	50	70	90	100	115

5.6.2 比拟法

本节以湖南省浏阳市为例,比较与临湘市临界雨量的异同点。浏阳市位于临湘市南面,相距 100 多 km,同属亚热带季风湿润气候区,都位于幕阜山脉的西侧,地形呈东高西低状,东部多为山区,西部多为丘陵,多年平均降水量在 1600mm 以上,同属于湖南省年雨量 4 个高值区之一,是湖南省山洪灾害的易发区,两市的气候条件及地形地貌状况较为相似。

采用与临湘市同样的单站分析方法,得出浏阳市 20 个雨量站各时段临界雨量(见表 5-10)。

与临湘市各时段临界雨量(见表 5-6)相比较可以看出,除 1h 临界雨量相差不大外,浏阳市各站其余各时段临界雨量都有所偏小。因此,在完全无资料条件下,采用类似气候、地形地貌等条件下的山洪沟临界雨量成果近似代替,也不失为一种实用近似暂行法。

表 5-10　　浏阳市各山洪灾害雨量监测站各时段临界雨量　　（单位：mm）

序号	站名	1h	2h	3h	4h	5h	6h	24h
1	白沙	50	54	58	66	72	78	88
2	白屋里	56	59	62	70	78	86	96
3	碧溪	51	60	69	77	85	93	103
4	卜家皂	50	58	65	70	75	80	90
5	达浒	50	56	65	75	85	95	105
6	大光	50	55	62	72	80	95	105
7	大瑶	50	58	64	70	78	88	98
8	古港	50	55	60	65	75	85	95
9	光明	50	55	59	68	78	88	98
10	寒婆坳	50	58	64	74	84	94	104
11	黄荆坪	50	55	61	74	84	94	104
12	龙门	50	55	62	70	80	90	100
13	炉前	55	60	63	73	83	93	103
14	目莲渡	50	58	66	76	86	96	106
15	社港	50	53	55	65	75	85	95
16	石湾	50	55	59	63	73	83	93
17	双冲	51	53	55	66	77	89	99
18	双江口	50	58	66	73	82	92	102
19	增嘉台	50	51	52	62	74	84	94
20	张坊	50	56	62	72	83	93	103
	面平均	51	56	61	70	79	89	99

5.6.3 暴雨频率法

采用暴雨频率法近似拟定临界雨量,主要是假定该山洪防治区历史上发生的山洪灾害与年内发生的暴雨的频率近似相同。

(1) 计算临湘市各站附近发生的灾害频率

基于2007—2012年6年间临湘市山洪灾害案例历史记录，统计各雨量监测站点附近历史上山洪灾害发生的次数及年数，并以此分别对应山洪灾害发生年数和发生次数计算了两组频率，结果见表5-11，计算公式如下：

$$P_1 = \frac{山洪灾害发生个例次数}{总年数} \quad (5.3)$$

$$P_2 = \frac{山洪灾害发生的年数}{总年数} \quad (5.4)$$

表5-11　　2007—2012年临湘市各站附近发生的灾害频率统计表

站点	山洪灾害发生次数	山洪灾害发生年数	频率 P_1（%）	频率 P_2（%）
白羊田	2	2	33.33	33.33
长塘	1	1	16.67	16.67
城南	1	1	16.67	16.67
乘风	3	3	50.00	50.00
定湖	4	2	66.67	33.33
贺畈	2	2	33.33	33.33
横铺	1	1	16.67	16.67
黄盖湖	3	3	50.00	50.00
江南	2	2	33.33	33.33
龙源	2	2	33.33	33.33
聂市	2	2	33.33	33.33
清正	1	1	16.67	16.67
儒溪	3	2	50.00	33.33
坦渡	3	2	50.00	33.33
桃林	3	2	50.00	33.33
烟竹水库	3	3	50.00	50.00
羊楼司	3	2	50.00	33.33
詹桥	3	3	50.00	50.00
忠防水库	1	1	16.67	16.67
平均			37.72	32.46

历史山洪灾害发生次数、时间、地点及其影响范围主要通过山洪灾害实地调查得到，可能存在对山洪灾害案例统计遗漏的现象，基于此计算得到的山洪灾害发生频率相应会存在较大误差。因此，山洪灾害的发生频率受当地山洪案例的历史记录影响较大，若记录信息翔实且没有遗漏，则统计的山洪发生频率有一定的代表性。

(2) 分析计算与山洪灾害相同频率的降雨量

本节采用的暴雨频率法拟定临界雨量，主要是假定某地区发生的山洪灾害与年内出现最大雨量的频率近似相同，依据山洪灾害发生的频率计算对应的不同时段（1h、6h、24h）的年最大雨量。该雨量则近似作为临界雨量。由于样本系列较短,分别计算了山洪灾害发生次数和发生年数对应频率下的临界雨量,并进行比较分析。具体计算方法为,假定山洪灾害发生次数与年最大雨量均服从 P—Ⅲ 分布,依据《湖南省暴雨洪水查算手册》,得到临湘市不同时段年最大雨量的均值、变异系数(C_v)及偏差系数与变异系数的比值(C_s/C_v),进而计算 P—Ⅲ 分布对应频率下的年最大雨量作为山洪灾害发生的临界雨量,各站点临界雨量见表 5-12。

表 5-12　　　　　　暴雨频率法计算临湘市各站点的临界雨量表　　　　　　（雨量:mm）

站点	1h临界雨量		6h临界雨量		24h临界雨量	
	P_1	P_2	P_1	P_2	P_1	P_2
白羊田	50	50	89	89	123	123
长塘	62	62	115	115	158	158
城南	62	62	115	115	158	158
乘风	41	41	69	69	95	95
定湖	34	50	57	89	78	123
贺畈	50	50	89	89	123	123
横铺	62	62	115	115	158	158
黄盖湖	41	41	69	69	95	95
江南	50	50	89	89	123	123
龙源	50	50	89	89	123	123
聂市	50	50	89	89	123	123
清正	62	62	115	115	158	158
儒溪	41	50	69	89	95	123
坦渡	41	50	69	89	95	123
桃林	41	50	69	89	95	123
烟竹水库	41	41	69	69	95	95
羊楼司	41	50	69	89	95	123
詹桥	41	41	69	69	95	95
忠防水库	62	62	115	115	158	158
平均	48	51	84	90	115	124

由表 5-12 中数据可见,频率 P_1 对应的临界雨量普遍较 P_2 偏小,推测可能是因为所计算的频率 P_1 相对较小。与采用统计分析法所拟定的临界雨量结果(参见表 5-6)相比,采用暴雨频率法得到的 1h、6h 临界雨量值大部分站点均偏小,但频率 P_2 所对应临界雨量与表 5-6 中结果相差不大;大部分站点的 24h 临界雨量偏大,且部分站点偏大较多,分析其原因可能为山洪灾害主要由短历时强降雨诱发。

采用表 5-8 临湘市山洪预警分区方法和各雨量站权重,分别计算不同分区的面临界雨量,结果见表 5-13。与表 5-8 的结果相比较,相关结论与站点临界雨量类似。

表 5-13　　暴雨频率法计算临湘市分区的面临界雨量

分区代码	分区名称	分区相关站名	权重(%)	1h临界雨量 P_1 (mm)	1h临界雨量 P_2 (mm)	6h临界雨量 P_1 (mm)	6h临界雨量 P_2 (mm)	24h临界雨量 P_1 (mm)	24h临界雨量 P_2 (mm)
1	冶湖区	江南	32.24	44	46	75	79	104	109
		黄盖湖	7.72						
		烟竹水库	30.5						
		乘风	10.4						
		儒溪	19.14						
2	黄盖湖区	定湖	33.12	39	44	65	76	89	104
		黄盖湖	20.93						
		烟竹水库	15.88						
		乘风	30.07						
3	源潭河中游区	城南	16.09	49	52	86	93	119	129
		聂市	52.87						
		定湖	5.99						
		羊楼司	25.05						
4	新店河区	定湖	22.7	39	50	66	89	91	123
		坦渡	37						
		羊楼司	40.3						
5	源潭河上游区	城南	100	62	62	115	115	158	158
6	桃林河上游区	忠防水库	30.65	61	61	112	113	154	156
		清正	51.28						
		城南	11.25						
		羊楼司	6.82						
7	龙源水库区	龙源	100	50	50	89	89	123	123
8	桃林河下游区	横铺	34.43	56	57	101	104	139	143
		长塘	21.8						
		白羊田	31.69						
		桃林	12.08						
9	桃林河中游区	忠防水库	4.83	46	51	80	90	110	125
		贺畈	44.4						
		桃林	50.78						
10	忠防水库区	忠防水库	24.13	52	52	93	93	127	127
		龙源	5.87						
		清正	21.31						
		贺畈	7.93						
		詹桥	40.76						

基于上述分析,对于无资料地区,采用暴雨频率法计算的不同临界雨量,所计算的24h单站临界雨量及分区面临界雨量之间存在较大的偏差,该结果受统计当地山洪灾害发生次数是否遗漏影响较大,并近似按发生频率相同计算出临界雨量,可能会存在较大的偏差,可作为完全无降雨资料条件下的一种近似代替手段。该方法所计算的1h、6h站点临界雨量及分区面临界雨量,对比根据降雨资料采用统计分析法所拟定的临界雨量而言,具有一定的参考价值,在实践中仅可参考使用。

5.7 基于马氏距离识别法的临界雨量拟定方法试验

近年来,国内外学者对山洪灾害临界雨量指标进行了大量的研究工作,对山洪灾害临界雨量分析拟定提出了许多新方法,使得山洪灾害临界雨量拟定研究方法更丰富。但这些方法也存在各自的局限性,如临界雨量统计分析法因资料局限性(无法对山洪灾害进行巨细无遗的监测)得出的临界雨量很可能并非"真正的"临界雨量;临界雨量水文水力学法对资料条件和适用对象等要求太高,而山洪灾害防治区往往水文资料短缺,建模和验证难以满足;双指标的暴雨临界曲线法只能根据前期累积雨量与前1h降雨量进行预警,缺乏不同时段的概念,尤其在河道退水不完全时需将多余流量折算成初始累积降雨量。因此,在学习和总结山洪灾害临界雨量拟定相关研究的基础上,本节尝试提出一种面临界雨量拟定方法——基于马氏距离识别法分析拟定不同前期降雨量(下垫面)条件下的面临界雨量。该方法综合了水文水力学法与统计分析法,简单易行,具备一定资料条件就可实施。

5.7.1 概述

马氏距离识别法[66,68-72]是根据观测已获得的样本数据特征,建立一定的判别公式和准则,对新的样本进行判别分析,并将其归类为与之特征相同或相近的类别中的一种多元统计分析方法,已经渗透到自然科学和社会科学的各个领域。在山洪灾害临界雨量拟定研究中,距离识别法应用有限。因此,本节尝试将马氏距离识别法在山洪灾害临界雨量拟定的应用中进行一定的试验。

降雨是诱发山洪灾害的直接因素和激发条件,降雨量、降雨强度和降雨历时与山洪灾害的形成关系密切,特别是时段最大面平均雨量,它历时短、雨强高、激发力强,在一定的下垫面条件下易产生溪河洪水灾害、泥石流灾害或激发滑坡灾害。据统计分析,同一流域(山洪防治区)不同下垫面条件下激发山洪灾害所需的时段最大面平均雨量不同:当流域(山洪防治区)土壤较干时,降水下渗大,产生地表径流则小,激发山洪灾害所需的降水量必多;反之,如果土壤较湿,降水下渗少,易形成地表径流,激发山洪灾害所需的降水量必少。因此,在进行山洪灾害临界雨量拟定研究时,考虑流域的前期降雨量指数(它反映流域干湿程度,代表下垫面条件)是适当的,基于此理念,本方法将采用马氏距离识别法确定前期降雨量指数和已发生的时段最大面平均雨量之间的关系,并据此推算确定不同前期干湿条件下对应区域面的临界雨量。

基于马氏距离识别法的面临界雨量拟定，具体包括对区域平均降雨量计算、前期降雨量指数计算及马氏距离识别法拟定临界雨量判别模型等内容。其中区域平均降雨量及前期降雨量指数的计算方法参看第 6 章（6.2.1 节及 6.2.2 节），重点介绍的马氏距离识别法拟定临界雨量判别模型主要针对溪河洪水对象。

5.7.2 马氏距离识别法拟定临界雨量判别模型

5.7.2.1 马氏距离识别法

马氏距离[66,72]是由印度统计学家马哈拉诺比斯提出的，表示数据的协方差距离。它是一种有效的计算两个未知样本集的相似度方法；与欧氏距离不同的是它考虑到各种特性之间的联系，并且与尺度无关。本文以马氏距离作为本次研究的二元分类判别准则。判别（识别）分析是判别样本所属类型的一种统计方法，若有 n 个类型的总体 $G_1,G_2,\cdots,G_n$，则对于一个给定的待判样本 $X=(x_1,x_2,\cdots x_m)^T$，识别该样本属于哪个总体。距离判别就是以样本到各个总体的距离远近作为判别尺度的一种直观识别方法，本文采用马氏距离法建立临界雨量的判别函数。设总体 $G=(X_1,X_2,\cdots X_p)^T$ 的均值为 $\mu=E(X_i)(i=1,2,\cdots,p)$，$p$ 为样本数量，则总体 G 的协方差矩阵为：

$$\Sigma = \mathrm{Cov}(G) = E[(G-\mu)(G-\mu)^T] \tag{5.5}$$

则样本 X 与总体 G 的马氏距离定义为

$$d^2(X,G) = (X-\mu)^T \Sigma^{-1} (X-\mu) \tag{5.6}$$

通过计算待判样本 X 到各总体 $G_1,G_2,\cdots,G_n$ 的马氏距离，即可将其归于与其马氏距离最小的那个总体。对两个总体 G_1,G_2，样本 X 来自哪个总体可按下述规则进行判断：当 $d^2(X,G_1) \leqslant d^2(X,G_2)$ 时，判定 $X \in G_1$；否则判定 $X \in G_2$。当两个总体的协方差矩阵 $\Sigma_1 = \Sigma_2 = \Sigma$ 时，样本 X 与总体 G_1 和 G_2 马氏距离的差值为：

$$\begin{aligned} & d^2(X,G_1) - d^2(X,G_2) \\ & = (X-\mu_1)^T \Sigma^{-1} (X-\mu_1) - (X-\mu_2)^T \Sigma^{-1} (X-\mu_2) \\ & = -2[X-(\mu_1+\mu_2)/2]^T \Sigma^{-1} (\mu_1-\mu_2) \end{aligned} \tag{5.7}$$

令 $\bar{\mu}=(\mu_1+\mu_2)/2$；$\beta=\Sigma^{-1}(\mu_1-\mu_2)$，则样本 X 的线性判别函数可以写成：

$$W(X) = [X-(\mu_1+\mu_2)/2]^T \Sigma^{-1} (\mu_1-\mu_2) = (X-\bar{\mu})^T \beta \tag{5.8}$$

式中：β——判别系数；

$W(X)$——线性判别函数，其判别标准为：当 $W(X) \geqslant 0$ 时，判定 $X \in G_1$，否则判定 $X \in G_2$。

用线性判别函数进行判别分析非常直观，使用起来最方便，在实际中应用也最广泛。

5.7.2.2 临界雨量判别模型拟定

流域临界雨量判别模型拟定主要包含两个方面的内容：一方面资料处理和样本选择；另

一方面采用马氏距离识别法建立临界雨量判别函数(模型)。首先,针对历史资料系列中流域所发生过的所有场次山溪洪水,分别在其峰前24h内的降雨资料中摘录出 Δt 时段最大区域或流域的平均雨量 $P_{\max,t}$,以及计算出该时段最大面平均雨量发生之前 $t-\Delta t$ 时刻的前期降雨量指数 $P_{a,t-\Delta t}$,记为($P_{a,t-\Delta t}$, $P_{\max,t}$)组合,其中时段 Δt 的确定一般可视流域大小和山洪传播时间长短等适当选择确定,如 $\Delta t =$ 1h、3h、6h 或 12h 等。其次,将所摘录的($P_{a,t-\Delta t}$, $P_{\max,t}$)组合绘制为前期降雨量指数—时段最大面平均雨量关系散点图(X、Y 两轴分别为前期降雨量指数和时段最大面平均雨量),并根据各($P_{a,t-\Delta t}$, $P_{\max,t}$)组合对应的洪水是否达到致灾山洪将判别标准分为两类(致灾和未致灾山洪事件)。然后,采用马氏距离识别法建立线性判别函数(模型),在此暂将线性判别函数在散点图坐标系中相应的直线命名为决策直线,则该决策直线将前期降雨量指数和时段最大面平均雨量组成的状态空间分为两部分,为致灾山洪区域与未致灾山洪区域的分界线。显而易见,决策直线上的雨量值为不同前期降雨量条件下的临界雨量值,该值可作为本地区开展山洪预警的指标。具体步骤归纳如下:

1)根据山洪防治区雨量站实测雨量记录计算山洪防治区的面平均雨量及前期降雨量指数。

2)摘录山洪防治区所有场次洪水峰前24h的时段长为 Δt 的最大面平均雨量 $P_{\max,t}$ 及其前期降雨量指数 $P_{a,t-\Delta t}$,得到($P_{a,t-\Delta t}$, $P_{\max,t}$)组合,并确定($P_{a,t-\Delta t}$, $P_{\max,t}$)组合对应的洪水是否发生致灾山洪事件,本研究暂以流域出口控制站的水位或流量超过警戒水位或相应流量视作实况已发生致灾山洪事件(此处致灾洪水判别标准视实际情况可调整);同时,以洪水是否达到致灾(或超警)作为需要预警事件,将($P_{a,t-\Delta t}$, $P_{\max,t}$)组合分为致灾山洪与未致灾山洪两类(二元分类问题)样本。

3)采用马氏距离识别法对($P_{a,t-\Delta t}$, $P_{\max,t}$)组合进行线性划分,得到一条直观地把($P_{a,t-\Delta t}$, $P_{\max,t}$)组合形成的状态空间分为致灾山洪与未致灾山洪两部分的决策直线,则该决策直线对应的函数为临界雨量判别函数(模型),该直线直观地将该流域历史上发生的统计样本事件划分为两个空间区域,直线之上的区域即为致灾山洪区域,之下的区域则为未致灾区域。

4)采用上述拟定的临界雨量判别函数(模型),根据计算出的 t 时刻前期降雨量指数,可相应地计算出对应时段 Δt 时段的雨量值,则该雨量值即可认作该流域 t 时刻下可用于山洪预警条件下未来 Δt 时段的临界雨量值;若预报未来 Δt 时间内降雨量超过所计算的临界雨量值,则根据拟定的临界雨量判别函数(模型)判别可能会发生山洪,可进行山洪预警。

5.7.3 试验应用

5.7.3.1 试验河流简介

为了更好地验证该方法,基于上述理论基础,选取潦河流域作为研究对象。潦河流域位于江西省西北部,横跨宜春、南昌两区市,覆盖靖安、安义、高安、永修等县,流域面积

4380km², 主要由南、北两支组成。南潦河流域面积 2862km², 北潦河流域面积 1518km², 两河于安义县石窝汇合以后经安义万家埠下游 28.8km² 汇入修河。北潦河又分两支,北潦北河流域面积 736km², 北潦北河上建有罗湾和小湾两座中型水库; 北潦南河流域面积 782km², 两河于安义县凌家汇合构成北潦。潦河控制站万家埠站控制集水面积 3548km²。目前,潦河建有雨量站至少 10 个,站网密度约 355km²/个,见图 5-10。

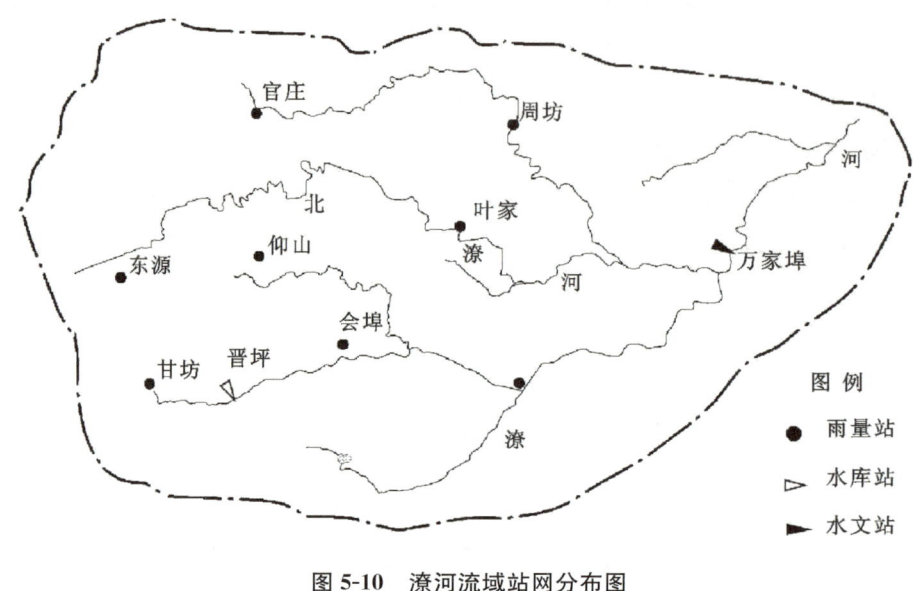

图 5-10 潦河流域站网分布图

潦河流域位于赣西北暴雨区,流域西高东低,植被条件好。流域中上游为高山丛林地貌,下游为丘陵岗地,河床坡降大,水流急,流域内雨量较为丰沛,多年平均降雨量 1600mm,但受地形影响,降雨分布极不均匀,上游山区可达 2000mm,1h 最大降雨为 87.7mm,6h 最大降雨为 209mm,24h 最大降雨为 357mm。该流域洪水汇流速度快,三支多为同步性遭遇洪水,易于形成较大洪峰,造成洪涝灾害。

5.7.3.2 资料处理和样本选择

基于前述分析,本次研究暂以潦河流域控制站万家埠洪峰水位作为洪水样本事件(洪峰水位高于警戒水位(27.0m),暂假定视为致灾洪水,反之,则视为未致灾洪水),选取该流域 1990—2013 年 29 场洪水资料,根据平均雨量计算方法、前期降雨量指数递推公式(计算参数见表 5-14)及实测雨量记录计算该流域面平均雨量及前期降雨量指数,并据此摘录该流域 29 场次洪水峰前 24h 内时段长为 Δt 的最大面平均雨量 $P_{\max,t}$ 及其前期降雨量指数 $P_{a,t-\Delta t}$,得到 ($P_{a,t-\Delta t}$, $P_{\max,t}$) 组合,同时确定 ($P_{a,t-\Delta t}$, $P_{\max,t}$) 组合对应的洪水的超警状态(即致灾状态),得到洪水样本摘录表(见表 5-15),其中,计算时段尺度为 6h(即 $\Delta t=6h$,潦河流域雨量站报汛时段为 6h,对于其他有资料条件地区,可视情况选择 1h 或 3h 等)。在所选取的 29 个洪水样本中,以前 20 场洪水作为距离判别分析模型的训练样本,后 9 场洪水作为预测检验样本(表中序号带"*"的样本)。

表 5-14　　　　　　　　　　前期降雨量指数计算参数表

序号	参数意义	参数	参数值
1	土壤含水量衰减系数	k	0.9
2	流域最大蓄水量(或最大初损值)(mm)	I_m	100

表 5-15　　　　　　　　　　山洪样本摘录统计表

序号	洪水发生时间 (年-月-日)	洪峰水位 (m)	前期降雨量指数 (mm)	最大 6h 降雨量 (mm)	超警状态
1	1990-04-25	27.74	67.2	48.8	1
2	1997-05-14	26.5	7.9	34	−1
3	1997-06-08	26.31	0.5	67.5	−1
4	1997-07-08	26.38	27.4	39.1	−1
5	1998-06-14	26.12	88.1	41	−1
6	1998-06-26	28.58	100	92	1
7	1998-07-25	27.77	100	80.5	1
8	1998-07-26	28.3	100	130	1
9	1998-07-31	28.01	100	80	1
10	1999-04-17	25.92	59	29.3	−1
11	1999-07-18	26.48	8.4	27.3	−1
12	1999-08-30	25.79	34.2	38.5	−1
13	2000-06-24	27.27	81.2	71.5	1
14	2001-04-29	25.67	53.3	39.5	−1
15	2002-05-14	27.04	42.3	42	1
16	2003-05-14	26.35	46.2	30.6	−1
17	2003-06-26	28.32	100	97	1
18	2004-05-16	25.8	56.1	48.6	−1
19	2004-08-15	25.51	100	66.6	−1
20	2005-05-17	25.42	7	57	−1
21*	2005-09-04	29.68	100	53.5	待定
22*	2005-11-11	26.33	25.2	51	待定
23*	2007-06-01	25.46	32.7	83.8	待定
24*	2008-06-11	25.16	38.7	52.3	待定
25*	2010-03-06	25.8	30.6	47	待定
26*	2010-06-20	27.05	46.9	41.8	待定
27*	2011-06-15	27.16	65.9	90.5	待定
28*	2012-05-13	26	26	28.5	待定
29*	2013-05-15	25.21	14.2	22.3	待定

注：对"超警状态"栏，−1 代表未超警；1 代表超警。

5.7.3.3　流域临界雨量判别模型判别拟定分析

将选择好的前 20 个洪水样本作为训练样本,以 2 个不同的影响临界雨量的因子(前期降雨量指数和降雨量)作为距离识别法的判别因子,并将以上样本按照降雨是否致灾(或洪水是否超过警戒流量)分为两个不同的总体。假定 2 个总体的协方差阵相等,按照马氏距离识别法进行距离判别计算与分析,得到线性判别函数(模型)为:

$$y = -0.3504x + 84.6376 \tag{5.9}$$

式中:x——前期降雨量指数值 P_a;

y——可应用于预警的临界雨值 $P_{临}$。

将线性判别函数对应的决策直线绘至散点图坐标系中,见图 5-11。

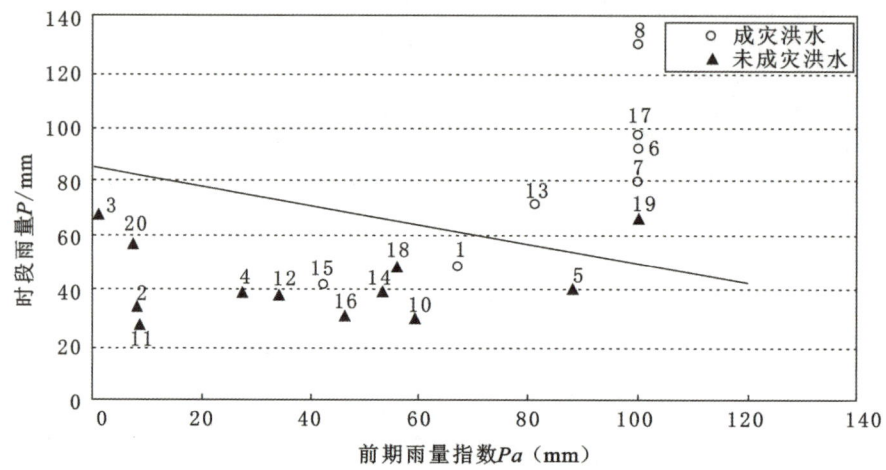

图 5-11　潦河流域 6h 临界雨量空间判别函数图

所拟定的临界雨量判别模型直观地把($P_{a,t-\Delta t}$,$P_{max,t}$)组合形成的状态空间分为致灾山洪与未致灾山洪两部分,与实况样本对比检验,统计基于该判别函数所判别致灾山洪事件合格率达 75%(6/8),8 个致灾事件仅 2 个误判,对 12 个致灾事件判别合格率约 92%(11/12),仅 1 个事件误判。总体评价:20 个样本仅 3 个误判,模型合格率为 85%。

5.7.3.4　区域临界雨量判别模型检验分析

以前节所预留的 9 个预测样本代入临界雨量线性判别函数:$y = -0.3504x + 84.6376$,判断其是否致灾(或超警),并与实际情况进行比对,计算成果见表 5-16。

表 5-16　　　　　　　　　临界雨量指标检验成果

序号	预警时间 (年-月-日)	x (mm)	y (mm)	R_{max}(mm)	是否致灾	是否正确
21*	2005-09-04	100.0	49.6	53.5	是	√
22*	2005-11-11	25.9	75.6	51.0	否	√
23*	2007-06-01	32.7	73.2	83.8	是	×

续表

序号	预警时间（年-月-日）	x（mm）	y（mm）	R_{max}（mm）	是否致灾	是否正确
24*	2008-06-11	38.7	71.1	52.3	否	√
25*	2010-03-06	30.6	73.9	47.0	否	√
26*	2010-06-20	46.9	68.2	41.8	否	×
27*	2011-06-15	65.9	61.5	90.5	是	√
28*	2012-05-13	26.0	75.5	28.5	否	√
29*	2013-05-15	14.2	79.7	22.3	否	√

注：x 栏为前期降雨量指数。y 栏为临界雨量值。R_{max} 栏为 24h 内实况最大 6h 降雨量。对于是否致灾栏，若 $R_{max} > y$，则致灾，需发布预警；反之，则不致灾，不需发布预警。

由表可知：①9 个预测样本中仅有 2 个误判，合格率约为 78%；②该临界雨量线性判别函数模拟预测效果较好，可以用作潦河流域山洪灾害预警指标。但在实际应用中，考虑对未来 6h 降雨预报值还存在一定的不确定性，可能会发布致灾预警，但实际没有出现现象（空报），或没有发布致灾预警，但实际出现致灾洪水现象（漏报）。为了降低空报、漏报现象，可考虑采用拟定 1h、3h 临界雨量线性判别函数，利用 1h、3h 降雨量预报值，实时滚动计算分析。此外，本研究以前期降雨量指数单一指标代表复杂的流域下垫面条件，具有一定的局限性，并没有考虑水文地质、地形、植被等下垫面影响因素。同时本研究所提出方法仅适用于对溪河洪水灾害（淹没引发损失）的预警试验研究，该方法不适用泥石流灾害或滑坡灾害事件的预警应用。

5.7.4 应用讨论

本研究将马氏距离识别法引入山洪灾害临界雨量指标研究，以鄱阳湖水系的潦河流域作为试验对象，建立了临界雨量空间判别模型，并对判别模型进行了检验分析。

1）根据平均雨量计算公式、前期降雨量指数递推公式及实测雨量记录，计算潦河流域面平均雨量及前期降雨量指数，摘录该流域 29 场次洪水峰前 24h 内时段长为 Δt（$\Delta t = 6h$）的最大面平均雨量 $P_{max,t}$ 及其前期降雨量指数 $P_{a,t-\Delta t}$，得到（$P_{a,t-\Delta t}$，$P_{max,t}$）组合，同时确定（$P_{a,t-\Delta t}$，$P_{max,t}$）组合对应的洪水的超警状态（即假定的致灾状态），并以 20 场次洪水作为训练样本，利用马氏距离识别法建立临界雨量线性判别模型。

2）所建立的临界雨量线性判别模型表现为：前期降雨量指数越大，一般造成致灾山洪所需要的降雨量越小。在率定期模型合格率约为 85%，误判率较低；在检验期模拟预测的合格率约为 78%，模型预测效果较好，表明该模型可以用作潦河流域山洪灾害预警指标。

3）该模型构建主要基于水文学和统计学原理，对资料种类要求不高（只需要具有一定时间长度的降雨量及洪水资料即可，对于缺少洪水资料地区可以通过调查洪水进行选样），建模与应用均不复杂，简单易行且实用，便于推广，对国内开展山洪预警具有一定的应用参考价值。

4）在实际应用中，计算时段尺度 Δt 应视流域大小、山洪传播时间长短及资料条件等适当选择确定；对小流域山洪预警对象而言，考虑到现有短历时降水预报有一定的准确性，建议计算时段 Δt 采用 1h、3h 为宜构建空间判别模型，并开展实时滚动计算分析。

5）该方法以前期降雨量指数单一指标代表复杂的流域下垫面条件，还是具有一定的局限性，并没有考虑水文地质、地形、植被等下垫面影响因素，同时只适合应用于溪河洪水灾害预警（淹没引发损失），难以适用于由水文地质造成的泥石流灾害或激发滑坡灾害的预警。

5.8 无资料条件下基于流量反推法拟定临界雨量方法试验

5.8.1 方法介绍

对于无资料地区，假设雨洪同频，在分别建立流量频率曲线、雨量频率曲线后，通过控制断面安全泄量查流量频率曲线得到相应频率，再据此频率推查雨量频率曲线得到致灾临界雨量；若未来一段时间内的降雨量超过致灾临界雨量，则可能会发生山洪，可进行山洪预警。基于流量反推临界雨量拟定技术方法的主要步骤归纳如下：

1）在山洪灾害防治区内根据现有河道堤防的具体情况，乡镇或自然村所在位置及历史洪水灾害发生位置选取适当数量的控制断面，原则上应在有防避要求的各乡镇和自然村的上游、中游和下游各选取一个控制断面。根据历史灾情和现有工情等，分析提出各断面的安全水位（水面超过该高度则堤防可能发生险情的水位，该值可视情况调整）。通过水力计算确定断面水深 H 与流量 Q 的关系，并确定控制断面在安全水位下的流量，即安全泄量 $Q_{安}$。

2）根据小流域暴雨洪水计算的推理公式，计算各暴雨频率下 1h、3h、6h 降雨形成的断面来水洪峰流量 $Q_{峰}$。

3）绘制各频率洪水下的洪峰流量与暴雨频率的关系曲线（简称流量频率曲线）图，即 $P_{频}$—$Q_{峰}$ 的关系。

4）根据安全泄量 $Q_{安}$，从流量频率曲线 $P_{频}$—$Q_{峰}$ 上查算得到安全泄量的相应频率 $P_{频,安}$。

5）绘出各频率 1h、3h、6h 降雨量与暴雨频率关系曲线（简称雨量频率曲线）图。

6）根据安全泄量的相应频率 $P_{频,安}$，从 1h、3h、6h 雨量频率曲线图中查算得到 1h、3h、6h 对应的雨量值，即视作相应时段的临界雨量。

5.8.2 试验应用

为了更好地验证该方法，选择浙江省马金溪流域为研究对象（文中方法及资料均来自文献[38]）。马金溪发源于浙、皖、赣三省交界的开化县齐溪镇，溪流全长 104.17km，河道比降 5.92‰，流域面积 1067.46km²，该溪峡谷较多，谷窄流急，历史上山洪灾害频繁发生。现以马金溪流域开化县音坑乡政府上游一河道断面临界雨量为例计算,断面形状见图 5-12。

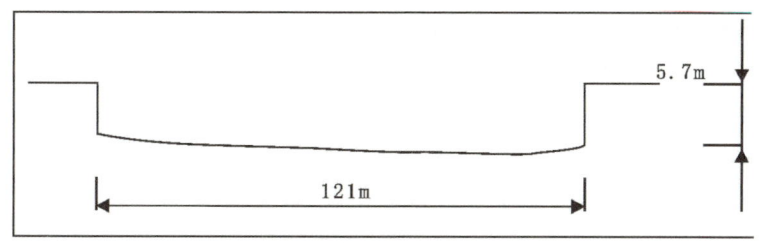

图 5-12　马金溪流域开化县音坑乡政府上游一河道断面示意图

(1) 确定安全泄量

根据选取的控制断面,对各断面进行实地测量,获得断面形状、尺寸、高程,以及上、中、下控制断面之间的距离。通过水力计算,确定上、中、下控制断面水深 H 与过流流量 Q 的关系。溪河所选取控制断面 H—Q 关系计算见表 5-17。根据控制断面情况,确定该断面安全水位 $H_安$ 为 134.0m,则相应的安全泄量 $Q_安$ 为 665.17m³/s。

表 5-17　　　　　　　溪河所选取控制断面 H—Q 关系计算表

H(m)	A(m²)	X(m)	R ($R=A/X$)	C ($C=1/nR^{1/6}$)	V ($V=c\sqrt{RJ}$)	Q ($Q=AV$)
131.3	0	0				
131.5	4.92	42	0.117	22.56	0.405	1.99
132.0	41.2	86	0.479	28.53	1.035	42.64
132.5	85.46	97	0.881	31.58	1.554	132.80
133.0	131.7	102	1.291	33.66	2.006	264.19
133.5	184.83	110	1.680	35.17	2.766	441.93
134.0	240.48	115	2.091	36.48	2.766	665.17
134.5	297.76	118	2.523	37.64	3.135	933.48
135.0	355.13	122	2.911	38.55	3.449	1224.84

(2) 制作流量频率曲线

现以 3h 设计暴雨为例,所选取断面 3h 设计洪水计算应符合《水利水电工程设计洪水计算规范》(SL 44—2006)的要求,无实测暴雨资料的小流域,可根据《浙江省短历时暴雨》(2003 年 2 月)推算设计暴雨过程。据小流域暴雨洪水计算的推理公式,可计算各暴雨频率下 3h 降雨形成的断面洪水洪峰流量 $Q_峰$,从而得到流量频率曲线 $P_频$—$Q_峰$,见图 5-13。

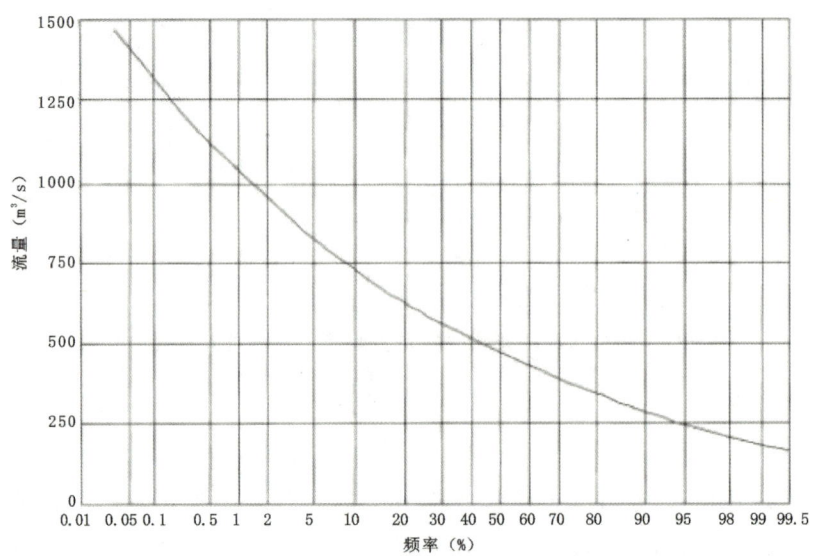

图 5-13　3h 流量频率曲线 $P_{频}$—$Q_{峰}$

根据安全泄量 $Q_{安}$(665.17m³/s),从图中查得安全泄量的相应频率 $P_{频,安}$ 为 30%。

(3)确定分区临界雨量

根据《浙江省短历时暴雨》设计暴雨参数,绘出各频率 3h 降雨量与暴雨频率关系曲线(简称雨量频率曲线),见图 5-14。

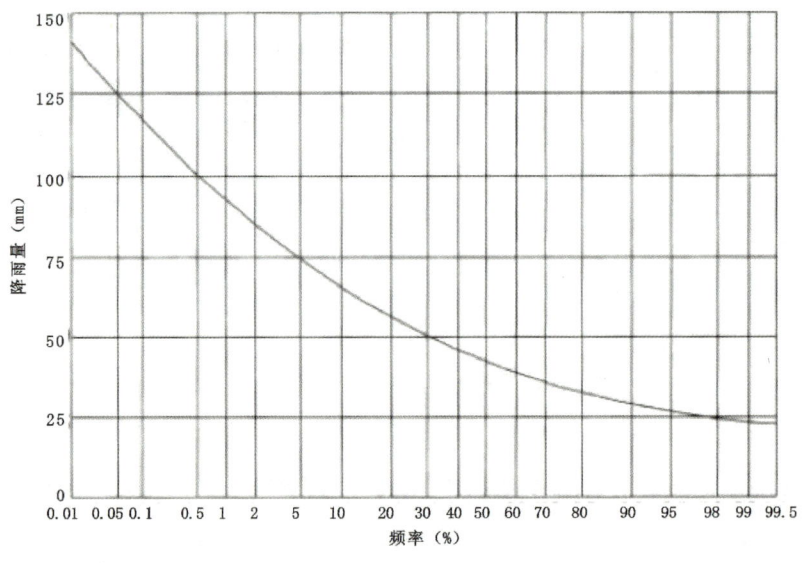

图 5-14　3h 雨量频率曲线

根据安全泄量的相应频率 $P_{频,安}$(30%),从图中查得临界雨量为 50mm,即所选取断面的 3h 临界雨量值为 50mm。

5.8.3 结论

国内水文测站过去多布设在大江大河附近,针对小流域山洪的监测考虑较少,目前多数小流域由于水文资料缺乏,前述的临界雨量"统计分析法"并不适用。因此,针对基本无资料条件地区的实际情况,提出基于流量反推临界雨量拟定方法,是一种解决资料条件缺乏下的近似拟定临界雨量的手段之一,也是有一定的实际应用参考价值。

由于降雨诱发山洪灾害的机理较复杂,影响临界雨量的因素较多,各种因素的定量关系难以区分和确定,各次诱发山洪灾害的临界雨量有时并不完全相同(如临界雨量随降雨历时和流域总损失量而变化,总损失量越大,降雨历时越长,则临界雨量越大),因此,在综合考虑前期土壤饱和的情况下,采用本办法拟定的一定时段的降雨值来表示所选取断面的临界雨量值,也只是一种暂代办法,后期仍需要在实践中不断完善和改进。

5.9 小结

综合临湘市示范区的山洪灾害临界雨量拟定分析,在 2003 年提出的《山洪灾害临界雨量分析计算细则》基础上,兼顾现有的降雨预报水平现状及山洪预警实用性角度出发,提出了改进的"统计分析法"的临界雨量拟定方案,主要简述如下:

1)前期无论是否发生降雨,或前期降雨强度无论有多大,认为山洪灾害发生前的 1~6h "雨峰"阶段是山洪灾害触发的关键时段,也是山洪预警需要重点关注的有效时段,重点开展 1~6h 关键时段的临界雨量阈值拟定是本研究的主要对象。

2)在采用"最大之中找最小"的原则之前,应重点分析各次山洪灾害发生前强降雨阶段的雨量特征,特别是要按"雨峰"历时进行分类统计分析。

3)考虑到山洪预警的实用性,临界雨量只给出确定性指标(阈值),不设定上下限。基于现有历史资料情况,仅针对山洪发生前逐小时降雨量,按照不小于 10mm/1h 为统计标准,确定触发山洪的强降雨有效关键时段,以 1h、2h、3h、4h、5h、6h 为对象,分别统计对应不同历时最大雨量值的历史最小值,作为对应时段的临界雨量阈值。

4)由于前期降雨、地质地貌改变、人类活动等因素与临界雨量强弱之间复杂的影响关系难以定量化,初步分析认为,"雨峰"阶段的降雨是导致山洪灾害最主要和最关键的因素。这里的临界雨量分析计算,暂不考虑前期降雨地质地貌改变、人类活动等因素的影响,其可能存在的误差有待今后的实际预警中完善修正。

5)若资料收集不充分,或山洪灾例样本较少,采用"统计分析法"拟定临界雨量阈值时,可参考灾害调查法、插值法等来补充确定。

6)资料不足地区,只要具有一定时间长度的降雨量及洪水资料,就可采用马氏距离识别法建立临界雨量判别模型,该方法简单易行,有一定的参考应用价值,但未经更多流域应用试验,还有待进一步试验和应用完善。

7)基本无资料地区,可采用灾害调查法、比拟法、暴雨频率法或流量反推法等拟合该地区的临界雨量值,可能会存在较大偏差,在纳入山洪预警应用实践时应慎重,可作为一项参考指标,有待后期不断完善。

8)本研究重点采用改进的"统计分析法",针对示范区临湘市完成了该市单站和分区临界雨量成果的拟定,并相应提出拟定过程中需要重点考虑的分析原则和要求,具体提出的临界雨量成果有待实践应用中检验,可供参考应用。

第6章 基于API模型拟定山洪动态临界雨量方法探讨

6.1 概述

目前,国内有关预警指标的研究方法基本为数理统计法和历史灾害分析法[33,34],但这些方法存在一定的局限性,如临界雨量统计分析法因资料局限性(无法对山洪灾害进行详细的监测)得出的临界雨量很可能并非"真正的"临界雨量,而且大多没有定量地考虑前期降雨量影响(仅以定性为主)。国内外的相关研究有的认为,以水文水力学拟定临界雨量的分析方法效果可能更优。国内刘志雨等[52]提出了一种推求动态临界雨量的简单方法,将所有场次洪水前24h时段最大雨量及其对应的土壤饱和度组成状态空间,采用合适方法给出一条判别曲线,根据对应洪水流量是否超警将状态空间分为两部分,这条曲线就是该时段的动态临界雨量线;但该方法未进一步考虑前期不同土壤含水量条件动态变化对临界雨量拟定的影响以及流域山洪的传播时间存在差异等因素。国外采用水文水力学方法拟定或推求临界雨量最具代表性的方法是FFG方法[26,39],FFG直译为山洪指导,实际上就是临界雨量。FFG方法由美国水文研究中心(HRC)较早提出,一直在持续改进,最近将FFG与分布式水文模型结合,但存在所拟定临界雨量精度差异大和要求输入资料条件高等局限性。本文基于流域降雨径流关系,提出综合考虑不同土壤含水量以及前期实测降雨量(文中"前期实测降雨量"是从山洪起涨时刻开始统计的累计降雨量)等变化拟定动态临界雨量的方法,并选取山洪易发的隽水上游(陆水崇阳以上流域)作为试验流域,开展山洪动态临界雨量拟定研究。研究结果显示,该方法可应用于具有一定资料条件的流域拟定临界雨量,为开展山洪预警提供了一种科学合理的技术手段。

6.2 动态临界雨量拟定技术

从文献[52]可以看出,山洪流量大小除了与降雨量和降雨强度有关外,还与流域下垫面条件(土壤含水量)密切相关。国内外文献研究表明,同样的流域降雨量(面雨量),不同的前期土壤含水量,在控制断面所形成的洪峰流量方面也必有差异,若仅采用雨量作为预警指标必存在较大的不确定性。鉴此,本书综合考虑降雨量和土壤含水量因素作为山洪预警指标,通过分析流域前期土壤含水量 P_a、前期实测降雨量 $\sum_0^t P_i$ 与基于 (P_a, $\sum_0^t P_i$) 条件下河道洪峰流量恰好达到安全泄量所需的下一时段降雨量 P_{t+1} 之间的关系,并采用最小二乘法建立不同土壤含水量等级下的动态临界雨量计算函数,分析拟定动态临界雨量。该拟定方法主要涉及平均降雨量计算、土壤含水量计算、降雨径流模型构建及动态临界雨量计算等内容。

6.2.1 平均降雨量计算

由流域内雨量站实测雨量记录,计算流域的平均降雨量,常用方法主要有算术平均法、泰森多边形法和等雨量线法三种。近年来,山洪灾害防治区雨量站网建设已基本完成,站网密度较大;再者,山洪灾害防治区面积一般较小。因此,本研究从简单、易行、实用方面考虑,采用算术平均法计算平均降雨量。书中前期实测降雨量、临界雨量是指流域的面平均值,计算公式如下:

$$\overline{P} = \frac{1}{n} \sum_0^n P_i \tag{6.1}$$

式中:$\overline{P}$——流域平均降雨量;

n——雨量站数;

P_i——观测雨量值;

6.2.2 土壤含水量计算

本研究采用前期降雨量指数 P_a 代表流域的土壤含水量指标,反映流域的干湿程度。一般采用式(6.2)至式(6.5)经验递推公式计算。

若前一个时段有降雨量,即 $P_{t-1} > 0$,则

$$P_{a,t} = k(P_{a,t-1} + P_{t-1}) \tag{6.2}$$

若前一个时段无降雨量,即 $P_{t-1} = 0$,则

$$P_{a,t} = kP_{a,t-1} \tag{6.3}$$

但必须控制

$$P_{a,t} \leqslant I_m \tag{6.4}$$

k 值可按下式计算:

$$k = 1 - \frac{\overline{E_p}}{I_m} \tag{6.5}$$

式中:k——土壤含水量衰减系数;

$P_{a,t-1}$、$P_{a,t}$——前一个时段和本时段的前期降雨量指数;

P_{t-1}——前一个时段流域平均降雨量(mm);

$\overline{E_p}$——月平均蒸发能力(mm);

I_m——流域最大蓄水量(或最大初损值)(mm)。

6.2.3 降雨径流模型构建

本研究采用常用的降雨径流 API 模型[67],降雨径流 API 模型主要包括产流计算和汇流计算两部分,其中产流计算采用降雨径流三变数相关图,汇流计算采用单位线法(单位线采用科林(W. T. Collins)[67]法推求)。一般而言,降雨径流三变数相关图的绘制方法是基于样本点采用传统的目估定线方式制作的,往往主观意识影响较大;本研究基于便捷、客观原则,对此进行了改进完善,完全基于计算机自动拟定完成绘制。主要是借用蓄满产流计算式(见式(6.6)至式(6.9)),设定参数 b(常数,反映流域下垫面不均程度)、WM(流域土壤平均含水量)的取值范围及计算步长,然后按式(6.8)和式(6.9)分别计算出在不同土壤初始含水量 W_0(按等差序列设定,如 0、10、20、30、…、120mm 等;W_0 反映前期土壤含水程度,即 P_a)和流域平均雨量 P 下的径流量 R,将计算得到的(P,P_a,R)组合,绘至坐标图上即可得 $R = f(P, P_a)$ 三变数相关图,然后以样本代入检验,若其精度满足《水文情报预报规范》(SL 250—2000),则计算结束;否则,参数 b 与 WM 重新取值并计算,直至所绘制的降雨径流相关图满足精度要求为止。

(1)降雨径流相关图的绘制

根据计算出的流域平均雨量 P 和 P 所产生的径流量 R,以及相应的前期降雨量影响指数 P_a,便可建立降雨径流相关图。由 $R = f(P, P_a)$ 建立起来的三变数相关图的步骤如下:

1)假定参数 b(常数,反映流域下垫面不均程度)、WM(流域平均蓄水量)。

2)根据参数 b、WM,按式(6.6)、式(6.7)计算 a、WMM(流域最大蓄水量),然后按式(6.8)、式(6.9)分别计算出在不同土壤初始蓄水量 W_0 和 P 下的 R,其中,W_0 按等差序列设定,如 0、10、20、30、…、120mm;W_0 反映前期土壤干湿程度,即 P_a。

与流域蓄水量 W 相对应的纵坐标 a 为

$$a = WMM\left[1 - \left(1 - \frac{W}{WM}\right)^{\frac{1}{1+b}}\right] \tag{6.6}$$

$$WM = \frac{WMM}{1+b} \tag{6.7}$$

当 $a + P - E < WMM$ 时,

$$R = (P - E) - (WM - W) + WM\left(1 - \frac{a + P - E}{WMM}\right)^{1+b} \tag{6.8}$$

当 $a + P - E \geq WMM$ 时,

$$R = (P - E) - (WM - W) \tag{6.9}$$

3)将计算得到的(P,P_a,R)组合,绘至坐标图上即可得 $R = f(P, P_a)$ 三变数相关图。

4)根据相关图,以实际的(P,P_a)输入,查算得到查算值 $R_{查算}$,并与 P 实际产生的径流量$R_{实际}$进行比较,其精度须满足《水文情报预报规范》(GB/T 22482—2008);若不满足,重新假定参数b与WM,重复步骤2)～4),直至所绘制的降雨径流相关图满足精度要求为止。

(2)单位线的推求

由科林法推求单位线的步骤如下:

1)假定一条单位线(UH)。

2)计算各时段净雨量(不包括最大时段净雨量)的出流量过程并叠加,再与实测的出流量过程相减,即得由最大时段净雨量产生的出流过程。

3)将计算得到的出流过程转换成UH,若与原假设的UH不符,取两者平均的UH,重复步骤2)～3),至两UH符合为止。

6.2.4 动态临界雨量计算

为了满足判断山洪灾害发生和通知受保护地区的人员及时转移的要求,山洪预警指标需要考虑两个因素:一是临界雨量[33],即一个流域或区域某一时间段内降雨量达到或超过某一量级或强度时,该流域将发生山洪灾害,此时间段降雨量即称为临界雨量。本书重点采用水文水力学方法推求。二是预警响应时间,一般是指从山洪预警信息发出到山洪暴发且可使受保护地区的人员进行安全转移的时间。因此,本书对动态临界雨量的计算主要包括两方面内容,即与预警响应时间密切相关的计算时段长Δt的确定(Δt越大,预警响应时间越长,否则,预警响应时间越短)和不同时刻不同土壤水汽条件下的临界雨量指标计算,即为动态临界雨量的确定。其中,Δt视流域实际情况可选,一般大于雨量数据采集时间间隔,而小于流域的平均汇流时间,若太大,则失去预警意义。Δt一般对该流域历史山洪资料分析确定,本文不再赘述。对于动态临界雨量的计算确定,本研究提出建立不同土壤含水量下的动态临界雨量计算函数,供山洪灾害预测预警所用,具体方法如下:

1)确定控制断面的安全泄量(此处假定一旦洪水流量大于此流量即发生洪灾),根据水位流量关系由致灾水位反推得到。致灾水位(即河道水位超过这一水位将发生洪灾),一般根据当地规定的防洪标准确定(如取警戒水位作为致灾水位),或采用频率分析法确定等,并视实际情况可调整。当然,当水位流量关系发生变化时须及时做出调整。

2)按照前述降雨径流模型构建方法建立降雨径流模型。

3)根据降雨径流模型,采用试错法分别计算出不同土壤含水量P_a与前期实测降雨量$\sum_{0}^{t}P_i$组合条件下河道计算洪峰流量恰好达到安全泄量所需要的下一时段降雨量P_{t+1}(则P_{t+1}为所求临界雨量),得到(P_a,$\sum_{0}^{t}P_i$,P_{t+1})组合样本,其中P_a与$\sum_{0}^{t}P_i$均按等差序列设定(如取0、10、20、30、…、120mm)。

4)由降雨径流API模型的计算原理可知,在前期实测降雨量$\sum_{0}^{t}P_i$为定值时,临界雨量

值随土壤含水量 P_a 增加而减小,且临界雨量值变幅较小,因此若以 $P_a=10$ 的临界雨量值代表 $0 \leqslant P_a < 10$ 这一土壤含水量等级的临界雨量值是偏安全且合理的。据此,可将计算得到的(P_a,$\sum_0^t P_i$,P_{t+1})组合样本按不同土壤含水量等级(如 $0 \leqslant P_a \leqslant 10$,$10 < P_a \leqslant 20$,$20 < P_a \leqslant 30$,…)进行分组。

5)以最小二乘法准则分别对各组($\sum_0^t P_i$,P_{t+1})组合样本采用二次三项式拟合,得到以 P_a 等级为约束条件、以 $\sum_0^t P_i$ 为变量的二次二元函数(即动态临界雨量计算函数)。若将动态临界雨量计算函数绘制成图,则表现为一簇以前期降雨量指数 P_a 作为参变量、前期实测降雨量 $\sum_0^t P_i$ 为 X 轴、临界降雨量 P_{t+1} 为 Y 轴的 P_{t+1} 随 $\sum_0^t P_i$ 增加而递减的三变数相关图。

6)利用动态临界雨量计算函数,根据前期降雨量指数及前期实测降雨量,计算出相应时段的山洪预警临界雨量值;若未来一段时间内的降雨量超过所计算的临界雨量值,则可能会发生山洪,可进行山洪预警,否则,进入下一时段重复计算临界雨量,直至降雨过程结束,应用流程如图 6-1 所示。

此外,山洪防治区流域面积一般较小,流域出口断面基流较小,相对于河道安全泄量基本可忽略不计,因此在本研究中暂不考虑基流对临界雨量的影响。

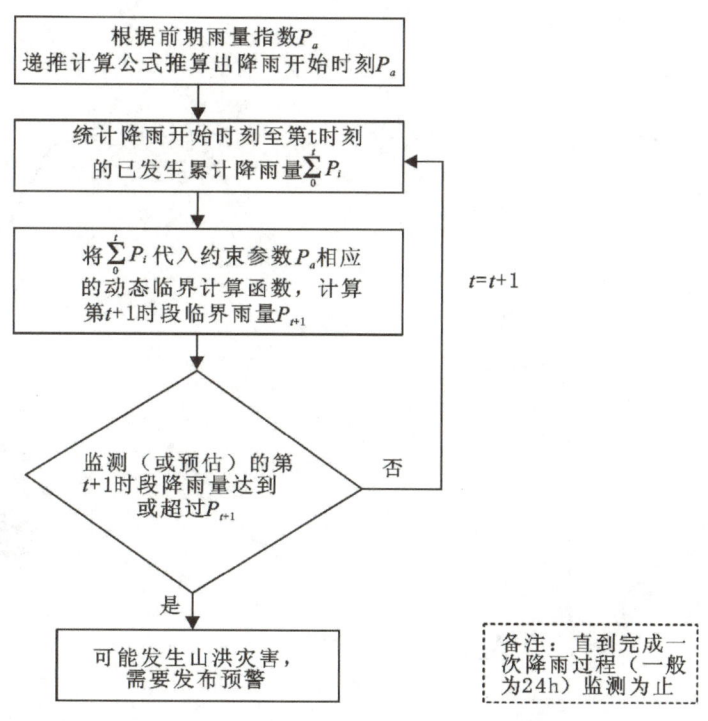

图 6-1 基于动态临界雨量预警应用流程框图

6.3 应用试验

6.3.1 试验流域与资料

隽水属于长江的一级支流,地处湖北省咸宁市境内,在武汉市上游约157km的陆溪口(洪庙)注入长江。整个流域位于 $29°05'\sim29°50'$ N、$113°40'\sim114°10'$ E之间,东南面以幕阜山与鄱阳湖水系修水分界,西南面与洞庭湖水系相邻,干流全长183km,属亚热带季风气候区。流域内雨量丰沛,多年平均降雨量1550mm,雨量一般集中在4—7月,尤以5、6月更为集中。隽水上游为雨洪补给的山溪型河流,河槽坡降大,流域调洪能力弱,径流易于集中,而且洪水传播速度快、历时短,易于形成较大洪峰,造成洪涝灾害。试验对象为隽水上游(崇阳站以上)流域,共分布有崇阳、通城、麦市、施家锻、北港、大沙坪、高枧铺、黄土磅等8个雨量站以及崇阳水文站(见图6-2)。崇阳水文站以上流域面积2170km²,除去青山水库控制面积441km²外,仅有集水面积1729km²,站网密度约为192km²/站。

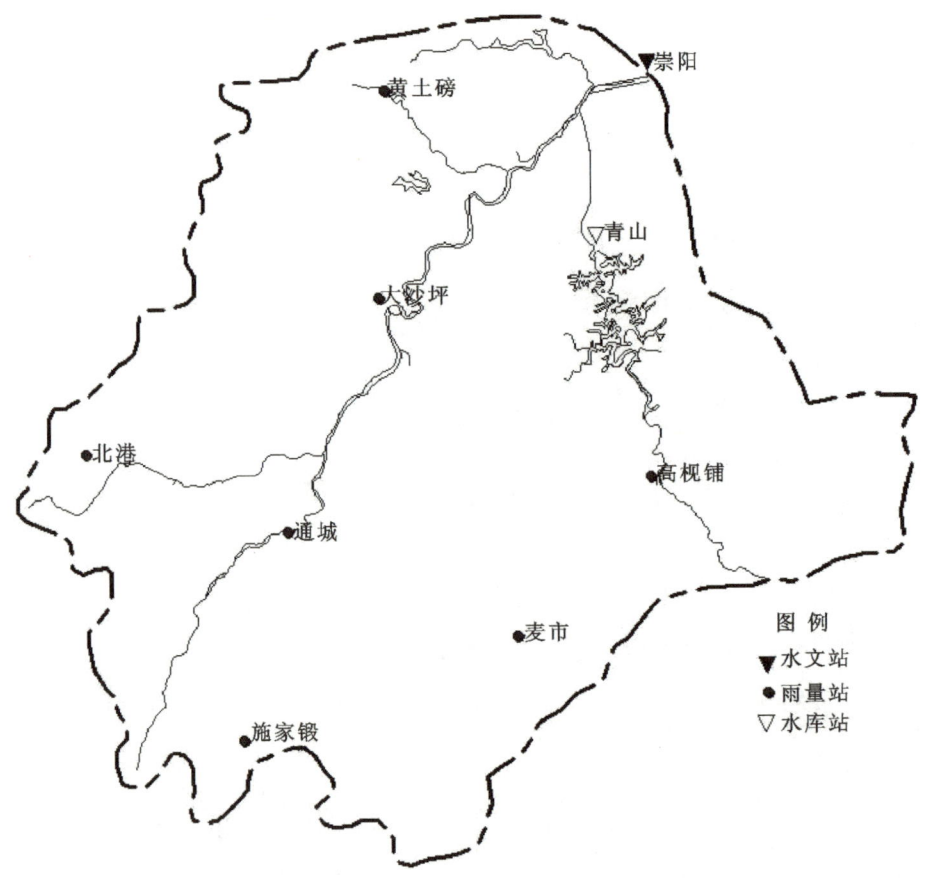

图6-2 隽水上游(崇阳站以上)流域站网分布图

本研究采用资料为 1964—2014 年崇阳以上流域内 8 个雨量站降雨观测资料和崇阳水文站流量、蒸发资料。以雨洪对应较好且洪峰流量大于 1000m³/s 的选样准则，选取了 1964—2014 年的 38 场具有代表性的典型洪水资料进行动态临界雨量拟定分析计算，所选各场次洪水历史特征值见表 6-1。

表 6-1　　　　　　　　　隽水上游控制站崇阳历史洪水样例特征值表

编号	开始时间（年-月-日-时）	起涨流量（m³/s）	峰现时间（年-月-日-时）	洪峰流量（m³/s）	序号	开始时间（年-月-日-时）	起涨流量（m³/s）	峰现时间（年-月-日-时）	洪峰流量（m³/s）
1	1964-06-24-03	33.7	1964-06-26-01	3070	20	1983-07-09-01	96	1983-07-09-22	1980
2	1966-06-25-03	25.2	1966-06-26-00	1230	21	1995-06-02-03	470	1995-06-03-02	1760
3	1966-06-27-09	141	1966-06-29-21	2690	22	1995-06-25-09	340	1995-06-25-20	2050
4	1966-07-07-15	46.5	1966-07-12-22	1350	23	1995-07-01-03	18	1995-07-02-02	2680
5	1967-05-28-15	20	1967-05-30-19	4110	24	1996-06-02-03	163	1996-06-03-08	1640
6	1967-06-19-02	375	1967-06-20-04	2330	25	1996-07-17-03	270	1996-07-17-20	2040
7	1967-06-23-21	160	1967-06-24-18	5330	26	1999-04-24-03	42	1999-04-24-20	3050
8	1969-05-11-09	10	1969-05-12-03	1330	27	1999-05-21-21	66	1999-05-23-14	1440
9	1969-05-19-03	21.7	1969-05-20-02	1480	28	1999-08-29-03	390	1999-08-30-02	2100
10	1969-06-23-09	21.7	1969-06-24-22	1920	29	2002-05-13-09	34	2002-05-14-03	2050
11	1969-07-05-03	106	1969-07-05-18	2150	30	2002-07-24-03	156	2002-07-26-02	1480
12	1969-07-15-09	139	1969-07-17-06	2470	31	2010-04-21-03	53.4	2010-04-21-17	1090
13	1969-08-25-03	20.6	1969-08-25-23	1270	32	2010-07-14-03	210	2010-07-14-20	1360
14	1973-05-16-03	405	1973-05-17-20	2150	33	2011-06-10-00	47.9	2011-06-10-13	3420
15	1973-06-19-13	27.3	1973-06-23-14	2620	34	2012-04-30-10	184	2012-04-30-22	1090
16	1975-04-25-03	46.1	1975-04-25-23	2130	35	2013-05-07-12	81.3	2013-05-08-03	1400
17	1975-08-13-15	29.3	1975-08-14-18	1280	36	2014-05-10-00	46.9	2014-05-11-04	1380
18	1983-05-29-20	39.4	1983-05-30-16	1790	37	2014-07-04-05	174	2014-07-04-20	2530
19	1983-07-05-09	96	1983-07-06-02	1570	38	2014-07-15-18	130	2014-07-16-18	1770

6.3.2　降雨径流模型参数率定

根据降雨径流模型构建的方法，计算时段长 Δt 取值 1h，以前面所选取 38 场洪水样本中 1964—1999 年（除降雨较大年份 1966 年、1967 年、1969 年和 1973 年部分资料留作动态临界雨量应用检验外）共 19 场洪水资料，建立崇阳降雨径流 API 模型，其中，土壤含水量衰减系数（K）取值为 0.996，流域最大蓄水量（或最大初损值）取值为 80mm，降雨径流相关图和单位线分别见图 6-3、图 6-4。

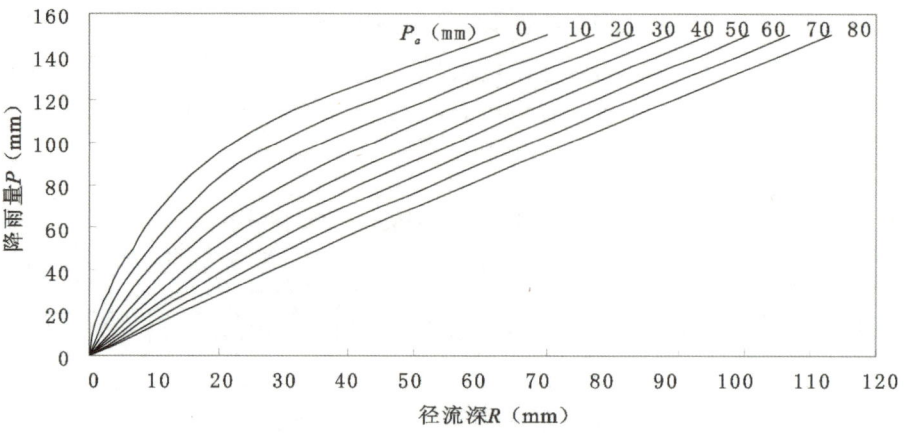

图 6-3 崇阳站降雨径流相关图

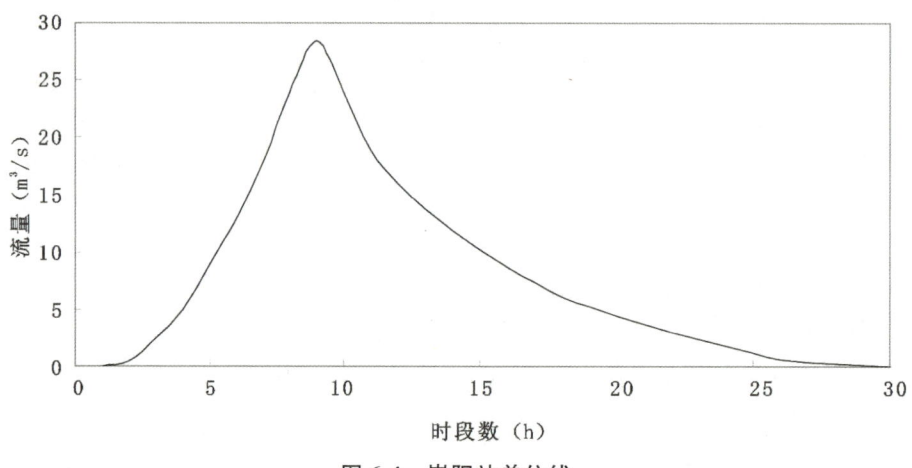

图 6-4 崇阳站单位线

6.3.3 动态临界雨量拟定函数

在分析隽水上游平均汇流时间(为 3~6h)的基础上,取计算时段长为 1h,根据动态临界雨量拟定方法(详见 6.2.4),采用所建立的降雨径流 API 模型,分别计算出在不同的前期降雨量指数 P_a 和前期实测降雨量 $\sum_0^t P_i$ 下,洪峰流量恰好达到河道安全泄量(根据当地防汛部门提供,此处河道安全水位约为 58.5m,其相应安全泄量取 2550m³/s,该值依据实际情况可调整)模型所需输入降雨量 P_{t+1},针对隽水上游流域特性,将土壤含水量分为 8 个等级,同时将样本按土壤含水量等级分为 8 组,并以最小二乘法准则分别对各组($\sum_0^t P_i, P_{t+1}$)组合样本采用二次三项式拟合,建立崇阳动态临界雨量计算函数。式(6.10)至式(6.17)分别为不同土壤含水量等级条件下的动态临界雨量计算函数。图 6-5 为崇阳动态临界雨量三变数相关图。

$$y = -0.0039x^2 + 0.0596x + 196.86 \quad (0 \leqslant P_a \leqslant 10) \tag{6.10}$$

$$y = -0.0038x^2 - 0.028x + 189.65 \quad (10 < P_a \leqslant 20) \tag{6.11}$$

$$y = -0.0038x^2 - 0.1355x + 184.01 \quad (20 < P_a \leqslant 30) \tag{6.12}$$

$$y = -0.0035x^2 - 0.2693x + 178.47 \quad (30 < P_a \leqslant 40) \tag{6.13}$$

$$y = -0.0033x^2 - 0.3695x + 171.24 \quad (40 < P_a \leqslant 50) \tag{6.14}$$

$$y = -0.0029x^2 - 0.5041x + 164.51 \quad (50 < P_a \leqslant 60) \tag{6.15}$$

$$y = -0.002x^2 - 0.6699x + 157.29 \quad (60 < P_a \leqslant 70) \tag{6.16}$$

$$y = -0.0011x^2 - 0.8345x + 149.44 \quad (70 < P_a \leqslant 80) \tag{6.17}$$

式中：x——前期实测雨量(mm)；

y——计算的临界雨量(mm)；

P_a——土壤不同含水量条件(mm)。

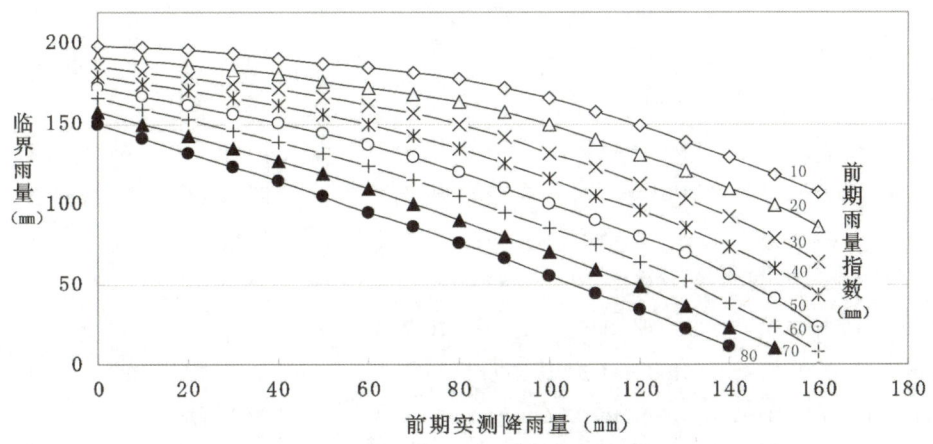

图 6-5　隽水崇阳站以上流域临界雨量、前期降雨量以及推求的临界雨量三变数相关图

观察崇阳动态临界雨量计算函数或崇阳动态临界雨量三变数相关图可知：在前期实测降雨量一定时，前期降雨量指数越大，土壤越饱和，产生径流越大，河道达到安全泄量所需的临界雨量就越小。在前期降雨量指数(土壤初始含水量相同)一定时，前期实测降雨量越大，产生径流亦越大，则河道达到安全泄量所需的后续降雨(临界雨量)亦越小，这均符合流域产汇流规律及实际情况。

6.3.4　检验分析

以前面所选取的 38 个洪水样本中降雨较大年份 1966 年、1967 年、1969 年、1973 年及近年 2002—2014 年共 19 场洪水资料进行应用检验。根据动态临界雨量计算函数，对每个洪水过程逐时计算各时段的临界雨量,并与下一个时段的实测降雨量进行比较,以此作出是否需要山洪预警,最终根据实际流量是否达到河道安全泄量(此处暂以 2550m³/s)的安全流量来检验本次山洪预警是否正确为标准。若没有达到预警条件,则重复滑动进行下一时段的临界雨量计算,直至本次降雨过程结束。若计算至本次降雨过程结束,没有出现计算临界雨量值小于或等于下一时段降雨时,则本次降雨过程没有预警,检验成果见表 6-2。

表 6-2　　　　　　　　　　　　崇阳站动态临界雨量检验成果表

编号	洪水				动态临界雨量检验						
	开始时间 (年-月-日-时)	底水 (起涨 流量) (m³/s)	峰现时间 (年-月-日-时)	洪峰 流量 (m³/s)	预警 时间 (年-月-日-时)	前期雨 量指数 (mm)	累降 雨量 (mm)	临界 雨量 (mm)	降雨量 (mm)	是否 预警	是否 正确
2	1966-06-25-03	25.2	1966-06-26-00	1230	1966-06-25-13	53	85.4	100.3	6.5	否	√
3	1966-06-27-09	141	1966-06-29-21	2690	1966-06-29-07	68	159.6	0	4.7	是	√
4	1966-07-07-15	46.5	1966-07-12-22	1350	1966-07-12-14	45	110.9	89.7	1.7	否	√
5	1967-05-28-15	20	1967-05-30-19	4110	1967-05-30-04	41	175.9	4.1	12.4	是	√
6	1967-06-19-02	375	1967-06-20-04	2330	1967-06-19-19	80	67.9	87.7	6.6	否	√
7	1967-06-23-21	160	1967-06-24-18	5330	1967-06-24-10	76	147.2	2.8	9.6	是	√
12	1969-07-15-09	139	1969-07-17-06	2470	1969-07-17-03	65	160	0	4.6	是	×
14	1973-05-16-03	405	1973-05-17-20	2150	1973-05-17-13	78	140.2	10.8	3.9	否	√
15	1973-06-19-13	27.3	1973-06-23-14	2620	1973-06-23-15	32	190.8	0	1.8	是	√
29	2002-05-13-09	34	2002-05-14-03	2050	2002-05-13-19	67	109.4	91.5	9.1	否	√
30	2002-07-24-03	156	2002-07-26-02	1480	2002-07-25-19	59	101.2	83.8	4.4	否	√
31	2010-04-21-03	53.4	2010-04-21-17	1090	2010-04-21-13	70	57.3	112.3	3.3	否	√
32	2010-07-14-14	210	2010-07-14-20	1360	2010-07-14-19	72	57.5	97.8	3.2	否	√
33	2011-06-10-00	47.9	2011-06-10-13	3420	2011-06-10-05	59	174.8	0	14.5	是	√
34	2012-04-30-10	184	2012-04-30-22	1090	2012-04-30-20	72	68.4	87.2	3.3	否	√
35	2013-05-07-12	81.3	2013-05-08-03	1400	2013-05-07-21	59	52.6	130	1.3	否	√
36	2014-05-10-00	46.9	2014-05-11-04	1380	2014-05-11-01	48	110.8	89.8	1.9	否	√
37	2014-07-04-05	174	2014-07-04-20	2530	2014-07-04-20	79	88	67.5	3	否	√
38	2014-07-15-18	130	2014-07-16-18	1770	2014-07-16-18	73	82.5	73.1	2.5	否	√

注:在动态临界雨量计算过程中,所计算的临界雨量值可能出现负值,与实际不符,故当计算为负值时均取值 0,表示下一个时段只要发生降雨就可能发生山洪。

从表 6-2 中可以看出,19 个洪水样本中,基于所计算推求的临界雨量开展山洪预警,对比实况发现共有 18 场洪水预警正确,仅 1 场洪水预警错误,山洪预警合格率达到 94.7%。对于实际发生山洪的洪水场次,如表中的 3 号、5 号、7 号、15 号及 33 号,均能正确预警,且在河道实测流量达到安全泄量之前 3~6h 就已发出了预警,为山洪抢险提供了 3~6h 的响应时间;错误预警的洪水场次,如表中的12号,前期实测降雨量较大,但实际并没有发生山洪,出现了空报现象,初步分析原因可能是:流域雨量站密度偏小,代表性不够,前期实测降雨量值偏大所致。然而,从预警效果检验总体来看,精度相对较高,说明考虑前期土壤含水量及前期实测降雨量的动态临界雨量拟定方法还是可行的。

6.4 小结

本文主要探讨了基于降雨径流关系的不同土壤含水量等级下动态临界雨量拟定方法,并以隽水上游为试验流域,拟定了该流域动态临界雨量计算函数,对其进行了检验分析。

1)基于水文水力学方法,试验应用了一种与传统统计方法不同的综合考虑前期土壤含水量、已发生降雨量及流域出口控制断面安全泄量等关系的动态临界雨量计算方法。该方法具有较好的物理机理和理论推导过程,对资料条件等要求较高。主要体现在包括降雨、下垫面条件以及洪水等资料都有相应要求,而且都应与具体的流域和山洪场次相对应。该方法继承了水文水力学方法的优点,但存在一些不足,主要表现在:①山洪易发地水文资料短缺,实际山洪预警中,控制站的安全泄量或致灾流量难以确定,建模和验证困难;②山丘区雨量站网布设密度有限,很难满足山洪预警要求;③仅适用于湿润或半湿润半干旱地区,不适用于干旱地区。

2)依据隽水上游1964—2014年的38场具有代表性的典型洪水过程资料,建立动态临界雨量计算函数并进行了应用检验,合格率达到94.7%。采用该方法可为有较好资料条件的类似流域计算临界雨量以及以此开展山洪预警提供应用借鉴。

3)基于所拟定的动态临界雨量计算函数(或三变数相关图)关系分析,若前期已发生的降雨量相同,前期土壤含水量越大,所计算的临界雨量就越小;在前期土壤含水量不变时,已发生的降雨量越大,所计算的临界雨量越小。上述关系是与流域产汇流规律及实际情况相符的。该研究中滑动计算时段的选择和流域出口控制断面的安全泄量确定对开展山洪预警实际效果是有较大影响,应根据该流域产汇流特性和历史安全泄量等资料确定。

第 7 章　基于雷达预估技术的短时(0～2h)预警技术

7.1　概述

20世纪70年代以来,国内外的雷达气象学者在利用雷达探测强对流天气领域进行了大量的研究工作,雷达估测降水技术也得到发展。在雷达估测降水试验中,主要考虑了降水类型和地理位置等的影响。由于山体对雷达电磁波的阻挡,使得地形复杂、海拔较高地区常常成为雷达测量的盲区。在雷达定量估测降水的研究中很少考虑到海拔高度这一因素,而同一地区(尤其是山区)随着海拔高度的变化,其降水情况也会呈现不同的变化趋势,且地形复杂地区也常常是山洪、泥石流等地质灾害发生的高频区。因此,本章在现有雨量监测设备的基础上,对雷达降水估测方面进行了初步研究。

7.2　雷达定量估测降水及动态订正技术

国内外的众多学者研究发现,采用合适的 $Z—I$ 关系进行降水率估计是雷达定量测量降水准确性的一个重要因素。目前我国新一代天气雷达的降水算法中多沿用由美国夏季深对流云降水统计得到的 $Z—I$ 关系,由于 $Z—I$ 关系随季节和地区差异很大,经典 $Z—I$ 关系是否适用于长江流域的个例环境还有待探讨。本节的研究重点在于以分类型算法为基础,利用人工智能技术对雨型进行分类,结合自动站的雨量信息,得出长江流域本地化的 $Z—I$ 关系参数,并在岳阳市临湘地区进行该算法的试验。

7.2.1　自动雨量站订正雷达预估降雨的技术

对雷达定量降水估计订正的基本思路是:质量控制后的自动雨量站降水量是客观的,能代表一个区域的平均降水,而雷达定量降水估计能够反映降水场的结构,但存在量值上的系统偏差,仅仅使用未经订正的雷达回波资料会带来较大的误差。比如说,由于较大水平风场的作用,使得雨滴下落轨迹出现较大"漂移",从而导致地面雨量计和雷达所测量的降水不时出现假的"配偶",即雨量计测得的降水不是其垂直上空云体所为,而是其上风方某一距离上的云体的降水(如直径为1.9mm左右的雨滴,其降落末速度约为6m/s,若雷暴云底高

3000m,降水区水平风速为 8~9m/s,则雨滴达到地面将产生 4000~5000m 水平方向的"漂移",而雨滴直径小于 2mm 时,"漂移"更大)。这种情况影响了雷达定量估测校准精度的进一步提高。雷达测量结果受到很多方面干扰因素的影响,使得雷达测量值存在着相当大的误差,只有对雷达测量值进行校准后,雷达测量的降水信息才能被接受。不用雨量计校准的措施有:调整 $Z—I$ 关系,面积时间积分法。它们的优点是使用方便,但是没有考虑到某一次降水过程和具体特点,用雨量计进行联合校准措施,把雨量计和雷达进行点面结合,可以弥补雨量计参加校准的方法的不足。由于单独使用雷达并通过 $Z—I$ 关系确定的降水强度受到雷达参数、$Z—I$ 关系的不稳定以及暴雨时衰减增大等因素的影响,需要自动雨量站对雷达估测降水进行订正。具体有以下几种方法:

(1) 单点校准法[73]

若观测区域内只有一个精度较高可供校准用的雨量计,且这个雨量计安装在有代表性的地区,则事先任选一种 $Z—I$ 关系,然后由该地面校准点上空测得的 Z 值通过这种关系算出 I 值。与此同时,地面雨量计观测值为 G,G 和 I 之比为校准因子,观测区域上其他格点的雷达估算值与这个校准因子相乘就得到这些点上经校准后的雷达观测值。

(2) 平均校准法[74]

把观测区域上设置 N 个校准雨量计,则平均校准因子为各个雨量站观测值 G 和雷达估测值 I 之比的平均值,即

$$\left(\frac{\bar{G}}{I}\right) = \frac{1}{N}\sum_{i=1}^{N}\frac{G_i}{I_i} \tag{7.1}$$

把平均校准因子与观测区域上各点的雷达估算值 I 相乘,得到区域的降水分布。这比单点校准法更可靠。平均校准法是常用的天气雷达联合雨量计测量降水方法,校准前需要将天气雷达反射率按照考虑某种滴谱分布的 $Z—I$ 关系,将反射率因子反演为雨强。平均校准法有两个方面的误差需要考虑:一方面,如果在天气雷达覆盖范围内采用统一的校准因子,由于不同风暴之间微物理和动力方面的差异,雷达覆盖范围内的平均偏差就不能代表具体的风暴单体,导致某一些地区校准后的雨量与地面雨量计测量值相比偏高过大,同时,另外一些区域偏低严重,随着雨量计密度的增加,雷达覆盖范围内的校准向范围逐渐减小的局地校准发展;另一方面,将天气雷达反射率因子转化为降水率估测需要考虑滴谱分布,而滴谱分布在不同强度的降水中差别很大。

(3) 空间校准法[74]

设有 m 个分布均匀的雨量站,用它们可以获得 m 个实测校准因子 $\tilde{p}_l(l=1,2,3,\cdots,m)$,再用曲面拟合方法找到一个两次或三次项,使它有最佳逼近这些实测的校准因子。设 $P(i,j)$ 为拟合所得到的网格点 (i,j) 处的校准因子分析值,则有

$$p(i,j) = \sum_{i,j} a_{i,j} x^i y^j \quad i,j \geqslant 0 \tag{7.2}$$

(4)距离加权法[74]

在求某一个网点的校准因子 $P(i,j)$ 时,用该网格点附近 m 个雨量计所获得的实测校准因子 $\tilde{p}_l(l=1,2,\cdots,m)$ 按网格点的距离不同而加权平均,即

$$p(i,j) = \frac{\sum W(r_l)\tilde{p}_l}{\sum W(r_l)} \tag{7.3}$$

式中:$\tilde{p}_l$——基准雨量点处的校准因子;

$W(r_l)$——由 r_l 决定的权重因子;

r_l——各基准雨量距该格点(i,j)的距离。

(5)卡尔曼滤波校准法[74]

通过对随机变量 f 的两个独立值构成一种加权平均而得到

$$f = (1-w)f_1 + wf_2 \tag{7.4}$$

式中:w——权重。

由于 Z—I 关系和雷达参数的不稳定,风对雨量计测量值的影响以及雨衰减等,使得相乘性校准因子为一个随机变量。为了排除随机噪声对校准因子的干扰,获得最佳校准因子,通过状态方程得到偏差估计值校准因子,再用测得的偏差估计值校准因子进行校准。

(6)变分校准法[74]

将同时有雷达回波和雨量计值的点 k 上的实测校准因子,内插到各网格点上得到校准各点的校准因子,然后通过对校准因子进行拟合而获得最优的校准因子分析场。所谓最优就是指在各个网格点上的校准因子与实测校准因子之差的平方和最小。应该指出的是,变分校准法的优点很明显,无论是 Z—I 关系和雷达参数不稳定,或者距离变化大、降水粒子非球形以及雨区衰减等带来的影响,均可以使用校准因子场进行逐点校准而得到一定的订正,使得测雨精度大大提高。

(7)最优插值校准法[75]

最优插值校准法是一种传统的统计法,在均方差最小意义下的最优线性插值。依照最优插值的基本原理,以回波为初值场,在有站点的地方对真值场进行取样,依次作为地面雨量站测得的降水量,将之对初值场订正,得到最优订正后的场。

由于降水类型多变,因此雨量计密度是选取最小雨量的重要依据,这里采用平均校准法,采用平均校准法的主要原因是岳阳自动雨量站站点不多,如果用其他几类算法,误差会相对较大。

7.2.2　Z—I 分型动态最优化技术

根据国内外文献的调研与研究以及湖南省汛期的积云统计特征,经过大量试验与筛选,最终选择 Z—I 分型最优化技术+计算机自动识别雨型+自动站订正技术作为主要的雷达

强降水估测算法,即 Z—I 分型动态最优化技术。

7.2.2.1 算法设计

(1)雷达资料预处理

雷达资料预处理主要包括孤立点剔除、畸异回波检测、阻挡订正、构成复合平面。由于雷达周围高大山脉或者建筑物会部分阻塞或者完全遮挡住雷达的电磁波能量,在利用低仰角的雷达观测数据进行降水定量估测,必须考虑雷达波束的阻挡订正。经过资料处理模块将雷达数据进行质量控制后,需要进行复合扫描平面的生成。将雷达低层 3 个仰角的基本反射率转换成一个最佳反射率的混合扫描。依据岳阳地形的特点,对于 20km 以内使用 3.4°仰角,20~50km 使用 2.4°仰角,50~150km 使用 1.5°仰角。此后就可以把生成的混合扫描平面数据依据 Z—I 关系转换成为降水量。

(2)最优法算法[76]

设所有雨量计观测的 1h 降雨量记录总数为 N,雨量计观测值用 G_n 表示,$n=1,2,3,\cdots,n$,对第 n 个雨量值 G_n 来说,有 M 个与之时空相对应的雷达回波强度 Z_{dBnm},$m=1,2,3,\cdots,M$,根据雷达反射率因子和降水强度之间的关系式,可将 Z_{dBnm} 转化为降水强度 I_{nm},即

$$I_{nm} = 10^{\frac{Z_{dBnm}-10\lg A}{10b}} \tag{7.5}$$

对降水强度进行时间积分就可以得到雷达测量的 1h 降水,记为 R_n,$n=1,2,3,\cdots,N$。

$$R_n = \sum_{m}^{M}(W_{nm} \times I_{nm}) \tag{7.6}$$

式中:W_{nm}——资料所代表的时间权重系数,根据雷达观测时间确定。

在最优化方法中采用最佳判别函数 C_{TF}。

$$C_{TF} = \min\{\sum_{i=1}^{n}[(I_i - R_i)^2 + |I_i - R_i|]\} \tag{7.7}$$

式中:I_i——雷达估计的各个样本的雨强值;

R_i——自动雨量站测量的雨强值,原理就是不断地调整 Z—I 关系中的参数 A 和 b 的值,直到判别函数 C_{TF} 达到最小值为止,得到的 A 和 b 就是这个统计样本总体的最优参数。也就是说,C_{TF} 值为最小的参数 A 和 b,使得雷达估测值最逼近实测值。在确定最优化的过程中选取参数 A 的范围为 10~500,步长为 1;参数 b 的范围为 1~3,步长为 0.1。

(3)分降水类型的 Z—I 关系确定[77]

Z—I 关系的不稳定性给雷达定量测量降水带来了较大的困难,但通过对大量的滴谱资料进行分析研究,发现若对降水成因进行分类,并对不同类型的降水统计出相对应的 Z—I 关系对降水的预报,会取得更好的效果。在普查了岳阳地区的历史资料并结合岳阳实际地理位置的前提下,如图 7-1,将降雨类型划分为混合型降雨、层状云降雨和对流型降雨三类。

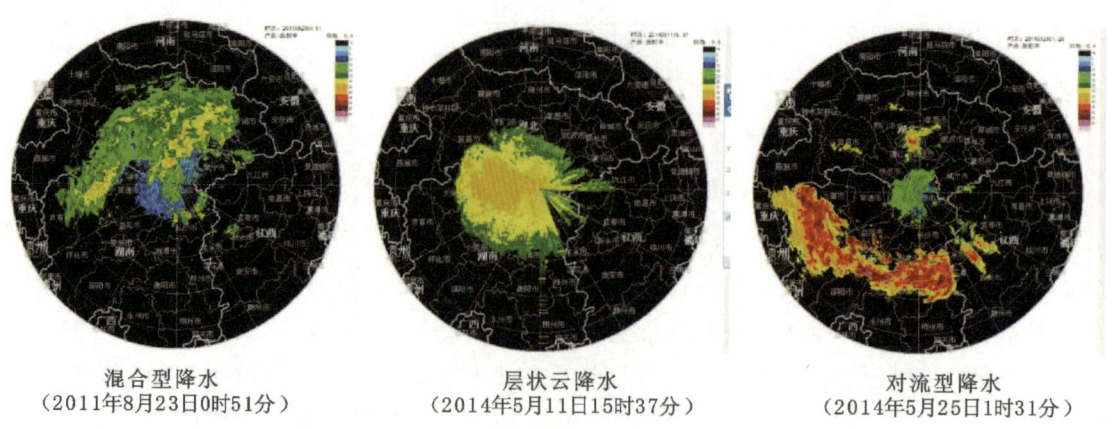

混合型降水	层状云降水	对流型降水
（2011年8月23日0时51分）	（2014年5月11日15时37分）	（2014年5月25日1时31分）

图 7-1　分类型降水雷达回波

(4) 雨量计自动订正

建立气候 $Z—I$ 关系后，同时考虑到降雨随年际和季节的变化，建立一个自动雨量站站点上方雷达强度回波和自动站雨量数据的数据库，对雷达反演的雨量信息和自动雨量站数据进行实时更新。其中，自动雨量站数据的处理采用平均校准法，其宗旨是在整个测量区域内，用一个标准订正因子去乘各点雨量的测量值，从而得到订正后的降水分布。最后通过不断调整 $Z—I$ 反演关系的 A、b 参数值，从而得出最适用于岳阳地形和气候的降雨估测参数，以提高降雨预报精度。动态订正雷达估测流程见图 7-2。

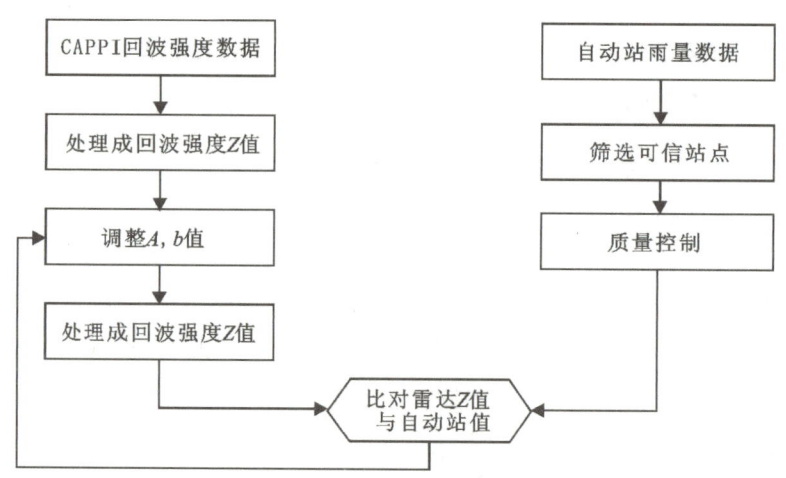

图 7-2　动态订正雷达估测流程

通过动态订正后估测，按照雷达图的绘图标准生成定量估测降水 30min 雨量图与 1h 雨量图，用于预报员分析。图 7-3 和图 7-4 所示为定量估测降水 30min 和 1h 雨量图示例。

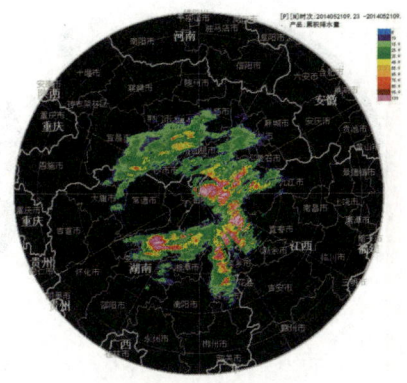

图 7-3　2014 年 5 月 21 日 9 时(UTC 时间)30min 降水估测图

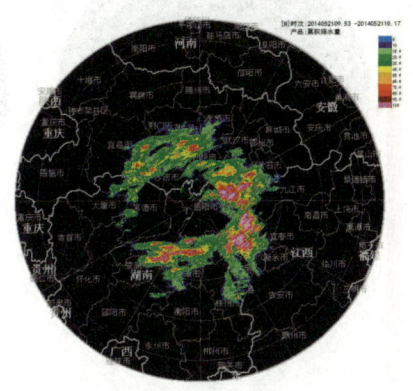

图 7-4　2014 年 5 月 21 日 9 时(UTC 时间)1h 降水估测图

7.2.2.2　应用试验

采用岳阳新一代天气雷达 2011—2014 年的观测数据和地面观测的逐时雨量资料进行 $Z—I$ 关系本地化参数的计算。本书的作者对 2011—2014 年中—大雨强度的降水过程进行整理统计,总结出 2011—2014 年岳阳市中—大雨强度的降水过程共 29 次,选取了 27900 个时次的降水数据。按照数据分析的原则,将数据分为试验组和检验组。其中试验组数据由 2011—2013 年的降水数据组成,共 19610 个时次;检验组数据由 2014 年的 8290 个时次数据组成。自动雨量站选择距离雷达 50~120km 范围内的共 160 个观测站的 1h 资料,剔除 1h 雨量数据低于 1mm/h 的雨量数据后进行 $Z—I$ 关系的参数化计算。

对 2011—2013 年岳阳市降水过程的拟合得出对流性降水在 1.5°仰角的关系式为 $Z=344I^{1.85}$(大于 50km),2.4°仰角关系式为 $Z=579I^{1.64}$(20~50km 范围内),3.4°仰角关系式为 $Z=635I^{1.61}$(小于 20km)。

通过拟合得出混合性降水在 1.5°仰角(大于 50km)的关系式为 $Z=497I^{1.79}$,2.4°仰角关系式为 $Z=293I^{2.31}$(20~50km 范围内),3.4°仰角关系式为 $Z=695I^{2.07}$(小于 20km)。拟合公式用检验组数据进行检验,基本满足估测降水的需求。图 7-5 为拟合结果的典型个例。如图所示,将雷达定量估测降水与自动雨量站实况进行对比,降水范围、强度均有不错的效果。

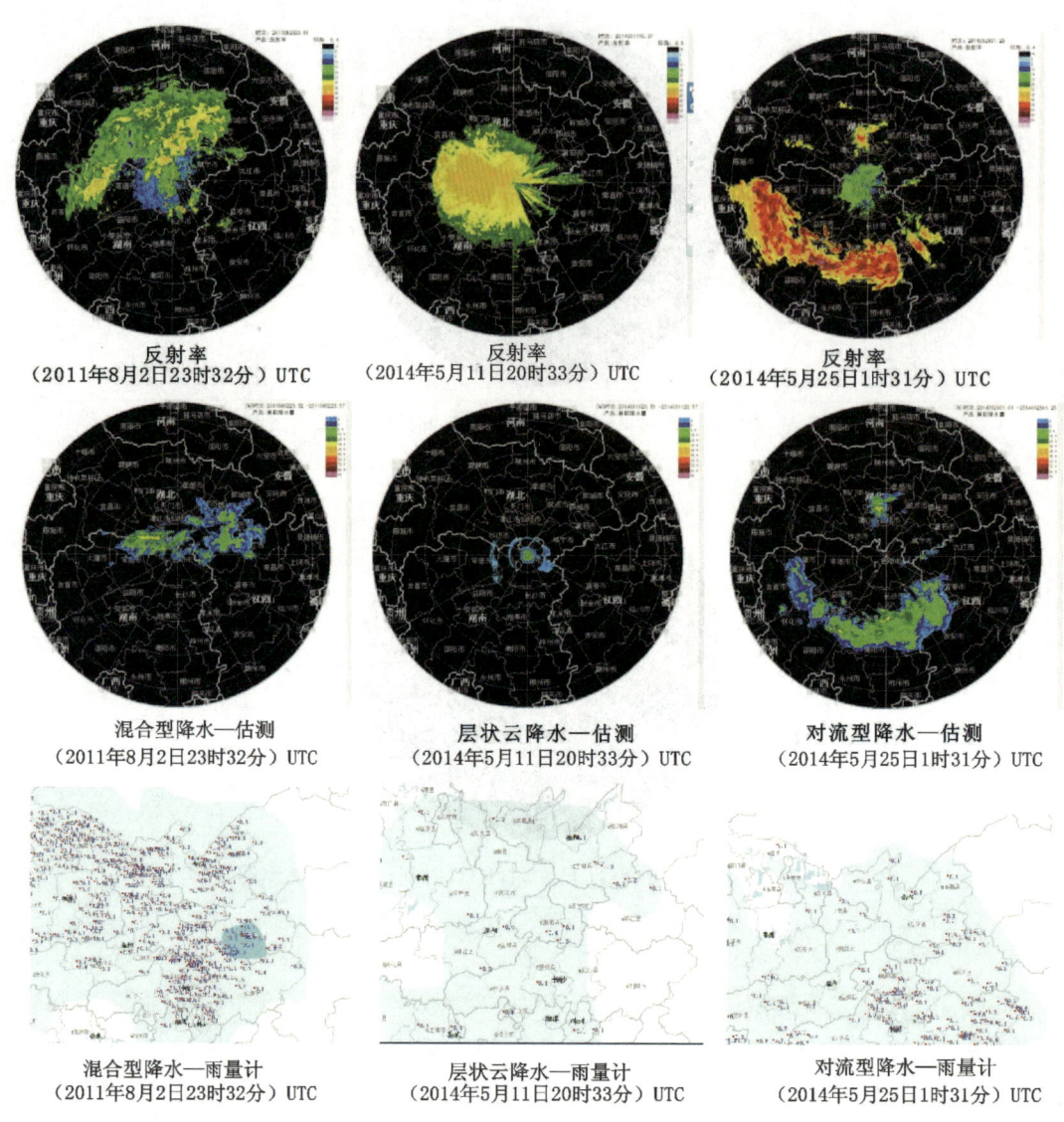

图 7-5　雷达定量估测降水与自动雨量站实况对照图

7.3　雷达强对流识别算术技术

7.3.1　交叉相关追踪技术 TREC(Tracking Radar Echo by Correlation)

TREC 算法利用交叉相关分析,追踪反射率因子大于一定阈值(系统中设置为 12dBZ)区域的移动,推算回波的移动。

交叉相关算法是研究较早的跟踪算法之一,相关法将整幅图像上的回波作为一个整体处理,跟踪整个回波区域的移动,并且假设全体回波具有一致的移动方向。其具体方法是将第一时刻取得的回波图像,向任一方向移过一定的距离,然后计算此图像与第二时刻图像之

间的交叉相关系数 R。对于不同的移动位置,会得到不同的相关系数值,直至找到极大值 R_{max} 为止(见图 7-6)。

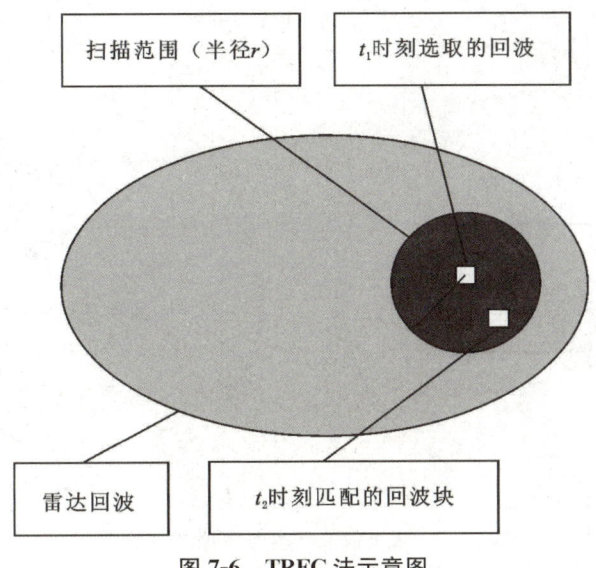

图 7-6　TREC 法示意图

7.3.1.1　算法设计

(1)数据预处理

首先将雷达的极坐标数据处理成笛卡尔直角坐标数据,再将笛卡尔坐标下的数据插值到 3km 或者 3.5km 的等高面上(CAPPI)。使用 3km 等高面进行相关性计算的原因是:大多数降水系统的引导层为 700hPa,这一高度对应 3.0～3.5km。所以,如果能确定某一系统的引导气流的高度,对应使用该高度层的 CAPPI 进行 TREC 效果会更好。

(2)具体步骤

交叉相关追踪技术,是用来追踪雷达回波移动的一种比较成熟的算法。利用求最大相关系数的方法,可以建立追踪区域间的最佳拟合关系。通过计算雷达扫描时刻的追踪区域和前一扫描时刻的与其最匹配的区域之间位置的变化,来确定回波的移动,利用这个移动矢量去预测回波在下一时刻的位置。

具体步骤:将雷达扫描的反射率因子场分成若干个大小相当的"区域",这些"区域"具有相同的水平尺度。"区域"内的反射率因子为 $Z_1(i)$,下一时刻 $t_2(t_2=t_1+\Delta t)$ 变为 $Z_2(i)$,然后将这些在 t_1 时刻的"区域"分别与下一时刻 t_2 的搜索半径各个"区域"作交叉相关,即求 Z_1 与 Z_2 的交叉相关系数 R,表示为[78]:

$$R = \frac{\sum Z_1(i)Z_2(i) - n^{-1}\sum Z_1(i)\sum Z_2(i)}{\left[\left(\sum Z_1^2(i) - n\overline{Z}_1^2\right)\left(\sum Z_2^2(i) - n\overline{Z}_2^2\right)\right]^{1/2}} \tag{7.8}$$

式中:Z_1 和 Z_2 ——某一"区域"内 t_1 和 t_2 时刻反射率因子矩阵;

n ——矩阵的数据点数。

通过上式可以求出间隔 Δt 时间的两个矩阵的相关系数。重复这个过程,直到找到最大的相关系数。此时,从 T 时刻矩形区域的中心位置指向 $T+\Delta t$ 时刻矩形区域的中心位置即为 TREC 矢量(回波的运动矢量),见图 7-7。

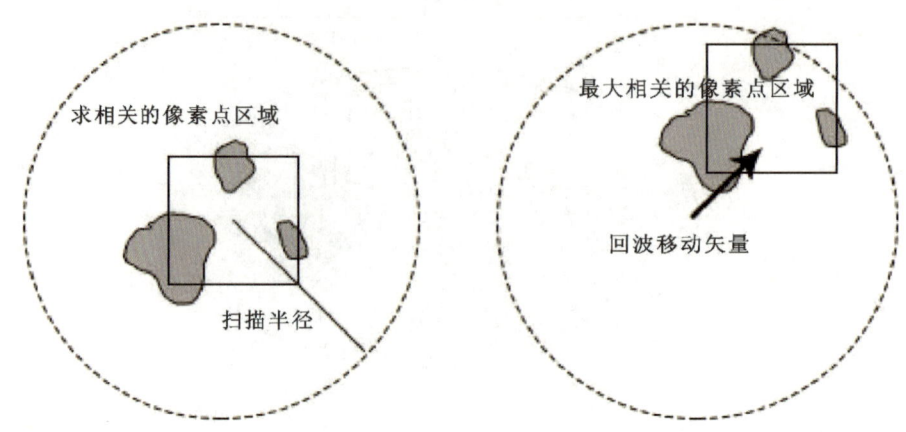

图 7-7　交叉相关技术追踪技术示意图

上述方案中的"区域"大小(Boxsize)的选取,一般可取以下几个值:

$$\text{Boxsize}\begin{cases} 7\text{km} \times 7\text{km} & Z < 20\text{dBZ} \\ 11\text{km} \times 11\text{km} & Z < 40\text{dBZ} \\ 15\text{km} \times 15\text{km} & \text{其余情况} \end{cases}$$

为了避免搜索 t_2 时刻的所有"区域",一般在搜索半径为 r 范围内进行搜索,$r = V \times \Delta t$,Δt 为 t_1 和 t_2 时刻的时间间隔,V 为基于中尺度网和探空资料估测的回波移动的最大速度。

(3)需要注意的问题

用交叉相关法(TREC)外推得出的风场不同程度存在辐散失真现象,比如较连续的风场中某些地方风速很大或者为零,从而随着预报时间的增加外推得出的回波逐渐变得散乱不连续,影响预报效果。可采取两个步骤来解决这个问题,先是对风场进行平滑处理,使得明显失真的点用其周围风场平均值代替,然后对外推风场加以水平无辐散限制,使其满足连续方程。假设用 TREC 法求出的风场 x 方向分量为 $u^0(x,y)$,y 方向分量为 $v^0(x,y)$,现要通过一定处理得出新的无辐散速度 $u(x,y)$ 和 $v(x,y)$,使其满足二维连续方程:

$$\frac{\partial u}{\partial x} + \frac{\partial v}{\partial y} = 0 \tag{7.9}$$

Li 等通过傅立叶变换和变分的方法建立差分方程组[79]:

$$\frac{\lambda_{i+1,j} - 2\lambda_{i,j+1} + \lambda_{i-1,j}}{(\Delta x)^2} + \frac{\lambda_{i+1,j} - 2\lambda_{i,j} + \lambda_{i,j-1}}{(\Delta y)^2} = -\left(\frac{u^0_{i+1,j} + u^0_{i-1,j}}{\Delta x} + \frac{v^0_{i,j+1} + v^0_{i,j-1}}{\Delta y} \right)$$

$$\tag{7.10}$$

$$u_{i,j} = \frac{1}{4}(u^0_{i+1,j} + 2u^0_{i,j} + u^0_{i-1,j}) + \frac{1}{2}\left(\frac{\lambda_{i+1,j} - \lambda_{i-1,j}}{2\Delta x} \right) \tag{7.11}$$

$$v_{i,j} = \frac{1}{4}(v_{i+1,j}^0 + 2v_{i,j}^0 + v_{i-1,j}^0) + \frac{1}{2}\left(\frac{\lambda_{i+1,j} - \lambda_{i-1,j}}{2\Delta y}\right) \qquad (7.12)$$

式中：$\lambda(x,y)$——拉格朗日增量函数；

i,j——网格坐标；

$\Delta x, \Delta y$——网格 x 和 y 方向的格距。

式(7.10)即泊松方程，可以通过迭代法对其求解，求解得出 $\lambda_{i,j}$，代入式(7.11)、式(7.12)则可求出 $u_{i,j}$ 和 $v_{i,j}$，用新的速度场外推得到 $t+\Delta t$ 时刻的回波平滑性和连续性较好。

国内外许多研究表明，雷达回波的生消变化与闪电活动的发生发展有较好的相关性，强回波附近一般伴随高密度闪电发生，且闪电的移动趋势也与雷达回波的移动趋势相对应。因此可采用回波外推技术，将雷达回波和闪电资料看作一个整体，同时进行外推预报，以得到短时间内(1h)雷达回波和闪电位置(主要是地闪)的演变趋势。

7.3.1.2 应用检验

图 7-8 为岳阳雷达 2014 年 5 月 21 日 10 时 45 分 TREC 矢量图，图 7-9 为对 10 时 45 分 3km 的 CAPPI 反射率利用交叉相关法获得的 TREC 矢量外推到 30min 后(11 时 15 分)的雷达反射率因子图与相应时刻的回波实况图。对比分析图 7-9 可知，30min 外推回波的大体位置与实况较为吻合，雷达站西侧和北侧的强回波中心位置和范围也与实况对应较好，说明 TREC 能够较为真实地反映回波的移动情况，对于强对流天气提前预警具有重要的指示作用。

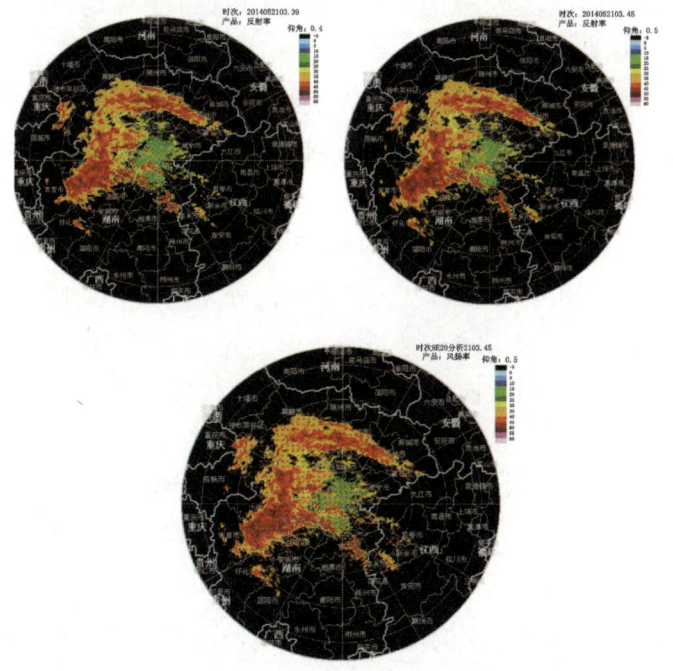

图 7-8　岳阳雷达 2014 年 5 月 21 日 10 时 45 分 TREC 矢量图

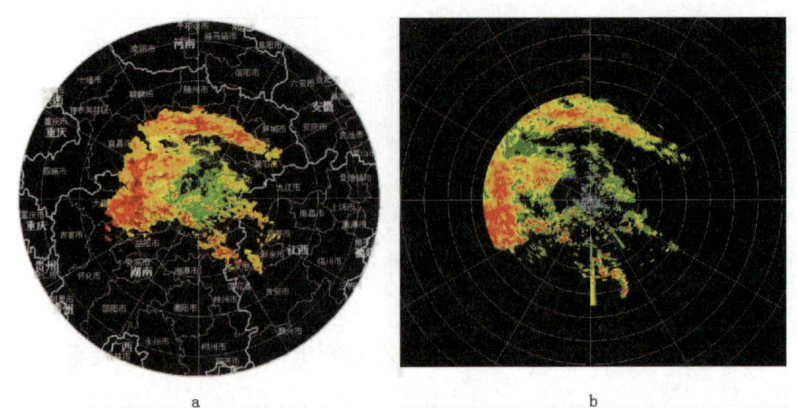

图 7-9 TREC 矢量外推的 30min 后的雷达回波(a)与相应时刻的回波实况图(b)

7.3.2 光流法跟踪技术

7.3.2.1 算法设计

(1)数学描述[80]

光流法是计算机视觉领域中的一种重要方法。光流法指由于被观测的目标和传感器之间的相对运动,而在序列图像中产生的瞬时位移场,体现了图像亮度模式的表观运动(Apparent Motion)。图像中所有像素点的光流就构成了图像的光流场,而光流法的核心正是从连续的图像序列中计算光流场。

改进的光流法在传统光流法的基础上,结合多普勒天气雷达的探测特点,将雷达探测的多普勒信息(径向速度)与光流法相结合,反演回波的运动矢量。利用回波的运动矢量去预测下一时刻回波的位置。

针对强对流降水的情况,可使用光流法计算得到的光流场来代替交叉相关法得到的运动矢量场。与简单的交叉相关法相比,光流法从偏微分方程的角度来求解光流场,在计算过程中使用了严格的约束条件,运用递归法进行求解。光流场可以简单地理解为物体的速度矢量场,包括两个分量 u,v。设平面上有一点(x,y),它代表的是场景中某一点(x,y,z)在图像平面上的投影,该点在时刻 t 的灰度值(回波强度)为 $I(x,y,t)$。假定该点在 $I(t+\Delta t)$ 时运动到$(x+\Delta x,y+\Delta y)$,在很短的时间间隔 Δt 内灰度值保持不变,即

$$I(x+u\Delta t,y+v\Delta t,t+\Delta t)=I(x,y,t) \tag{7.13}$$

式中:u,v——该点的光流的 x,y 方向上的分量。

假设亮度 $I(x,y)$ 随时间 t 平滑变化,可以将式(7.13)按泰勒公式展开,得到

$$I(x,y,t)+\Delta x\frac{\partial I}{\partial x}+\Delta y\frac{\partial I}{\partial y}+\Delta t\frac{\partial I}{\partial t}+e=I(x,y,t) \tag{7.14}$$

其中 e 包括 $\Delta x, \Delta y, \Delta t$ 的二次以上的项，上式消去 $I(x,y,t)$，用 Δt 除等式两边，并取 $\Delta t \to 0$ 的极限后，可求得：

$$\frac{\partial I}{\partial x}\frac{\mathrm{d}x}{\mathrm{d}t} + \frac{\partial I}{\partial y}\frac{\mathrm{d}y}{\mathrm{d}t} + \frac{\partial I}{\partial t} = 0 \tag{7.15}$$

此式实际上是 $\frac{\mathrm{d}I}{\mathrm{d}t}=0$ 的展开式，可以用下边形式简写：

$$I_x u + I_y v + I_t = 0 \tag{7.16}$$

其中

$$u = \frac{\mathrm{d}x}{\mathrm{d}t} \quad v = \frac{\mathrm{d}y}{\mathrm{d}t}, I_x = \frac{\partial I}{\partial x}, I_y = \frac{\partial I}{\partial y}, I_t = \frac{\partial I}{\partial t}$$

这就是光流约束方程，I 代表的是格点 (x,y) 在时刻 t 的灰度值，$I_x = \frac{\partial I}{\partial x}$，$I_y = \frac{\partial I}{\partial y}$，$I_t = \frac{\partial I}{\partial t}$ 分别对 I 求偏导数。

$$I_x = \frac{1}{4\Delta x}[(I_{i+1,j,k} + I_{i+1,j,k+1} + I_{i+1,j+1,k} + I_{i+1,j+1,k+1}) - (I_{i,j,k} + I_{i,j,k+1} + I_{i,j+1,k+1})] \tag{7.17}$$

$$I_y = \frac{1}{4\Delta y}[(I_{i,j+1,k} + I_{i,j+1,k+1} + I_{i+1,j+1,k} + I_{i+1,j+1,k+1}) - (I_{i,j,k} + I_{i,j,k+1} + I_{i+1,j,k+1})] \tag{7.18}$$

$$I_t = \frac{1}{4\Delta t}[(I_{i,j+1,k} + I_{i,j+1,k+1} + I_{i+1,j,k+1} + I_{i+1,j+1,k+1}) - (I_{i,j,k} + I_{i,j+1,k} + I_{i+1,j+1,k})] \tag{7.19}$$

也就是说，每个格点处的偏导数都是已知的。

而光流有两个分量 u,v，但是方程 $I_x u + I_y v + I_t = 0$ 只有一个，一个方程，两个未知数，无法求得 u,v。因此，需要另外的约束条件，为了求得 u,v，认定在图像平面内足够小的区域 ROI 内，而且在足够短的时间间隔内，两幅图像间的运动可以近似为线性的，即

$$u = V_x, v = V_y \tag{7.20}$$

也就是认定在 ROI 区域内的 N 个格点的速度是相同的，而且这 N 个点的速度都为 V_x 和 V_y。将其带入 $I_x u + I_y v + I_t = 0$ 得

$$\frac{\partial I}{\partial x}V_x + \frac{\partial I}{\partial y}V_y = -\frac{\partial I}{\partial t} \tag{7.21}$$

该方程对 ROI 中的 N 个格点都成立，这样就可以得到 N 个（N 是 ROI 中格点的个数）方程组成的方程组，用矩阵的形式表示如下：

$$\begin{bmatrix} I_x & I_y \\ \cdot & \cdot \\ \cdot & \cdot \\ \cdot & \cdot \\ \cdot & \cdot \\ \cdot & \cdot \\ \cdot & \cdot \end{bmatrix} \begin{bmatrix} V_x \\ V_y \end{bmatrix} = \begin{bmatrix} -I_t \\ \cdot \\ \cdot \\ \cdot \\ \cdot \\ \cdot \\ \cdot \end{bmatrix} \qquad (7.22)$$

第一个矩阵是 $N*2$ 的，等式右边的为 $N*1$ 的，这样，N 个方程，两个未知数 V_x 和 V_y。很容易就可以求得光流的速度场了。

(2) 数据处理

1) 将极坐标数据插值到笛卡尔坐标系下。

2) 速度数据的退模糊处理。

3) 反射率因子数据的双边滤波。构造了一个二维双边滤波器，同时在空间域和值域进行滤波，阈值可选为 5dBZ。双边滤波的空域滤波是对空间上邻近的点进行加权平均，加权系数随着距离的增加而减少；值域滤波则是对像素值相近的点进行加权平均，加权系数随着值差的增大而减少。双边滤波的优势在于，它在消除脉动的同时，可以尽可能保留回波的结构。

4) 反射率因子空间、时间微分的计算。由于雷达数据为离散数据，采用离散点差分近似代替微分的方案。在计算数据空间差分时使用的算子为索贝尔算子（见图 7-10）。它是众多计算离散点差分算子中效果比较好的一种，并得到了广泛的应用。算子运算时采用模板卷积的方式，将模板在图像上移动，并在各个位置计算对应中心像素的梯度值。模板大小可采用 3×3。当模板范围扩大时，梯度计算结果更加准确，同时计算量也大大增加。

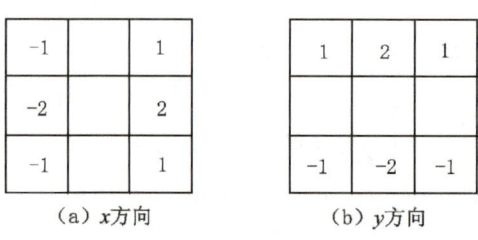

(a) x 方向　　　(b) y 方向

图 7-10　索贝尔算子模板

(3) 计算步骤

1) 对回波速度数据和回波强度数据进行坐标转换。

2) 数据的质量控制（地物，双边滤波等）。

3) 利用索贝尔算子计算每一格点数据的 x，y 方向的梯度 (Z_x, Z_y)；数据的时间差分 Z_t，由连续两个时次同一坐标的数据相减而得到。

4）按照迭代方程求解各个格点的运动矢量。

7.3.2.2 应用检验

图 7-11 为岳阳雷达 2014 年 5 月 21 日 3 时 45 分（UTC）和 3 时 51 分雷达基数据，利用光流法（OF）进行外推 30min 的矢量图。

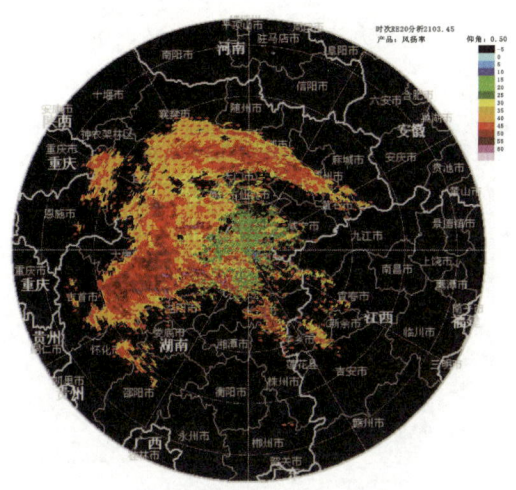

图 7-11　光流法外推 30min 矢量图

由图可以看出回波移动方向较为一致，多数由正西指向正东方向。参看雷达速度场信息，与光流法反演的风场走向较为一致，说明光流法在此类回波移动的反演方面具有实用性，光流法外推预报同样能够取得较好的预报效果。

7.3.3　雷达强对流外推算法效果评分

利用探测概率（POD）、虚假警报率（FAR）、临界成功指数（CSI）来评价 TREC 和光流法的预报效果。将预报回波与实况回波逐格点对比，如果该格点的回波值大于阈值，则认为格点是活跃的；反之，则认为格点不活跃。预报格点与实际格点都是活跃的；认为预报是成功的。如果预报格点活跃而实际不活跃，认为是空报。如果预报不活跃而实际活跃，则认为是漏报。

一般评分过程中，仅选取一个阈值对外推效果进行评分，评分结果受到实际回波类型和强度的影响，因此对评分方法进行改进，选取多个阈值联合对预报结果进行评分，即预报格点值处于与实际格点值相邻的两个阈值区间内时认为预报成功，预报格点值小于该区间认为是漏报，大于该区间认为是空报。这使得评分结果更直观地体现了预报的整体效果，且评分结果受阈值选取影响较小。文中阈值最小值为 0dBZ，阈值间隔均为 10dBZ，选取的最大阈值由回波最大值确定。表 7-1 为两种方案的评分结果。POD、FAR、CSI 计算公式为：

$$\text{POD} = \frac{n_{成功}}{n_{成功} + n_{漏报}} \tag{7.23}$$

$$\text{FAR} = \frac{n_{\text{空报}}}{n_{\text{成功}} + n_{\text{空报}}} \tag{7.24}$$

$$\text{CSI} = \frac{n_{\text{成功}}}{n_{\text{成功}} + n_{\text{空报}} + n_{\text{漏报}}} \tag{7.25}$$

式中：$n_{\text{成功}}$、$n_{\text{空报}}$、$n_{\text{漏报}}$——预报成功、空报和漏报的格点数。

表 7-1　　　　　　　　　TREC 和 OF 外推预报效果评分

个例	预报方法	预报时效	POD(%)	FAR(%)	CSI(%)
2014 年 5 月 11 日 15 时 37 分（层状云降水）	TREC	30min	70.89	27.99	31.09
	光流法	30min	52.39	31.16	25.57
	TREC	60min	70.47	33.77	28.16
	光流法	60min	44.52	38.12	20.58
2014 年 5 月 21 日 2 时 45 分（强雷暴）	TREC	30min	69.69	13.41	28.75
	光流法	30min	57.19	41.05	16.98
	TREC	60min	65.31	30.71	25.13
	光流法	60min	51.28	55.98	13.84

由表 7-1 可知，在岳阳地区，TREC 的外推预报效果较好。

7.4　综合应用试验

7.4.1　试验区域

在日常业务中，同一部天气雷达由于应用一种 Z—I 关系式估测降水，导致不同观测区域产生不同程度上的误差。因此，要在雷达探测范围内选取一块既能代表当地各类降水天气且气象数据又适于做统计的试验区域。

试验区域选择要适中，区域过大或者探测距离过远会造成雷达的测量精度的降低。另外，要考虑以下条件：要依据试验区域的地形，适当地选择雷达仰角；雷达反射率因子的测量精度；雷达观测频率：观测间隔越短，精度越高；所取降水时段越长，由于正负随机误差的抵消作用，精度越高。

岳阳雷达正南方为影响雷达探测的灵雾山山脉，东南方为罗霄山余脉，东北方向为大云山山脉（见图 7-12）。圈注内的雷达回波会受到山脉的干扰，影响雷达实测值，对于该种复杂地形下的雨量估测，在实际的业务应用中，单独采用 Z—I 关系的参数方案对该位置的回波进行定量降水估测。

结合所用的岳阳天气雷达台站位置和观测范围，以及观测范围内的自动气象站的分布情况，把以岳阳雷达站作为中心，半径 150km 范围内的区域作为研究区域（见图 7-13）。

第7章 基于雷达预估技术的短时(0~2h)预警技术

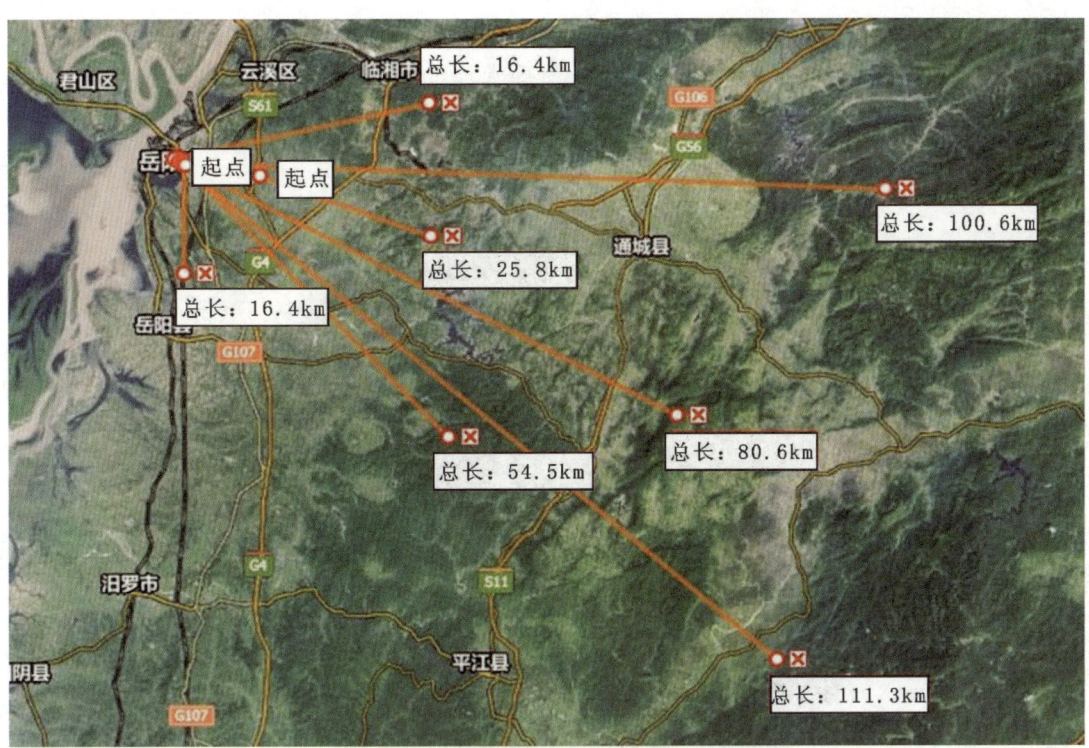

图 7-12 岳阳雷达周边地形分布图

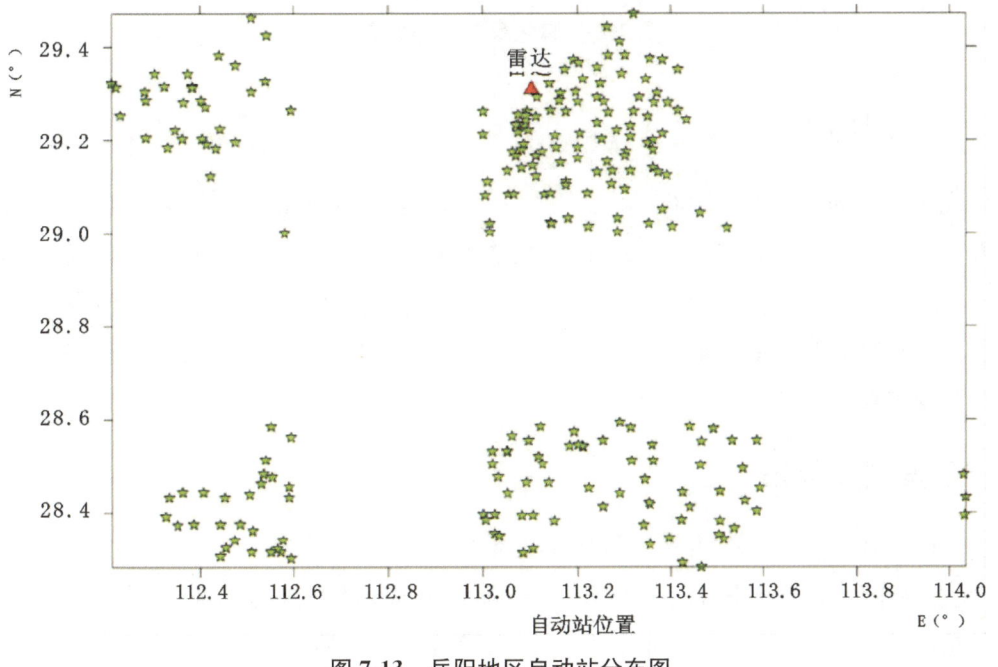

图 7-13 岳阳地区自动站分布图

采用 S 波段的多普勒天气雷达，探测的最大距离是 230km，分辨率是 1°＊1km，通过

143

PPI 扫描,可以得到不同高度上的降水强度。通过读取天气雷达反射率因子,并通过软件显示出回波,如图 7-14 所示,分析雷达回波图,根据强回波中心的分布等特点,可以初步判断降水的区域。

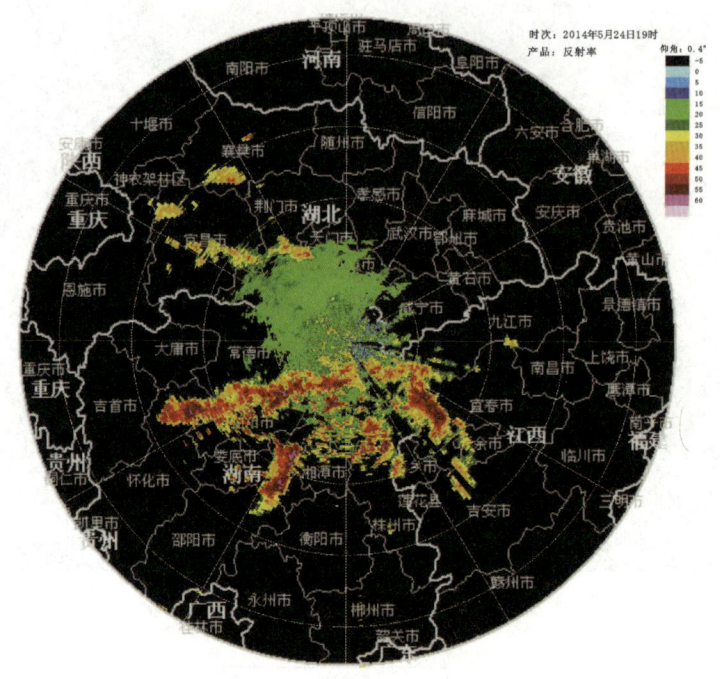

图 7-14 雷达反射率 PPI 显示

7.4.2 资料种类

研究所使用的资料是我国新一代天气雷达资料,自动站雨量观测资料。收集湖南省岳阳临湘市 3~5 年典型山洪灾害个例,结合探空资料计算得到的物理量(CAPE 值、K 指数、CIN 值、垂直风切变等),归纳出致洪暴雨过程的物理量特征指标,获得各物理量的阈值范围。结合自动站观测到的雨量数据,筛选出 30mim、1h 和 2h 的降水信息,并利用当时的短时临近预报气候背景资料进行全面分析。

7.4.3 资料预处理

由于新一代多普勒天气雷达回波图上的地物、超折射杂波和噪声杂波(统称为数据杂波)都是非降水回波,严重影响雷达测量降水的性能,雷达数据质量控制(数据预处理)就是要除去这些数据杂波,保留降水回波,努力提高回波的数据质量,以满足制作短时临近预报的需求。在使用雷达数据前,对雷达数据做了地物和超折射杂波的过滤、孤立和离散噪声杂波的过滤等处理。

7.4.4 雷达估测

已知雷达回波强度 Z，通过 $Z—I$ 关系，可以得出降水强度 I。"基于雷达监测信息的山洪灾害防治区短历时(0～2h)降水预警系统"可自动获取当前时次的雷达资料，根据季节自动分雨型，并结合雨量站降水资料进行迭代分析，得到最优化的降水估测值，见图7-15。

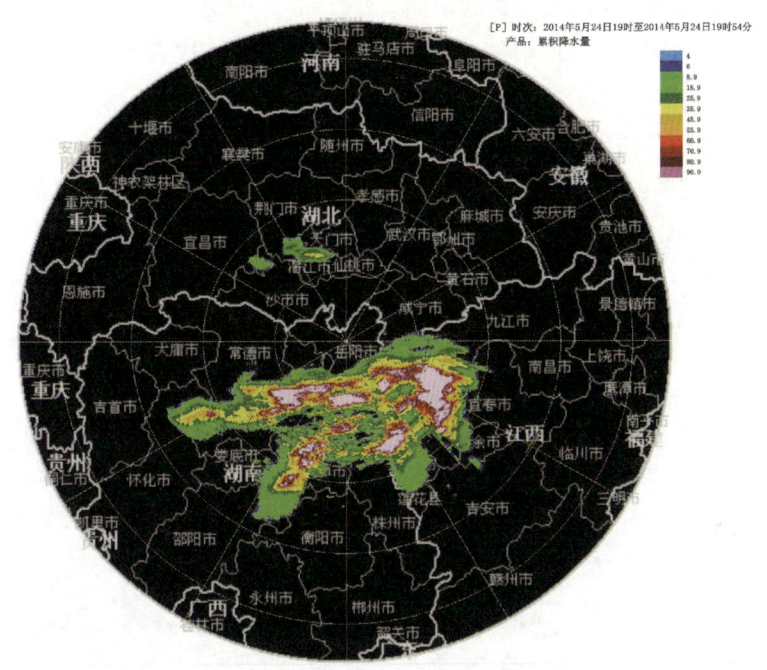

图7-15　根据 $Z—I$ 关系得出的雷达定量估测降水图

为了验证雷达估测降水的可行性，对岳阳市近三年的降水过程进行统计，2012—2014年共有21次中—大雨强度降水过程，见图7-16。

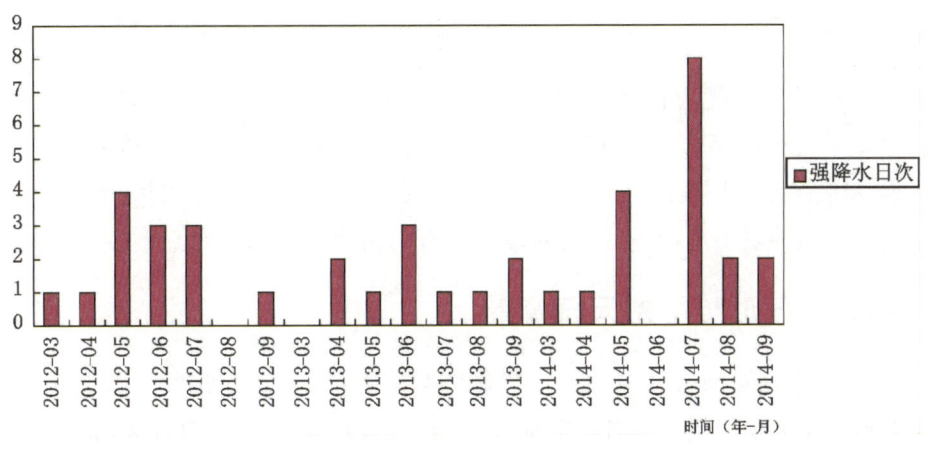

图7-16　2012—2014年中大型降水日次统计

使用前面章节所述的 $Z-I$ 分型动态最优化技术对岳阳 2012—2014 年的对应降水过程的雷达资料,并结合当时的雨量站资料进行系统估测,得到 1h 累积降水量产品,并将 1h 累积降水量产品与雨量站统计实况进行对比。为了验证估测效果,比较时根据公式:$T=$(雨量实况值-雨量估测值)/雨量实况值×100%;$W=$雨量实况值-雨量估测值。

若得出的结果 T 为负,则代表估测的过程雨量被高估,数值代表高估的大小;若 T 为正,则代表计算雨量被低估,数值代表低估的大小。而 T 的绝对值则代表与实测值相对的误差百分比。W 代表估测的平均绝对偏差量有多少,绝对值 W 代表平均相对偏差量的多少。

从表 7-2 可以看出,通过分型动态最优法建立的 $Z-I$ 关系对于降水估测有着很明显的改进。在对流型降水中,利用传统的经验公式 $Z=300I^{1.4}$ 有着超过 52% 的低估,相对误差率更是达到 61%。在利用改进后的 $Z-I$ 关系 $Z=344I^{1.85}$ 后误差有着很好的改进,绝对平均误差率为-4%,相对误差率为 24.63%。从均方根误差所表现出的估测值与真值的离散程度上来看,经验公式 $Z=300I^{1.4}$ 的均方根误差为 17.8mm,而改进后的均方根降低为 5.9mm,使得估测的数值更加接近实际雨量。

表 7-2 分型动态最优法建立 $Z-I$ 关系的估计对比

	经验公式 $Z=300I^{1.4}$	对流降水 $Z=344I^{1.85}$	混合降水 $Z=497I^{1.79}$
对流降水 T(%)	-52.57	-4.16	/
对流降水 $\|T\|$(%)	61.61	24.63	/
对流降水 W(mm)	-11.12	0.29	/
对流降水 $\|W\|$(mm)	11.53	3.85	/
混合降水 T(%)	-47.78	/	1.7
混合降水 $\|T\|$(%)	59	/	-24.03
混合降水 W(mm)	7.22	/	-0.49
混合降水 $\|W\|$(mm)	7.64	/	2.08
对流降水均方根误差	17.8	5.9	/
混合降水均方根误差	14.32	/	3.19

在分型动态最优法建立的混合型降水 $Z-I$ 关系 $Z=497I^{1.79}$ 中,其平均绝对误差率 1.7% 要远远小于经验关系式的-47.78%,而平均相对误差率-24.03% 也要小于经验公式的 59%。均方根误差经过改进后从 14.32mm 降低到 3.19mm。这说明分型动态最优法技术可用于岳阳市这种复杂地形下,并且对改进现有的雷达估测降水有直接改善作用。

7.4.5 结合天气形势得到天气背景

在周慧等[81]研究湖南省大暴雨形成机制的基础上,通过分析近 5 年客观分析产品(取 20:00 物理量分析场与当日大暴雨区对应做分析),选取 11 个与暴雨有关的物理量指标因子,其中有 3 个因子分不同层次,分别求出它们与暴雨的单相关系数,见表 7-3。

表 7-3　　　　　　　　　　　暴雨相关系数

因子	指数	相关系数
水汽因子	水汽通量	0.286
	比湿	0.145
动力因子	散度 850hPa	0.229
	散度 700hPa	0.192
	涡度 850hPa	0.191
	涡度平流	0.089
	LI 指数	0.218
	SI 指数	0.213
热力因子	K 指数	0.251
	假相当位温	0.187
	温度平流	0.10

强对流天气发生的机制主要由水汽、动力因子、热力因子三个因素决定。水汽的指标主要是水汽通量和比湿。比湿即空气中的水汽和湿空气质量的比,它反映了水汽的含量。动力因子即流体的运动。描述空气运动主要有气旋和反气旋(涡度),辐合和辐散(散度),这些量级的大小反映了空气运动的快慢,即对流的强弱。

这些物理量因子在不同季节均有明显的季节特征,6—8 月为峰值,其他季节相对偏小;这些物理量因子的相关系数均达到了 0.05 显著性水平检验,都可以作为预报大暴雨的物理量因子。但从与雷达估测算法结合的角度考察,发现常用大气层结稳定度指数更具有实际意义。

大气稳定度分析是对流天气诊断和分析最常用的方法。在天气分析及预报业务与研究中,常常对大气的稳定度用一些指数来表示,这些指数统称为稳定度指数。表 7-4 为常用的大气层结稳定度指数计算公式。

表 7-4　　　　　　　　表示大气层结稳定度指数计算公式

指数	计算式	物理意义
LI 抬升指数	$LI = T_{500} - T_s$	T_{500} 表示 500hPa 环境温度;T_s 表示地面空气绝热抬升,到抬升凝结高度后再沿湿绝热线上升到 500hPa 时的温度
SI 沙氏指数	$SI = T_{500} - T_s$	T_{500} 表示 500hPa 上的环境温度;T_s 表示湿空气块从 850hPa 开始绝热抬升,到抬升凝结高度后再沿湿绝热线上升到 500hPa 时的气块温度
K 指数	$K = (T_{850} - T_{500}) + T_{d850} - (T - T_d)_{700}$	T_{850}、T_{500} 均表示温度,T_{d850} 表示露点温度,$(T - T_d)_{700}$ 表示 700hPa 温度露点差
Div_850	$Div = \frac{\partial u}{\partial x} + \frac{\partial v}{\partial y}$	850hPa 散度
Qav_700	$\rho q \lvert V \rvert \cdot \nabla l \cdot \nabla z$	700hPa 水汽通量

(1)抬升指数(LI)

抬升指数是由 Galway(1956)提出的表示条件下稳定度的一个指数。该指数的使用范围较广,至今仍有很多人使用。LI<0 时,大气层结是不稳定的,且负值越大,不稳定性越强,越易发生对流性天气。

(2)沙氏指数(SI)

沙氏指数自 1953 年由 Showalter 提出以来,受到广泛应用,它的定义与 LI 类似,它反映了大气条件性稳定度状况的一个参数,可见,当 SI<0 时,大气层结不稳定,负值越大越不稳定。在实际的应用中,得出的判别标准是:当 SI>3℃时,发生雷暴的可能性很小或没有;当 0℃<SI<3℃时,有发生阵雨的可能;当-3℃<SI<0℃时,有发生雷暴的可能;当-6℃<SI<-3℃时,有发生强雷暴的可能;当 SI<-6℃时,有发生严重对流性天气的危险。

(3)K 指数

K 指数的定义比较简单明了,单位为℃。首次由 George(1960)引入,其公式中的第一项表示温度直减率,第二项表示水汽条件,最后一项表示中层的饱和程度。K 指数越大,层结越不稳定。在实际应用中,K 指数可以配合散度、涡度等物理量,综合分析给出较为客观的预报。一般认为,K 指数大于 20℃,会有雷暴天气的发生,但在实际应用中要结合当地特点给出更加合适的阈值,来预报灾害性的对流天气。

(4)850hPa 散度(850hPa_Div)

散度是天气分析预报中经常使用的物理量,通常我们所用的散度是指水平二维散度,表达式为 $\text{Div} = \frac{\partial u}{\partial x} + \frac{\partial v}{\partial y}$。根据连续方程,我们可以很明显地得出,底层散度为正值,水平辐散,对应上层的垂直下沉运动,相反,负值预示着水平辐合,垂直方向表现为上升运动,且负值绝对值越大,垂直上升运动越强。

针对暴雨特别是大暴雨天气现象的落区而言,500hPa 以下各层均表现为负值大值中心的散度区,700hPa 的负值散度中心一般不大于 $-10 \times 10^{-5} \text{s}^{-1}$,850hPa 中心值一般不大于 $-17 \times 10^{-5} \text{s}^{-1}$,这等价于暴雨区的上升速度可达到 $16 \times 10^{-3} \text{hPa} \cdot \text{s}^{-1}$,整个暴雨区的气层均表现为强的上升运动。

(5)700hPa 水汽通量(700hPa_Qav)

水汽通量是表示水汽输送强度的物理量,即在单位时间内流经某一单位面积的水汽的质量。暴雨特别是大暴雨天气现象均需要有充足的水汽供应才有可能维持,因此在分析暴雨发生的时候,水汽通量是不可忽视的关键的物理因子。

850hPa 水汽通量场的分布情况与暴雨量级及落区的相关性是最好的,水汽通量的密集区通常是暴雨的发生区,且水汽通量的大值中心一般在暴雨发生前的 0~12h 出现,可见水汽通量确实是暴雨预报的一个重要的参数。对于大暴雨而言,700hPa 水汽通量场一般有≥

16g·cm⁻¹·hPa⁻¹·s⁻¹ 的舌状高值区。有时,大值中心可达 19～22g·cm⁻¹·hPa⁻¹·s⁻¹ 以上。

通过对岳阳市 57 个降水过程进行分析,统计出以上物理量的大概范围,见表 7-5。

表 7-5　　　　　　　　　　　岳阳市本地天气指数

物理量	范围
LI	当 LI<0 时,大气层结是不稳定的,且负值越大,不稳定性越强,越易发生对流性天气
SI	当 SI>3℃时,发生雷暴的可能性很小或没有;当 0℃<SI<3℃时,有发生阵雨的可能;当 −3℃<SI<0℃时,有发生雷暴的可能;当 −6℃<SI<−3℃时,有发生强雷暴的可能;当 SI<−6℃,有发生严重对流性天气的危险
K	≥20℃
850hPa_Div	850hPa 中心值一般≤−17×10⁻⁵ s⁻¹
700hPa_Qav	≥16g·cm⁻¹·hPa⁻¹·s⁻¹

7.4.6　风场分析＋TREC＋CAPPI 外推

在通常情况下,伴随着强烈的雷暴天气现象,会造成局地范围内强烈降水和大风的发生,这对人们的生产和生活带来了严重的影响,严重危害人们的人身和财产安全。因此,做好及时的预警工作是至关重要的。随机选取 2011—2013 年的 30 个一般降水个例进行分析,通过对比分析交叉相关和光流法的预警效果,如表 7-6 所示,基于岳阳市的复杂地形,本方案采用交叉相关法对强对流天气的走势和发展进行预警工作。通过分析风场的风向和风速,有利于我们判断当时的天气背景以及天气的走势,为后面的预警做了一定的准备工作。当风速较大时,一般会出现强对流天气,可以根据风向和风速判断发生的是辐合、辐散、气旋或是反气旋。

表 7-6　　　　　　　　　　　预报效果准确率判别

分析个例数	预报方法	预报时效	POD(%)	FAR(%)	CSI(%)
30	TREC	30min	71.44	30.93	26.31
	光流法		61.47	38.75	18.58

7.4.7　外推估测

经过 TREC＋CAPPI 外推,可以得到 30min 后的雷达回波图,若预报员想直接获取 30min 后的 1h 降水量估测图,可将此回波数据作为输入条件放到估测模块中进行运算,其结果即为外推估测降水的结果。

对 2014 年 3—9 月的中大型降水过程进行外推估测,得到 30min 外推后的 1h 累积降水量产品,并将 30min 外推的 1h 累积降水量产品与 12 个具有代表性的雨量站降雨实况进行对比,见表 7-7。

表 7-7　12 个雨量站降水与对应时次的外推估测产品检验

站号	平均相对误差(%)	站号	平均相对误差(%)
P3698	29.8	P2680	27.9
P3697	33.8	P3666	32.0
P3696	40.4	P3654	41.3
P3692	35.6	P3647	32.0
P3690	31.6	P3627	29.8
P3689	35.7	P3583	34.1

结果与实况比较表明：外推预测结果与实况相比较，在强度中心方面与实况吻合程度高，能很好地体现出降雨强度。在回波的范围、位置方面有较好的吻合，对于面积范围较大且移动稳定和变化不明显的回波在范围与位置方面，外推预测效果好于范围较小和变化较明显的回波，对流成熟阶段的外推预测正确率高于发展和消亡阶段。

另外，通过雷达外推估测产品图与实况比较发现，在强对流发展、成熟、消亡的不同阶段，如果回波在某一段时间内无明显变化，外推结果与实况较好吻合，而当回波出现明显变化时，外推结果出现较明显差距，面积大的回波也比面积小的回波预报要好。这跟交叉相关追踪算法的局限性是有关的，算法计算的是水平方向的移动矢量，并没有考虑深对流系统存在的较强垂直运动，对于回波的生消变化以及快速明显变形用算法计算得到的结果和实际有较大的出入，由于面积范围大的回波在 1h 内变化没有范围小的回波变化明显。因此，整体上，面积范围大的回波外推预报效果要好。用 30min 内将雷达外推估测作为一种预警手段是可行的。Zawadzki 曾对天气雷达测量降水误差做过系统的研究，其误差包括随机误差、系统误差和距离误差。对岳阳地区的雷达回波外推 1~2h 作了研究，在复杂地形下，雷达估测产品的误差较大。关于 1~2h 的外推估测工作还需要在未来结合 RUC 数值预报做进一步科学研究。

7.5　面向临湘市示范区基于雷达监测信息山洪灾害防治区短时(0~2h)降水预警系统研制

"基于雷达监测信息的山洪灾害防治区短历时(0~2h)降水预警系统"包括多源气象信息资料的接收与采集、雷达反演降水、风场分析、CAPPI 外推、探空资料的指数监测等功能。

7.5.1　系统架构

"基于雷达监测信息的山洪灾害防治区短历时(0~2h)降水预警系统"建设主要包括：常规高空资料解码与分析功能，雷达资料解码与质量控制功能，雷达估测降水功能，雷达 CAPPI 外推功能，山洪灾害防治区风场分析功能，监测预警指标功能，业务产品制作与展示功能，产品分发与共享功能，系统管理与控制功能。

根据系统的核心功能，从架构上将本系统划分为业务处理平台和基础支撑平台。业务处理平台负责核心业务的运算,主要由雷达资料外推及反演降水模块、监测预警模块、风场分析模块、产品制作模块等 4 个模块组成。基础支撑平台是为四大核心业务模块提供软件支撑和相应的产品服务,主要由数据采集模块、系统管理、产品显示与发布模块等 3 个模块组成。本系统总体功能结构如图 7-17 所示。

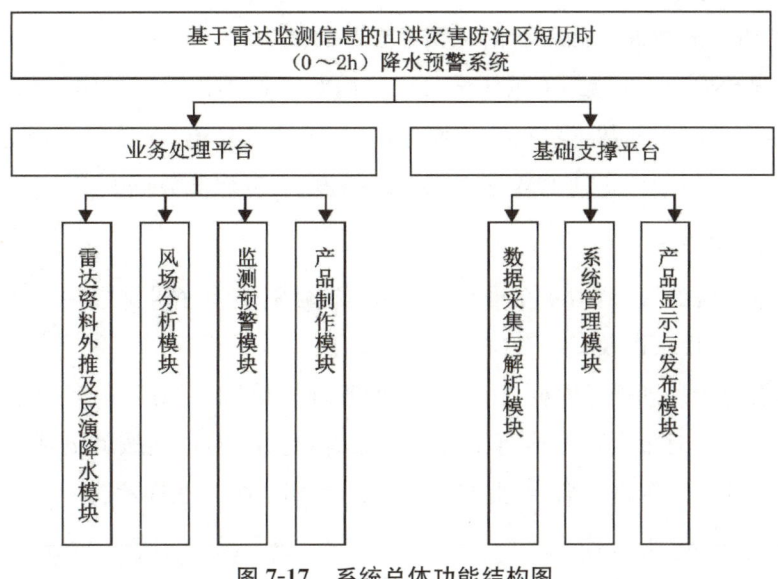

图 7-17 系统总体功能结构图

7.5.2 系统逻辑结构

本系统各模块的逻辑结构如图 7-18 所示。

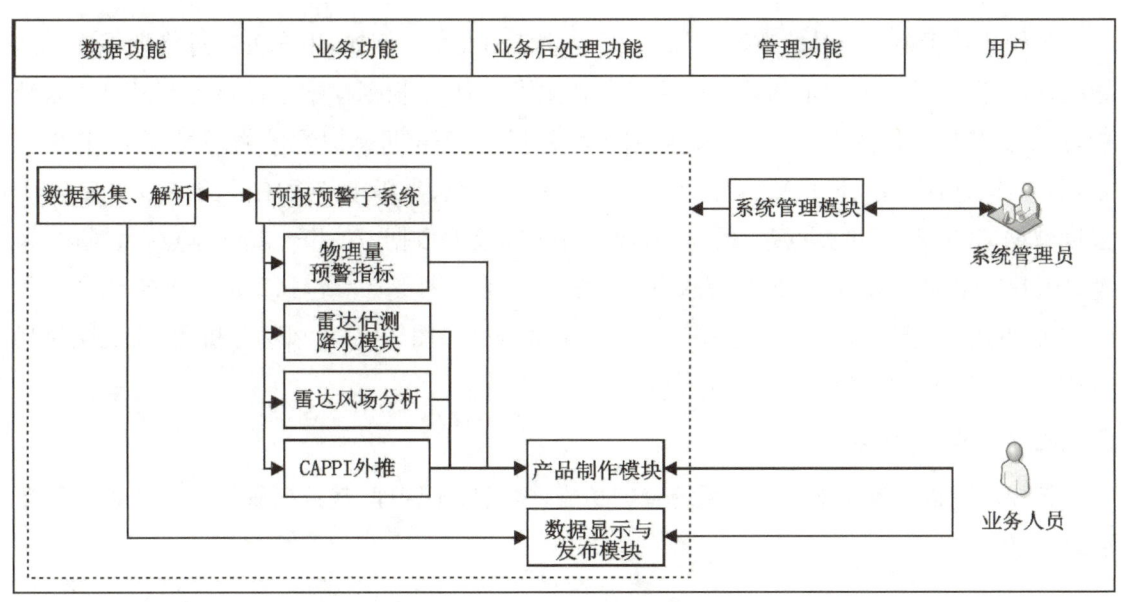

图 7-18 系统总模块的逻辑结构图

7.5.2.1 数据功能

建立"基于雷达监测信息的山洪灾害防治区短历时(0～2h)降水预警技术系统模型"数据采集及相关操作功能。具体功能主要有：

1）根据预先设定的计划任务时间，通过 DBAPI 以及网络共享等方式，定时主动获取气象数据文件，并将气象数据文件分类存放到系统存储区中。

2）根据不同数据的不同保存时限（该时限可由管理员用户设定），定时启动数据自动清理功能，将超过存储时限的数据进行清理操作，并记录清理日志；在数据清理之前，将数据归档至指定位置，并提供归档之前的数据不能清理的设置，以保障数据的安全性。

7.5.2.2 业务功能

该部分是本系统的核心，由 4 个业务模块构成，分别是物理量预警指标模块、雷达反演降水模块、风场分析模块以及 CAPPI 外推模块。

根据预先设定的计划任务时间，由作业调度管理模块统一调度和监控四大业务子系统各模块程序的执行。对每次程序执行情况进行跟踪、记录，对未能按计划成功运行的程序，通过综合业务监控子系统进行警告，并显示出错原因和解决方法提示。

7.5.2.3 业务后处理功能

该部分主要由产品制作、数据显示与发布两个模块组成。

(1) 产品制作模块

该模块将业务功能生成的产品数据进行可视化展现，根据具体算法绘制气象图。

(2) 数据显示与发布

该模块负责最终产品的数据、产品图形的共享和发布。例如，用户可通过终端界面发送数据访问请求，如果所请求的数据存在于产品文件库中，则根据检索条件显示产品。本系统中，产品分为数据产品与图形产品。数据产品包括：岳阳市最新时次的物理量显示，其中包括：总指数、沙氏指数、K 指数、对流有效能位、抬升指数；岳阳市三个临近控空站的 500hPa 温度数据、500hPa 温度露点差、风向、风速；700hPa 温度数据、700hPa 温度露点差、风向、风速；850hPa 温度数据、850hPa 温度露点差、风向、风速。图形产品包括不同反演算法产生的 0～9 层雷达回波图、Z—I 分型动态最优化估测降水分布图、TREC 风场分析图、光流法风场分析图、CAPPI 外推图以及未来 30min 降水估测图等。

7.5.2.4 管理功能

该模块用以实现功能丰富的系统管理功能，包括目录管理、基数据管理以及数据库配置管理等功能。

7.5.3 系统工作流程

本系统业务流程结构如图 7-19 所示。

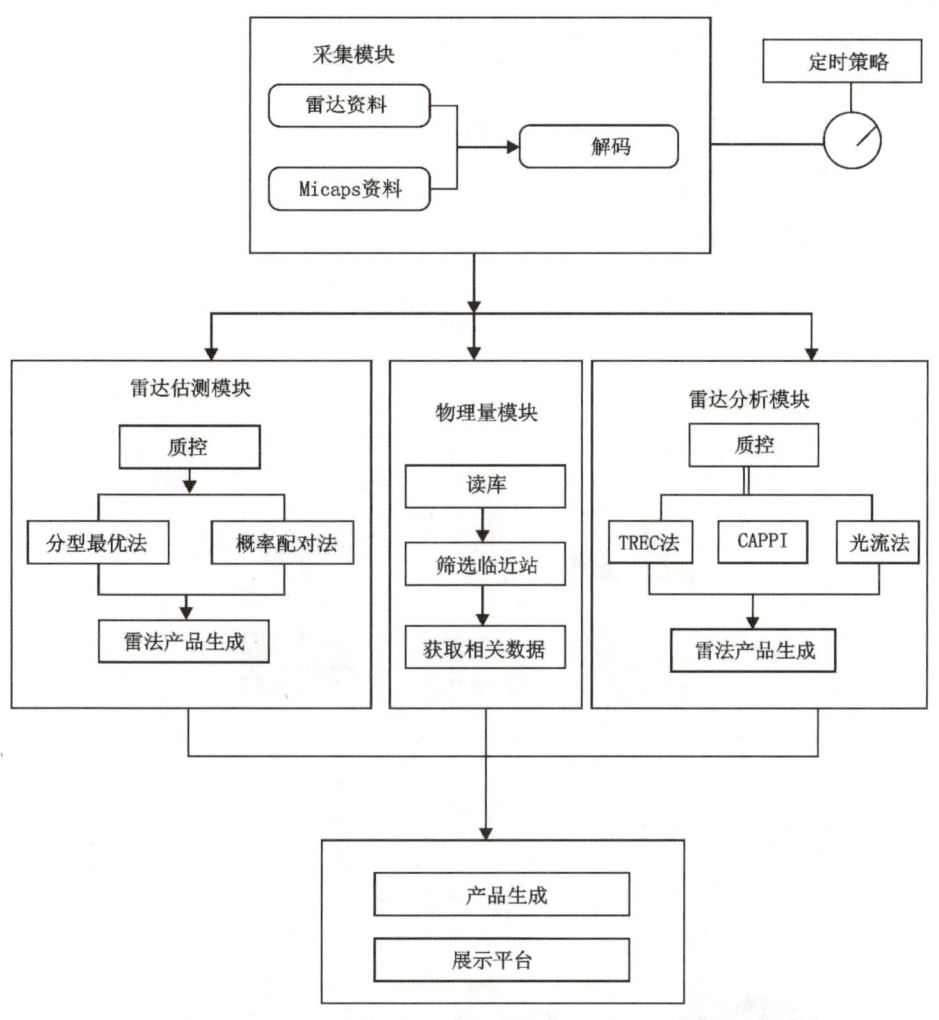

图 7-19 系统业务流程结构图

根据系统设置定时到指定路径下采集最新时次的雷达资料和常规探空站资料,并进行解码。另外,为了便于研究结果的业务化,在对雷达估测降水初始场的预处理参考了新一代天气雷达 RPG 系统中的 PPS 降水算法和新一代天气雷达定量降水估测集成系统中的质量控制算法。

雷达反射率强度的质量控制包括超折射处理、孤立点剔除、奇异回波检测和平滑滤波。其中,超折射处理采用连续性检验来实现对超折射回波的去除,即通过对比高低层回波强度的差异来确定超折射。若最低两个 PPI 的回波强度间的差异大于用户设定的阈值(初定为 50%),则视为存在超折射,将最底层资料剔除。

对于每一个有效回波数据,检测其周边相邻 8 个回波数据点,如果相邻回波点只有一个有效回波,则视为孤立点,需要剔除。对于每一个大于回波最大阈值(50dBZ)的点,检测其周边相邻 8 个数据点,如果相邻回波点中没有一个点大于回波最大阈值,则视为超强奇异回波,用周围 8 个数据点的平均值取代。

在质量控制完成后,系统分别调用分型动态最优法对降水进行估测、TREC 追踪法和光流法对风场进行分析,并生成相应产品供用户查看。

此外,用户还可以查看雷达资料 CAPPI 外推结果,以及当前站的物理量指标和临近站的温度、露点温度、风向、风速等信息。

7.5.4 系统界面展示

本系统实现了实况监测、雷达分析、雷达自动分析与展示、系统状态和系统设置等功能。

7.5.4.1 系统主界面

本系统主界面如图 7-20 所示。

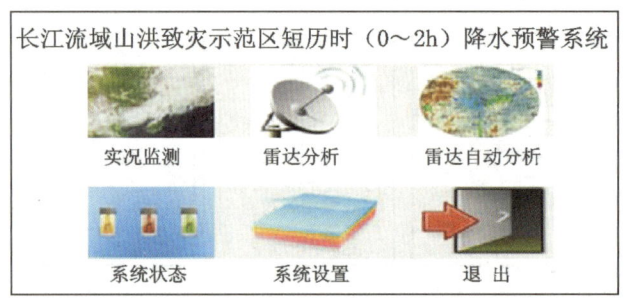

图 7-20 系统主界面

7.5.4.2 雷达回波实况显示

本系统实现了对雷达回波图的 0.5°、1.5°、2.4°、3.4°、4.3°、6.2°、10°、14°、19.5°等仰角的解码、绘制与显示功能,如图 7-21 所示。

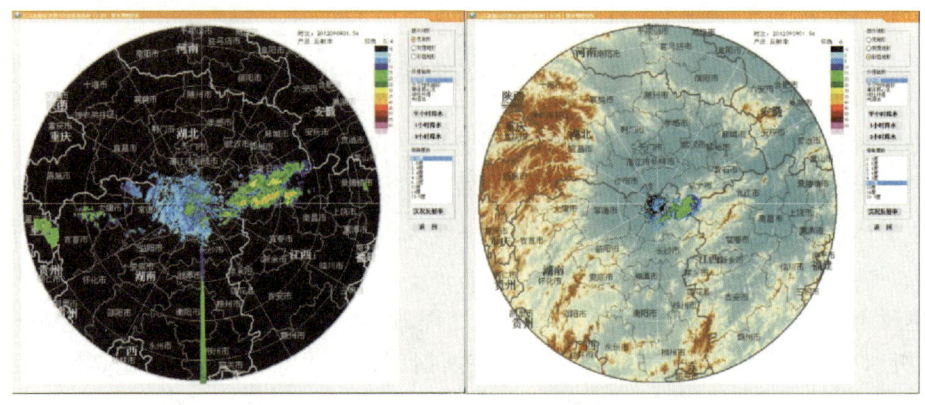

图 7-21 实况反射率(左图为 0.5°,右图为 6.2°)

7.5.4.3 雷达估测降水显示

本系统利用分型动态最优法实现了雷达估测降水的功能,并绘制展示给用户,如图 7-22 所示。

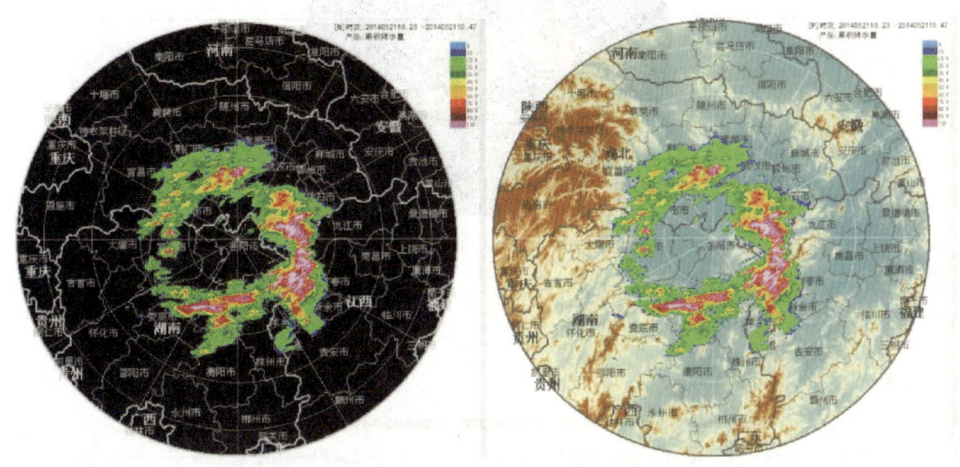

图 7-22　分型动态最优法估测 30min 降水(左图:无背景;右图:山地背景)

7.5.4.4　风场分析

本系统利用 TREC 追踪法和光流法实现了风场追踪与分析的功能,并绘制展示给用户,如图 7-23 所示。

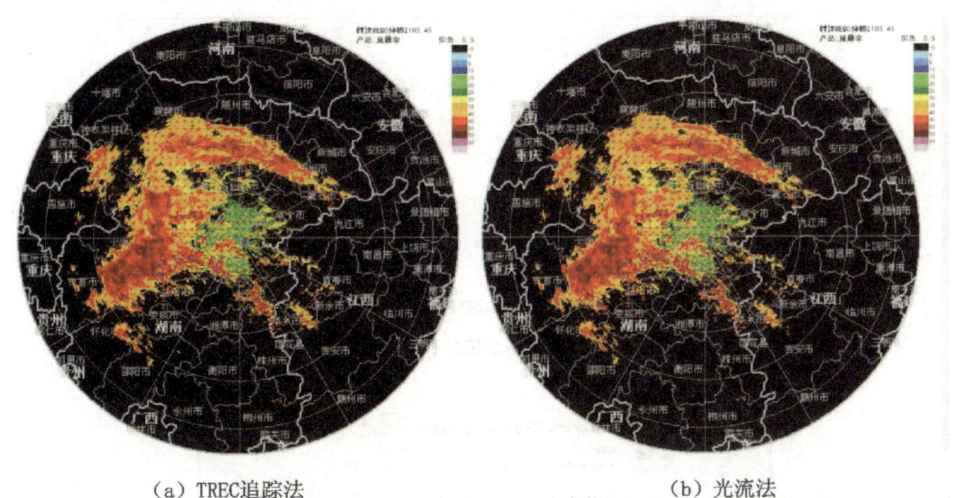

(a) TREC 追踪法　　　　　　　　(b) 光流法

图 7-23　风场追踪与分析

7.5.4.5　CAPPI 外推分析

本系统实现了 CAPPI 外推分析的功能,并绘制展示给用户,如图 7-24 所示。

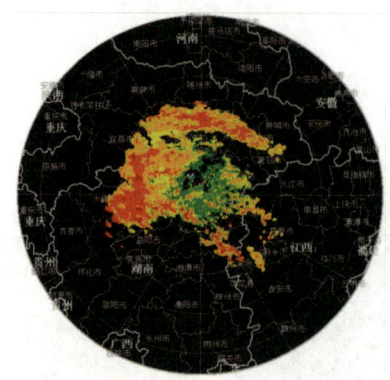

图 7-24　CAPPI 外推

7.5.4.6　阈值指标监测功能

完成指标监测功能,如图 7-25 所示。

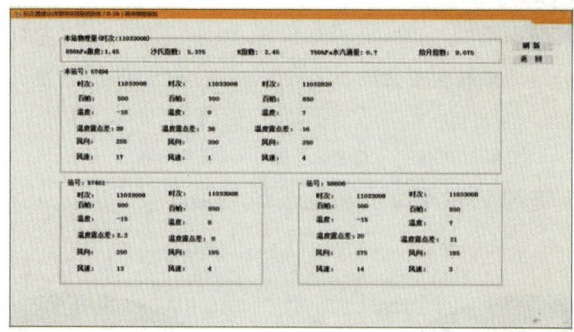

图 7-25　指标监测界面

7.5.4.7　系统监视

本系统可以显示当前系统所用探空站资料的时次与进行分析所用的雷达资料的时次,并显示资料是否正常接收,如图 7-26 所示。

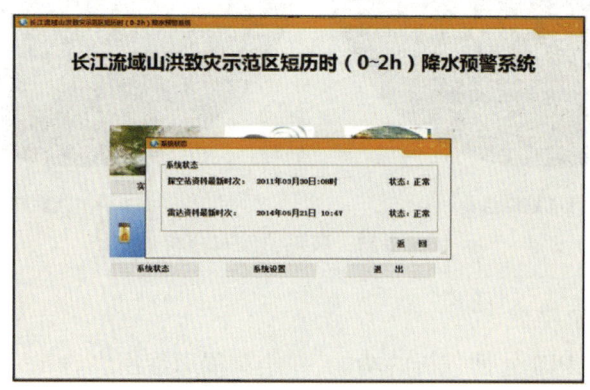

图 7-26　系统监视功能

7.5.4.8 系统设置监视

（1）数据清理功能

当数据存储超过指定容量时，自动清理过时数据。在系统中，用户可以根据自己的情况设定删除数据的时效，如图 7-27 所示。

（2）接入数据源设置

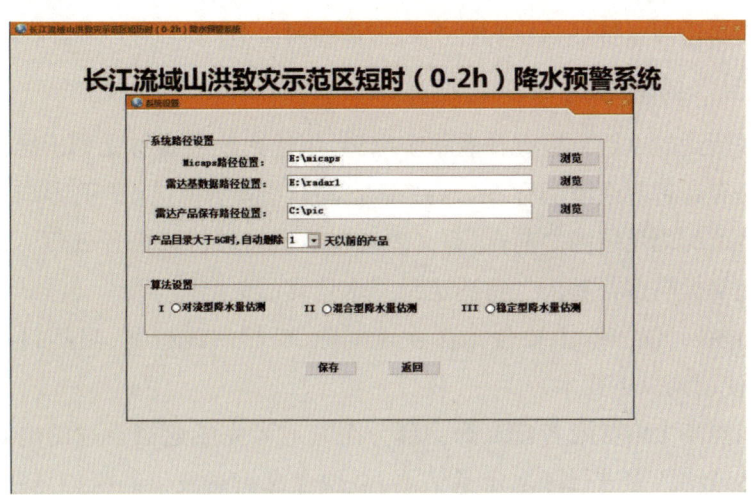

图 7-27　数据采集路径与数据清理功能

7.6　面向山洪灾害防治区短时 0～2h 预警技术方案

7.6.1　基于复杂地形下的雷达资料应用

在复杂地形下，雷达定量测量降水的误差的来源很多，包括雷达或雨量计的测量误差，也有 $Z—I$ 关系不稳定造成的计算误差等，主要是以下五个方面。

1）固定地物杂波。地物杂波定义为静止的或近似静止的非气象目标返回的能量，地物杂波具有较高的反射率值，如果不及时剔除，会导致降水量的高估。

2）雷达数据质量控制的局限性。虽然对雷达数据进行了严格的质量控制，但是能否完全将降水回波区和非降水回波区分开，如何评价数据质量的好坏仍然是个难题。

3）雷达波束充塞问题。当雷达波束从降水系统顶上扫过时，无法完整地探测到降水粒子，会造成降水的过低估测，这在距离雷达测站远的降水系统经常发生。

4）由于地物的存在和大气中的超折射现象，使得雷达将地物回波当作降水回波提取，从而导致降水估测过高。

5）由于 $Z—I$ 关系的不稳定，不同的降水类型，不同地区和时间的 $Z—I$ 关系都存在着很大的差异。因此，在使用不合适的 $Z—I$ 关系时必然会增加降水估测误差。

因此，在复杂地形下，使用雷达资料前必须进行相应的处理，下面分节阐述。

7.6.1.1 临湘市区域资料种类及预处理

本方案主要用到两类基于雷达的资料:1h 降水和在各个高度上的雷达 CAPPI 拼图(雷达等高平面位置显示图),即雷达在不同仰角进行多次扫描,得到整个空间的回波情况,再利用计算机对回波情况进行处理,计算出某一高度上的回波,将它在一个平面上显示。另外,本方案也利用探空资料计算得到的物理量(CAPE 值、K 指数、CIN 值、垂直风切变等),归纳出致洪暴雨过程的物理量特征指标和各个物理量的阈值范围。

7.6.1.2 临湘市区域雷达回波处理技术

因为雷达探测到的原始数据存在着很多噪声,雷达回波很容易受到山脉的干扰,形成地物杂波,此外,还有超折射杂波的存在,这些都是属于非降水回波,严重影响雷达的实测值,对于这种复杂地形的雨量估测之前,很有必要对雷达资料进行数据预处理。因此,对测量数据进行质量控制是提高多普勒天气雷达定量降水估算的关键因素[82]。

对雷达资料的回波处理,主要包括孤立点剔除、畸异回波检测、阻挡订正、构成复合平面。具体来说,使用到以下技术:

由于雷达周围高大山脉或者建筑物会部分阻塞或者完成遮挡雷达的电磁波能量,在利用低仰角的雷达观测数据进行降水定量估测,必须考虑雷达波束的阻挡订正。经过资料处理模块将雷达数据进行质量控制后,需要进行复合扫描平面的生成。将雷达低层 3 个仰角的基本反射率转化成一个最佳反射率的混合扫描。依据岳阳的地形特点,就可以把生成的混合扫描平面数据依据 $Z—I$ 关系转化为降水率。

(1)孤立点的剔除

这一步主要是消除孤立的有值点、孤立的缺测点和孤立的跳跃点。在极坐标中,取一个 $3*3$ 的窗口单元,表中心点为所需要的订正点。从靠近雷达的第一个距离圈,沿切向逐点逐圈进行判断,遍历整个扫描面。给定一个标准数 K,在中心点周围有 8 个点,这 8 个点中有多于 K 个点为无效值的情况下,将中心设置为缺测点。为了消除孤立的缺测点,在周围 8 个点中有多于 K 个点为有效值,将中心点的同一距离圈的前一个点赋值给中心点,不是将存在的点的均值赋予给中心点的原因是为了避免削弱模糊边界。

(2)阻挡订正

主要采用雷达回波垂直廓线对雷达估测降水订正。首先是垂直廓线生成的方法,主要有 3 类,即参数法、平均法和识别法。参数分析法是用一条理想化的点廓线模拟实际大气的局地廓线,该方法用 S 波段雷达获取大量 RHI 资料,归纳出层状云降水的典型 VPR 模型,然后根据雷达实测、地面气温和卫星云图实时决定 VPR 的一些局地特征并进行地面降水订正。平均法是用平均算法求取雷达垂直廓线的方法,简称 MVPR。它是在一个特定区域 D 内,对雷达实测的反射率因子值分层求取平均值得到的。因此,它可以当作 D 域内的代表性廓线,当然代表性的好坏取决于地理、季节和不同的天气条件。通过雷达实测达到 MVPR

后,用 Menky 反算理论的逆算法,求出一个消除了雷达波束平滑作用的所谓真实廓线,称为识别法。识别法相对于平均法改进效果一般,但识别法计算工作量十分庞大。这里采用平均法来进行阻挡订正。

雷达波束阻挡是影响雷达资料质量的一个重要因素。因此,根据雷达站的高度和雷达站的周边地形高度来选址,其地理位置对减少雷达波束受地形遮挡的影响尤为重要。但在地形复杂的地区,雷达四周都会受到一定程度的遮挡,最低几层的仰角的雷达资料都可能受到地物遮挡的影响。而由于反射率在垂直方向的不均匀分布,低仰角近地面的雷达反射率资料才是近地面降水估测中最可靠的,这在地形复杂的山区则显得更加重要,混合扫描是由所有不受遮挡的最低仰角上的雷达库组成的,这些库可能来自于不同仰角不同位置,组成了二维极坐标格点。因此,混合扫描(即雷达不被地形阻挡的最低扫描仰角)对减少波束阻挡以改进估测降水有重要的作用。利用标准地形数据和雷达波束模式来计算波束阻挡率,对于波束阻挡率阈值作为判断是否遮挡的依据,从而得到不受遮挡的最低仰角即混合扫描仰角。

7.6.1.3 雷达联合雨量计校准

采用分型动态最优法用雷达估测降水,根据不同的降水特点和类型,选择合适的 $Z—I$ 关系。但是雷达估测降水与雨量站观测降水的本质区别在于两者的采样方式不同。雨量站观测的是一个点,即在特定时间内落在某一处的累积降水,而雷达观测的是一个面,即观测的是雷达波束体积内的大气瞬时回波。由于两者的时空不一致,且雷达探测时发生的衰减等因素都会造成雷达累积降水的误差,而雨量计能在某点观测到精确的降水,因此,该方案要求在使用本系统时,要接入地面雨量计,以实测值实时校准相应雷达的估测结果。

7.6.1.4 基于雷达外推的定量降水预报

近年来,基于多普勒天气雷达、卫星、自动气象站等非常规观测资料的定量降水预报技术得到了快速发展。对于临近(0～2h)定量降水预报,利用雷达回波外推技术和自动雨量订正技术的临近预报方案具有很高精度时空分辨率且准确性比较高[83]。利用光流法和 TREC 法对雷达回波进行外推,通过比较两者对定量降水的预报效果,最终选取 TREC 法作为预报方法。

7.6.2 概念模型与预警分级

利用"基于雷达监测信息的山洪灾害防治区短历时(0～2h)降水预警系统"获得的雷达降水估测产品和外推预报等客观预报产品,需要预报员主观分析并进行预报订正方可发布应用。而预报员对系统提供的示范区的降水预警产品进行主、客观修订和确认后,对外发出降水预警短时预报产品,也就是说降水预警的成败,从根本上取决于在业务预报过程中所做的分析。由于中尺度系统及其影响的中尺度对流天气现象的明显特征是生命史短、空间范围小且变化剧烈。因此,预报员在进行中尺度对流性天气的降水预警订正时,应更加关注比天气尺度更小的天气系统,并且关注大气中瞬变的系统和微小的变化,重点要考虑边界层辐合线、风场演变等中 β 尺度系统的分析。

通过对山洪示范区典型个例的综合分析,以中小尺度天气学为理论依据,利用各种高空和地面观测、雷达等资料,归纳总结中尺度对流天气的降水预警主观分析方法。按照产生中尺度对流天气的中尺度对流系统及其发生、发展的过程和有利的环境场条件的分析和诊断流程用于帮助预报员确定降水性质和天气状况。概念模型如图 7-28 所示。

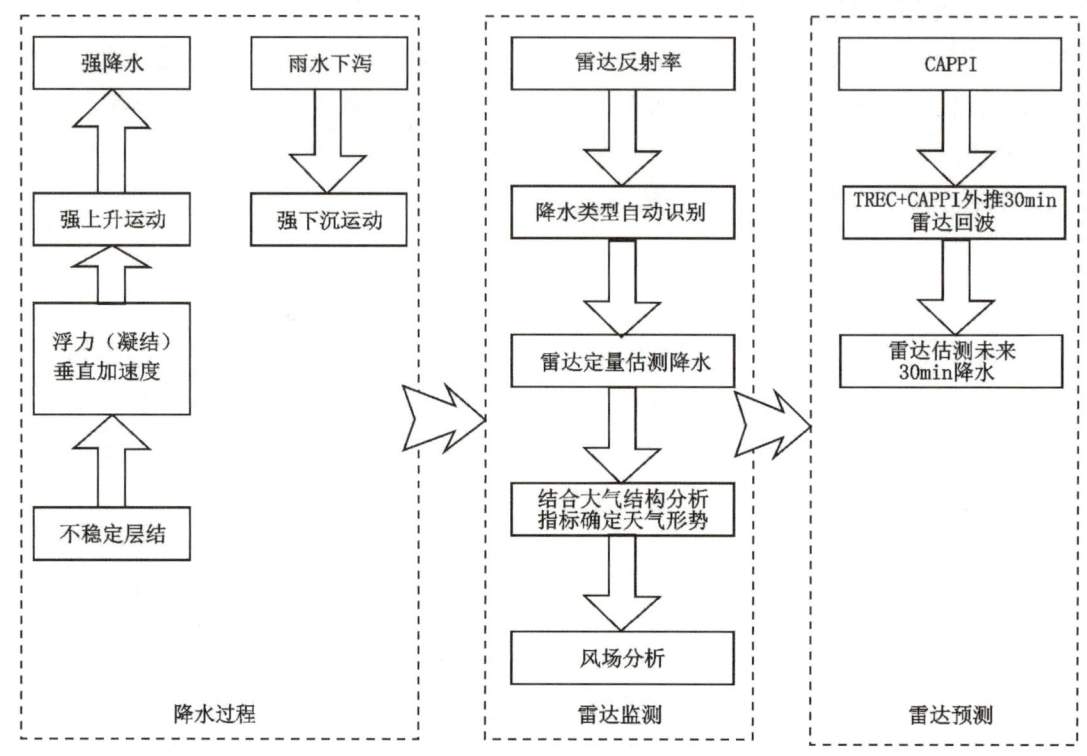

图 7-28　强对流天气中的系统结构分析流程

该方案可以分析雷达回波强度及变化情况、降水和风力等要素的估测情况;根据不同天气系统,利用不同外推预报方法输出的产品,分析、确定对流系统的移动方向和影响区域;预报员对雷达关注区域的对流天气降水预警预报产品进行主、客观修订和确认,并对外发出终端区对流天气临近降水预警预报产品。具体来说,该方案有以下分析流程:

雷达监测主要包括五个部分,分别是显示雷达反射率、雷达定量估测降水、结合大气结构分析指标确定天气形势和用 TREC 和光流法对雷达回波走势进行分析、以外推为基础估测未来 30min 降水的功能。

其中,降水回波可以分为层状云降水回波、对流云降水回波、积层混合云降水回波和其他类型降水回波数种。其回波强度(雷达反射率)特征各不相同。层状云降水回波强度一般在 20dBZ 左右,通常不会超过 30dBZ。PPI 上回波比较均匀,呈片状,水平范围大,达到 300 多 km。另外可看到大片弱回波区中夹有强度较弱的回波团。较强的回波团达到 35dBZ。对流云降水回波强度一般在 35dBZ。积层混合云降水回波在 PPI 上表现为较大范围,回波边缘呈现支离破碎,没有明显的边界,强度可以达到 40dBZ 或者以上[84]。

为了便于业务人员在使用"基于雷达监测信息的山洪灾害防治区短历时(0～2h)降水预警系统"中识别预警信息,本方案设四个预警等级:红色预警、橙色预警、黄色预警和蓝色预警作为参考。红色预警就是在雷达回波中 dBZ 值大于 53dBZ;橙色预警就是在雷达回波中 dBZ 值大于 48dBZ;黄色预警就是在雷达回波中 dBZ 值大于 42dBZ;蓝色预警就是在雷达回波中 dBZ 值大于 30dBZ(表 7-8 所示)。

表 7-8   dBZ 指示性预警指标参考值

降水预警等级	蓝色预警	黄色预警	橙色预警	红色预警
dBZ 阈值	30	42	48	53

从系统中可以得出观测区域内的 30min 和 1h 的累计降水分布情况,因此业务人员也可以参考系统中的雷达估测降水值作为预警的参考。参照傅娜等对 1h 格点上降水分级[85],制定与雷达 dBZ 预警指标相匹配的四级降水指导性预警标准,即Ⅳ级提示性预警(绿色)、Ⅲ级告知性预警(黄色)、Ⅱ级警戒性预警(橙色)和Ⅰ级紧急性预警(红色),如表 7-9 所示。

表 7-9   雷达估测 1h 累计降水量预警指标参考值

降水预警等级	绿色预警	黄色预警	橙色预警	红色预警
描述	小到中雨	中到大雨	大到暴雨	暴雨及以上
雨量值(mm)	0.1～1.0	1.0～9	9～24	>24

除了雷达回波预警指标与估测降水指标,业务人员还可以通过 TREC+CAPPI 外推功能分析外推后的回波。通过对外推估测功能应用可以对未来 30min 后的降水进行估测。该功能是以 TREC+CAPPI 外推为基础,在外推 30min 雷达回波基础上调用分型最优化算法对未来 30min 后的降水进行估测,起到预警效果。有利于对强对流天气做出及时有效的预警,避免不必要的灾害的发生。

这里需要说明的是,外推估测回波也有一定的局限性。应用光流法或 TREC 法存在模型误差。因为在光流法的定义中,任何基于光流法的算法都需要遵循灰度不变性假设,然而在实际的天气过程中,降水目标物的生消演变是客观存在的,所以存在着反射率因子的不守恒而导致的误差。应用 TREC 在非均匀流场中误差较大。总之,因为外推估测回波无法预测回波的生消演变,随着预报时间的延长,预报准确度降低,尤其是对于发展较快的强对流回波,预报误差更大。

7.7　小结

收集近 5 年典型山洪灾害的历史个例,根据不同天气类型总结提炼的致洪暴雨关键构成要素,利用探空资料计算得到的物理量(SI 指数、K 指数、LI 值等),根据长江流域致洪暴雨典型个例及逐时降水资料,依据每 3h(2 时、5 时、8 时、11 时、14 时、17 时、20 时、23 时)资料,对几种主要物理量场(K 指数、LI 指数、850hPa 散度及 700hPa 水汽通量)进行分析研究,归纳出致洪暴雨过程的物理量特征指标,获得各物理量的阈值范围。

1)在国内外同行的研究基础上,通过野外查勘、现场调研的个例分析方法,分析降水资料与雷达资料之间的关系,以气象业务上常用的 $Z—I$ 分型最优化估测降水技术为基础,利用人工智能技术自动识别降水类型,结合自动站订正技术,建立了 $Z—I$ 分型动态最优化技术估测降水算法,用于估测复杂地形下的降水情况。

2)通过对山洪示范区典型个例的综合分析,以中小尺度天气学为理论依据,利用各种高空和地面观测资料、雷达资料等,归纳总结中尺度对流天气的降水预警主观分析方法。按照产生中尺度对流天气的中尺度对流系统及其发生、发展的过程和有利的环境场条件的分析和诊断流程用于帮助预报员确定降水性质和天气状况。该方案可以分析雷达回波强度及变化情况、降水和风力等要素的估测情况;根据不同的天气系统,利用不同的外推预报方法输出的产品,分析、确定对流系统的移动方向和影响区域;对雷达关注区域的对流天气降水预警预报产品进行主、客观修订和确认,并对外发出终端区对流天气临近降水预警预报产品。

3)在个例研究与算法分析的基础上,开发"基于雷达监测信息的山洪灾害防治区短历时(0~2h)降水预警系统",于 2013 年 6 月在岳阳市气象局部署系统 V0.7 版本,自 2013 年 8 月起,根据算法在岳阳市业务运转情况进行 2 次版本更新。通过对 2014 年一年的业务实验结果验证了复杂地形下的长江流域致洪暴雨雷达定量估测降水的可行性。

综合来看,基于雷达监测信息的短时(0~2h)降水预警系统对于降水定量估测、强对流天气预警均取得了良好的效果,对于预报员对天气形势把握、强对流天气的提前预警有极大的促进。值得注意的是,由于气象灾害资料稀缺,本书的方案还需要再进一步在实践中检验与提高。

850hPa 风场、850hPa 温度场以及 2m 温度场,有 1 项指标低于 GRAPES,即小雨。

(2)WRF/3d 与 AREM 比较

24h(188d):有 7 项指标高于 AREM,即小雨、暴雨、大暴雨、500hPa 高度场、850hPa 风场、850hPa 温度场和 2m 温度场,有 1 项指标与 AREM 相当,即大雨,有 1 项指标低于 AREM,即中雨。

48h(182d):有 9 项指标高于 AREM,即小雨、中雨、大雨、暴雨、大暴雨、500hPa 高度场、850hPa 风场、850hPa 温度场和 2m 温度场。

(3)WRF/3d 与 WRF/L 比较

24h(177d):有 7 项指标高于 WRF/L,即小雨、中雨、大雨、暴雨、大暴雨、850hPa 风场、850hPa 温度场,有 1 项指标与 WRF/L 相当,即 2m 温度场,有 1 项指标低于 WRF/L,即 500hPa 高度场。

48h(173d):有 4 项指标高于 WRF/L,即小雨、中雨、大雨、850hPa 风场,有 5 项指标低于 WRF/L,即暴雨、大暴雨、500hPa 高度场、850hPa 温度场和 2m 温度场。

8.2.2.2 WRF/3d 要素检验分析

(1)降水检验

WRF/3d 小雨、中雨、大雨、暴雨、大暴雨 24h TS 评分分别为 0.55、0.27、0.16、0.10、0.05,小雨、中雨、大雨、暴雨、大暴雨的 48hTS 评分分别为 0.54、0.22、0.11、0.06、0.02,见图 8-1。

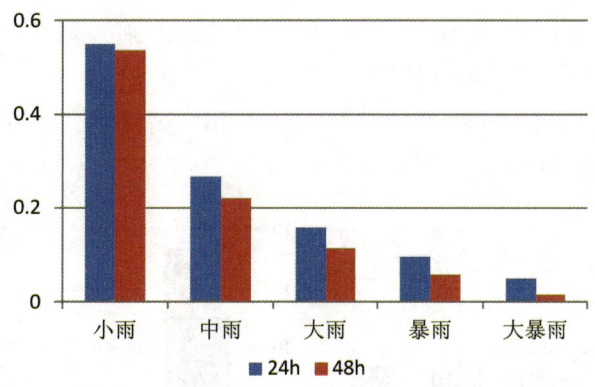

图 8-1 WRF/3d 24h 和 48h 降水 TS 评分

(2)其他要素检验

图 8-2 是 WRF/3d 24h 和 48h 各要素的均方根误差。

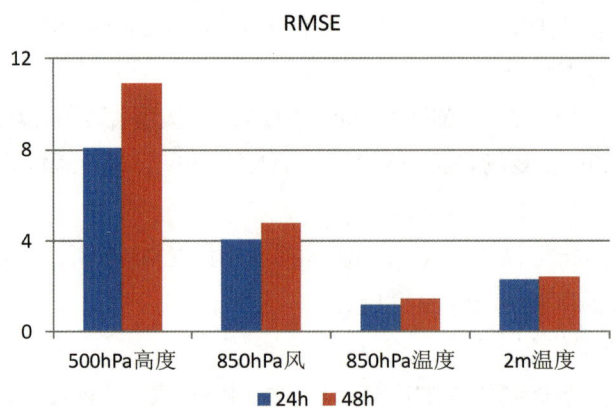

图 8-2　WRF/3d 24h 和 48h 500hPa 高度场、850Pa 风场和温度场、2m 温度的均方根误差

从图中可以看出，24h 500hPa 高度场、850Pa 风场、850hPa 温度场、地面 2m 温度的均方根误差分别为 8.10、4.06、1.19、2.30，48h 各要素场的均方根误差较 24h 有所增加，分别为 10.91、4.79、1.47、2.43。

8.2.2.3　WRF/3d 与其他模式对比分析

为了比较 WRF/3d 区域模式与 GRAPES、AREM、WRF/L 3 个模式的预报质量，分别计算了 WRF/3d 降水 TS 和其他要素均方根误差与其他模式的差值。

(1) WRF/3d 与 GRAPES 对比

从图 8-3(a) 可以看出，24h 和 48h WRF/3d 中雨、大雨、暴雨、大暴雨 TS 评分高于 GRAPES，小雨 TS 评分小于 GRAPES。

从图 8-3(b) 可以看出，24h 和 48h WRF/3d 500hPa 高度场、850hPa 风场、850hPa 温度场、2m 温度预报的均方根误差小于 GRAPES 模式。

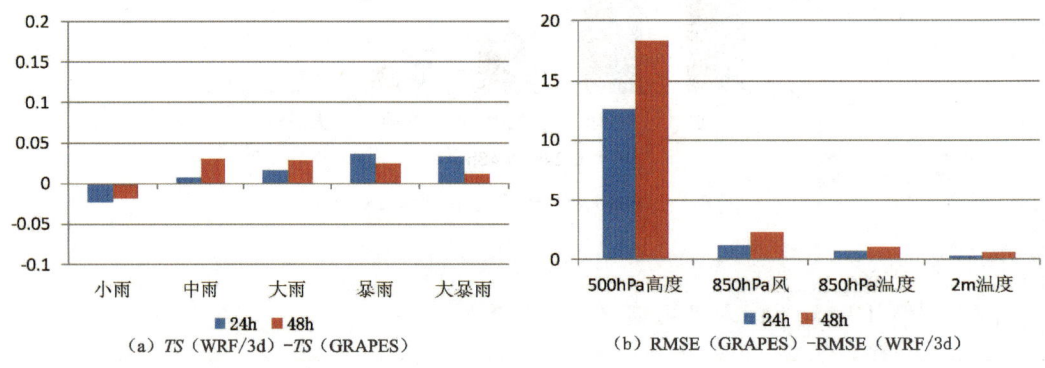

图 8-3　WRF/3d 与 GRAPES 模式 24h 及 48h 各量级降水预报 TS 评分之差(a)和 500hPa 高度场、850Pa 风场和温度场、2m 温度的均方根误差之差(b)

(2) WRF/3d 与 AREM 对比

从图 8-4(a) 可以看出，24h WRF/3d 小雨、暴雨、大暴雨 TS 评分高于 AREM，大雨 TS

第 8 章 基于数值预报技术的短期(1～2d)预警技术

8.1 概述

数值预报是实现天气预报定时、定点、定量的最根本有效的科学途径,也是提高气象气候预测水平最具潜力的方法。数值预报技术应用于山洪预测预报研究,将有效推动山洪灾害防治区的非工程措施体系建设。本章对不同中尺度数值模式降水预报效果进行对比分析,得到能满足高分辨率、精细化要求的适用于山洪预警的中尺度数值模式系统,并从资料同化和物理过程两个主要方面,通过个例试验和批量试验,获得了适合于山洪灾害区的同化方案以及主要物理参数化方案的配置,在此基础上建立了针对临湘市示范区的实时业务试验数值预报系统,并在 2014 年汛期开展了汛期试验,此外还开展了针对降水预报的偏差订正技术研究,最终初步形成了一套面向山洪灾害防治区短期(1～2d)的预报技术方案。

8.2 不同中尺度模型面向山洪预警适用性比较分析

8.2.1 不同中尺度模式系统简介

(1)AREM 模式系统

自 1999 年开始,中国气象局武汉暴雨研究所与中国科学院大气物理研究所合作,在国家"973"项目的支持下,基于 LASG"REM"模式,发展了新一代暴雨数值模式系统 AREM,该模式采用 η 坐标,抓住了东亚区域的地形特点,充分考虑暴雨模式中水汽等要素的强梯度分布特征,设计了两步正定保形水汽平流方案,设计了独特的 E 网格"半格距差分方案"保证了模式运行效率、精度和稳定度等特点。从 AremV2.1、AremV2.3 到目前的 AremV3.0,在模式分辨率、模式标准化、侧边界条件、模式物理参数化过程、模式初值方案等方面不断改进和完善,逐步发展成为适合东亚区域地形和暴雨特点,可用于业务预报的区域中尺度数值预报模式。目前,该模式分辨率为 15km,垂直方向 η 层 42 层,模式层顶 10hPa,时变边界条件。选用冷云微物理过程,Betts 对流,CCM3 局地边界层,CLM 和 BATS 陆面过程等。

(2)GRAPES—MESO 模式系统

GRAPES(Globe/Regional Assimilation and Prediction System)全球/区域同化预报模

式是中国气象科学研究院数值预报研究中心自主开发的新一代静力/非静力多尺度通用数值预报模式,以多尺度通用动力模式为核心,以统一软件编程标准为平台的新一代数值预报模式系统。GRAPES 模式是集常规与非常规变分同化、静力平衡与非静力平衡、全球与区域模式、科研与业务应用、串行与并行计算、标准化与模块化程序、理想试验与实际预报等为一体,中小尺度与大尺度通用的先进数值预报系统。GRAPES 模式水平方向上采用经纬度的球面坐标,垂直方向采用高度地形追随坐标,并使用静力平衡的参考廓线,积分方案使用两时间层的半隐式、半拉格朗日时间差分方案,空间差分在水平方向采用 Arakawa C 网格格点,垂直方向采用 Charney Phillips 跳层设计。该模式软件具有模块化、标准化、并行化的特点,具有可移植性和高度兼容性。

(3)WRF 模式系统

WRF 模式系统是由众多美国研究机构和大学的科学家共同参与进行开发研究的新一代中尺度数值天气预报系统。参与单位主要是美国国家大气研究中心(NCAR)、美国国家海洋大气管理局(NCEP)、预报系统实验室(FSL)和美国空军天气局(AFWA)、海军研究实验室、俄克拉荷马大学风暴试验和美国联邦航空管理局。由美国国家自然科学基金和 NOAA 共同资助。WRF 模式系统具有可移植、易维护、可扩充、高效率、使用方便等诸多特点,使模式业务应用与升级、科学研究更为便捷。WRF 模式适用于广泛的空间范围,模拟尺度可以从几米到数千公里的范围。该模式是一个完全可压缩、非静力模式,控制方程组为通量形式。模式的动力框架有 3 种不同方案,前两种方案都采用时间分裂显示方案求解动力学方程组。这两种方案的最大区别在于它们采用的垂直坐标不同,分别是几何高度坐标和地形追随质量(静力气压)坐标。第三种动力框架方案采用半隐式、半拉格朗日方案求解动力方程组。WRF 模式系统包括 WPS 前处理模块、WRF 主模块、WRFDA 资料同化模块、WRF—Chem 大气化学模块和后处理及其可视化模块等。

8.2.2 不同中尺度模式系统降水预报的对比检验

8.2.2.1 不同模式统计检验

检验模式:WRF/3d、GRAPES、AREM、WRF/L。

检验时间:2012 年 5 月 1 日至 2012 年 11 月 25 日。

检验要素:降水(小雨、中雨、大雨、暴雨、大暴雨),2m 温度均方根误差,500hPa 高度场均方根误差,850hPa 风场均方根误差,850hPa 温度场均方根误差等 9 个要素。

检验范围:华中区域(24.5°~36.53°N,104°~117.23°E)。

(1)WRF/3d 与 GRAPES 比较

24h(187d):有 8 项指标均高于 GRAPES,即中雨、大雨、暴雨、大暴雨、500hPa 高度场、850hPa 风场、850hPa 温度场以及 2m 温度场,有 1 项指标低于 GRAPES,即小雨。

48h(181d):有 8 项指标均高于 GRAPES,即中雨、大雨、暴雨、大暴雨、500hPa 高度场、

评分与 AREM 相当,中雨 TS 评分均低于 AREM。48h WRF/3d 小雨、中雨、大雨、暴雨、大暴雨 TS 评分均高于 AREM。

从图 8-4(b)可以看出,24h 和 48h WRF/3d 500hPa 高度场、850hPa 风场、850hPa 温度场和 2m 温度预报的均方根误差小于 AREM 模式。

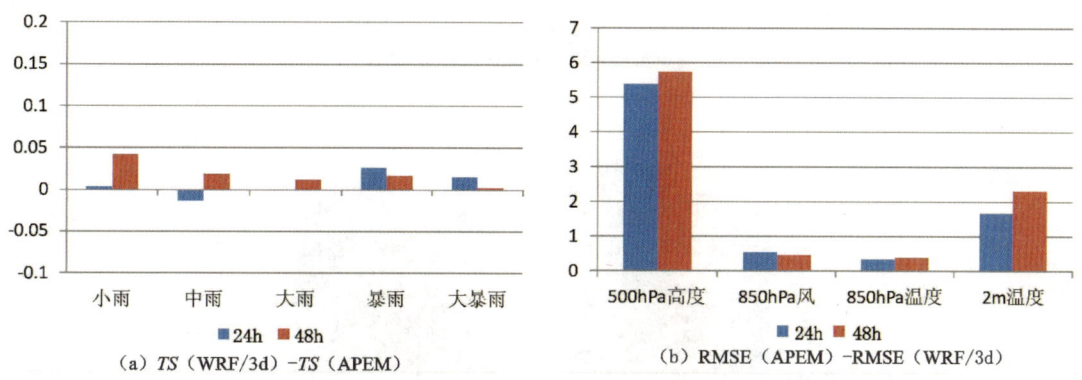

图 8-4　WRF/3d 与 AREM 模式 24h 及 48h 各量级降水预报 TS 评分之差(a)和 500hPa 高度场、850Pa 风场和温度场、2m 温度的均方根误差之差(b)

(3)WRF/3d 与 WRF/L 对比

从图 8-5(a)可以看出,24h WRF/3d 小雨、中雨、大雨、暴雨、大暴雨 TS 评分高于 WRF/L,48h WRF/3d 小雨、中雨、大雨的 TS 评分高于 WRF/L,暴雨、大暴雨 TS 评分低于 WRF/L。

从图 8-5(b)可以看出,24h WRF/3d 850hPa 风场、850hPa 温度场的均方根误差小于 WRF/L,2m 温度的均方根误差与 WRF/L 相当,500hPa 高度场均方根误差大于 WRF/L。48h WRF/3d 850hPa 风场均方根误差小于 WRF/L,500hPa 高度场均方根误差、850hPa 温度场和 2m 温度的均方根误差大于 WRF/L。

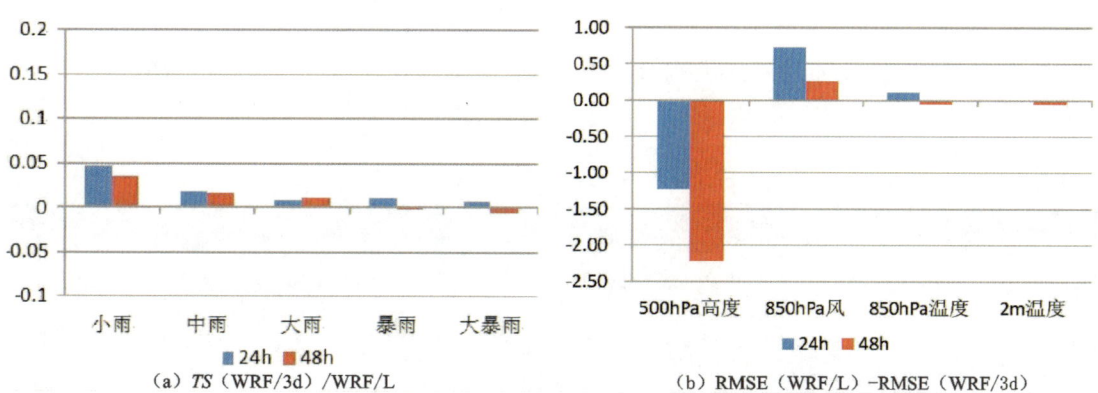

图 8-5　WRF/3d 与 WRF/L 模式 24h 及 48h 各量级降水预报 TS 评分之差(a)和 500hPa 高度场、850Pa 风场和温度场、2m 温度的均方根误差之差(b)

(4)各模式晴雨的预报效率对比

24h AREM 晴雨预报效率评分比 GRAPES 模式低，WRF/3d、WRF/L 比 GRAPES 模式高。48h AREM、WRF/3d 晴雨预报效率评分比 GRAPES 模式低，WRF/L 比 GRAPES 模式高，见图 8-6。

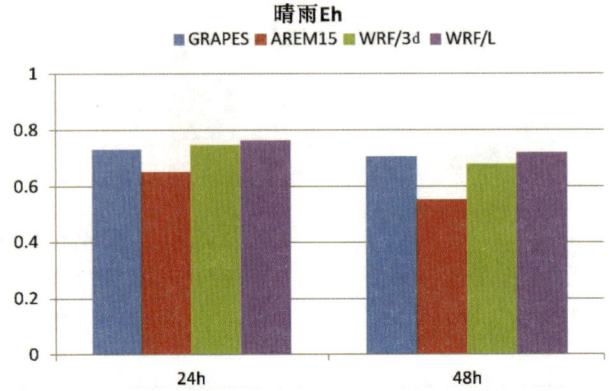

图 8-6　GRAPES、AREM15、WRF/3d 与 WRF/L 模式 24h 及 48h 晴雨效率评分

8.2.3　小结

由于造成山洪地质灾害的暴雨过程发生的时空尺度小，数值模式的静力平衡假设在这种时空尺度下已不再适用，需要非静力平衡的动力框架，同时需要更完善的模式物理过程，以及更强的资料同化能力，此外，模式的并行计算效率也是进行高分辨率数值模拟和预报必须考虑的因素。

目前，可用于山洪地质灾害预警预报的三个主要模式系统的性能技术指标见表 8-1。如表所示，从模式系统的动力框架、可支持的最高分辨率、物理过程、同化系统等指标的对比可见，WRF 模式适合用于开展山洪地质灾害的数值预报，同时，近一年的降水对比评估也表明，WRF 模式的实际预报能力也最优。因此，开展山洪地质灾害的数值预报试验选用 WRF 模式。

表 8-1　　　　　　　　　　三个主要模式系统的性能技术指标

模式	动力框架	分辨率	物理过程	同化系统	嵌套	成熟度
AREM	静力框架	公里级	较完善	客观分析/LAPS	支持	发展中
GRAPES	非静力框架	公里级	较完善	3Dvar	支持	发展中
WRF	非静力框架	米级	完善	3/4Dvar	支持	较成熟

8.3 面向示范区数值预报模式不同参数化方案试验研究

8.3.1 降雨过程简述

受高空低槽东移、中低层切变线和西太平洋副热带高压外围西南暖湿气流共同影响，2011年6月9—10日华中区域出现一次强降水天气过程，湖南省中部和北部、湖北省东南部和安徽省南部、浙江省北部出现大到暴雨，局部大暴雨和特大暴雨，其中位于鄂湘交界处有一大暴雨中心，大暴雨引起湖南省岳阳市临湘发生了山洪泥石流地质灾害。图8-7是2011年6月9日20时及10日2时根据NCEP再分析资料分析的天气形势示意图。

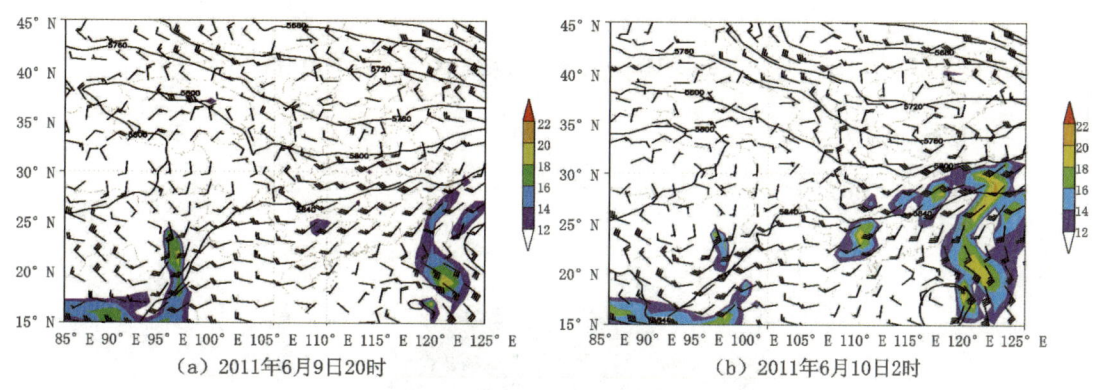

图8-7 天气形势示意图(黑色实线为500hPa位势高度场，风矢量为700hPa风场，阴影为850hPa全风速≥12m/s的区域)

从图8-7(a)可以看出，500hPa有一个高空低槽位于华中一带，强降水中心正好位于槽前；在700hPa有一个低涡，其中心位于湖北、河南、陕西三省交界处，其冷切位于湖北省西北部至贵州省一带；在850hPa上，全风速≥12m/s的低空急流主要位于我国台湾海峡和台湾以南的洋面上，在广西壮族自治区北部至湖北省东南部也有较弱的低空急流。随着低空系统的东移发展，到10日2时见图8-7(b)，850hPa的低空急流加强，大陆上的低空急流主要位于广西壮族自治区、湖南省的东部、江西省大部以及浙江省，而强降水主要发生在低空急流的左侧。此时700hPa低涡中心基本维持原地，但其冷切变和暖切变强度都有所增强，从临湘站和岳阳站的逐小时雨量看(图8-8)，强降水正是发生在系统加强的时段。

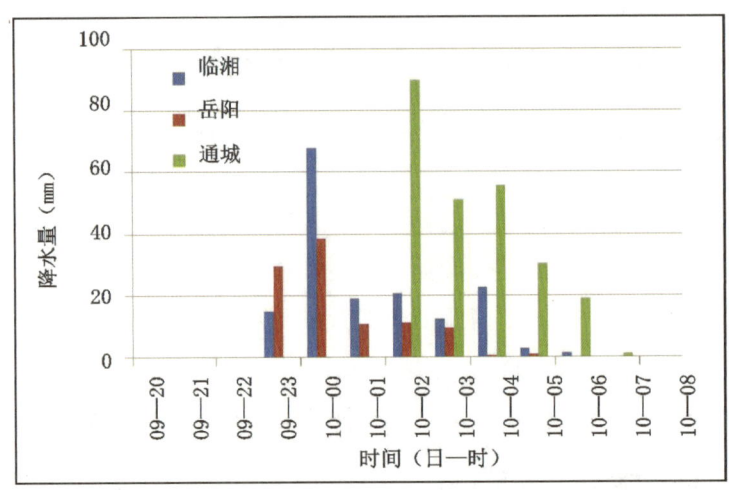

图 8-8 2011 年 6 月 9 日 20 时至 10 日 8 时临湘市站、岳阳站和通城站逐时降水量

图 8-9 是 9 日 8 时至 10 日 8 时 24h 累积降水量图。

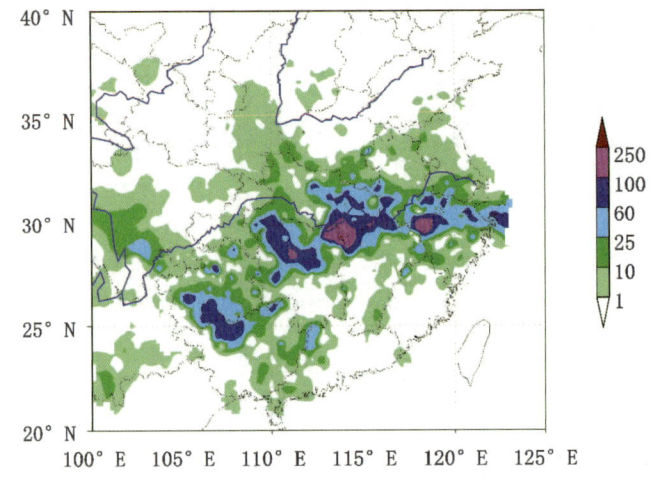

图 8-9 2011 年 6 月 9 日 8 时至 10 日 8 时 24h 累积降水量(单位:mm)

从图中可以看见,贵州省南部、湖南省北部、湖北省东部和南部、安徽省南部至浙江省北部有暴雨到大暴雨,局部特大暴雨。其中强降水中心主要位于湖南省的岳阳至湖北省咸宁,24h 累积降水量湖南省有两站达到大暴雨,分别为岳阳站 143.3mm,临湘站 167.1mm。湖北省有 6 站达到大暴雨,其中通城站为特大暴雨,雨量为 256mm。从图 8-8 也可以看出,本区域的强降水主要发生在 9 日 22 时至 10 日 8 时,临湘站共有 6h 的小时雨量超过 10mm,最大小时雨量为 68.1mm;岳阳站共有 4h 的小时雨量超过 10mm,最大值为 38.5mm;而通城站有 4h 的小时雨量超过 20mm,4h 共计下了 227mm,小时降水量最大发生在 1—2 时段,其值为 89.9mm。此次强降雨过程时段特别集中、范围特别广、强度特别大,洪涝灾害特别严重。

9日8时至10日8时,湖南省中部以及北部、西部地区出现强降雨,共有8县市出现暴雨,3县市出现特大暴雨。大暴雨主要位于岳阳、怀化、娄底、益阳、张家界,特大暴雨均出现在岳阳境内,临湘市贺畋24h降雨量达275.6mm,岳阳县相思乡24h降雨量达272.1mm,安化县24h降雨量达111.8mm。6月10日,湖南省临湘市詹桥镇暴发山洪泥石流,暴发规模为300年一遇以上。詹桥镇观山村降雨开始于9日23时,超强降雨集中在10日零时至3时,詹桥镇(贺畋监测点)降水量达到301mm。

8.3.2 模式与资料

(1)模式简介

模拟临湘市山洪暴雨过程使用的数值模式为WRFV3.4(Weather Research and Forecasting)。WRF模式系统是由众多美国研究机构和大学的科学家共同参与开发研究的新一代中尺度数值天气预报系统,具有可移植、易维护、可扩充、高效率、使用方便等特点,使模式业务应用与升级、科学研究更为便捷。WRF模式适用于广泛的空间范围,模拟尺度可以从几米到数千公里的范围。该模式是一个完全可压缩、非静力模式,控制方程组为通量形式。模式的动力框架有3种不同方案,前两种方案都采用时间分裂显示方案求解动力学方程组。这两种方案的最大区别在于它们采用的垂直坐标不同,分别是几何高度坐标和地形追随质量(静力气压)坐标。第三种动力框架方案采用半隐式、半拉格朗日方案求解动力学方程组。WRF模式系统包括WPS前处理模块、WRFV主模块、WRFDA资料同化模块、WRF—Chem大气化学模块和后处理及其可视化模块。目前,于2012年7月发布的WRFV3.4是该模式系统的最新发布版本。

(2)资料介绍

本章使用NCEP再分析资料FNL数据作为模式的初始场和边界条件,FNL资料为每间隔6h一次的GRIB2码数据,从2011年6月9日8时至10日8时,共计5个时次。为了检验模拟结果,使用了中国气象局MICAPS格式的1h累积降水量和24h累积降水量。

8.3.3 试验方案设计

试验的模拟区域如图8-10,采用三层双向嵌套方案,模式中心位于(30°N,110°E),地图投影采用兰勃特投影,三层模式水平分辨率分别为27km、9km和3km,水平格点数分别为322*202、322*253和472*322,时间积分步长为120s、40s、13s,垂直层数为51层,模式层顶为50hPa。使用的地形数据分别是2m、30s。第一、二层采用相同的积云参数化方案,第三层不采用。在积分过程中,采用内层网格向外层网格反馈方案。试验的其他物理过程(如Dudhia短波辐射方案、RRTM长波辐射方案、Unified Noah陆面过程)三层都一致。为了研究模式中的不同的微物理过程、积云参数化方案和边界层方案对致洪暴雨模拟的影响,设计了4组模拟试验,详见表8-2。模式试验从2011年6月9日8时开始积分至10日8时共计24h。

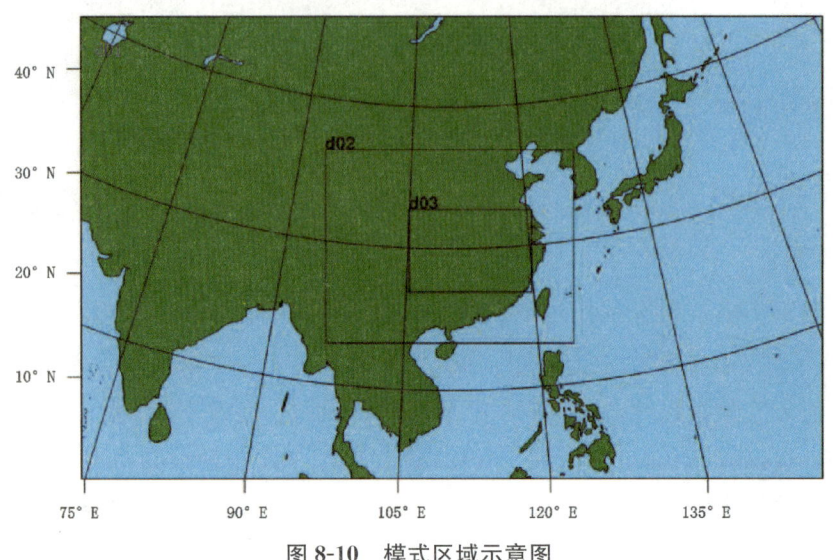

图8-10　模式区域示意图

表8-2　　　　　　　　　　　　　模拟试验设计

试验名称	微物理参数化方案	对流参数化方案	边界层参数化方案
c3m6p1	WSM 6—class graupel	Grell—Devenyi ensemble	YSU
c3m16p1	WDM 6—class	Grell—Devenyi ensemble	YSU
c1m6p1	WSM 6—class graupel	Kain—Fritsch	YSU
c3m6p2	WSM 6—class graupel	Grell—Devenyi ensemble	MYJ

8.3.4　试验结果和分析

(1)24h累积雨量模拟分析

图8-11为2011年6月9日8时至10日8时24h累积降水量图。

从图中可以看出,本次降水雨带位于贵州省南部、湖南省中部和北部、湖北省东南部以及安徽省南部。其中降水有4个较强的暴雨中心,而位于湘鄂交界的湖南省岳阳市和湖北省咸宁市是最强的中心,达到大暴雨量级,湖北省咸宁市通城为特大暴雨。

模拟试验c3m6p1对整个雨带及其暴雨中心的落区都模拟得较好,分别将4个暴雨中心都模拟出来,特别是对临湘—通城暴雨中心的强度和落区模拟得较好,但是范围较实况略大,见图8-11(b)。对湖北省中部的降水模拟较弱。湖南省西北部的暴雨中心略偏西偏南,贵州省南部的暴雨中心分散为两个较小的暴雨中心,安徽省南部的暴雨中心落区与实况比较一致,但是强度偏强,对浙江省内的降水强度模拟偏强。

模拟试验 c3m16p1,也模拟出 4 个暴雨中心,但是整个雨带较实况偏东偏南,对最强暴雨中心的模拟明显偏东偏南,且将一个中心模拟为两个相对分开的暴雨中心,对安徽省南部的降水明显偏强,见图 8-11(c)。

对于 c1m6p1,湖南省西北部的降水相对于 c3m6p1 试验更偏西,对最强中心的南部降水模拟偏强,对安徽省南部的降水偏弱,降水更分散,见图 8-11(d)。

c3m6p2,雨带较好地模拟出 4 个强降水中心,对最强降水中心模拟与 c1m6p1 类似,南部降水偏强,分离为两个中心,对湖北省中部的降水模拟较弱,见图 8-11(e)。

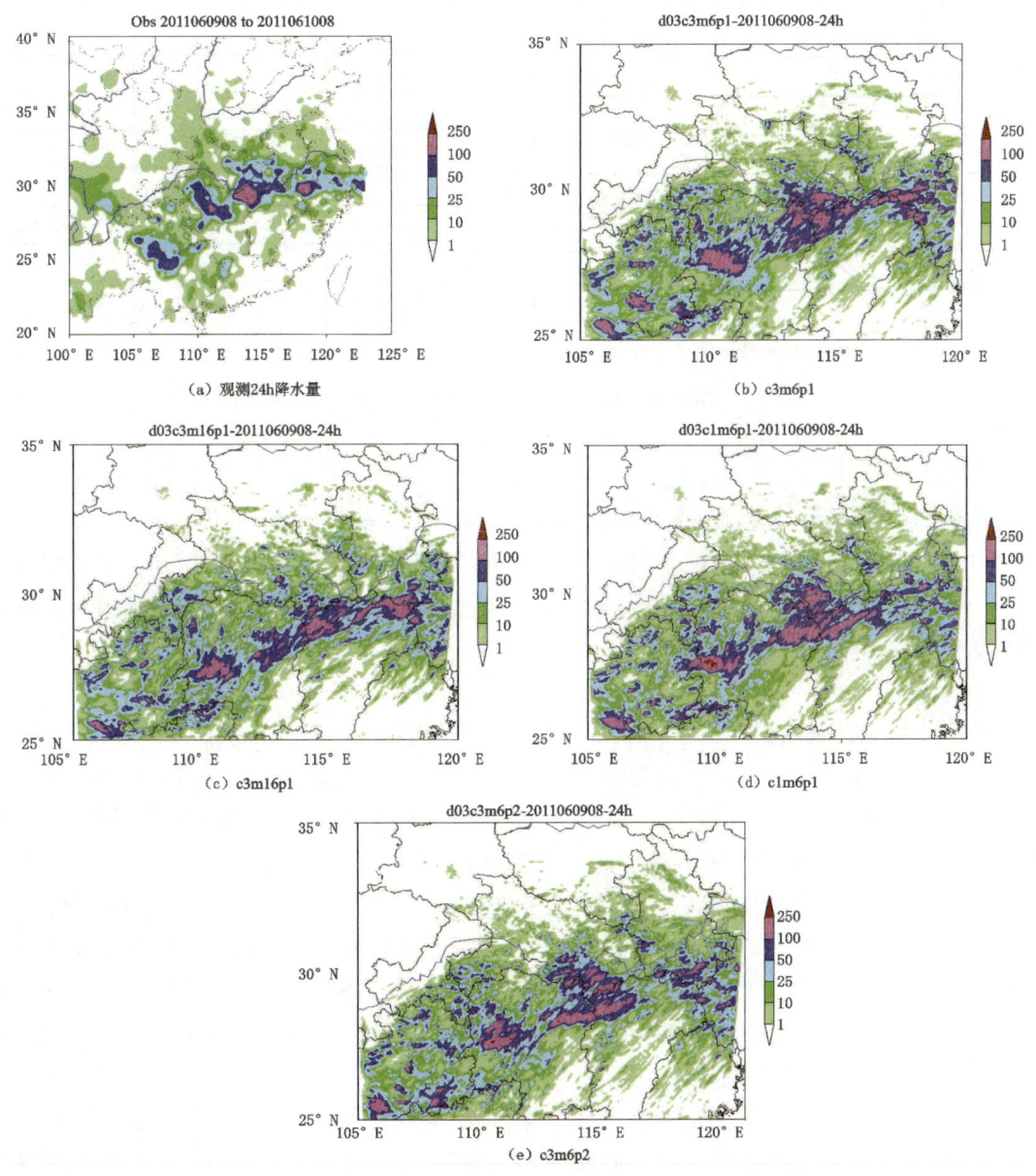

图 8-11　2011 年 6 月 9 日 8 时至 10 日 8 时 24h 累积降水量图(单位:mm)

总的来说,4个模拟试验,c3m6p1模拟与实况最接近,单双参数的微物理过程对该过程差异较大,比较敏感。不同积云参数方案、边界层方案对暴雨的落区模拟也有较大的影响。

(2)区域降水比较

针对覆盖临湘市范围内降水进行统计,考察的暴雨区域为28.5°~30.5°N、112.6°~115.6°E,其中共有常规气象观测站30个,平均2000km²有1个观测站。分别计算观测与模拟1h累积降水量区域平均值以及模拟1h累积降水量的区域RMSE(见图8-12)。观测降水区域平均值是区域内的观测站降水的平均值,模拟降水平均是区域内格点降水的平均值,而计算1h累积降水量的RMSE是将模拟格点数据插值到观测站后进行统计。

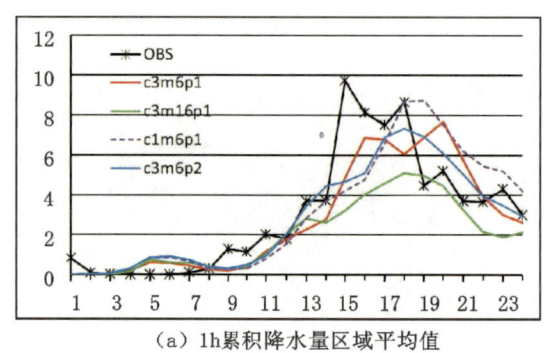 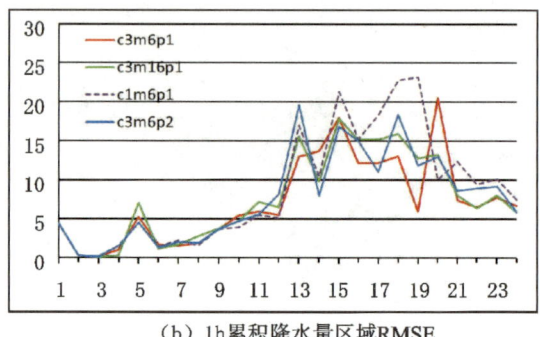

(a)1h累积降水量区域平均值　　　　　(b)1h累积降水量区域RMSE

图8-12　1h累积降水量区域平均值和1h累积降水量区域RMSE

注:横坐标为时间的标号(9日9时为标号1,10日8时为标号24),纵坐标为降水量(单位:mm)

观测24h累积降水量区域平均值为76.23mm,试验c3m6p1、c3m16p1、c1m6p1和c3m6p2的24h累积模拟降水量的区域平均值分别为65.23mm、47.55mm、74.12mm、67.36mm,模拟区域平均值均小于观测平均值,试验c1m6p1与观测最为接近,而c3m16p1的区域平均值最小。4个模拟试验的24h累积降水量的RMSE分别为61.89mm、75.31mm、73.19mm、70.47mm,其中试验c3m6p1的最小,c3m16p1的最大。

图8-12(a)是1h累积降水量区域平均值,可以看出本区域的降水主要从9日16时开始,至9日23时达到最大,最大值为9.73mm,强降水时段主要发生在9日23时至10日3时,随后降水逐渐减弱。从4个模拟试验来看,模拟区域平均值的趋势与实况观测一致,但在9日12—15时,模拟发生了弱降水,但观测平均为零。4个试验在9日16—21时模拟区域平均值小于观测区域平均值,4个试验模拟的区域平均最大值都比观测值小,且时间滞后。试验c3m6p1模拟的趋势与观测最为接近,与观测最强降水时段的先增强后略减弱又增加最后逐渐减弱的趋势一致,只是模拟的峰值时间较实况约晚了1h。其他3个试验的都是单峰结构,峰值出现的时间几乎在10日2时,比观测晚了约2h,试验c3m16p1的峰值最小,而c1m6p1的峰值最大,与观测最为接近。

通过比较发现,微物理过程由单参数方案变为双参数方案后,区域降水量减少较为明显,与雨带落区较偏东偏南较一致。而改变对流参数化方案后,区域内降水量强度明显增强,最强降水与实况接近,但是从10日2时以后,在4个试验中雨强也是最大,比观测平均值也大。将边界层方案 YSU 变为 MYJ 方案后,与 c3m6p1 试验比较,区域平均降水在 9 日 20—23 时有所改进,其他时间段变化较小。

图 8-12(b)是 1h 累积降水量的均方根误差 RMSE。从图中可以看出,模拟试验的 RMSE 的变化趋势是先增加后减少的趋势。4 个模拟试验在 9 日 9—19 时,RMSE 都比较一致。在 9 日 20—21 时和 9 日 23 时至 10 日 3 时(最强降水时段),试验 c3m6p1 的 RMSE 最小。在 9 日 23 时至 10 日 8 时,除个别时刻外,几乎 c1m6p1 的 RMSE 最大,另外两个试验 RMSE 介于前两者之间,且基本一致。通过比较发现,c3m6p1 在最强降水 RMSE 最小,而改变积云对流参数化方案后,RMSE 明显增加,而改变边界层方案为 MYJ 影响相对较小。

(3)代表站逐时雨量比较

图 8-13 是 3 个代表站的逐小时降水量观测值与模拟值。从临湘站来看,模拟试验的模拟值与实况随时间的变化趋势是一致的,且最强降水强度与实况很接近,而 c1m6p1 较实况滞后 2h 左右,最强 1h 降水与观测也很接近,余下的两个模拟试验都较实况弱了很多,4 个试验模拟的趋势都与观测一致。对于岳阳站,c3m6p1、c1m6p1、c3m6p2 模拟值都较实况滞后,而 c3m16p1 模拟降水几乎为 0。对于通城站,4 个试验都较好地模拟出变化趋势。

综上所述,从降水的空间分布、区域平均降水随时间的演变、代表站逐小时降水等综合来看,选用 WSM 6 云微物理过程、Grell—Devenyi ensemble 对流参数化方案和 YSU 边界层方案,对本次致洪暴雨过程模拟较好。

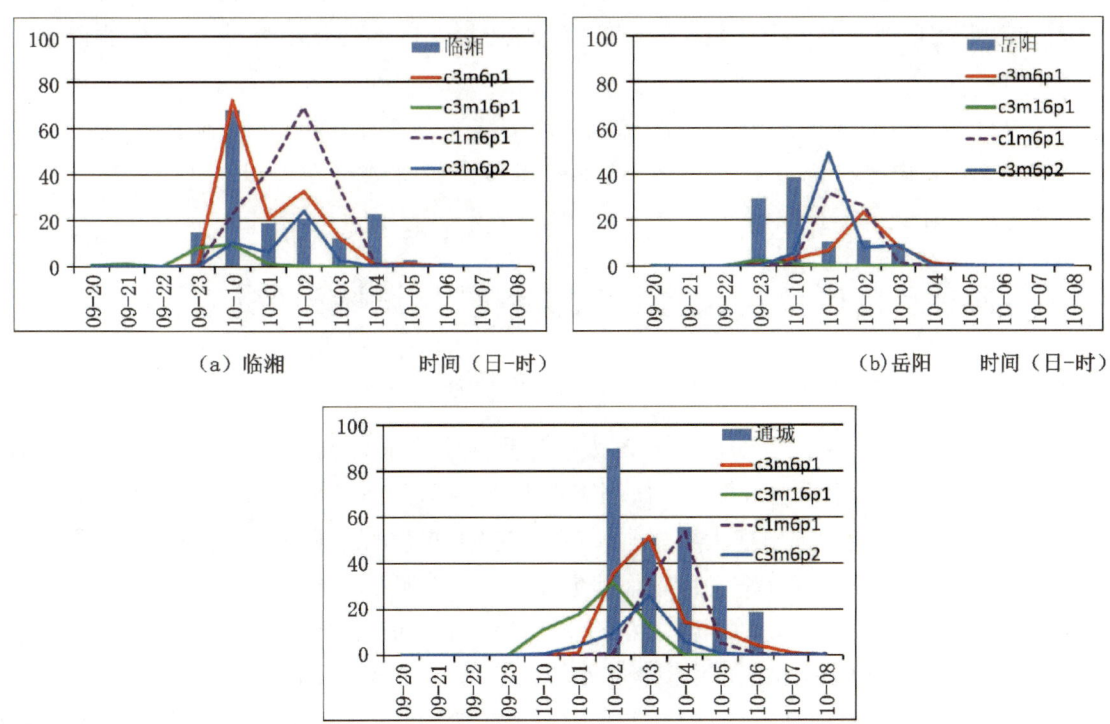

图 8-13　3 个代表站的逐时降水量观测值与模拟值比较

8.3.5 小结

2011年6月9—10日华中区域出现一次强降水天气过程,利用 WRF3.4 模式和 NCEP 再分析资料 FNL 数据作为模式的初始场和边界条件,设计了不同物理方案组合的模拟试验,对本次过程进行了模拟分析。通过 24h 累积降水量和 1h 累积降水量的分析,结论如下:

1)4 个模拟试验,对整个雨带和 4 个暴雨中心都能较好地模拟,暴雨落区略有差异,c3m6p1 模拟与实况最接近。单、双参数的云微物理过程对该过程模拟差异较大,较为敏感。不同积云参数方案、边界层方案对暴雨的落区模拟也有较大的影响。

2)24h 累积降水量区域平均观测值为 76.23mm,模拟区域平均值均小于观测平均值。1h 降水量随时间演变上,模拟区域平均值的趋势与实况平均值一致,但是 4 个模拟试验强降水出现时间滞后约 2h。

3)微物理过程由单参数方案变为双参数方案后,区域降水量减少较为明显,与雨带模拟较偏东偏南较一致。KF 对流参数化方案与 Grell 方案相比,区域内降水量强度明显增强,逐小时降水量普遍高于其他方案。将边界层方案对 YSU 变为 MYJ 方案后,降水变化较小,但 MYJ 方案使对流触发提前。从 RMSE 来看,强降水发生时段各试验的降水分布差异大,试验 c3m6p1 分布与实况最为接近,而改变积云对流参数化方案后,RMSE 明显增加,改变边界层方案对 MYJ 影响相对较小。

4)临湘、岳阳及通城 3 个代表站的模拟值与实况随时间的变化趋势是一致的,强降水出现的时间约滞后 1~2h。

5)从降水的空间分布、区域平均降水随时间的演变、代表站逐小时降水等综合来看,选用 WSM 6 云微物理过程、Grell—Devenyi ensemble 对流参数化方案和 YSU 边界层方案,对本次致洪暴雨过程模拟较好。

8.4 面向示范区数值预报模式资料同化试验研究

8.4.1 数值试验设计

受高空低槽东移、中低层切变线和西太平洋副热带高压外围西南暖湿气流共同影响,2011年6月9—10日华中区域出现一次强降水天气过程,湖南省中部和北部、湖北省东南部和安徽省南部、浙江省北部出现大到暴雨,局部大暴雨和特大暴雨,其中位于鄂湘交界处有一大暴雨中心,大暴雨引起湖南省岳阳临湘市发生了山洪泥石流地质灾害。

在日常业务中,由于时效的原因,中尺度数值模式的初值/边界条件为前 6h 或者 12h 全球模式的预报场。针对临湘市山洪暴雨过程,为了与实际业务相一致,本试验使用 NCEP 的 2011 年 6 月 8 日 20 时预报的 GFS 资料作为中尺度模式的背景场和边界条件。一般来说,中尺度模式的预报时效在 0~36h 预报能力较为突出。在实际业务中,观测资料的预处理与同化、模式积分以及后处理等都需要大量的计算资源和时间,而计算机资源和模式产品时效性也是有限的,如何节约有限时间,将模式产品更早提供给预报员?从资料同化的角度来说,同化可信的资料越多越能改善背景场的精度,如循环同化,有利于提高预报水平。从模式积分的角度来说,积分时间(超过一定的阈值,如 6h)越临近越准确。这二者必将产生矛盾,循环同化次数增多,有利于提高预报水平,而循环同化次数增多将会导致模式起报时间提前,模式积分时间增多,而导致预报水平降低。在实际的业务中,观测资料可信度并不能完全保证,是一个相对的概念。因此,如何找到这二者的合理配置,需要进行大量的研究。针对临湘市山洪暴雨过程,考察资料同化与否,循环同化的次数和全球模式不同时效的背景场与边界条件等 7 组试验研究其对山洪过程的模拟影响,详细的同化试验设计见表 8-3。其中同化资料为 8 日 20 时和 9 日 8 时的探空资料,8 日 20 时、9 日 2 时和 9 日 8 时的地面观测资料。试验 Gfs0820DA0—Gfs0820DA3 为考察模式不同的循环同化方案对降水的影响。Gfs0908DA0 和 Gfs0908DA1 考察非循环同化的影响。数值试验的其他参数为:采用三层双向嵌套方案,模式中心位于 30°N、110°E,地图投影采用兰勃特投影,三层模式水平分辨率分别为 27km、9km 和 3km,水平格点数分别为 322*202、322*253 和 472*322,时间积分步长为 120s、40s、13s,垂直层数为 51 层,模式层顶为 50hPa,使用的地形数据分别是 2m、30s。第一、二层采用相同的积云参数化方案,第三层不采用。在积分过程中,采用内层网格向外层网格反馈方案。试验的物理过程为 WSM 6—class graupel scheme 微物理过程,Grell—Devenyi ensemble scheme 对流参数化、YSU scheme 边界层参数化,Dudhia 短波辐射方案、RRTM 长波辐射方案、unified Noah 陆面过程。

表 8-3　　　　　　　　　　　　　　同化试验设计

试验名称	起报时间 (年-月-日-时)	GFS 资料	同化资料	同化时刻	降水时段	模拟时段
Gfs0820DA0	2011-06-08-20	0~36h	/	/	9 日 8 时, 10 日 8 时	12~36h
Gfs0820DA1	2011-06-08-20	0~36h	探空+地面	8 日 20 时	9 日 8 时, 10 日 8 时	12~36h
Gfs0820DA2	2011-06-08-20	0~36h	探空+地面	9 日 2 时, 9 日 8 时	9 日 8 时, 10 日 8 时	12~36h
Gfs0820DA2p	2011-06-08-20	0~36h	探空+地面	8 日 20 时, 9 日 8 时	9 日 8 时, 10 日 8 时	12~36h
Gfs0820DA3	2011-06-08-20	0~36h	探空+地面	8 日 20 时, 9 日 2 时,9 日 8 时	9 日 8 时, 10 日 8 时	12~36h
Gfs0908DA0	2011-06-09-08	12~36h	/	/	9 日 8 时, 10 日 8 时	00~24h
Gfs0908DA1	2011-06-09-08	12~36h	探空+地面	9 日 8 时	9 日 8 时, 10 日 8 时	00~24h

8.4.2 24h累积雨量模拟值分析

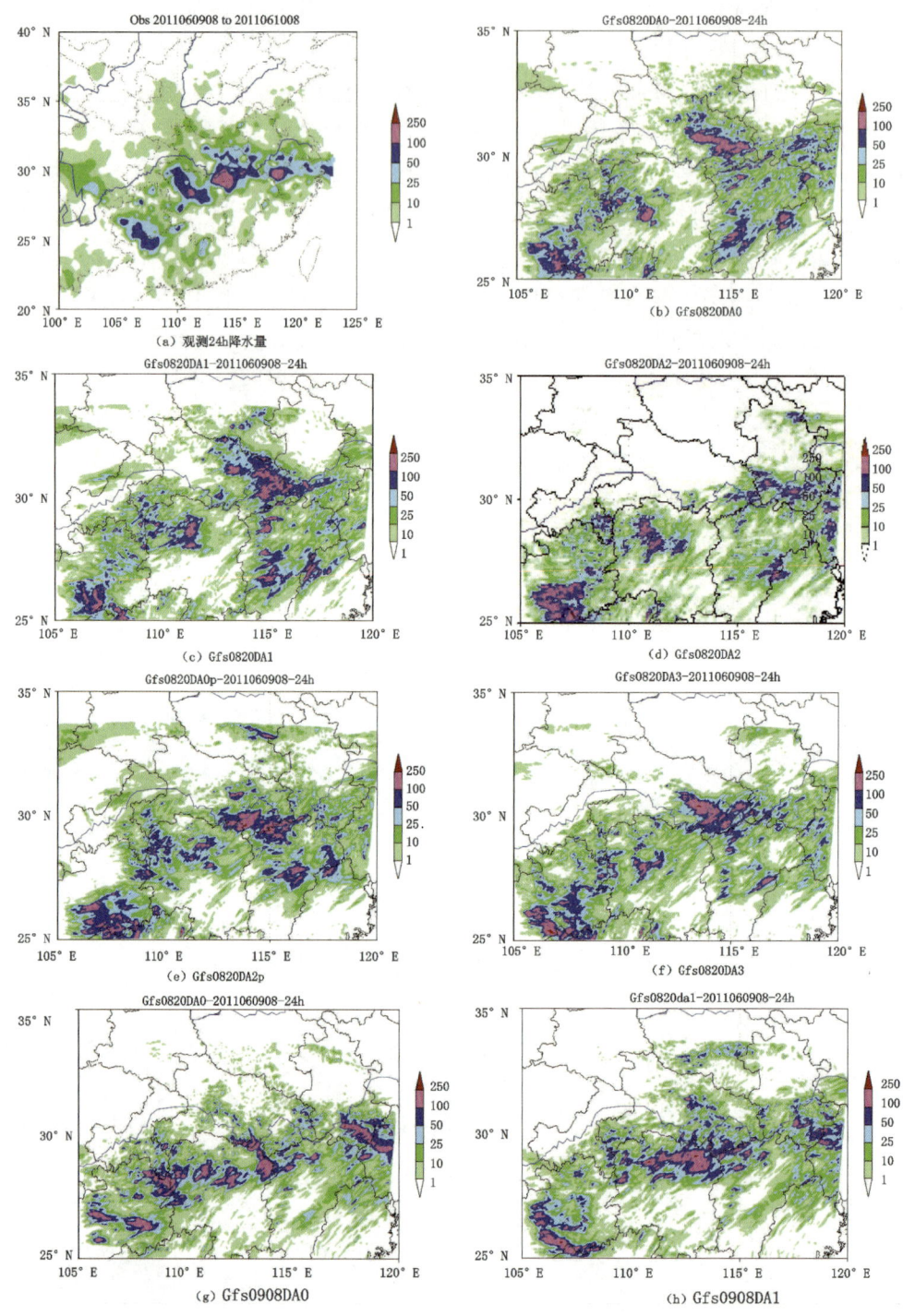

图8-14　2011年6月9日8时至10日8时24h累积降水量图(单位:mm)

图 8-14(a)为 2011 年 6 月 9 日 8 时至 10 日 8 时 24h 累积降水量实况图。

从图中可以看出,本次降水雨带位于贵州省的南部、湖南省的中部和北部、湖北省东南部以及安徽省南部。其中降水有 4 个较强的暴雨中心,而位于湘鄂交界的湖南省岳阳市和湖北省咸宁市是最强的中心,达到大暴雨量级,湖北省咸宁市通城为特大暴雨。

对于 9 日 8 时至 10 日 8 时的 24h 累积降水量,8 日 20 时起报的试验结果为 12~36h 的累积降水量,而 0908 起报的试验结果为 0~24h 的累积降水量。

模拟试验 Gfs0820DA0 对整个雨带及其暴雨中心的落区与实况差别较大,对湖南省北部的降水偏南,未能模拟出湘鄂交界处的强降水中心(见图 8-14(b))。其模拟的强中心位于湖北省东部的中部,较实况偏北,而对江西省内的降水模拟偏强。Gfs0820DA1 与 Gfs0820DA0 比较可以发现,其对湖南省北部的降水模拟有所改善,对湖北省东部降水模拟范围更大,强度更强,对落区无改善(见图 8-14(c))。Gfs0820DA2 试验结果对该降水中心强度减弱,落区偏东偏南。Gfs0820DA2p 试验结果对强降水中心落区有改善,但是对整个雨带的东段强度减弱。而 Gfs0820DA3 相对前面的试验,湖南省北部的模拟降水减弱,而强降水中心与实况比较接近,好于 Gfs0820DA0 至 Gfs0820DA2,但是较 Gfs0820DA2p 逊色。Gfs0820DA0 与 Gfs0820DA1,Gfs0820DA3 与 Gfs0820DA2 两组试验比较可以发现,同化 8 日 20 时的观测资料有利于提高预报水平。

Gfs0820DA2p 与 Gfs0820DA1 比较发现,同化 9 日 8 时观测资料后,对强降水中心的位置影响较大,与实况较为一致。Gfs0908DA2p 与 Gfs0908DA3 比较,同化 9 日 2 时的地面资料对降水模拟有反作用。从 Gfs0820DA2 试验结果看,也可能与同化 9 日 2 时的地面观测有关,使降雨预报效果变差。总的来说,Gfs0820DA2p 同化 8 日 20 时和 9 日 8 时的观测资料,模拟结果与实况最为接近。这表明循环同化的时间间隔为 12h,同化次数为 2 次较好,同化 9 日 2 时的地面观测资料对模拟结果降雨预报效果变差。

Gfs0820DA0 和 Gfs0908DA0,两个试验都未同化观测资料,对于 9 日 8 时至 10 日 8 时的 24h 累积降水量,Gfs0820DA0 试验为 12~36h 的累积降水量,而 Gfs0908DA0 是 0~24h 的累积降水量。比较发现,0~24h 累积降水量在整个雨带的形态分布、强降水中心落区等相对于 12~36h 累积降水量与实况更为一致,对主雨带南边的局地降水 0~24h 累积降水强度明显减弱,与实况一致。

Gfs0908DA0 和 Gfs0908DA1 对整个雨带模拟较前 5 个试验有所改善。Gfs0908DA0 对贵州省的降水中心模拟偏北,对湖南省北部降水偏西,江西省的降水强度与实况较为一致。Gfs0908DA1 同化资料后,使得贵州省降水与实况落区和范围很接近,湘鄂交界暴雨中心略偏南。从这两个试验的对比发现,同化观测资料后,对强降水落区的范围都有改善。

8.4.3 逐时雨量分析

重点关注引起临湘市山洪过程的强降水区域,该暴雨区域范围是 $28.5°\sim30.5°N$、

112.6°～115.6E,其中该区域中共有常规气象观测站30个,平均2000km² 有1个观测站。

图8-15是该暴雨区域的1h累积降水量区域平均值。可以看出,本区域的降水主要从9日16时开始,至9日23时达到最大,最大值为9.73mm,强降水时段主要发生在9日23时至10日3时,随后降水逐渐减弱。从7个模拟试验来看,7个试验主要有两个集中的降水时段,第一个时段从对9日8—20时,而此时的观测降水几乎为零或者非常弱,而第二个时段各个试验的差别比较大。下面重点分析第二个时段各个试验的差异。在7个试验中,试验Gfs0908DA1区域平均值降水量的逐小时变化与观测最为相似,它与Gfs0908DA0比较,同化观测资料后,模拟的强度增加,降水峰值出现的时间提前。从8日20时起报的5个试验看,试验的逐小时变化与观测差异较大,最大值出现的时间滞后6h左右。循环同化试验Gfs0820DA2p 和 Gfs0820DA3 相对于控制试验 Gfs0820DA0,区域平均的逐小时降水量随时间变化的趋势有所改善,对强降水区域的降水有所体现,但是强度仍然小于观测值。

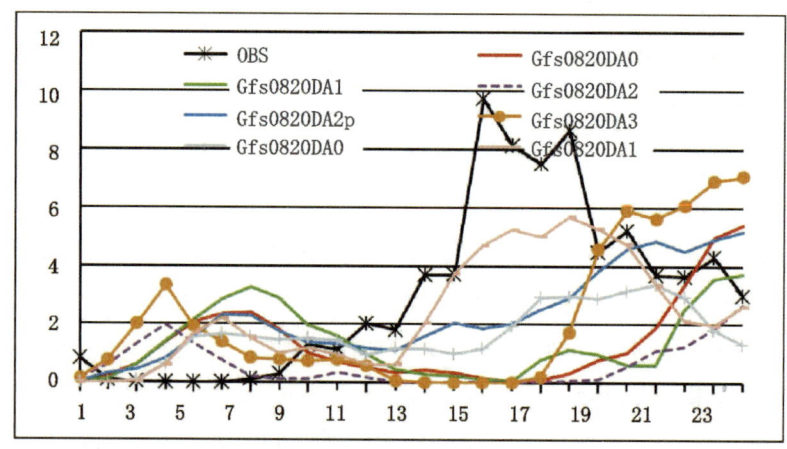

图8-15　1h累积降水量区域平均值(单位:mm)

注:横坐标为时间的标号(9日9时为标号1,10日8时为标号24),纵坐标为降水量,OBS为观测,其他为模拟试验

8.4.4　小结

总体来说,0～24h累积降水量在整个雨带的形态分布、强降水中心落区等相对于12～36h累积降水量与实况更为一致,对主雨带南边的局地降水0～24h累积降水量强度明显减弱,与实况一致。不管是循环同化与否,同化观测资料能够改善24h累积降水量的模拟,而循环同化中,以12h的循环同化间隔模拟效果最好。

8.5　不同山洪致灾降雨过程批量数值模拟

针对典型山洪降水个例,开展降水过程的数值模拟试验,试验名称采用地点加模拟起始时间的命名方式。

8.5.1 批量数值预报试验方案

8.5.1.1 模式框架和物理方案

批量模拟试验采用 WRF3.4 模式,采用三层双向嵌套方案,模式中心随个例的不同而移动,地图投影采用兰勃特投影,三层模式水平分辨率分别为 27km、9km 和 3km,水平格点数分别为 322 * 202、322 * 253 和 472 * 322,垂直层数为 51 层,使用的地形数据分别是 2m、30s。

在暴雨的数值预报中,模式微物理过程、积云参数化方案对模拟结果的影响最为显著,为了获得山洪数值预报中最佳的物理过程组合,选取了在东亚地区应用效果较好的两组微物理过程,两组积云参数化方案,设计了 4 组模拟试验(其他物理过程设置一致),详见表 8-4,通过批量试验了解不同方案的预报特点,获得最佳方案,为山洪短期预警方案的设计提供依据。

表 8-4 模拟试验设计

试验名称	微物理参数化	对流参数化	边界层参数化
f01	WSM 6	Grell—Devenyi ensemble scheme	YSU scheme
f02	Thompson	Grell—Devenyi ensemble scheme	YSU scheme
f03	WSM 6	kfeta	YSU scheme
f04	Thompson	kfeta	YSU scheme

8.5.1.2 检验和评估方案

对批量试验的结果采用定性与定量评估相结合的方式,定性评估 24h 总雨量的模拟结果,分析总体的模拟效果,比较不同方案的模拟特点。对具有逐小时雨量资料的个例,对比单站模拟和实况逐小时雨量的演变,在对降水空间拟合能力分析的基础上,进一步分析对暴雨过程时间拟合的能力。在定量分析上,采用通用的 TS 评分方案,将降水分为小雨、中雨、大雨、暴雨、大暴雨五个级别,定量评估不同方案在各量级降水落区预报上的能力,以得出最佳的物理过程方案组合。TS 评分采用公式:

$$TS = \frac{NA}{NA + NB + NC} \tag{8.1}$$

式中:NA——有降水预报正确站(次)数;

NB——空报站(次)数;

NC——漏报站(次)数;

ND——无降水预报正确站(次)数。

NA,NB,NC,ND 分类详见表 8-5。

表 8-5　　　　　　　　　　　降水预报检验分类表

实况 \ 预报	有	无
有	NA	NC
无	NB	ND

8.5.1.3　资料介绍

使用 NCEP 再分析资料 FNL 数据作为模式的初始场和边界条件,FNL 资料为每间隔 6h 一次的 GRIB2 码数据,从起报时间 8 时至 24h 后 8 时,共计 5 个时次。为了检验模拟结果,使用了中国气象局 MICAPS 格式的 24h 累积降水量。

8.5.2　湖南省临湘市(2011060908)山洪降雨过程

8.5.2.1　模式方案概述

采用三层双向嵌套方案,模式中心位于 29.5°N、113.5°E,地图投影采用兰勃特投影,三层模式水平分辨率分别为 27km、9km 和 3km,水平格点数分别为 322*202、322*253 和 472*322,垂直层数为 51 层,使用的地形数据分别是 2m、30s。

8.5.2.2　模拟结果分析

(1)24h 累积雨量模拟分析

图 8-16 为 2011 年 6 月 9 日 8 时至 10 日 8 时 24h 累积降水量图。

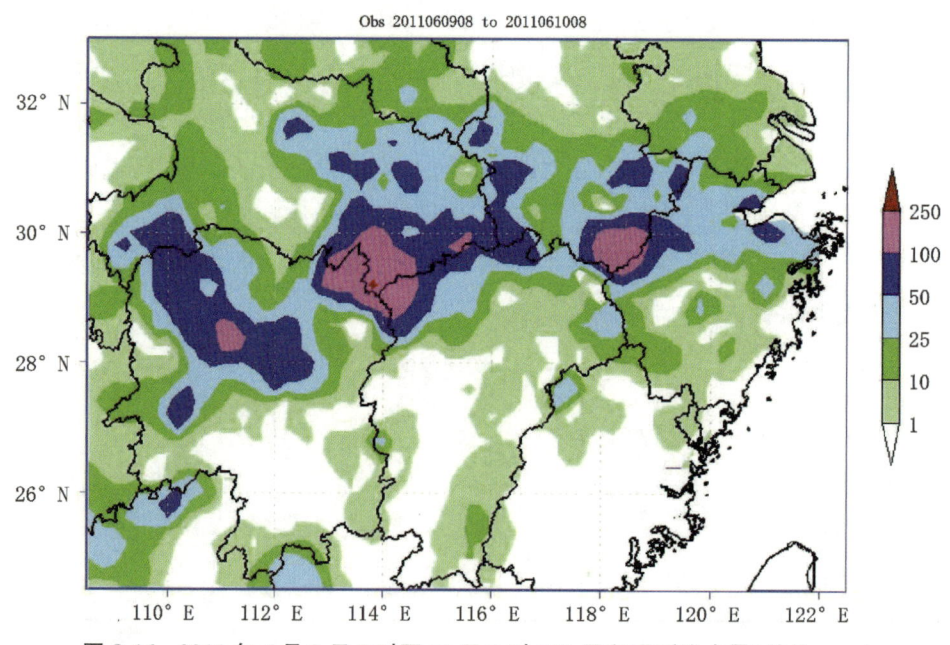

图 8-16　2011 年 6 月 9 日 8 时至 10 日 8 时 24h 累积观测降水量(单位:mm)

从图中可以看出,本次降水雨带位于湖南省的中部和北部、湖北省东南部以及安徽省南部与浙江省交界处。其中降水有3个较强暴雨中心,而位于湘鄂交界的湖南省岳阳市和湖北省咸宁市是最强的中心,达到大暴雨量级,湖北省咸宁市通城为特大暴雨,24h累积降水量达256.0mm。

图8-17为4种方案模拟的2011年6月9日8时至10日8时24h累积预报降水量(图中f01、f02、f03、f04分别对应表8-4中的参数设置,下同)。

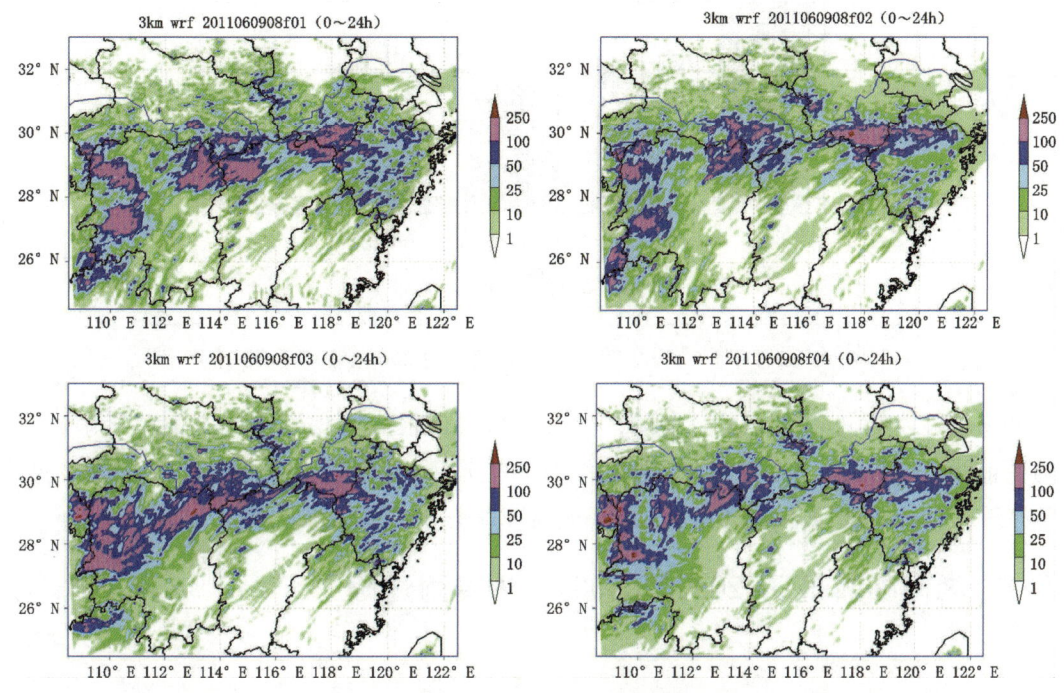

图8-17　2011年6月9日8时至10日8时24h累积预报降水量(单位:mm)
(图中f01、f02、f03、f04分别对应表8-4中的4种模式参数设置,下同)

从图中可以看出,f01方案对整个雨带及其暴雨中心的落区都模拟得较好,分别将3个暴雨中心都模拟出来,特别是对临湘—通城暴雨中心的强度和落区模拟得较好,但是范围较实况略大,对湖北省中部的降水模拟较弱。湖南省中部和北部的暴雨中心略偏西,安徽省南部与浙江省交界处的暴雨中心落区与实况比较一致,强度稍偏强。模拟试验f02方案和f04方案,也基本都能模拟出实况中的大暴雨中心,对安徽省南部与浙江省交界处的暴雨模拟与f01方案基本一致,但对临湘—通城暴雨模拟位置偏北,大暴雨范围偏小,对湖南省北部和中部的暴雨模拟位置较实况偏西,强度偏强。模拟试验f03对安徽省南部与浙江省交界处的暴雨模拟结果与其他3组试验结果一致,对临湘—通城暴雨模拟稍偏北,同时对湖南省中北部暴雨模拟强度偏强,范围偏大。总的来说,4个模拟试验基本都能模拟出暴雨过程,其中f01方案即微物理参数化采用WSM6,对流参数化采用Grell—Devenyi ensemble scheme,边界层参数化采用YSU scheme模拟与实况最接近。

(2)24h 累积雨量评分

图 8-18 为上述 4 种方案对 2011 年 6 月 9 日 8 时至 10 日 8 时 24h 累积降水 TS 评分情况。

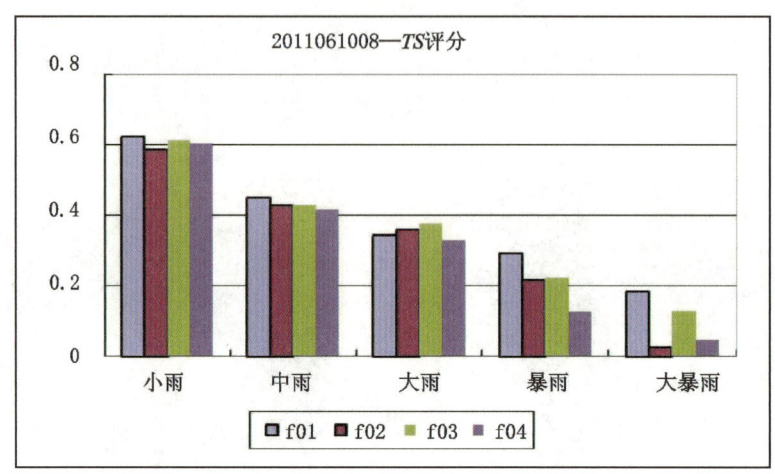

图 8-18　2011 年 6 月 09 日 8 时至 10 日 8 时 24h 累积降水 TS 评分

从图中可以看出，4 种方案对小雨、中雨、大雨的预报能力相当，f01 方案对暴雨和大暴雨的预报性能优势明显，其次 f03 方案对大暴雨的预报 TS 评分也高于 f02、f04 方案，从 TS 评分来看，f01 方案对降水预报的 TS 评分最高，f04 方案的 TS 评分最低。

8.5.3　湖南临湘平江(2010070808)山洪降雨过程

8.5.3.1　模式方案概述

采用三层双向嵌套方案，模式中心位于 29.5°N、113.5°E，地图投影采用兰勃特投影，三层模式水平分辨率分别为 27km、9km 和 3km，水平格点数分别为 322 * 202、322 * 253 和 472 * 322，垂直层数为 51 层，使用的地形数据分别是 2m、30s。

8.5.3.2　模拟结果分析

(1)24h 累积雨量模拟分析

图 8-19 为 2010 年 7 月 8 日 8 时至 9 日 8 时 24h 累积观测降水量图。

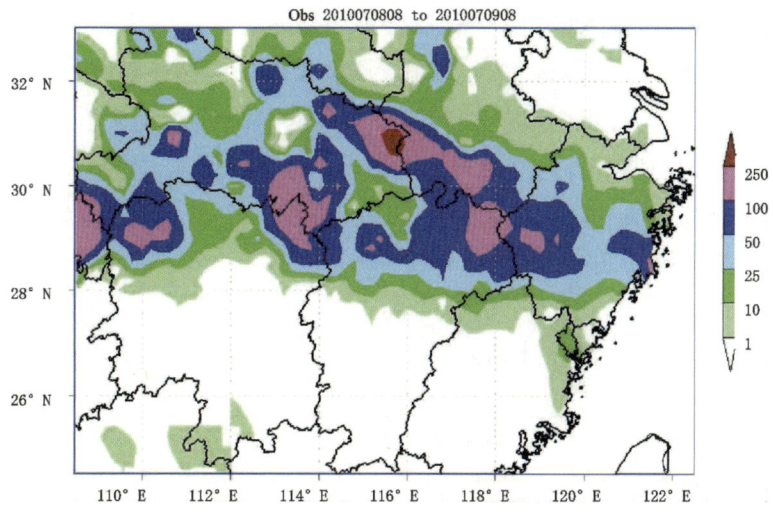

图 8-19　2010 年 7 月 8 日 8 时至 9 日 8 时 24h 累积观测降水量(单位:mm)

从图中可以看出,本次强降水位于湖北省东北部与安徽省西南交界直至江西省东北及浙江省北部、东部大片区域,湖北省东南部及湖南省东北部、西北地区也有大暴雨中心。其中湖北省英山县 24h 累积降水量达 287.2mm,湖南省临湘市 24h 累积降水量达 209.7mm。

图 8-20 为 4 种方案模拟的 2010 年 7 月 8 日 8 时至 9 日 8 时 24h 累积预报降水量。

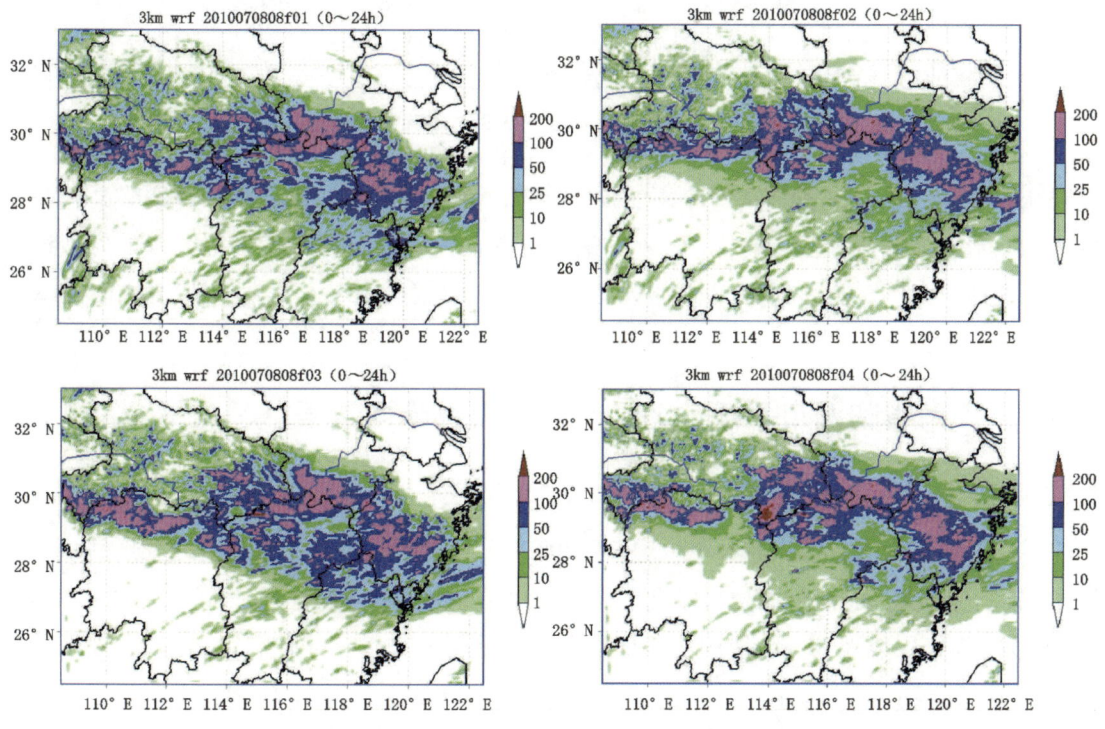

图 8-20　2010 年 7 月 8 日 8 时至 9 日 8 时 24h 累积预报降水量(单位:mm)

从图中可以看出,f03 方案对整个雨带及其暴雨中心模拟得较好,暴雨中心基本都能显现,只是位置上略有偏东,范围稍大。不论从模拟的暴雨范围还是暴雨中心来看,f01方案与f03方案的模拟结果比较类似,对强降水都能有所体现。从f02方案和f04方案对此次降水过程的模拟来看,这两种方案对暴雨预报稍强,尤其是f04方案,对浙江省中部空报大范围暴雨,对湖北省东南部与湖南省北部交界处大暴雨预报强度偏强,范围偏大。

总的来说,4种方案基本都能模拟出暴雨过程,其中采用相同微物理参数化方案(WSM6)的f03方案与f01方案,模拟结果基本类似。

(2)24h累积雨量评分

图8-21为上述4种方案对2010年7月8日8时至9日8时24h累积降水的 TS 评分。

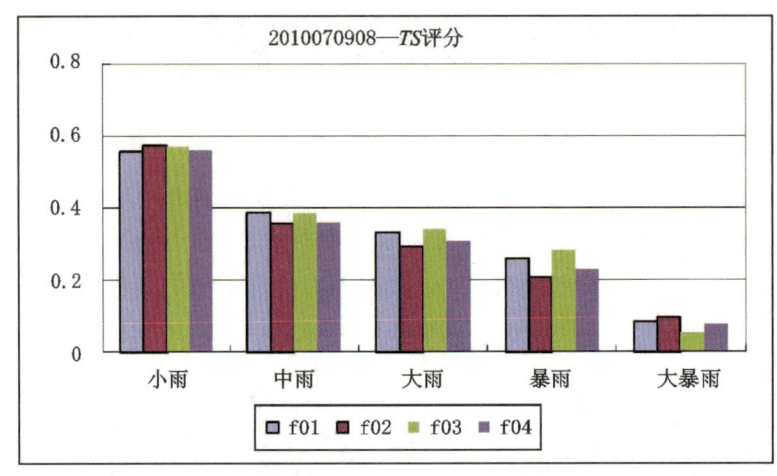

图8-21 2010年7月8日8时至9日8时24h累积降水 TS 评分

从图中可以看出,4种方案对小雨的预报分值基本相当,f02方案与f03方案略高。在中雨、大雨、暴雨的预报上,f01与f03两种方案表现更有优势,但f03方案对大暴雨的模拟稍差于其他3种方案,f02方案对大暴雨的模拟最好,f01方案与f04方案对大暴雨的模拟基本相当。

8.5.4 湖南省临湘市平江(2010061908)山洪降雨过程

8.5.4.1 模式方案概述

采用三层双向嵌套方案,模式中心位于29.5°N、113.5°E,地图投影采用兰勃特投影,三层模式水平分辨率分别为27km、9km和3km,水平格点数分别为322*202、322*253和472*322,垂直层数为51层,使用的地形数据分别是2m、30s。

8.5.4.2 模拟结果分析

(1)24h累积雨量模拟分析

图8-22为2010年6月19日8时至20日8时24h累积观测降水量图。

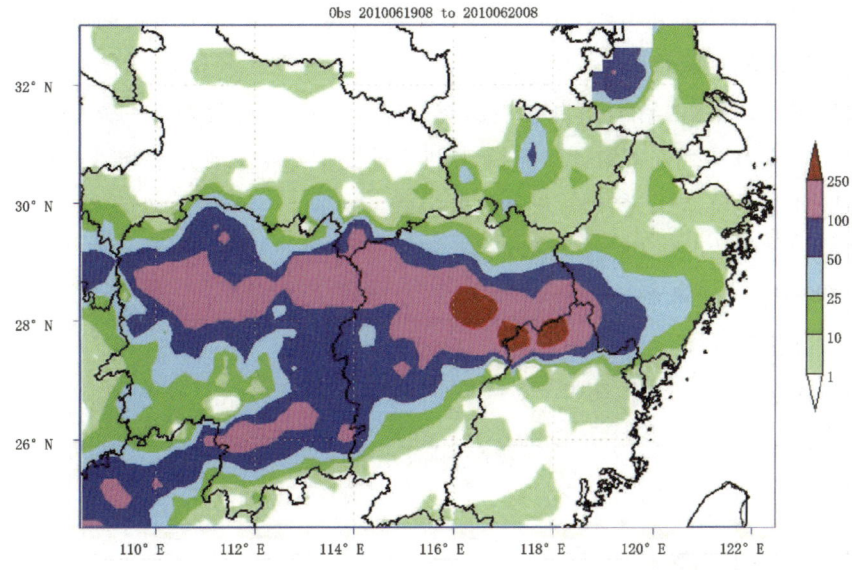

图 8-22 2010 年 6 月 19 日 8 时至 20 日 8 时 24h 累积观测降水量(单位:mm)

从图中可以看出,本次暴雨落区呈东西向分布,强降水位于湖南省、江西省大部、福建省西北部及广西壮族自治区等地,其中江西省中北部、湖南省岳阳、福建省南平、广西壮族自治区桂林等地降大暴雨,最大雨量为江西省南昌市 24h 降水量达 329mm。

图 8-23 为 4 种方案模拟的 2010 年 6 月 19 日 8 时至 20 日 8 时 24h 累积预报降水量。

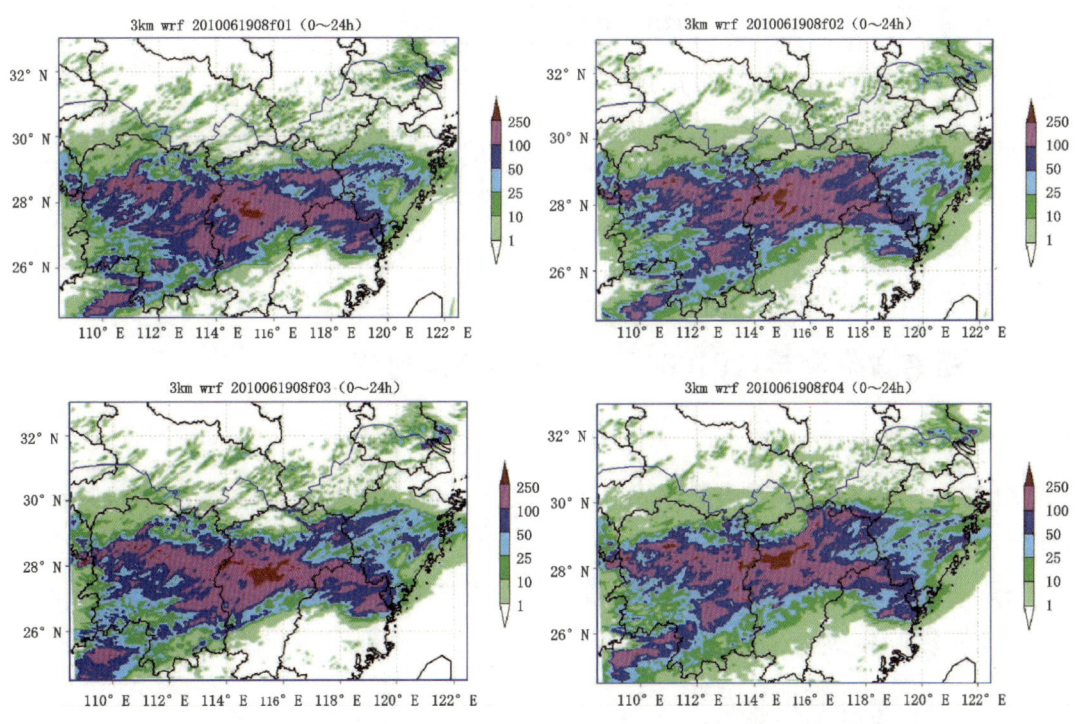

图 8-23 2010 年 6 月 19 日 8 时至 20 日 8 时 24h 累积预报降水量(单位:mm)

从图中可以看出，f01、f02、f03、f04 4 种方案都能模拟出此次东西走向的暴雨、大暴雨过程。从对湘中偏北的强降水来看，4 种方案对湘中偏北的暴雨模拟位置稍偏南，雨带范围和走向模拟效果很好；对江西省境内直至福建省西北及与浙江省交界处的暴雨模拟，4 种方案略有差异，f01 方案与 f02 方案对此次强降水的位置模拟好于 f03 方案与 f04 方案；而对于广西壮族自治区北部强降水来说，f03 方案效果最好。

总的来说，4 个模拟试验方案对此次过程模拟效果比较理想，只是在细微站点和位置上有些差异，但对雨势及降水强度都把握得不错，对预报能起到一定的指示作用。

(2) 24h 累积雨量评分

图 8-24 为上述 4 种方案对 2010 年 6 月 19 日 8 时至 20 日 8 时 24h 累积降水的 TS 评分。

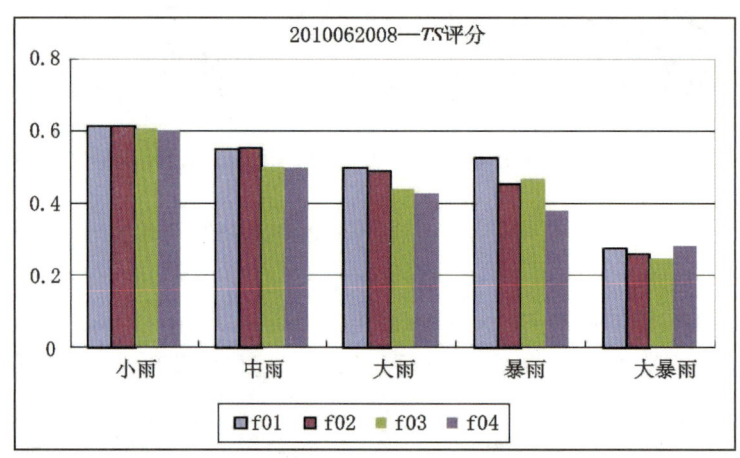

图 8-24　2010 年 6 月 19 日 8 时至 20 日 8 时 24h 累积降水 TS 评分

从图中可以看出，4 种方案对此次降水过程的小雨、中雨、大雨、暴雨、大暴雨模拟效果相当不错。特别是 f01 方案对这次过程 5 个量级降水的预报表现得最优越，值得指出的是 f01 方案对暴雨的预报评分均高于 4 种方案对大雨的预报 TS 评分。从对大暴雨的 TS 评分来看，4 种方案 TS 均能达到 0.2 以上，效果比较理想。

8.5.5　湖南省临湘市(2010042008)山洪降雨过程

8.5.5.1　模式方案概述

采用三层双向嵌套方案，模式中心位于 29.5°N、113.5°E，地图投影采用兰勃特投影，三层模式水平分辨率分别为 27km、9km 和 3km，水平格点数分别为 322 * 202、322 * 253 和 472 * 322，垂直层数为 51 层，使用的地形数据分别是 2m、30s。

8.5.5.2　模拟结果分析

(1) 24h 累积雨量模拟分析

图 8-25 为 2010 年 4 月 20 日 8 时至 21 日 8 时 24h 累积观测降水量图。

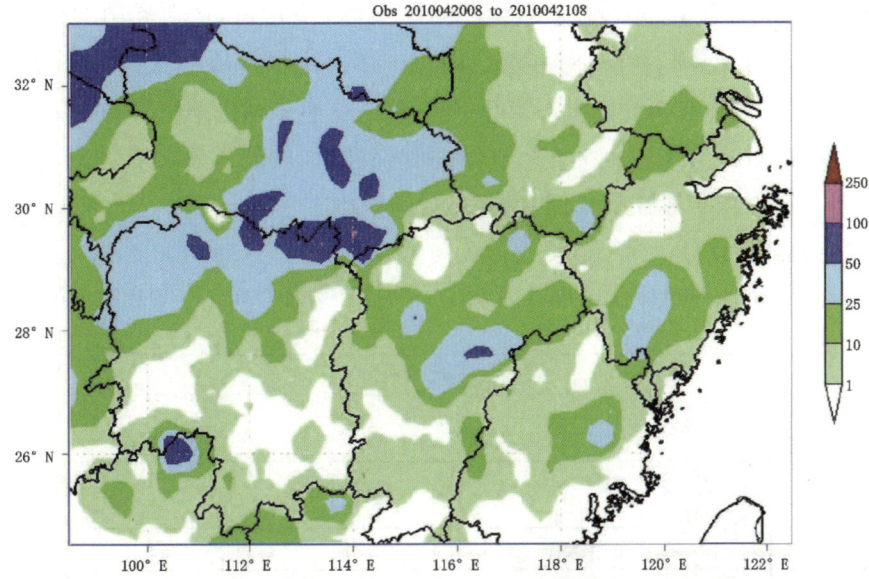

图 8-25　2010 年 4 月 20 日 8 时至 21 日 8 时 24h 累积观测降水量（单位：mm）

从图中可以看出，此次湖南省大到暴雨降水过程主要位于湖南省北部直至湖北省中东部，其中湖南省东北部与湖北省东南部交界地带，降水大到暴雨量级。最大降水站为崇阳站，24h 累积降水量达 104.2mm；其次为临湘站，24h 累积降水量达 94.4mm。

图 8-26 为 4 种方案模拟的 2010 年 4 月 20 日 8 时至 21 日 8 时 24h 累积预报降水量。

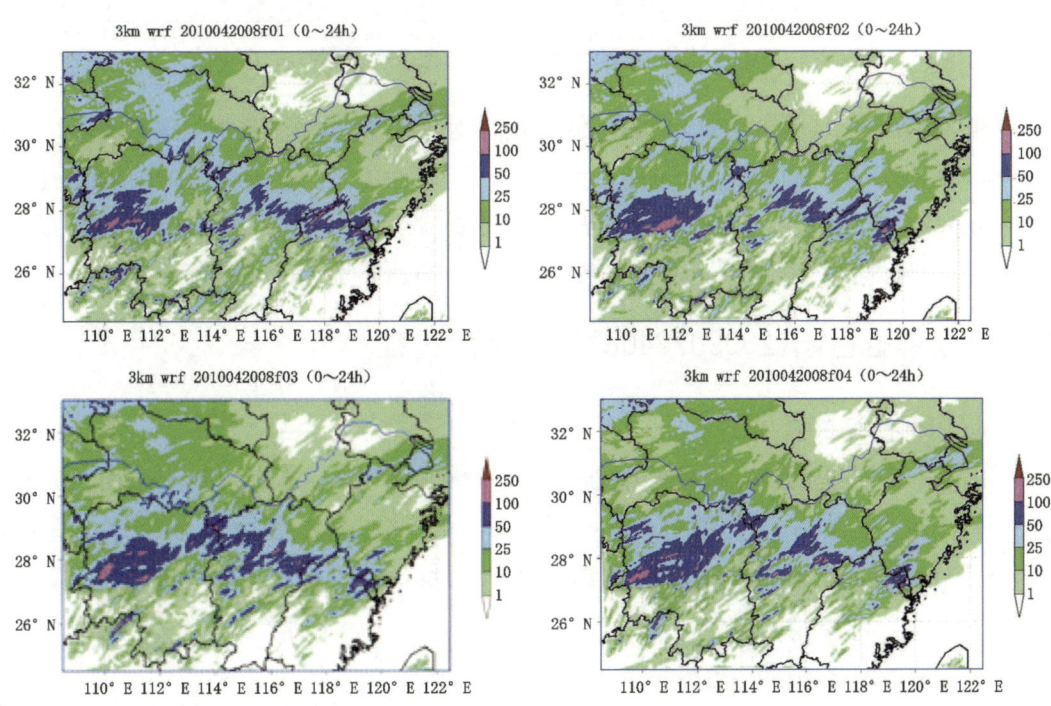

图 8-26　2010 年 4 月 20 日 8 时至 21 日 8 时 24h 累积预报降水量（单位：mm）

从图中可以看出,对于大雨的模拟,f01方案与实况更接近,从对暴雨的模拟来看,4种方案空报问题较严重,对湖南省中西部及江西省中部均空报暴雨落区。而对湖南省临湘市附近的暴雨又存在漏报,尤其是f01方案与f02方案,基本是漏报湖南省临湘市、湖北省崇阳县附近的暴雨过程,f03方案与f04方案对湖南省临湘市、湖北省崇阳县境内的暴雨有所体现,但与实况相比,暴雨位置预报稍偏东偏南,范围偏小。

(2)24h累积雨量评分

图8-27为上述4种方案对2010年4月20日8时至21日8时24h累积降水的TS评分。

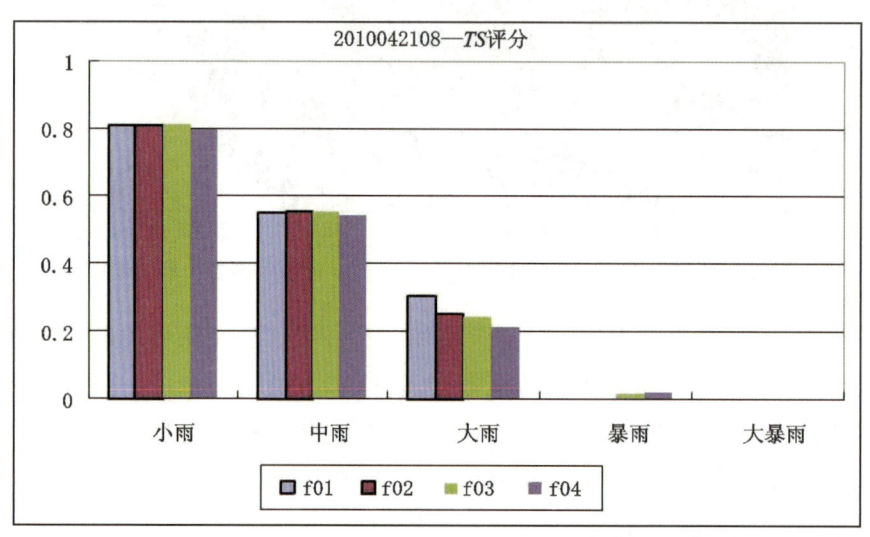

图8-27　2010年4月20日8时至21日8时24h累积降水TS评分

从图中可以看出,4种方案对此次降水过程的小雨、中雨、大雨预报效果比较理想,小雨TS评分基本能超过0.8,中雨TS评分也能达到0.5以上。4种方案对于小雨、中雨的预报性能基本相当,在大雨的预报上,f01方案略占优势。但对于此次过程,f01、f02方案对暴雨的预报不是很理想,TS评分仅为0,f03方案与f04方案对暴雨过程有所体现,但TS评分稍显低了。

8.5.6　湖南省岳阳(2009072408)山洪降雨过程

8.5.6.1　模式方案概述

采用三层双向嵌套方案,该模式中心位于29.38°N、113.08°E,地图投影采用兰勃特投影,三层模式水平分辨率分别为27km、9km和3km,水平格点数分别为322*202、322*253和472*322,垂直层数为51层,使用的地形数据分别是2m、30s。

8.5.6.2　模拟结果分析

(1)24h累积雨量模拟分析

图8-28为2009年7月24日8时至25日8时24h累积观测降水量图。

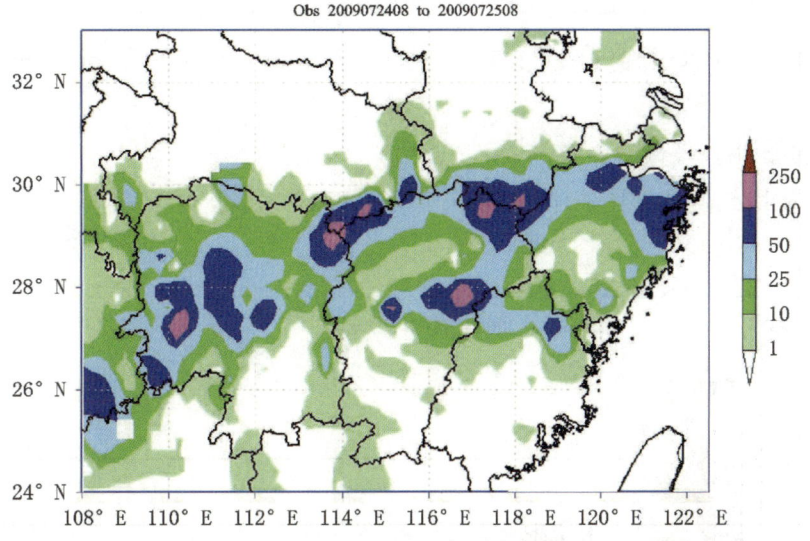

图8-28 2009年7月24日8时至25日8时24h累积观测降水量(单位:mm)

从图中可以看出,自湖南省中部以北,直至江西省北部、安徽省南部、浙江省北部大部分地区普降大到暴雨,局部大暴雨。雨带呈一个西南东北走向。江西省中部偏东地区也有暴雨量级以上的强降水发生。

图8-29为4种方案模拟的2009年7月24日8时至25日8时24h累积预报降水量图。

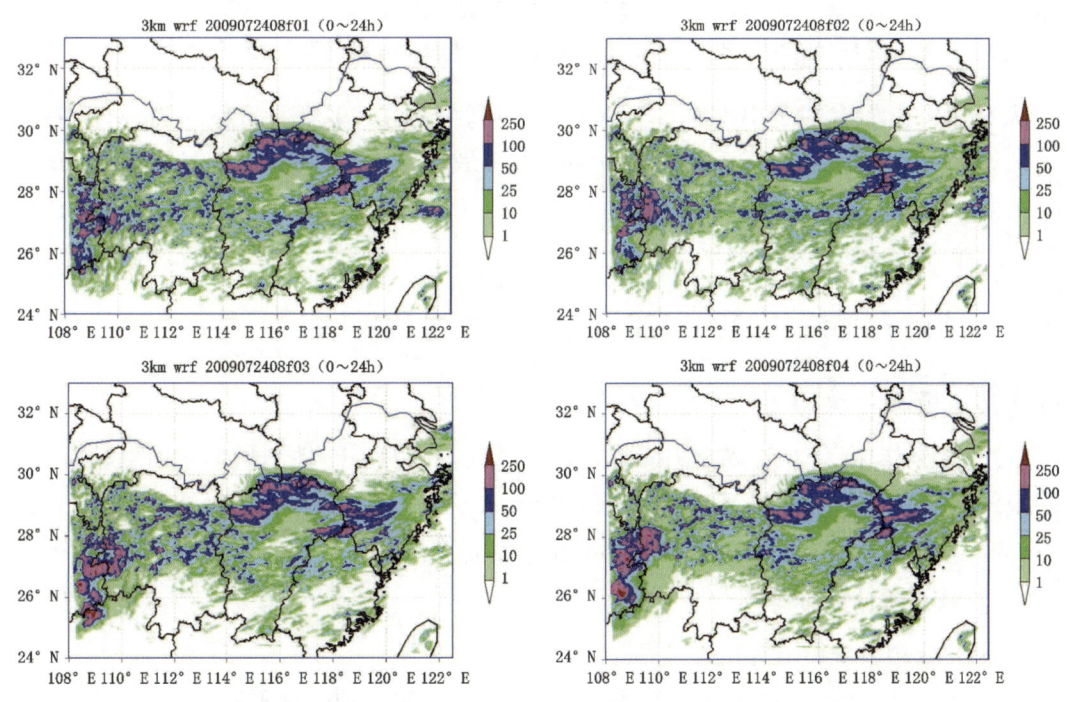

图8-29 2009年7月24日8时至25日8时24h累积预报降水量(单位:mm)

从图中可以看出4种方案对此次西南东北走向的暴雨过程主体基本都能把握,对江西省中部偏东的局部暴雨也能显现出来,但对湖南省东北与湖北省交界岳阳附近的暴雨漏报。4 种方案对此次强降水过程的位置模拟与实况存在差异,同时在部分地区对大暴雨存在空报。

(2)24h 累积雨量评分

图 8-30 为上述 4 种方案对 2009 年 7 月 24 日 8 时至 25 日 8 时 24h 累积降水的 TS 评分。

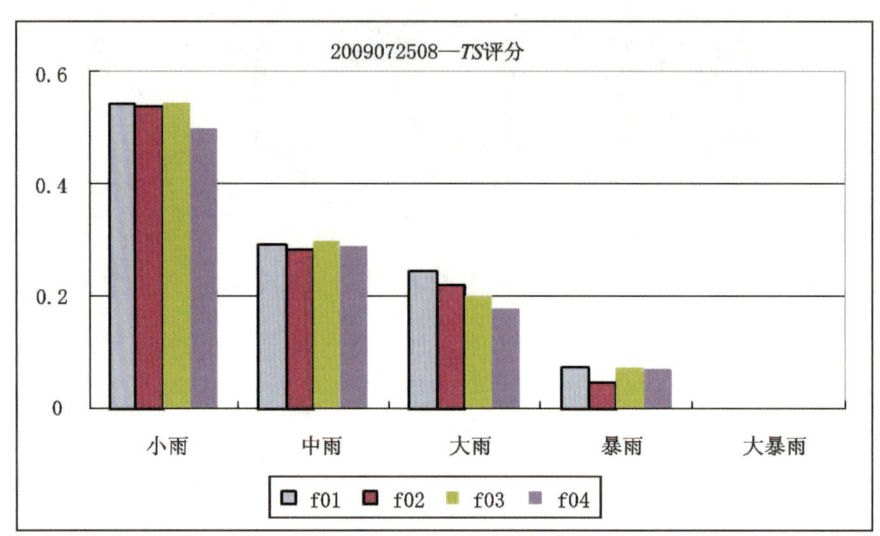

图 8-30　2009 年 7 月 24 日 8 时至 25 日 8 时 24h 累积降水 TS 评分

从图中可以看出,对于小雨的 TS 评分,f04 方案略低,其他 3 种方案相当;对于中雨的预报,TS 评分基本一致;对于大雨的预报,f01 方案最好,依次 f02、f03、f04 方案;对于暴雨的预报来说,f02 方案的 TS 评分最低,其他 3 种方案 TS 评分相当;而对于大暴雨的 TS 评分均为 0。

8.5.7　湖南省平江(2012051208)山洪降雨过程

8.5.7.1　模式方案概述

采用三层双向嵌套方案,模式中心位于 28.72°N、113.58°E,地图投影采用兰勃特投影,三层模式水平分辨率分别为 27km、9km 和 3km,水平格点数分别为 322 * 202、322 * 253 和 472 * 322,垂直层数为 51 层,使用的地形数据分别是 2m、30s。

8.5.7.2　模拟结果分析

(1)24h 累积雨量模拟分析

图 8-31 为 2012 年 5 月 12 日 8 时至 13 日 8 时 24h 累积观测降水量图。

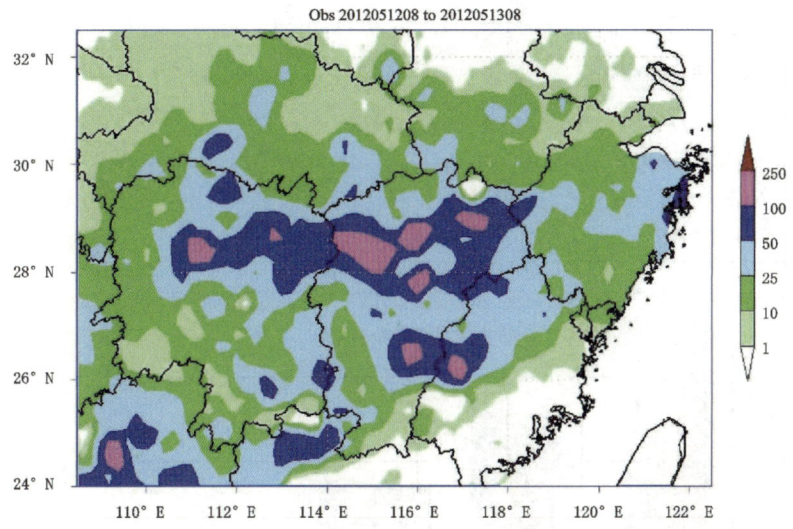

图 8-31　2012 年 5 月 12 日 8 时至 13 日 8 时 24h 累积观测降水量(单位:mm)

从图中可以看出,湖南省中部偏北至江西省大部普降暴雨,局部大暴雨,江西省东南部与福建省交界也有强降水发生,广西壮族自治区北部暴雨,局部大暴雨。

图 8-32 为 4 种方案模拟的 2012 年 5 月 12 日 8 时至 13 日 8 时 24h 累积预报降水量图。

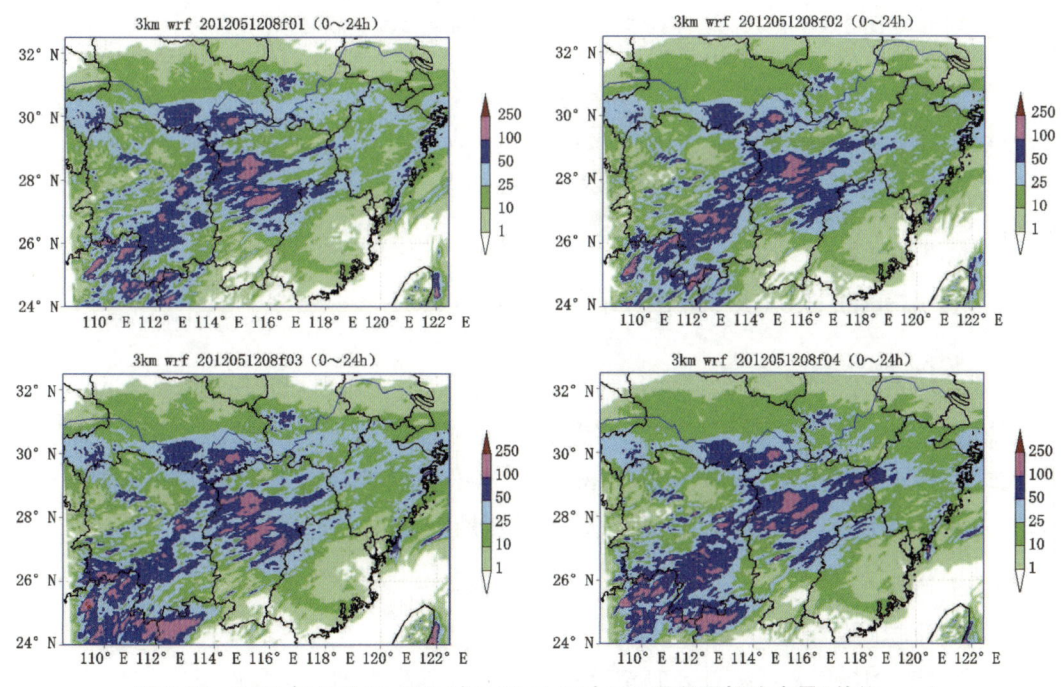

图 8-32　2012 年 5 月 12 日 8 时至 13 日 8 时 24h 累积预报降水量(单位:mm)

从图中可以看出,4 种方案都能指示出此次广西壮族自治区、湖南省、江西省的大范围强降水,但 4 种方案对暴雨及大暴雨的位置预报存在偏差,实况主雨带为呈正东西向的暴雨,而 4 种方案模拟的主雨带为西南东北走向,同时,4 种方案空报湖北省东南与湖南、江西省交界的暴雨、大暴雨。

(2)24h 累积雨量评分

图 8-33 为上述 4 种方案对 2012 年 5 月 12 日 8 时至 13 日 8 时 24h 累积降水的 TS 评分。

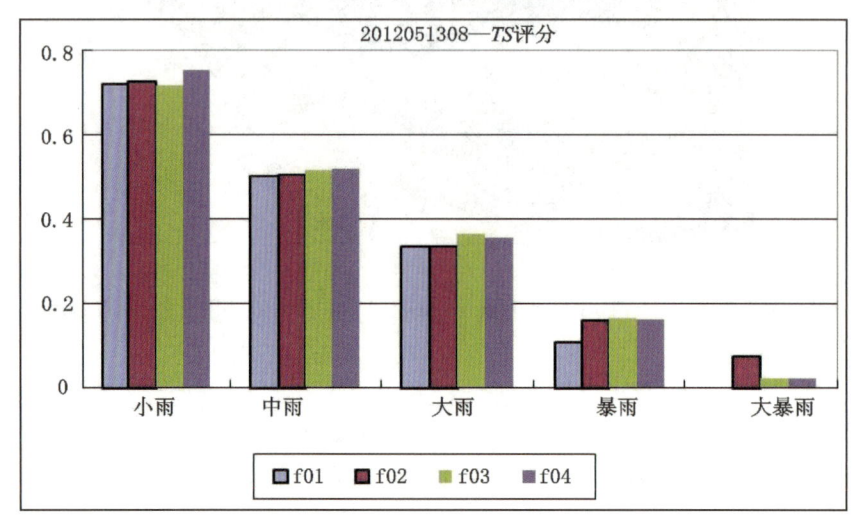

图 8-33　2012 年 5 月 12 日 8 时至 13 日 8 时 24h 累积降水 TS 评分

从图中可以看出,对于小雨的 TS 评分,f04 方案最好,其他 3 种方案相当;对于中雨的预报,TS 评分基本一致;对于大雨的预报,f03、f04 方案略好;对于暴雨的预报来说,除 f01 方案的 TS 评分最低外,其他 3 种方案的 TS 评分相当;对于大暴雨 f02 方案预报情况 TS 评分最高。

8.5.8　甘肃舟曲(2010080708)山洪降雨过程

8.5.8.1　模式方案概述

采用三层双向嵌套方案,模式中心位于 34.78°N、104.37°E,地图投影采用兰勃特投影,三层模式水平分辨率分别为 27km、9km 和 3km,水平格点数分别为 322﹡202、322﹡253 和 472﹡322,垂直层数为 51 层,使用的地形数据分别是 2m、30s。

8.5.8.2　模拟结果分析

(1)24h 累积雨量模拟分析

图 8-34 为 2010 年 8 月 7 日 8 时至 8 日 8 时 24h 累积观测降水量图。

第 8 章 基于数值预报技术的短期(1~2d)预警技术

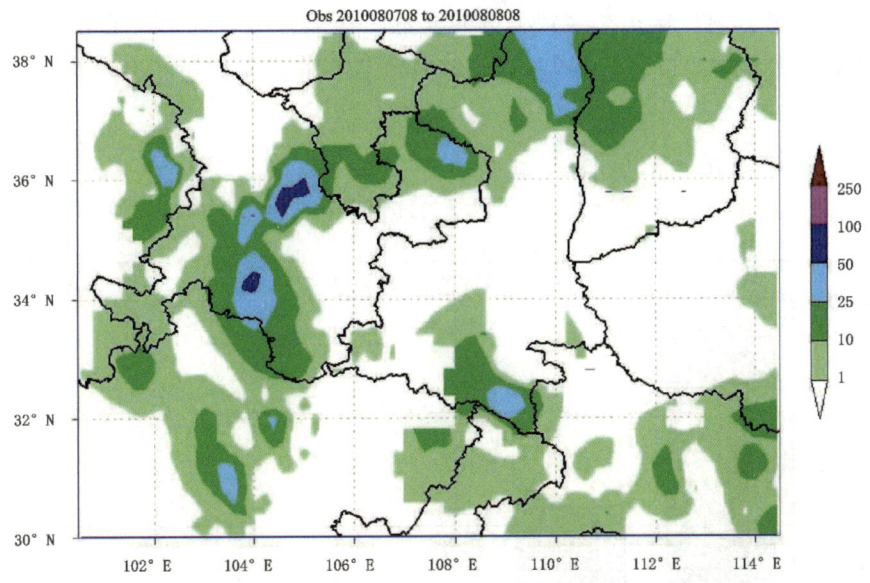

图 8-34　2010 年 8 月 7 日 8 时至 8 日 8 时 24h 累积观测降水量(单位:mm)

从图中可以看出,甘肃省境内主要有两个暴雨中心,一个为甘肃省岷县、舟曲一带,另一个为甘肃省会宁附近。

图 8-35 为 4 种方案模拟的 2010 年 8 月 7 日 8 时至 8 日 8 时 24h 累积预报降水量图。

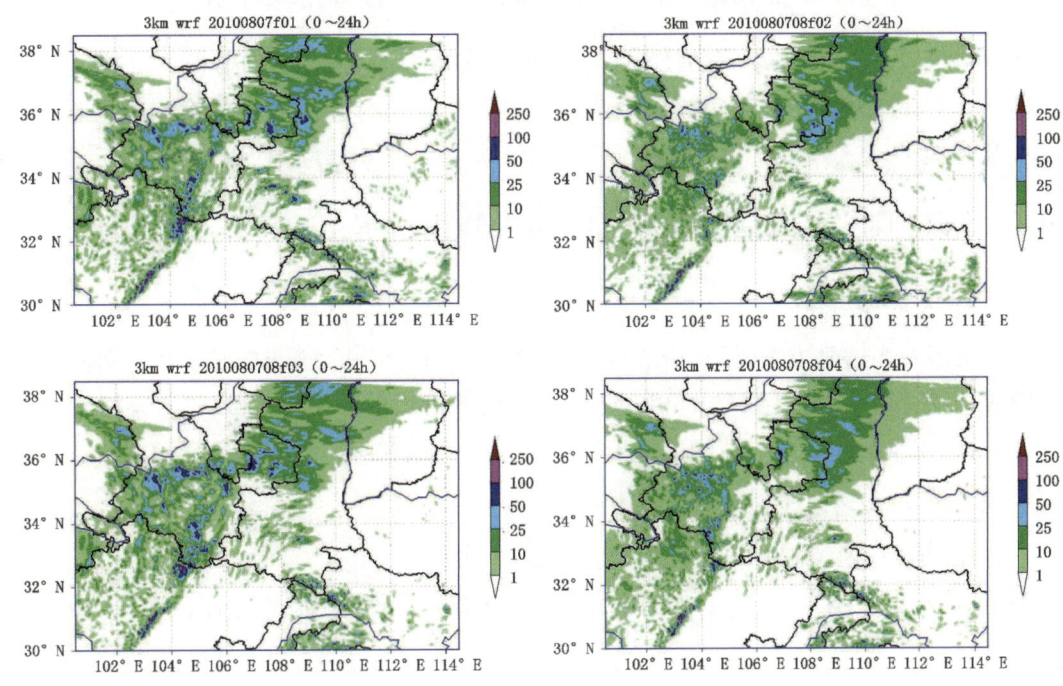

图 8-35　2010 年 8 月 7 日 8 时至 8 日 8 时 24h 累积预报降水量(单位:mm)

从图中可见,对这种局地小范围的降水,模式模拟性能较弱,尤其是对局地性的暴雨,模拟效果不是很理想，4种方案虽然大致上都能显示出甘肃省境内有些局地的暴雨发生，但是模拟的范围和位置与实况有一定偏差，对此次甘肃省舟曲的暴雨过程基本都没有很好地模拟出来。

(2)24h累积雨量评分

图8-36为上述4种方案对2010年8月7日8时至8日8时24h累积降水的TS评分。

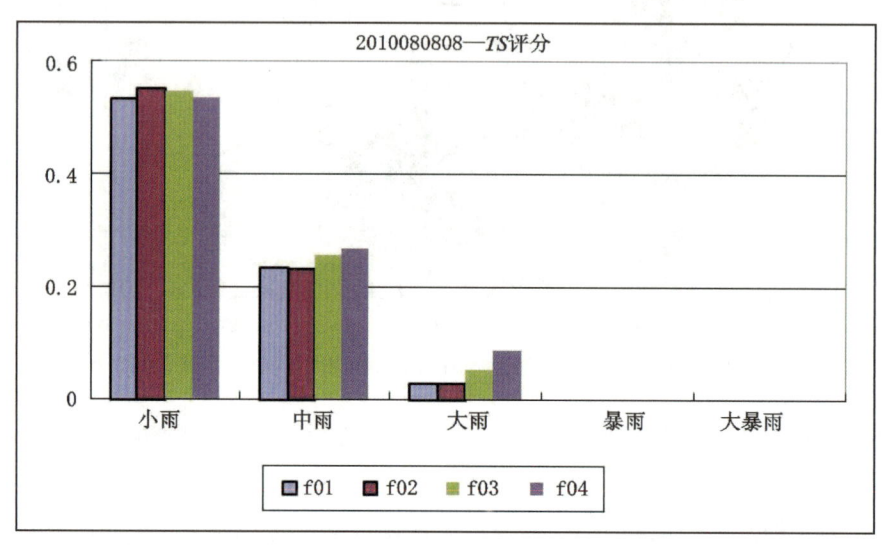

图8-36　2010年8月7日8时至8日8时24h累积降水TS评分

从图中可以看出，对于小雨的TS评分，4种方案基本相当；对于中雨和大雨的预报，f04方案的TS评分都为最好；4种方案对暴雨的模拟TS评分均为0；实况没有出现大暴雨，所以TS用0表示。

8.5.9 "碧利斯"台风(2006071508)山洪降雨过程

8.5.9.1 模式方案概述

采用三层双向嵌套方案，模式中心位于25.80°N、113.03°E，地图投影采用兰勃特投影，三层模式水平分辨率分别为27km、9km和3km，水平格点数分别为322*202、322*253和472*322，垂直层数为51层，使用的地形数据分别是2m、30s。

8.5.9.2 模拟结果分析

(1)24h累积雨量模拟分析

图8-37为2006年7月15日8时至16日8时24h累积观测降水量图。

第 8 章 基于数值预报技术的短期(1～2d)预警技术

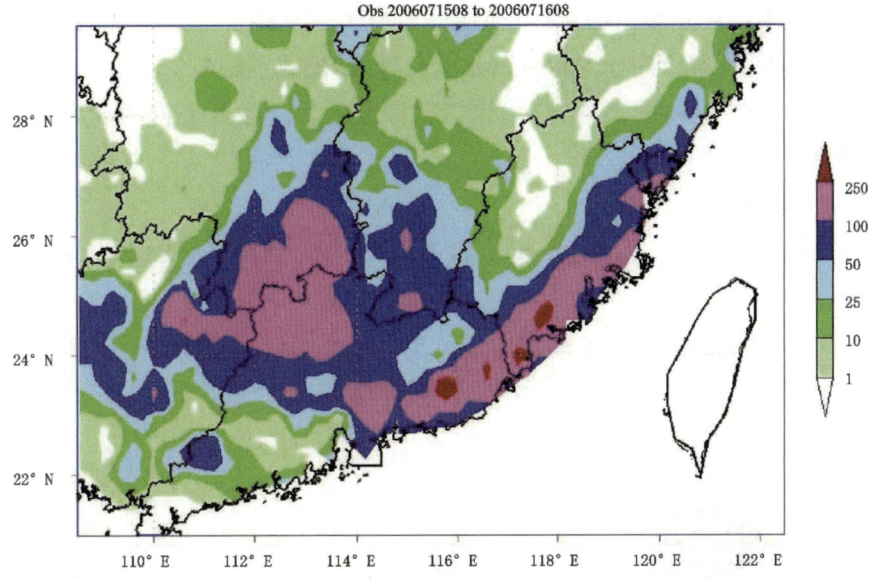

图 8-37　2006 年 7 月 15 日 8 时至 16 日 8 时 24h 累积观测降水量(单位:mm)

从图中可以看出,湖南省南部、江西省南部、广西壮族自治区东北部、广东省西北部以及福建省沿海、广东省沿海持续大范围暴雨、大暴雨。

图 8-38 为模拟的 2006 年 7 月 15 日 8 时至 16 日 8 时 24h 累积预报降水量图。

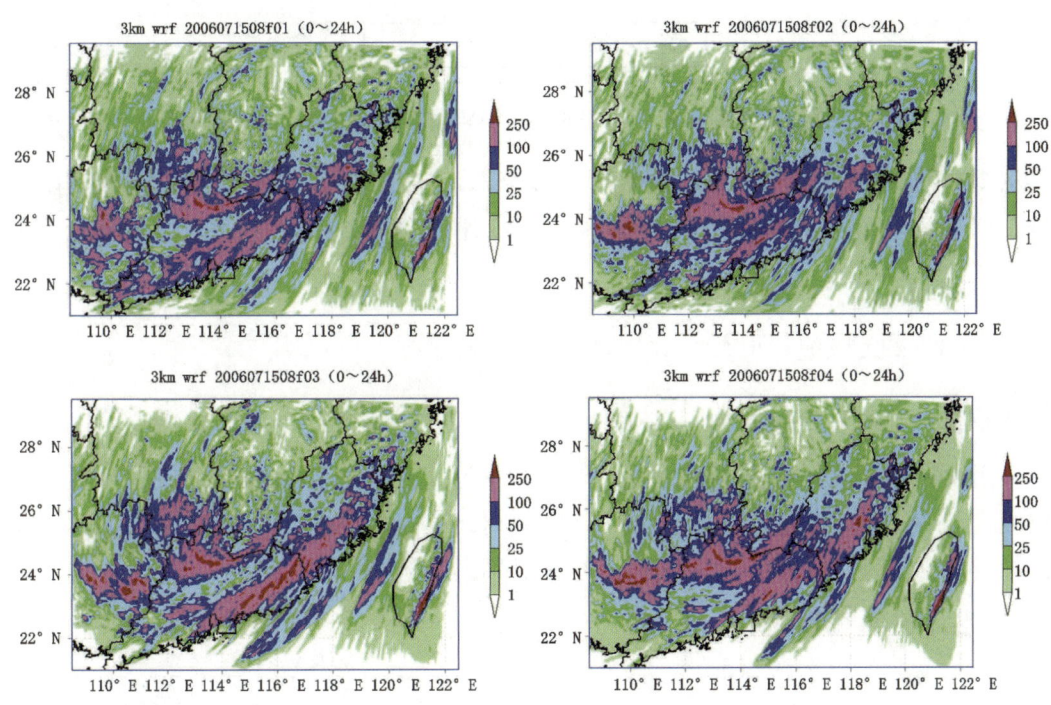

图 8-38　2006 年 7 月 15 日 8 时至 16 日 8 时 24h 累积预报降水量(单位:mm)

从图中可以看出,4 种方案对湖南省南部、江西省南部以及广东省沿海、福建省沿海的暴雨、大暴雨预报来说还是不错的,位置和强度上与实况较接近;但对广西壮族自治区北部的暴雨预报位置偏差明显。对于此次强降水天气过程,模式预报较实况都会稍微偏大,从而使得模式对小雨、中雨等量级较小的降水模拟稍微逊色些。综合来看,f03 方案对此次强降水的模拟效果最好。

(2)24h 累积雨量评分

图 8-39 为上述 4 种方案对 2006 年 7 月 15 日 8 时至 16 日 8 时 24h 累积降水的 TS 评分。

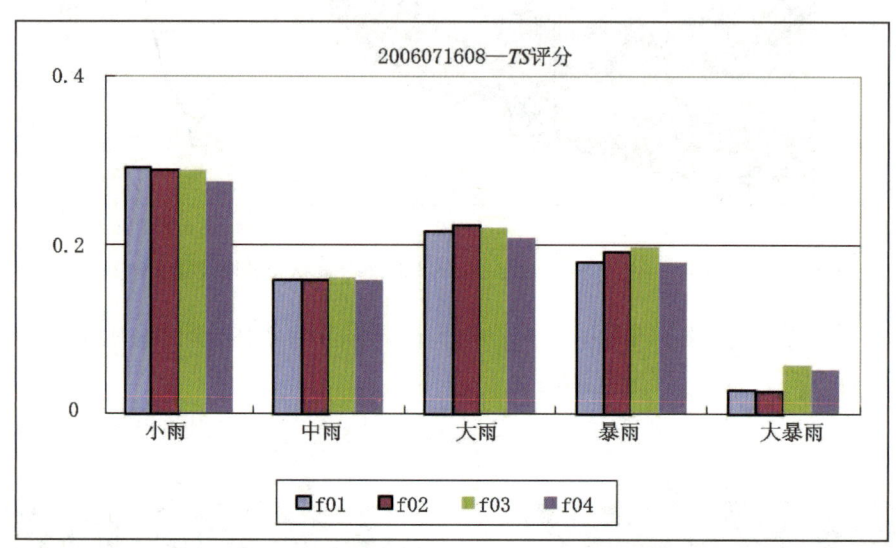

图 8-39　2006 年 7 月 15 日 8 时至 16 日 8 时 24h 累积降水 TS 评分

从图中可以看出,对于小雨、中雨的 TS 评分,4 种方案基本相当;对于大雨、暴雨的 TS 评分,f03 方案与 f02 方案略好;对于大暴雨的 TS 评分 f03、f04 方案最好,f01 方案与 f02 方案相当。

8.5.10　陕西宁强(2002060808)山洪降雨过程

8.5.10.1　模式方案概述

采用三层双向嵌套方案,模式中心位于 32.83°N、106.25°E,地图投影采用兰勃特投影,三层模式水平分辨率分别为 27km、9km 和 3km,水平格点数分别为 322*202、322*253 和 472*322,垂直层数为 51 层,使用的地形数据分别是 2m、30s。

8.5.10.2　模拟结果分析

(1)24h 累积雨量模拟分析

图 8-40 为 2002 年 6 月 8 日 8 时至 9 日 8 时 24h 累积预报降水量图。

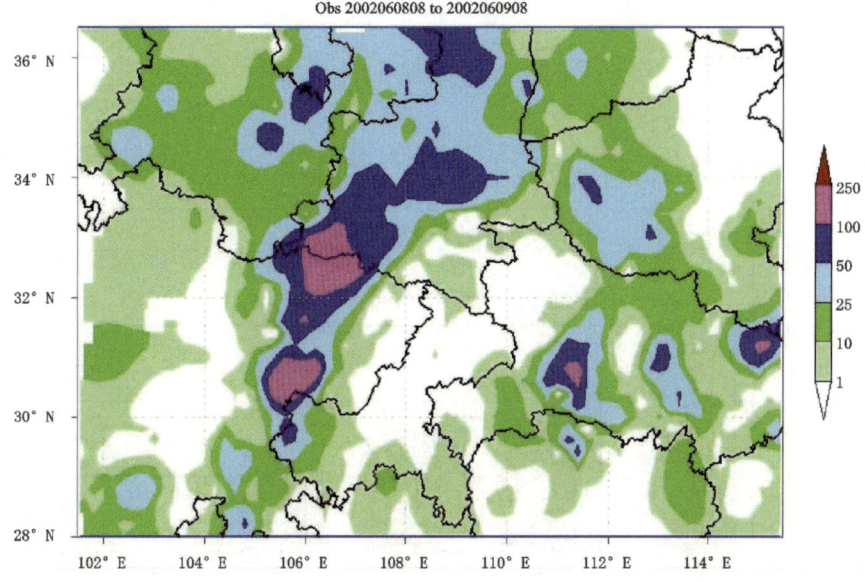

图 8-40　2002 年 6 月 8 日 8 时至 9 日 8 时 24h 累积观测降水量(单位:mm)

从图中可见,陕西省自北向南一直延伸至四川盆地东部为大范围大到暴雨,局部大暴雨;河南省西南局部、湖北省局部也有大到暴雨,局部大暴雨。

图 8-41 为 4 种方案模拟的 2002 年 6 月 8 日 8 时至 9 日 8 时 24h 累积预报降水量图。

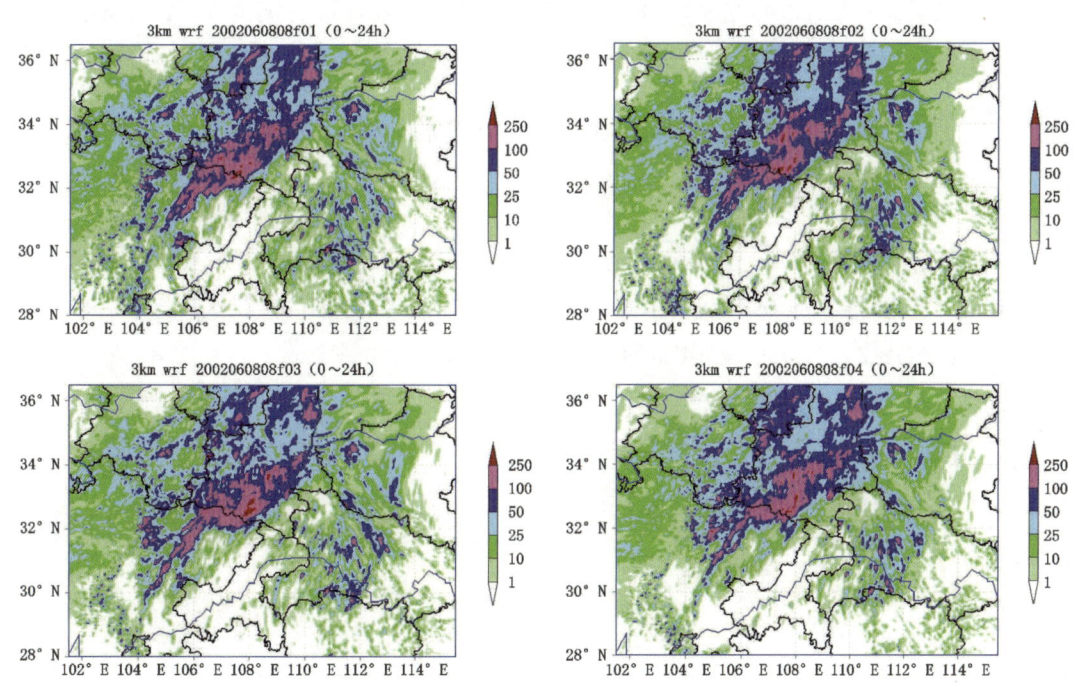

图 8-41　2002 年 6 月 8 日 8 时至 9 日 8 时 24h 累积预报降水量(单位:mm)

从图中可以看出 4 种方案对此次陕西省南部附近的大范围强降水模拟还不错,尤其是

f01方案模拟出的结果与实况最接近,大暴雨中心与实况比较吻合,但是4种方案对降水都存在一定的空报问题。

(2)24h累积雨量评分

图8-42为上述4种方案对2002年6月8日8时至9日8时24h累积降水的TS评分。

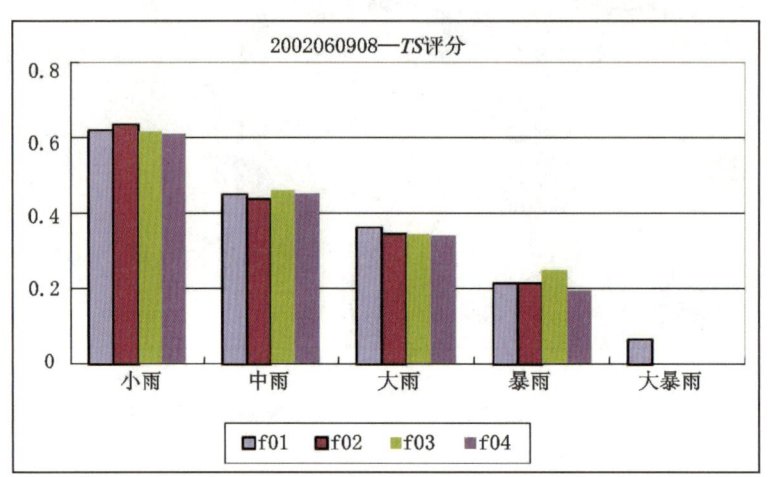

图8-42　2002年6月8日8时至9日8时24h累积降水TS评分

从图中可以看出,对于小雨、中雨的预报TS评分基本一致;对大雨的预报来说,f01方案的TS评分最高,其他3种方案相当;对于暴雨的预报来说,f03方案的TS评分最高,其他3种方案评分一致;f01方案对大暴雨的预报TS评分最高。

8.5.11　陕西洋县(2011072808)山洪降雨过程

8.5.11.1　模式方案概述

采用三层双向嵌套方案,模式中心位于32.83°N、106.25°E,地图投影采用兰勃特投影,三层模式水平分辨率分别为27km、9km和3km,水平格点数分别为322*202、322*253和472*322,垂直层数为51层,使用的地形数据分别是2m、30s。

8.5.11.2　模拟结果分析

(1)24h累积雨量模拟分析

图8-43为2011年7月28日8时至29日8时24h累积观测降水量图。

第8章 基于数值预报技术的短期(1~2d)预警技术

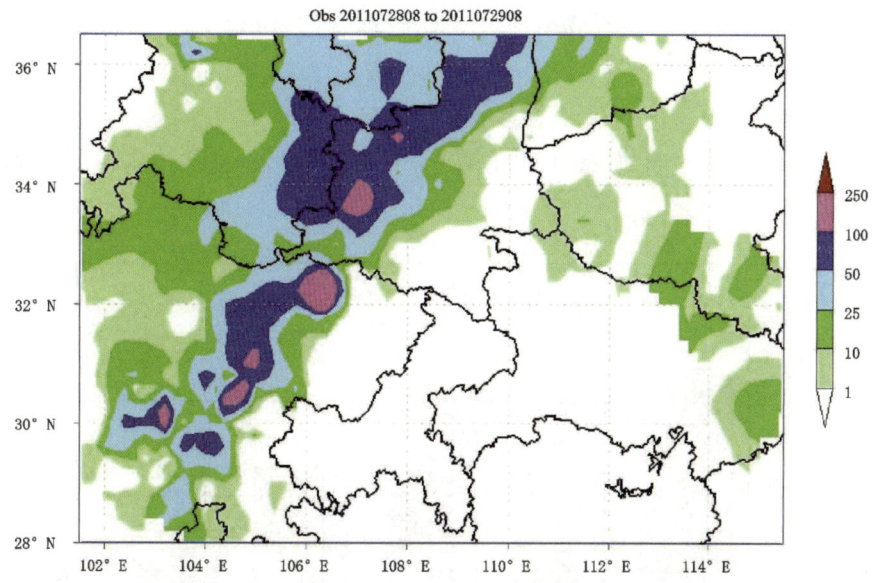

图 8-43　2011 年 7 月 28 日 8 时至 29 日 8 时 24h 累积观测降水量(单位:mm)

从图中可以看出,自陕西省北部沿着其西部与甘肃南部交界,一直延伸到四川盆地中东部普降暴雨,局部大暴雨,主雨带呈东北西南走向。

图 8-44 为 4 种方案模拟的 2011 年 7 月 28 日 8 时至 29 日 8 时 24h 累积预报降水量图。

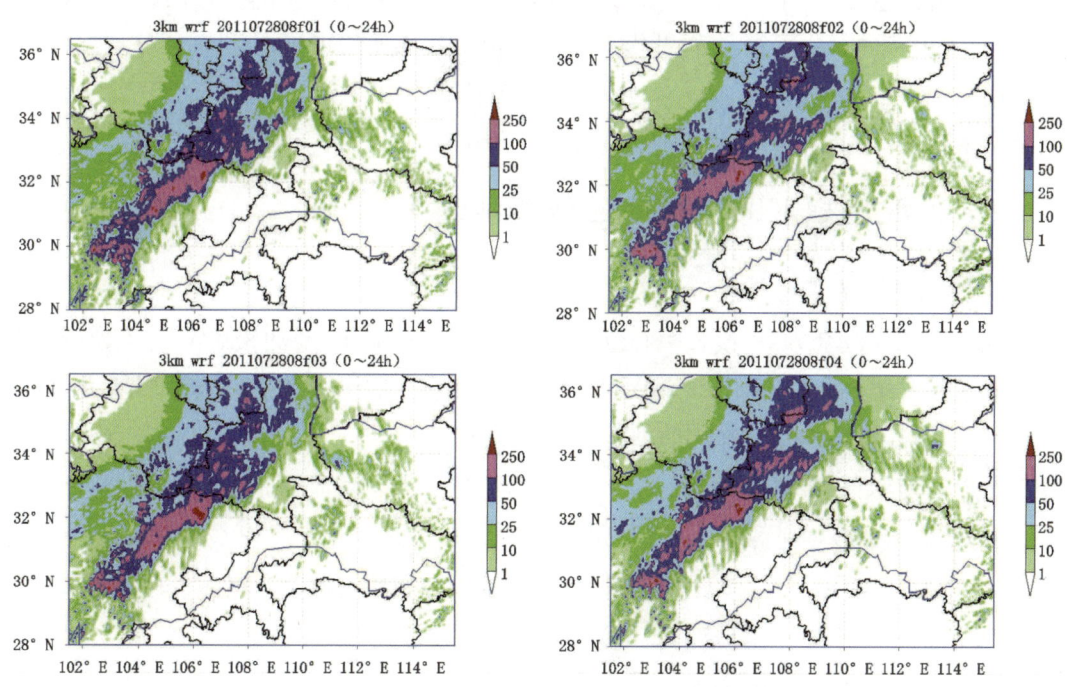

图 8-44　2011 年 7 月 28 日 8 时至 29 日 8 时 24h 累积预报降水量(单位:mm)

从图中可以看出,4 种方案对这个东北西南走向的暴雨过程把握得很好,尤其是 4 种方案对大雨、暴雨的位置和落区的模拟效果还是比较理想的,但是4种方案对暴雨、大暴雨均有空报。

(2)24h 累积雨量评分

图8-45为上述4种方案对2011年7月28日8时至29日8时24h累积降水的TS评分。

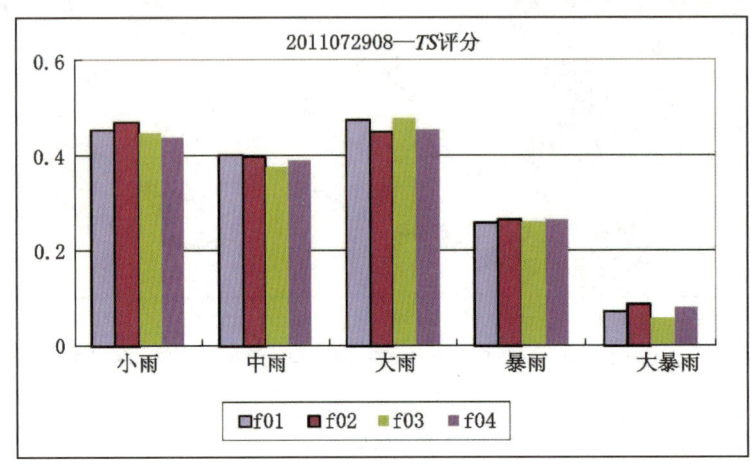

图8-45　2011年7月28日8时至29日8时24h累积降水TS评分

从图中可以看出,对于小雨的TS评分,f02方案稍高;对于中雨的预报,TS评分也基本一致;从对于大雨的TS评分来看,此次对大雨的模拟效果比较理想,其TS评分均超过小雨和中雨的TS评分,其中f01、f03方案最好;对于暴雨的预报来说,4种方案TS评分相当;4种方案对大暴雨的预报TS评分相对较高,对大暴雨有一定的预报能力。

8.5.12　江西上栗(2008052708)山洪降雨过程

8.5.12.1　模式方案概述

采用三层双向嵌套方案,模式中心位于27.65°N、113.85°E,地图投影采用兰勃特投影,三层模式水平分辨率分别为27km、9km和3km,水平格点数分别为322*202、322*253和472*322,垂直层数为51层,使用的地形数据分别是2m、30s。

8.5.12.2　模拟结果分析

(1)24h 累积雨量模拟分析

图8-46为2008年5月27日8时至28日8时24h累积观测降水量图。

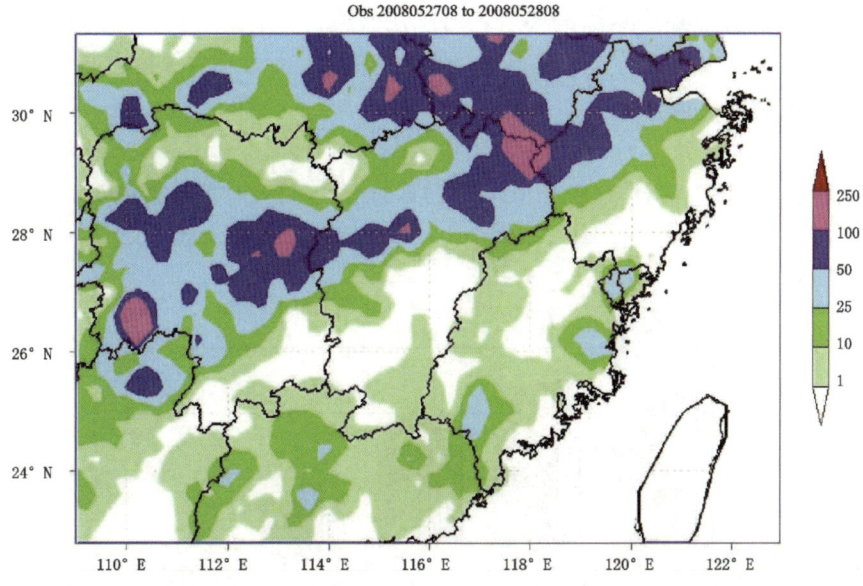

图 8-46　2008 年 5 月 27 日 8 时至 28 日 8 时 24h 累积观测降水量(单位：mm)

从图中可以看出，降水主要分布于湖北省、安徽省、浙江省、江西省直至湖南省大范围区域，江西省婺源单站 24h 降水量最大，达到 227.7mm。降水中心主要分布在安徽省、江西省及湖北省交界，以及湖南省与江西省交界。

图 8-47 为 4 种方案模拟的 2008 年 5 月 27 日 8 时至 28 日 8 时 24h 累积预报降水量图。

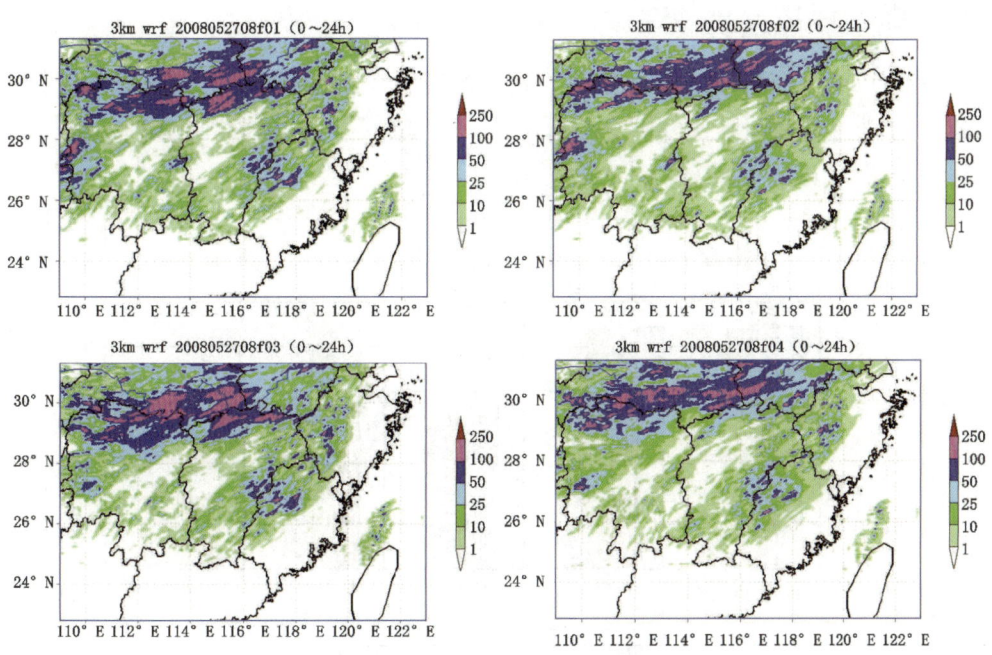

图 8-47　2008 年 5 月 27 日 8 时至 28 日 8 时 24h 累积预报降水量(单位：mm)

将模拟与实况对比可以看出，4 种方案对雨带都能模拟出来，但对这次强降水的位置模拟较实况偏北,大暴雨中心基本都偏移了。对湖南省中部、江西省中北部的暴雨预报较实况有一定差距,基本都向北移动了,同时4种方案还空报了浙江省、福建省局部的暴雨、大暴雨,而漏报广东省境内的降水。

(2)24h 累积雨量评分

图 8-48 为上述 4 种方案对 2008 年 5 月 27 日 8 时至 28 日 8 时 24h 累积降水的 TS 评分。

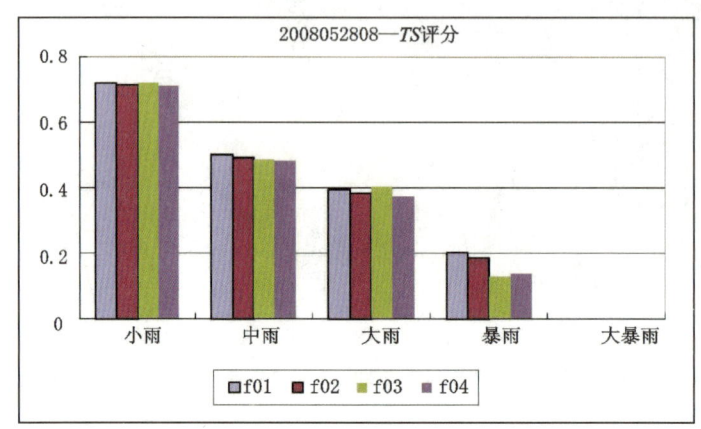

图 8-48　2008 年 5 月 27 日 8 时至 28 日 8 时 24h 累积降水 TS 评分

从图中可以看出,对于小雨、中雨、大雨的 TS 评分,4 种方案基本相当;对于暴雨的预报来说,f01 方案的 TS 评分最高,其次为 f02、f04、f03 方案评分最低;而对于大暴雨的 TS 评分均为 0。

8.5.13　综合评估分析

图 8-49 为所有模拟个例预报效果综合得分情况。计算方法为:分别将个例各个量级的预报 TS 评分进行统计,TS 评分第一的得 4 分,第二的得 3 分,以此类推得 2 分、1 分,最后得到所有个例的综合平均成绩绘图。

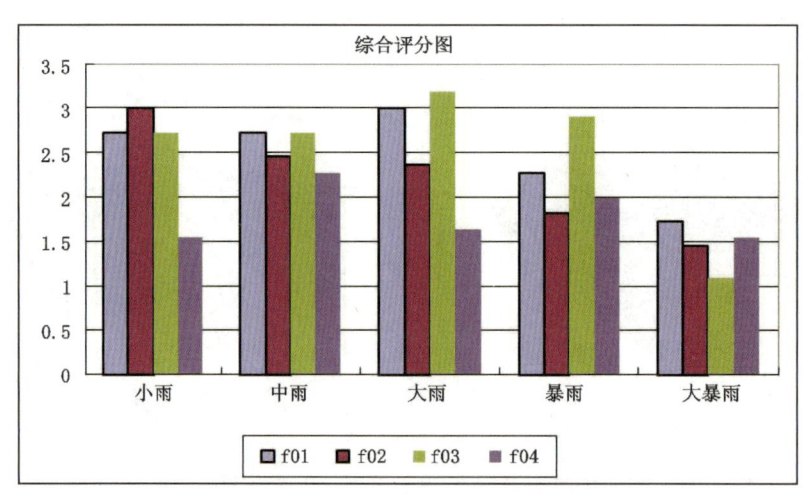

图 8-49　11 组个例模拟效果综合得分图

从图中可以看出,对于小雨预报,f02 方案的得分最高,f04 方案的得分最低;对于中雨的预报,f01 方案与 f03 方案并列第一,f04 方案仍然最差;对于大雨的预报,f03 方案最好,f04 方案最差;对于暴雨的预报 f03 方案最好,f02 方案最差;对于大暴雨的预报,f01 方案最好,f03 方案最差。综合来看,f01 方案与 f03 方案较好,预报效果最稳定,f04 方案对各个量级的预报最差。

8.6 数值预报模式产品释用——降水偏差订正技术研究

8.6.1 定量降水预报误差问题

随着数值预报技术的飞速发展,数值预报产品正在各级气象台站发挥着越来越重要的作用,然而,由于数值模式初值和模式自身存在的误差,导致数值预报产品存在着一定的误差。因此,采用一定的释用方法对数值模式直接输出的产品进行处理,从而改进总体预报效果,是目前国际上通行的做法。一般而言,降水偏差会随模式预报时效、降水阈值和具体天气过程的不同而不同,水文预报对降水预报的精度非常敏感,降水预报的准确性是影响水文预报准确性的关键因子之一,提高降水预报精度是改进水文预报的关键,因此,有必要开展降水的订正技术研究。

8.6.2 基本原理和实现方法

图 8-50 表示通过统计预报和实况前期在不同阈值条件下降水出现的频率(可以是空间上的或时间上的或二者兼用)的示意图,可以看到小的降水预报得太多(湿偏差)而大的降水却预报得太少(干偏差)。针对某一阈值,假定它在预报中出现的频率应该同实况中出现的频率一致(即垂直轴的值保持一样),那么预报中的 20mm 降水应该被订正到同实况一致的 10mm 降水量;同理,40mm 的预报降水应被订正到 50mm 降水量。这种保持出现频率一致的方法可称为"频率匹配法"。如从空间上的分布来理解(见图 8-50(b)至图 8-50(c)),频率的大小实际上就是空间范围的大小(站点或格点数的多少)。这样,在湿偏差情况下某一量级如 10mm 以上的预报面积大于实况的面积(见图 8-50(b)),这时如果 20mm 以上的预报雨区恰同实况的 10mm 以上的雨区面积相当,那么在"预报面积应该同实况面积一致"的假定下,预报中的 20mm 降水应该被降到同实况面积一致的 10mm 降水量;同理,在干偏差情况下 40mm 的预报降水应被提高到 50mm 降水量(图 8-50(c)),因为此法考虑了预报和实况雨区面积的一致性,所以"频率匹配法"也可称为"面积匹配法"。

具体实施则是根据预报和观测频率的两组前期的统计数据,采用多项式插值的方法对它们进行曲线拟合,获得不同阈值模式降水预报的转换系数,即将模式降水预报的频率分布曲线调整到与观测降水频率分布曲线一致,这样利用所获得的转换系数从而达到订正预报降水偏差的目的(如图 8-50(a))。

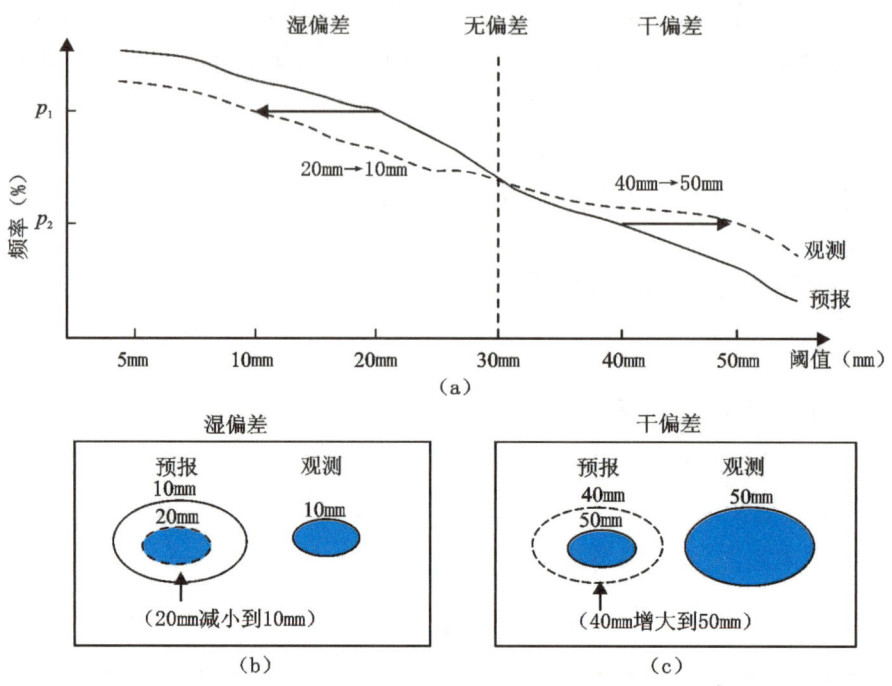

图 8-50 降水的频率和面积匹配方法原理示意图

8.6.3 订正效果分析

(1)对降水强度预报的影响

图 8-51(a)和图 8-51(b)为订正前后 48h 累积降水量预报的 2012 年 6—8 月逐日平均和绝对误差。从逐日平均误差的变化看,订正前两个预报时段的误差均为正值,反映出模式降水量存在系统性的湿偏差,订正后的平均误差曲线在 0 线附近上下波动,24h 预报的偏差波动范围在±2mm 左右,48h 预报的偏差波动范围要稍大一些,降水预报的雨量系统误差基本得到矫正。此法对雨量偏差的显著订正作用不难理解,因为此法直接调整的对象就是雨量值本身。订正后预报的雨量绝对误差也得到明显改善,48h 预报改善更加明显(这是因为它原来的偏差较大的缘故),订正后的 24~48h 时段的平均绝对误差水平与订正前 0~24h 时段相当。当偏差消除后其绝对误差也大大地减少。

图 8-51(c)和图 8-51(d)给出了实况和预报平均日降水量的逐日演变。

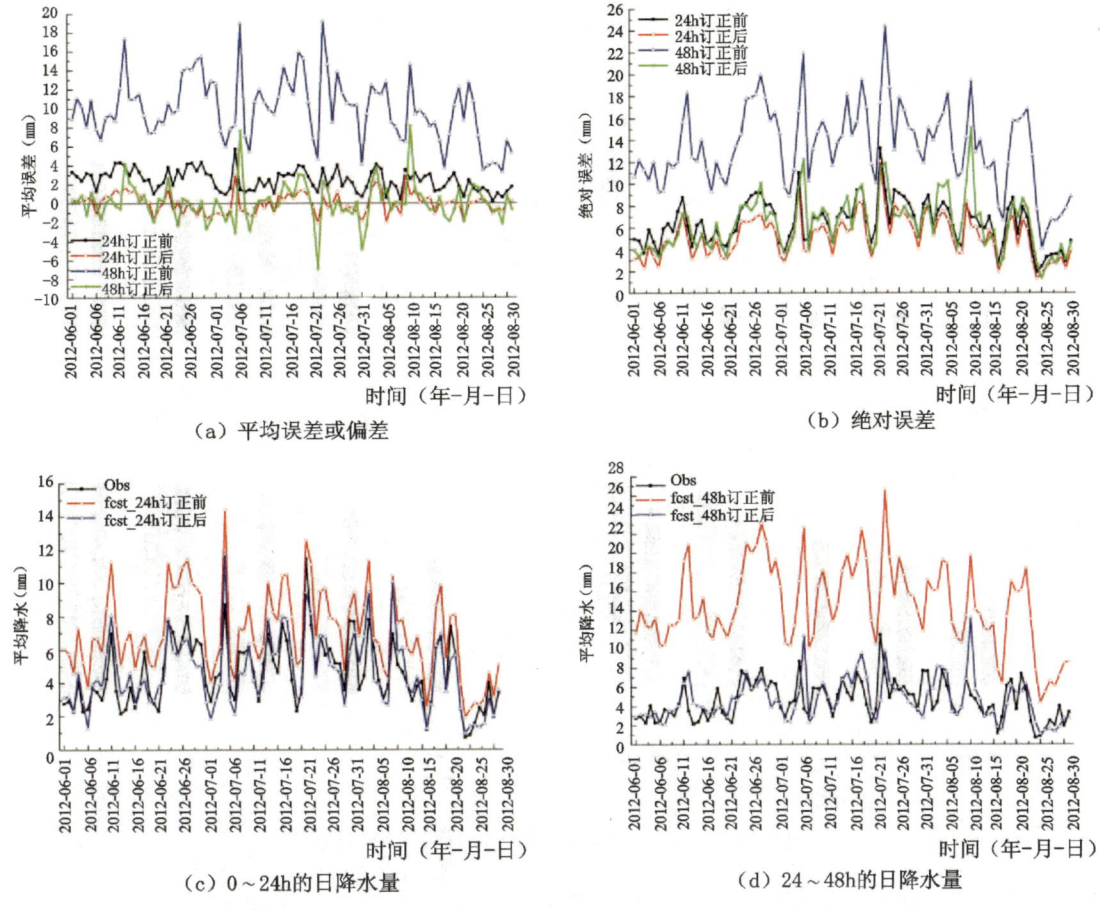

图 8-51　2012 年 6 月 1 日至 8 月 31 逐日偏差订正对降水强度预报的影响

如图所示，模式预报的逐日平均降水变化趋势与实况比较接近，表明模式能正确反映主要降水过程的变化，但模式预报的日平均降水均大于实况，24～48h 时段表现得更为突出（见图 8-51(d)）。经过订正，24h 和 48h 日降水量的预报与实况基本接近。同时我们也看到，当实况出现较大降水过程时预报偏差和绝对误差也更加明显，这说明降水量误差的大小与实况降水强度的大小有大致的正相关。

(2) 对降水范围(面积)预报的影响

图 8-52 为订正前后降水预报雨区范围大小的偏差 BIAS。订正前模式具有一致的湿偏差特征即预报雨区偏大，尤其是 24～48h 时段；订正后，偏差得到显著改善，各个量级的偏差均保持在 1 左右。同雨量偏差能被显著订正一样，雨区面积偏差能被显著订正的原因也同本法的基本假定即"雨区面积的匹配"有关。由于降水范围大小在订正前后改变了，降水的空报率和漏报率也会随之改变。一般说来，在预报雨区过大(湿偏差)的情况下订正后会使降水范围缩小从而使空报率下降而漏报率上升；反之，在预报雨区过小(干偏差)的情况下

订正后则会使降水范围扩大从而使空报率上升而漏报率下降。图 8-52(b)和图 8-52(c)分别为漏报率和空报率。

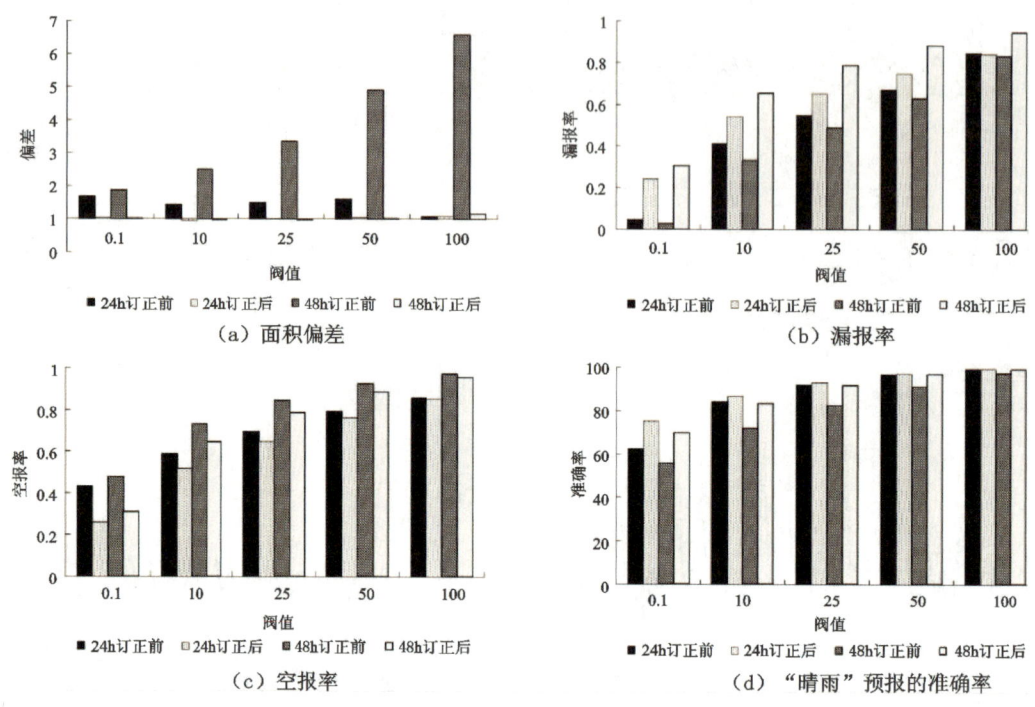

图 8-52　偏差订正对降水范围(面积)预报的影响

如图所示,随着预报阈值的提高,模式降水预报的空报率、漏报率也增大。对比图 8-52(b)和图 8-52(c),订正前模式降水预报的空报率明显高于漏报率,尤其在小雨量级上,并且 24~48h 时段的空报率普遍高于 0~24h 时段。订正后,降水预报的空报率下降,但漏报率也相应有所增加(这也是 TS 评分和 ETS 评分改善不明显的原因),但订正后的空报率和漏报率相当,两者比较均衡,结果更加合理。改进后各量级"晴雨"预报的准确率都有提高(见图 8-52d),其中小雨量级的预报准确率提高最为显著,这是因为大片虚报的小雨量降水区被订正消除了;24~48h 时段比 0~24h 时段提高明显,这是因为 24~48h 时段的偏差较大的缘故。

(3)对降水落区位置预报的影响

在此采用降水预报检验中经常应用的 TS 评分和 ETS 评分来描述降水落区位置预报的准确性。图 8-53 分别给出了 TS、ETS 评分的结果。

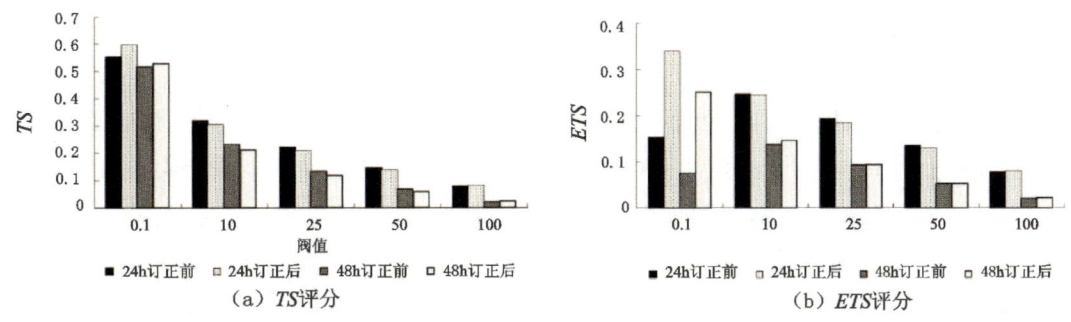

图 8-53　偏差订正对降水落区位置预报的影响

从 TS 评分来看，在 0～24h 和 24～48h 两个预报时段，订正后小雨和大暴雨量级的评分都有所改善，其中小雨量级的预报改善得较明显，其他量级降水有弱的负订正效果。从 ETS 评分结果看，订正后对小雨量级的改善更加显著，其两个预报时段的 ETS 评分分别提高了 122% 和 239%，大暴雨量级的评分也略有改善，其他量级降水的 ETS 评分改进前后相差不大。改进主要表现在小雨量段和大雨量段的原因是两端降水的偏差都较大，其中小雨量降水段有大片虚报的面积，而大雨量降水段虽然面积本身范围也许并不大，但雨量偏差较大，所以对两端订正的效果要明显一些。

8.6.4　小结

试验分析结果表明：

1）基于频率（或面积）匹配的降水偏差订正方法能显著改善模式降水预报中雨量和雨区范围的系统性偏差，订正后降水预报的范围和平均强度与实况更加接近。

2）偏差愈大，订正的效果愈好。

3）从原理上讲，该法不能订正降水的落区位置偏差，但通过改变雨区范围的大小，订正后降水预报的 TS 和 ETS 的评分也有一定程度的提高，尤其是小雨量级，订正使数值预报的"有雨或无雨"的定性降水预报的质量得到明显改善。由于流域水文预报对降水量级和范围非常敏感，因此该方法在水文预报中有非常广泛的应用前景。

8.7　面向山洪灾害防治区短期（1～2d）预警预报技术方案

8.7.1　技术路线

基于美国国家大气研究中心（NCAR）等开发的中尺度非静力模式 WRF 及其三维变分同化系统，建立面向山洪防治区的高分辨率数值预报系统，系统具有局地资料快速同化能力，空间分辨率可达 3km，时间分辨率 1h，能为山洪灾害防治区域提供短期（1～2d）精细化降水预报指导产品。

8.7.2 总体结构

基于高分辨率数值模式,开展面向山洪防治区短期(1~2d)的预警预报,包含四大支撑体系:以实时观测资料、水文资料为主的数据支撑体系;以资料同化、高分辨率模式及其后处理为主的核心业务体系;以运行集成管理为主的保障体系;以产品分发、订正检验为主的应用体系。见图8-54,具体应实现以下六大功能:①实时观测资料的收集和预处理,②局地资料同化更新,③高分辨率模式预报,④模式后处理及产品发布,⑤运行集成和管理,⑥偏差订正与检验评估。

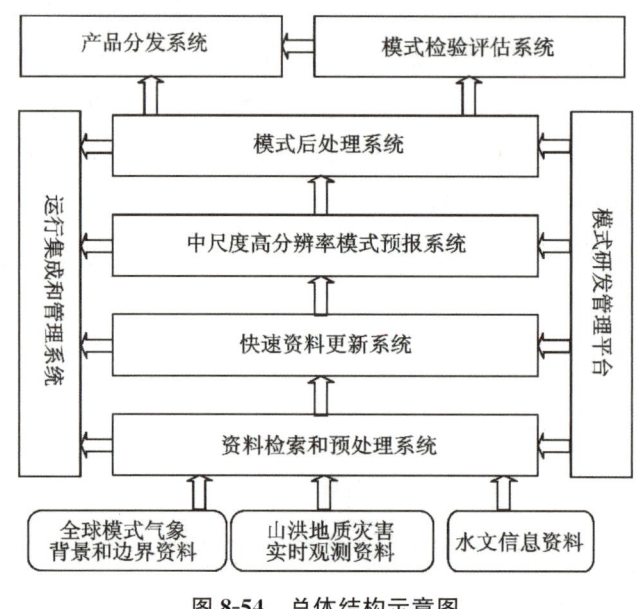

图 8-54 总体结构示意图

8.7.3 功能描述

(1)实时观测资料的收集和预处理

自动获取全球GFS每6h一次0.5°分辨率预报场、全球交换报文数据、地面自动站数据等,并对数据进行预处理,转换成模式资料同化所需的数据格式。

(2)局地资料同化更新

基于WRF三维变分同化系统,以全球GFS数据为背景,实现对全球交换报文数据的三维变分同化,在条件许可的情况下,逐步实现局地自动站资料、雷达风场和反射率资料的三维变分同化,提高局地非常规观测资料的利用率,不断改进模式初始场精度。

(3)高分辨率模式预报

基于WRFV3.4,采用模式自嵌套技术,使山洪防治区域可以达到3km分辨率,主要包括资料前处理模块 WPS,三维变分同化模块 WRFDA,主模式积分模块 WRFV3 和模式后处理模块 ARWpost。

(4)模式后处理及产品发布

产品进行后处理并推送至信息中心服务器,提供原始数据和图像产品供用户调用。

(5)运行集成和管理

实现机器环境软件设置、系统及模式原始程序、运行脚本等的合理配置,使精细化预报系统能顺利自动化运行。建立运行监控流程,实现对设备情况、资料情况、模式运行、产品传输和文件备份全流程的监控,保障模式系统的稳定运行。

(6)偏差订正与检验评估

采用降水偏差订正等方法对模式产品进行订正释用,采用统一的 TS 评分或相关水文预报检验方法,对模式预报效果进行检验评估。

8.7.4 工作流程

数值预报系统为定时启动运行的后台批处理,每 12h 作一次 48h 预报,作业启动后通过检索获取最近 1h 时间窗的各种观测资料,在基本质量控制后进行同化运算,然后进行模式预报积分运算,计算结果通过后处理,偏差订正形成产品,通过产品发布提供给各级预报用户并通过产品检验提供预报参考的指导,业务作业流程见图 8-55,预报信息流程见图 8-56。

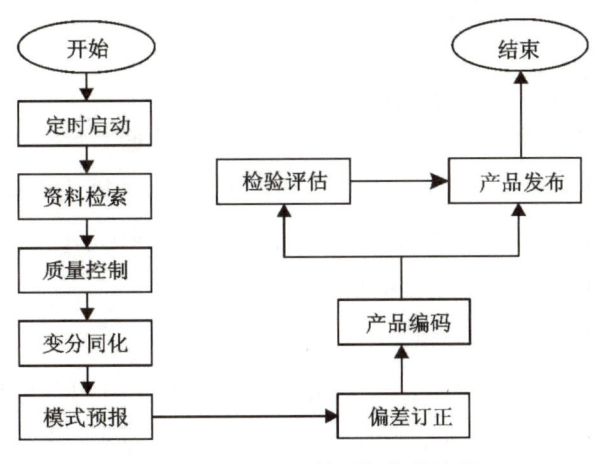

图 8-55　WRF 系统预报作业流程

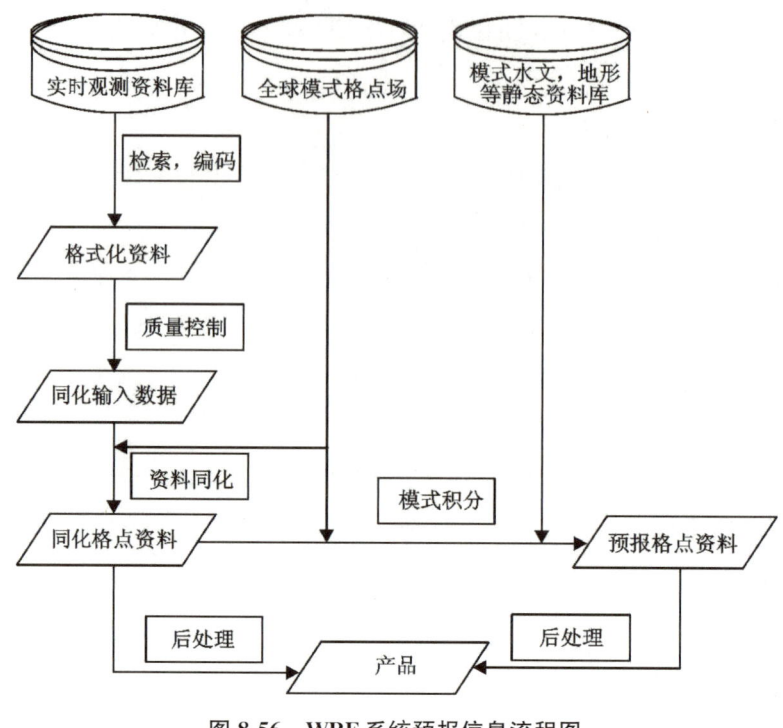

图 8-56　WRF 系统预报信息流程图

8.7.5　模式及其配置方案

(1)模式系统

WRF/3d 系统主模式为 WRFV3.4,包含以下模块:

1)其前处理模块 WPSV3.3.1,处理全球分析和预报数据的解码和水平网格点的插值。

2)WRFV3.4/real.exe,wrf.exe 完成垂直方向的插值,主模式积分模块。

3)WRFDA3.3.1,同化各种类型观测资料的三维变分同化模块。

4)ARWpost3.0 用于模式输出结果的后处理模块。

(2)预报区域

模式区域为三层嵌套,其分辨率分别为 27km(370×214)、9km(250×190) 和 3km(400×265),使用的地形数据分别是 2m、30s;垂直方向分为 45 层。区域 d01 涵盖全国范围,d02 包括华中区域,d03 覆盖临湘市示范区。系统预报区域见图 8-57。地图投影采用兰勃特投影,模式的中心位于 30.617°N、114.133°E(可跟随预报对象调整),模式层顶为 30hPa。

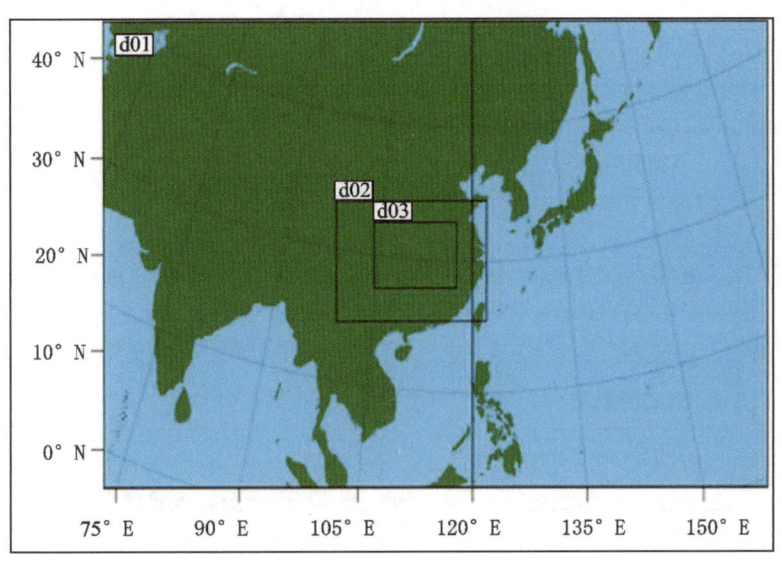

图 8-57 系统预报区域示意图

(3) 物理方案配置

WRF/3d 系统主要物理过程设置如下：WSM6 显式微物理方案；Kain—Fritsch(new Eta)积云参数化方案(3km 区域无积云参数化方案)；YSU 边界层方案；RRTM 长波辐射方案；Goddard 短波辐射方案；辐射方案每 15min 计算一次；Noah LSM 陆面模式。第一、二层采用相同的积云参数化方案，第三层不采用。在积分过程中，采用内层网格向外层网格反馈方案。

(4) 3dvar 同化和预报系统

采用 NCEP GFS(0.5°×0.5°)数据作为同化的背景场，预报场作为时变边界条件，根据其背景场来源可分为一次冷启动、两次热启动三个循环同化预报过程。其中，冷启动预报为第一个预报循环，该循环以起报时间之前 12h 的全球模式(NCEP GFS)数据作为同化的背景场，第二个热启动预报是在冷启动 6h 预报场基础上进行同化分析，第三个热启动预报利用第二个热启动的 6h 预报场作为背景场进行同化，再进行 48h 的预报。系统每天起报时间分别是 00:00UTC 和 12:00UTC，共两次。WRF/3d 系统同化的观测资料包括：常规探空(sound)、常规地面(synop)、船舶/浮标、航空、小球探空飞机报、卫星测厚等全球观测资料。

主模式系统运行流程见图 8-58，山洪灾害防治区短期(1~2d)预警预报技术方案模式系统主要参数见表 8-6。

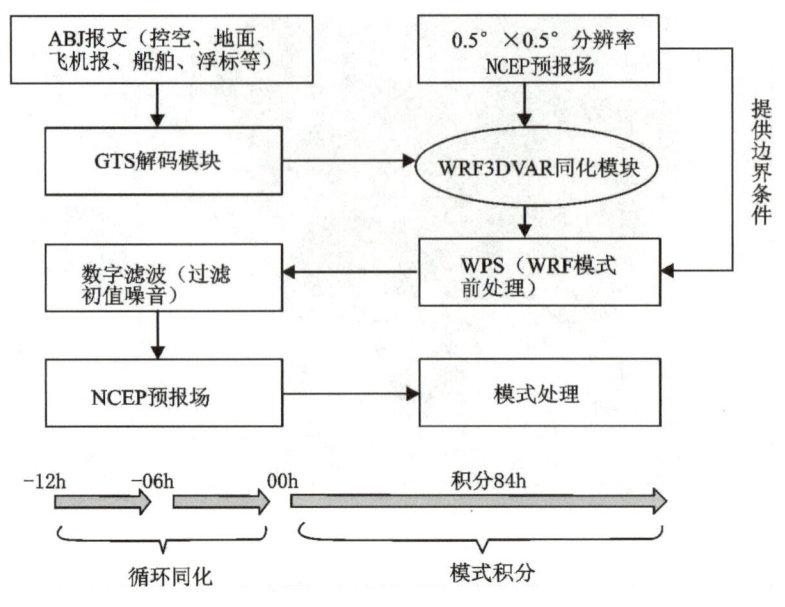

图 8-58 主模式系统运行流程图

表 8-6 山洪灾害防治区短期(1～2d)预警预报技术方案模式系统主要参数一览表

业务模式	同化系统	资料应用	预报区域及分辨率	物理过程说明	模式运行
WRFV3.4	WRF3Dvar	NCEP—GFS:0～60h 预报场、常规探空、常规地面、船舶/浮标、航空、小球探空飞机报、卫星测厚等	三层嵌套:27km (370×214),9km (250×190),3km (400×265);垂直45层;模式层顶30hPa	WSM6、KF—Eta(3km 无)、YSU、RRTM、Goddard、Noah LSM	00UTC 12UTC 48h

8.7.6 实施条件

8.7.6.1 计算条件

开展面向山洪防治区的高分辨率数值预报系统的建设,需要具有高性能计算机硬件条件,目前用于实时预报试验的高性能计算平台为曙光 4000A 高性能计算机,共有 27 个计算节点,每个节点 48 个 CPU,计算浮点峰值可达 12 万亿次,编译环境为 PGI,并行环境为 MPI。拟运行该系统所需高性能计算条件不应低于上述条件。

8.7.6.2 资料条件

该系统还应具有实时获取气象资料的能力,包括运行模式所需的基本资料和局地观测资料。

(1)基本资料

作为模式运行的背景场和侧边界条件的全球预报资料、GTS 报文资料。全球预报资料可以选择国家气象中心的 T639 全球预报资料或美国环境预报中心(NCEP)的 GFS 资料,或者是能获取的其他数值中心的全球预报资料。

(2)局地观测资料

用于提高模式初始场精度的局地观测资料,如自动站资料、雷达资料、GPS资料、风廓线、微波辐射计资料等。

8.7.6.3 通信条件

由于运行数值模式具有数据量大,并且有预报时效性要求,因此应具备较好的通信保障条件,部门内部应具有百兆网络,有条件可以采用千兆网络。此外,实施单位与产品应用单位应建有专线,以保障模式产品及时到达应用单位。

8.7.6.4 人员条件

高性能计算和模式运行对人员要求较高,实施单位应具备高性能计算机管理和数值预报模式运行开发的相关专门人才,设立相关岗位,建立相关运行管理制度。

8.8 小结

本章在不同中尺度数值模式降水预报效果对比分析、不同物理参数化方案配置和资料同化方案试验的基础上,提出了面向山洪灾害防治区短期(1~2d)的预报技术方案。主要内容简述如下:

1)从模式系统的动力框架、可支持的最高分辨率、物理过程、同化系统及实际预报降水能力的对比来看,开展山洪灾害防治推荐选用WRF数值预报模式。

2)对示范区山洪降水个例开展数值模拟研究,通过不同物理参数配置试验,从降水的空间分布、区域平均降水随时间的演变、代表站逐小时降水等综合来看,选用WSM6云微物理过程、Grell—Devenyi ensemble对流参数化方案和YSU边界层方案,对选用的山洪降雨过程模拟效果较好。

3)对示范区山洪降雨过程资料进行同化试验,不管循环同化与否,同化观测资料能够改善24h累积降水量的模拟,而循环同化中,以12h的循环同化间隔模拟效果最好。

4)对山洪降雨过程的批量数值预报试验,应用TS评分对个例预报效果综合评估,WSM6微物理参数化方案、Grell—Devenyi ensemble对流参数化方案、YSU边界层参数化方案与WSM6的微物理参数化方案、Kain—Fritsch Eta对流参数化方案、YSU边界层参数化方案较好,预报效果最稳定。

5)基于频率(或面积)匹配的降水偏差订正方法,能显著改善模式降水预报中雨量和雨区范围的系统性偏差,订正后降水预报的范围和平均强度与实况更加接近,且偏差越大订正的效果越好。

6)基于美国国家大气研究中心(NCAR)等开发的中尺度非静力模式WRF及其三维变分同化系统,提出面向山洪灾害防治区短期(1~2d)预警预报技术方案以及实施的条件、模式配置方案、工作流程及功能。

第 9 章 面向山洪防治典型示范区山洪灾害监测预警原型系统

山洪灾害监测预警系统建设是山洪灾害防治非工程措施的重要平台。从 2006 年国务院批复全国山洪灾害防治规划，启动实施了山洪灾害防治试点建设之后取得了许多成果。2014 年国家防汛抗旱总指挥办公室在前期县级山洪监测预警系统建设实践的基础上，已组织编制发行水利行业技术规范《山洪灾害监测预警系统设计导则》（SL 675—2014），基于此规范，针对临湘市示范区开展山洪灾害监测预警原型系统的设计和开发，并投入 2014 年实时试运行。

9.1 概述

针对山洪灾害的特点，山洪灾害监测预警原型系统的总目标是基于长江流域山洪致灾临界雨强拟定及预警技术的研究，研发建立适合山洪防治典型示范区的山洪灾害监测预警平台，为山洪防治典型示范区的减灾管理提供关键技术支撑。

选择湖南省临湘市作为研究对象，开发基于 WEB 方式访问的"临湘市示范区山洪灾害监测预警原型系统"，通过利用临湘市雨量站网监测信息及搭建的临湘市 WRF 数值预报模式预报成果，对降雨情况进行实时监测，并对 WRF 数值模式预报成果进行加工处理，结合各分区临界雨量值实现山洪灾害的预测预警，并开展应用性示范研究。

系统建设坚持"规范、实用、开放、先进"的原则。

(1) 规范的原则

原型系统的架构和数据库结构与国内水利行业现行系统尽可能一致。

(2) 实用的原则

设计要针对山洪灾害监测与预警预测的客观实际。

(3) 开放的原则

系统结构尽可能模块化，将子功能模块尽可能细化，这样在各地推广应用过程中可以采用搭积木的方式进行建设,功能修改与扩展也局限于单一模块内部。

(4)先进的原则

山洪灾害监测预警原型系统开发尽可能体现现有的先进技术和资源基础。

9.2 山洪预警系统总体结构与设计

9.2.1 总体结构

作为临湘市示范区山洪灾害防御的决策支持工具,山洪灾害监测预警原型系统(以下简称"原型系统")采用 B/S 模式的分布式结构,完成信息的浏览、查询、预测预报及预警发布的功能,为山洪的及时防御和预警提供有力支撑。

根据实际需要,原型系统共分六大模块,各模块菜单均是动态加载,可以在"系统管理"模块对菜单进行在线编辑,重新定义,见图 9-1。

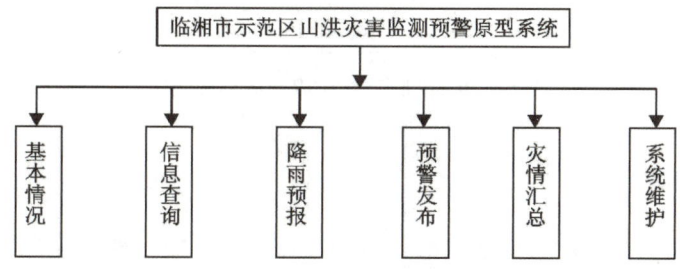

图 9-1　原型系统总体结构示意图

9.2.2 功能设计

原型系统采取模块化的方法设计了六大功能,各功能模块及说明见表 9-1。

表 9-1　　　　　　　　　　　原型系统模块及说明

序号	功能模块	说明
1	基本情况	提供临湘市的社会经济信息、雨情站网信息及工情信息查询
2	信息查询	实况降雨信息的查询和统计
3	降雨预报	临湘市 WRF 数值预报模式预报成果查询
4	预警发布	根据实况和预报降雨,结合临界条件发布预警
5	灾情汇总	历史灾情查询和灾情上报
6	系统维护	联系人、发布对象、预警指标维护及系统管理

原型系统提供两类预警功能,即基于实况降雨的单站雨量预警和基于 WRF 数值预报的分区面雨量预警。通过监测实测的单站降雨量及其未来 WRF 预报成果与不同时段的单

站临界雨量值进行比较,得出单站告警信息;同时,结合各分区的当前实况降雨及未来 WRF 预报成果与不同时段的分区临界雨量值进行比较,得出分区预警信息,通过短信或者传真平台向相关乡镇发布预警。原型系统逻辑流程设计见图 9-2。

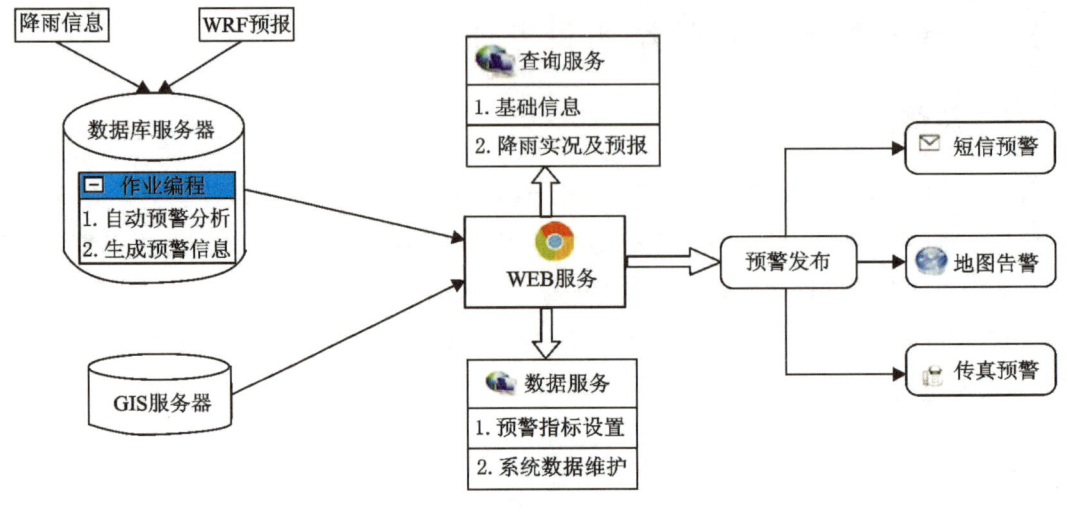

图 9-2 原型系统逻辑流程图

9.2.3 接口设计

原型系统所依赖的雨量站实况数据和数值预报 WRF 成果数据采用 SQL SERVER 数据库接口方式实现监测预报数据的查询、分析与预警;预警分析模块采用数据库作业编程方式实现雨量数据的实时分析、比较和判断;预警信息的发布通过移动运营商的短信网关接口实现实时快速的预警信息群发;与其他系统的信息共享通过超级链接方式实现集成。

在网络软件接口方面,使用一种无差错的传输协议,采用滑动窗口方式对数据进行网络数据传输及接收。对服务器的接口配置统一放置,用户可以根据需要更改连接类型、数据库类型、数据库用户密码、全局设定等。

9.2.4 运行设计

用户端在有输入时启动接收数据模块,通过各模块之间的调用,读入并对输入进行格式化。在接收数据模块得到充分的数据时,将调用网络传输模块,将数据通过网络送到服务器,并等待接收服务器返回的信息。接收到返回信息后随即调用数据输出模块,对信息进行处理,产生相应的输出。服务器程序的接收网络数据模块必须始终处于活动状态。接收到数据后,调用数据处理/查询模块对数据库进行访问,完成后调用网络发送模块,将信息返回用户机。

在网络传输方面,用户端在发送数据后,将等待服务器的确认收到反馈,收到后,再次等待服务器发送回答数据,然后对数据进行确认。服务器在接到数据后发送确认信号,在对数据处理、访问数据库后,将返回信息送回用户端,并等待确认。

9.2.5 数据库设计

临湘市示范区原型系统数据库设计参照国家防汛抗旱总指挥部办公室下发的《山洪灾害专题数据库表结构及数据上报技术要求(修订版)》的说明进行设计,并在此基础上补充WRF 格点及预报分区相关表和预报成果表。增加的数据库表及说明见表 9-2。

表 9-2　　　　　　　　　增加的数据库表及说明

表标识	表名	说明
Basin_Region	分区表	记录临湘市 10 个分区的相关信息
Basin_Grid	格点表	记录 WRF 预报格点所在的分区信息
Basin_STCD	分区站点表	记录雨量监测站所在的分区
Basin_Rain	降雨预报表	记录处理后的站点及分区逐小时降雨预报成果

9.3　山洪灾害监测预警系统功能

9.3.1　基本情况

(1)县及乡村信息

查询县及乡村的基本信息,包括县简介和乡村概况 2 个模块。

(2)监测站基本情况

提供站网基础信息及相关特征值信息查询,包括站网信息和特征值信息 2 个模块,如图 9-3。

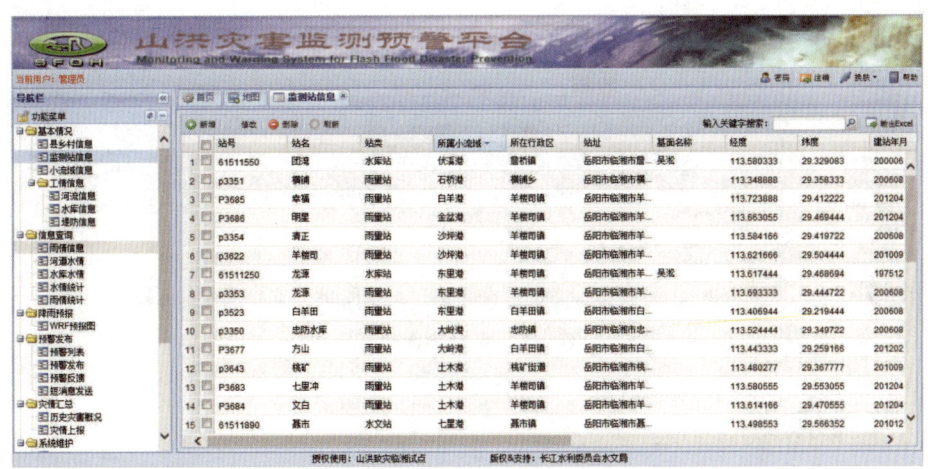

图 9-3　监测站基本情况

(3) 小流域信息

查询该县各个小流域及其所对应的社会经济信息。

(4) 县乡村预案

提供县、乡、村各级预案的文档查询。

(5) 工情信息

查询河流、水库、堤防等相关的工情信息,包括河流信息、水库信息和堤防信息 3 个模块。

9.3.2 信息查询

(1) 逐时降水过程

查询各个雨量监测站的雨情信息,包括数据表和柱状图,如图 9-4。

(2) 水位流量过程

查询各个河道监测站的水情信息,包括数据表和柱状图。

(3) 水库过程

查询该县各个水库水情信息,包括数据表和柱状图。

(4) 气象信息

查询卫星云图、雷达信息及天气状况的气象信息,包括图片和文字信息。

(5) 雨水情统计

统计一段时间内各雨量站累计降雨和最大时段降雨及其出现时间;统计一段时间内各河道平均水位流量和最高水位(最大流量)及其出现时间。

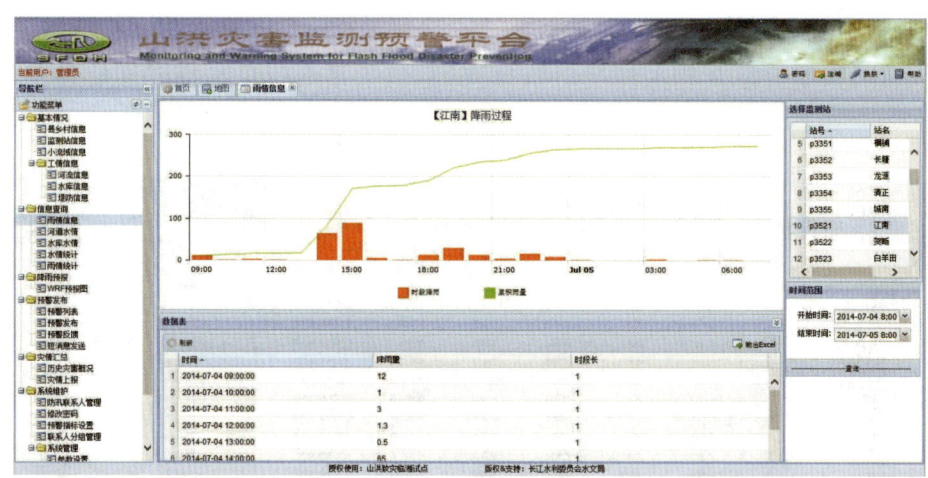

图 9-4 逐时降水过程

9.3.3 降雨预报

(1) WRF 预报图

将 WRF 预报成果以列表方式显示,点击可查看相应 WRF 预报图。

(2)地图展示及告警

利用 WRF 数值预报模型成果进行预报时实时地图显示和降雨预报成果的查询,并对比预警指标阈值进行报警(见图 9-5)。

图 9-5　预报成果显示

9.3.4　预警发布

(1)预警列表

查询未结束的预警信息。

(2)预警信息发布

校核已生成但未发布的预警信息,确认发布对象后发布预警信息,如图 9-6。

(3)预警反馈

查询预警信息的反馈信息及响应情况。

(4)短消息发送

通过系统发送自定义短信。

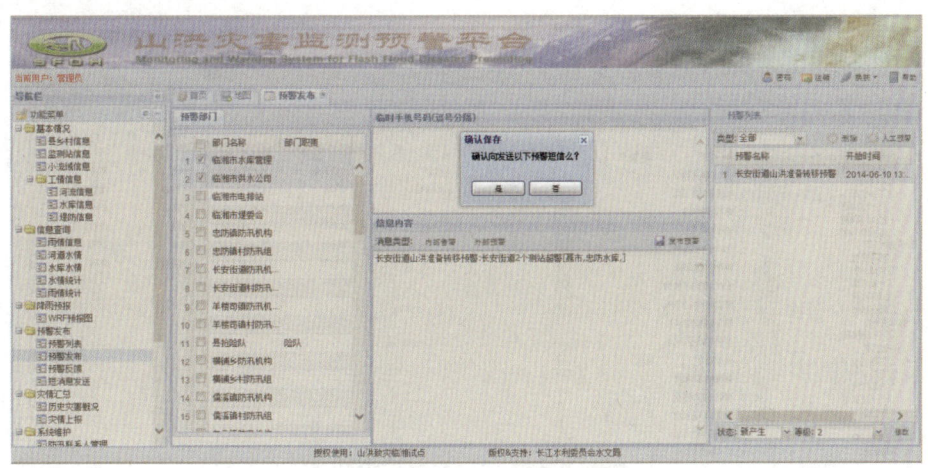

图 9-6　预警信息发布

9.3.5 灾情汇总

(1) 历史灾情

山洪灾害的历史发生情况以及灾害损失等相应文字记录，如图9-7。

(2) 灾情上报

上报灾情的损失情况。

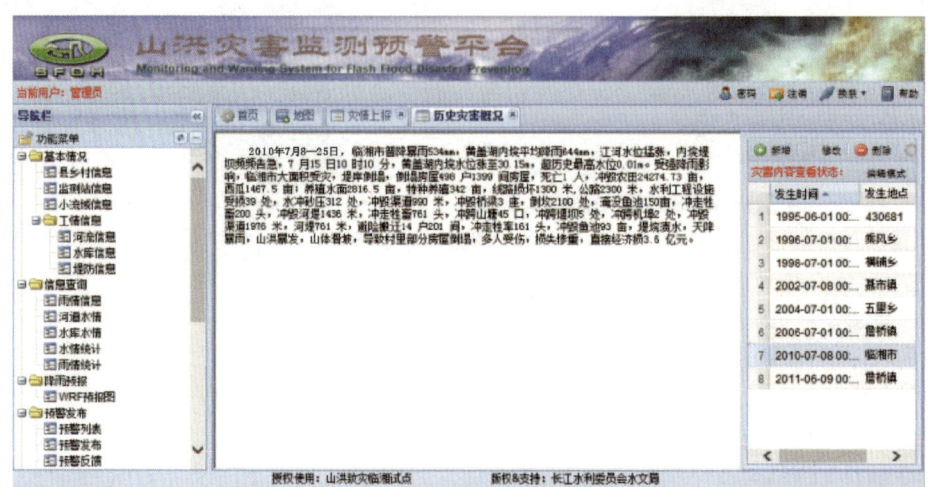

图 9-7　历史灾情信息

9.3.6 系统维护

(1) 预警联系人管理

查询和维护各乡镇、村的联系人信息，如图9-8。

图 9-8　预警联系人管理

(2)预警指标设置

可设置预警分区的临界雨量阈值,以及所在区域内选定的雨量站或水位站各级预警的临界值,如图 9-9。

(3)发布对象管理

设置各监测站发生预警后所要发布的行政对象。

(4)密码修改

用户可以在线修改密码。

(5)系统管理

设置系统基本配置,管理用户及权限和菜单维护,查看系统日志,包括基本配置、用户管理、角色管理、权限管理、菜单管理和日志管理等。

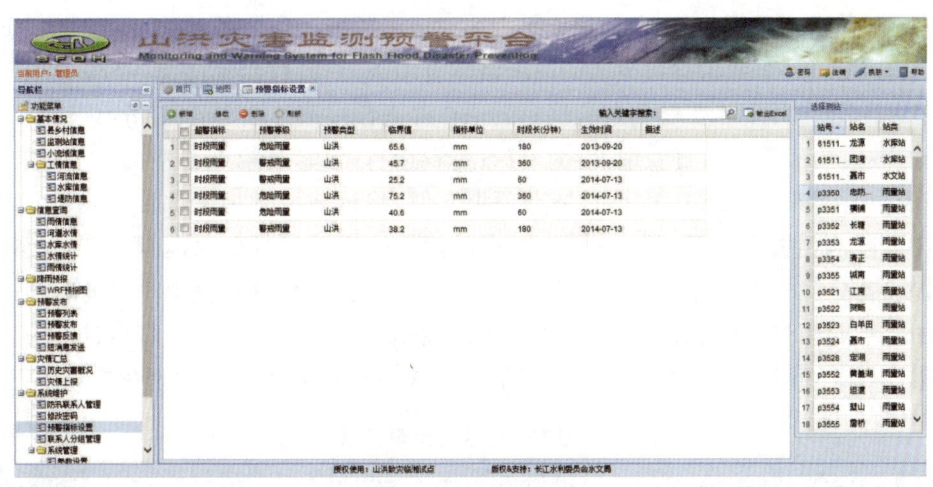

图 9-9 预警指标设置

9.4 山洪灾害监测预警系统预警功能设计

9.4.1 面向临湘市示范区的山洪灾害预警实时试验方案设计

基于现有可获取的实测资料和实时预报信息等条件,主要以临湘市的 10 个预警分区为对象,提出针对示范区临湘市开展山洪灾害分区预警的实时试验技术方案,主要供开展实时预警试验。

9.4.1.1 实时分区面雨量计算处理

临湘市实时面雨量采用 10 个预警分区分别计算,选用的雨量站利用临湘市现有雨量自动监测站,并要求其能进行汛期内逐时自动雨量观测(按 1 次/10min 自动报汛),每小时内按 10min 一次频率自动发送雨量记录,接收系统自动接收并统计各站的逐小时雨量,并计算各区的面雨量后,自动录入数据库。

在山洪灾害监测预警系统中，系统从数据库每小时提取各分区的小时面雨量，根据逐小时的面雨量滑动计算各分区过去逐1h、2h、3h、4h、5h、6h面雨量，并逐小时滑动更新。实况24h分区面雨量按前一日8时至当日8时计算逐日实况雨量，该值仅供系统进行"内部告警"功能应用。

9.4.1.2 预报面雨量计算处理

临湘市预警分区的面雨量计算仍采取10个分区为对象，逐时预报选用以WRF数值预报模式结果为主，人工综合预报方法为辅，预报专家参与实时分析预测和滚动校正，以达到提高降雨预报效果的目的。人工综合预报方法是天气预报员以天气图等为主要分析手段，以欧洲中心、日本等数值预报为辅助信息，经过人工分析判断后做出的降雨预报，预报成果分定性和定量两种表现形式。

WRF数值预报模式可预报48h内逐小时的各预报格点雨量，也可由逐小时雨量计算出各需要时段点的面雨量预报信息，其预报成果为客观定量预报。预报面雨量的计算为WRF数值预报模式的产品，WRF数值预报模式的输出格点应用ArcGIS找出临湘市各分区的格点，由于格点较密集且均匀，用算术平均将各分区里的格点降雨预报值计算出分区的面雨量值。

WRF数值预报模式每日获取20时GFS资料运行一次，于第2日7时左右输出预报成果，预报成果含有未来72h内逐小时格点预报文件，将该降雨预报文件保存到固定的目录。在山洪灾害监测预警系统里，设定时间（模式运算完毕后且每日8时前）程序从该降雨预报文件中提取各分区格点的8时及其后48h内的逐小时雨量，也即预报第1日8时到第3日8时之间的逐小时雨量，然后分别计算出各分区未来第1日逐小时、第1日累计24h面雨量、第2日累计24h面雨量。预报面雨量表格形式同表9-3，但其表格里的雨量信息每日更新。

表9-3 　　　　　　　　　　　临湘市各分区面雨量预报　　　　　　　　　　　　（单位：mm）

预报时间	冶湖区	黄盖湖区	源潭河中游区	新店河区	源潭河上游区	桃林河上游区	龙源水库区	桃林河下游区	桃林河中游区	忠防水库区
当日8h										
9h										
10h										
⋯										
24h										
第2日1h										
2h										
3h										
4h										
5h										
6h										
7h										
第1日雨量										
第2日雨量										

9.4.1.3 示范区山洪预警应用机制试验设计

主要针对实况面雨量和考虑未来降雨预报信息进行预警。

(1)"内部告警"预警条件

当人工综合预报或 WRF 数值预报未来 24h 内监测区域面雨量达到临界雨量值时,或者当预报未来 24h 以内,至少出现 1h、2h、3h、4h、5h 或 6h 中任意时段的降雨预报值超过相对应时段的临界雨量阈值时,山洪监测预警系统自动弹出醒目的预报提示信息框(人工综合预报需手动输入提醒预报信息),此即为内部告警,即提醒值班专业人员即将有强降雨过程发生,需要提高警惕,关注和加强实时跟踪监测和预测分析。

(2)"准备转移"预警条件

当监测分区已开始降雨,有以下几种情况之一则发布准备转移短信。

1)实时滚动监测已出现 1h 的面雨量已经超过 10mm 且低于 1h 面临界雨量;若实况 1h 的面雨量与未来 2h、3h、4h、5h 的预报面雨量分别累加后,其 3h、4h、5h、6h 累加值超过任意相对应时段的分区临界雨量阈值。

2)实时滚动监测 2h 面雨量中有雨峰出现(1h 雨量大于等于 10mm,下同);且不超过 2h 面临界雨量;若实况 2h 雨量与未来 2h、3h、4h 降雨分别累加后;其 4h、5h、6h 累加值超过任意对应时段分区临界雨量阈值。

3)实时滚动监测 3h 面雨量中有雨峰出现且不超过 3h 面临界雨量阈值,若实况 3h 雨量与未来 2h、3h 降雨分别累加后,其 5h、6h 累加值超过任意对应时段的分区临界雨量阈值。

4)实时滚动监测 4h 面雨量中有雨峰出现且不超过 4h 的分区面临界雨量阈值,若实况 4h 雨量与未来 2h 降雨累加,其 6h 累加值超过 6h 的分区临界雨量阈值。

上述条件之一发生,就启动"准备转移"预警,发布预警短信内容为:山洪准备转移预警:"××区××小时面降雨量实况达××mm,未来××小时预报仍可能有××降雨,将达××小时面临界雨量,请做好山洪灾害'准备转移'相关准备。"

(3)"立即转移"预警条件

当监测分区已开始降雨,有以下几种情况之一则发布立即转移短信。

1)当监测分区已开始降雨,实测不足 1h 的面雨量值已超过 1h 面临界雨量阈值,则山洪监测预警系统对事先系统设定好的防汛值班人员及防汛指挥部人员发送立即转移预警短信,短信内容为:"××区××分面降雨量实况达××mm,已超过 1 小时面临界雨量,请立即转移。"

2)当监测分区已开始降雨,实测 1h 以内的面雨量值和雷达预估 0~1h 以内的降雨预测值累加后将超过相应的 1h 面临界雨量阈值,1h 面临界雨量阈值有统计分析法计算出的 1h 面临界雨量及动态临界雨量法计算出的逐时动态临界雨量,两种分别对比,满足任意一种情况的临界雨量值,则山洪监测预警系统发送预警短信,短信内容为:"××区××分面降雨量实况达××mm,未来××分预报有××降雨,将达 1 小时面临界雨量,请立即转移。"

3)当监测分区已开始降雨,又分以下几种情况,若发生其中条件之一则发布立即转移短信,短信内容为:"××区××小时面降雨量实况达××mm,未来 1 小时预报有××降雨,将达××小时面临界雨量,请立即转移。"①实时滚动监测 1h 面雨量已经超过 10mm(此时,还暂未超过 1h 的面临界雨量阈值），若实况 1h 雨量与未来 1h 降雨累加值将超过相对应的 2h 面临界雨量阈值；②实时滚动监测 2h 的面雨量有雨峰出现（1h 雨量大于等于 10mm，暂未超过 2h 面临界雨量阈值），若实况 2h 雨量与未来 1h 降雨累加值将超过相对应的 3h 面临界雨量阈值；③实时滚动监测 3h 面雨量中有雨峰出现且未超过 3h 面临界雨量阈值，若实况 3h 雨量与未来 1h 降雨累加值将超过相对应的 4h 面临界雨量阈值；④实时滚动监测 4h 面雨量中有雨峰出现且未超过 4h 面临界雨量阈值，若实况 4h 雨量与未来 1h 降雨累加值将超过相对应的 5h 面临界雨量阈值；⑤实时滚动监测 5h 面雨量中有雨峰出现且未超过 5h 面临界雨量阈值，若实况 5h 雨量与未来 1h 降雨累加值将超过相对应的 6h 面临界雨量阈值。

9.4.2　系统开发关键技术

（1）网页开发中使用模板技术提高开发效率

在开发的过程中有一些功能类似但内容不一样的网页，对于这些网页，采取"模板"开发技术，开发一个逻辑事务处理模块，接收不同的参数输入，生成需要的结果。模板技术极大地提高了系统的开发效率。

（2）使用 ADO.NET 数据库访问组件实现和数据库的无关性

ADO.NET 是为 Microsoft 最新和最强大的数据访问范例 OLE DB 而设计的，是一个便于使用的应用程序层接口。OLE DB 为任何数据源提供了高性能的访问，这些数据源包括关系和非关系数据库、电子邮件和文件系统、文本和图形、自定义业务对象等等。ADO.NET 在关键的 Internet 方案中使用最少的网络流量，并且在前端和数据源之间使用最少的层数，所有这些都是为了提供轻量、高性能的接口。

（3）Ajax 技术和 IBatisNet 框架结合提高效率和用户体验

Ajax 不止一个技术，它实际上是几种技术，每种技术都有其独特处，合在一起就成了一个功能强大的新技术。通过在用户和服务器之间引入一个 Ajax 引擎，可以消除 Web 的开始—停止—开始—停止这样的交互过程，像增加了一层机制到程序中，使它响应更灵敏。引入 Ajax 技术，将可以使基于 WEB（包括 WebGIS）的应用在响应速度及交互性方面都有很大的提高。

IBatisNet 是一个 ORM 映射框架，提供了较为灵活数据访问和面向对象特性，IBatisNet 的着力点，则在于系统模型对象与 SQL 之间的映射关系。也就是说，IBatisNet 并不会为程序员在运行期自动生成 SQL 执行；具体的 SQL 需要程序员编写，然后通过映射配置文件，将 SQL 所需的参数，以及返回的结果字段映射到指定模型对象中，它提供了系统的模型对象，也就是数据的传输都是通过该数据模型对象，这样可以大大提高业务逻辑性和效率。

（4）地图瓦片技术提高展现效率

Google Maps 之前，各种网络地图在技术上采用传统 WebGIS 的方式，使用 Java Applet、SVG、动态生成地图图片，客户每产生一次新的地图请求，服务器再重新生成地图图片发送至客户端。自从 Google Maps 推出 Tile Map Image（瓦片式地图）方式提供的地图位置服务之后，国内的 go2map、mapabc、mapbar 等专业地图搜索公司纷纷仿效，相继推出了基于地图瓦片金字塔模型的位置搜索新模式服务。

原型系统中的地图采用基于地图瓦片技术服务框架,瓦片地图存储于硬盘目录下,地图以链接图片的方式快速定制。在构建好瓦片地图图片库之后,基于地图瓦片服务框架可以脱离 GIS 平台,通过现有的互联网技术实现空间位置服务。使用地图缓存服务一个最大的好处是可以动态地改进客户端用来显示复杂的地图所花费的时间,一个客户端使用缓存地图服务获取和显示地图时仅仅只是受到其联系的带宽的限制。因此,使用缓存地图服务消除了需要牺牲图像质量来换取显示的代价。

9.5 临湘市示范区山洪灾害监测预警平台应用试验

2014 年 5—9 月,临湘市山洪灾害监测预警平台投入实时试运行。试运行期间,临界雨量、实况雨量及预报雨量均针对临湘 10 个分区,依据示范区山洪灾害预警试验方案进行实时试验预警。本节主要对试运行期间的临界雨量及其应用于预警试验的效果进行验证和初步检验分析,检验分单站和分区预警两种不同情况。

9.5.1 资料整理

试运行期间,WRF 模式每日运行两次,8 时的数据资料输入模型运算后,其结果当天 18 时可下载;20 时的数据资料输入模型运算后,其结果次日早上 6 时可下载;WRF 数值预报的运算结果实时自动上传至 ftp 服务器。自动气象站逐小时雨量资料及雷达实时预估降雨图片信息也实时上传至服务器。经自动下载处理成临湘市 19 个站、10 个分区 WRF 数值预报及自动气象站的逐小时雨量信息。

收集 2014 年 5—9 月发生在岳阳地区的实况强降雨过程,主要有:5 月 13—14 日、6 月 19—20 日、7 月 3—4 日、7 月 11—13 日、7 月 16—17 日、8 月 18 日、8 月 23 日。对比分析上述强降雨过程期间临湘市内 19 个站 WRF 模式逐小时预报及逐小时实况雨量信息,以验证基于 19 个站及预警分区的临界雨量开展山洪预警试验效果。预警检验仅针对实际已发生的强降雨过程。由于 WRF 数值预报的强降雨过程并非一定发生,实际上山洪灾害预警依据的是实况降雨及预报降雨是否达到对应时段的临界雨量值,如果实况无强降雨过程发生,一般也不会启动山洪灾害预警,因此,不针对预报的强降雨过程进行预警效果检验。

统计对比上述强降雨过程,发现临湘市 19 个站逐小时雨量,大多数情况下实况降雨值远小于对应站的临界雨量。如 5 月 13—14 日,临湘市 19 个站单站逐小时最大雨量为 14.4mm,2h 累计最大雨量为 25.3mm,3h 累计最大雨量为 37.5mm。7 月 11—13 日,临湘市 19 个站的逐小时雨量信息中,单站逐小时最大雨量为 26.7mm,2h 累计最大雨量仅为 44.5mm,3h 累计最大雨量为 48.2mm。8 月 18 日,临湘市 19 个站单站逐小时最大雨量为 10.7mm,24h 累计最大雨量为 33.7mm。8 月 23 日,临湘市 19 个站单站逐小时最大雨量为 21.0mm,2h 及 24h 累计最大雨量为 38.8mm。以上 4 次强降雨过程中,临湘市 19 个站的逐小时降雨及 1~6h 累计雨量较对应时段的临界雨量值明显偏小,在此也不予详细预警验证和分析。因此,仅以 6 月 19—20 日、7 月 3—4 日、7 月 16—17 日 3 次强降雨过程为例,对比验证山洪预警的实际效果。

9.5.2 基于单站临界雨量阈值的预警试验检验

2014年5—9月期间,岳阳市临湘地区发生强降雨过程偏少,实况并未监测到当地发生过山洪灾害案例。通过分析6月19—20日、7月3—4日及16—17日降雨过程的实况雨量特征,发现由于降雨不均,临湘市19个站在相同时段降雨强度差异很大,且1h最大雨量均未达到临界雨量值,本节仅从基于单站临界雨量阈值开展山洪预警试验角度出发,初步检验单站临界雨量阈值及其用作山洪预警的效果。

9.5.2.1 实况雨量与临界雨量比较检验

主要从临湘市19个站的实况降雨是否小于临界雨量来比较,初步检验所拟定的临界雨量阈值的应用效果。针对上述3次强降雨过程,统计临湘市19个站的实况逐1h、逐2h、…、逐6h累计最大雨量,直接与相对应时段的临界雨量进行比较检验。

(1)6月19—20日强降雨过程

6月19—20日,受高空槽、切变线、低空急流及冷空气影响,长江流域上游部分地区及洞庭湖、鄱阳湖水系有大雨、局地暴雨的降雨过程,该次强降雨过程也影响到岳阳市临湘地区。6月19日、20日临湘实况雨量分别见图9-10和图9-11,19个站实况时段累计最大雨量见表9-4。

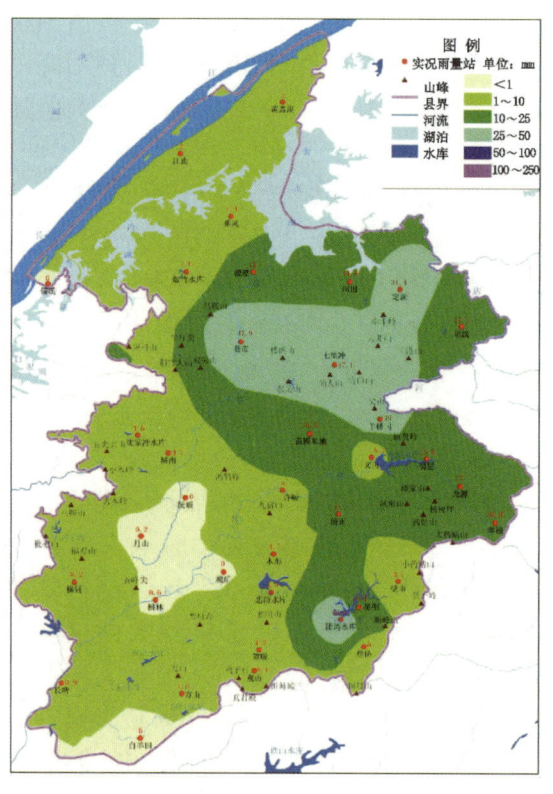 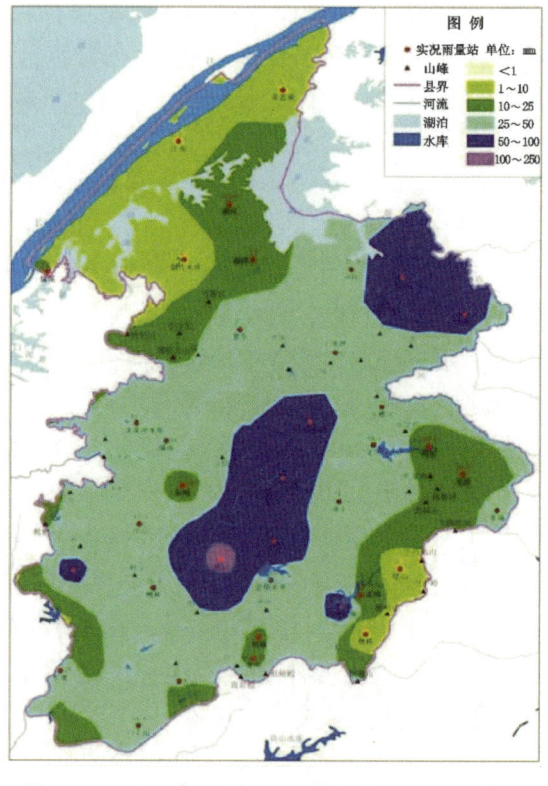

图9-10 2014年6月19日临湘市实况日雨量图　　图9-11 2014年6月20日临湘市实况日雨量图

表 9-4　　　　6月19—20日期间临湘市19个站实况时段累计最大雨量　　　　（单位：mm）

站号	站名	1h	2h	3h	4h	5h	6h
P3350	忠防水库	22.6	28.6	32.2	32.6	32.8	32.9
P3351	横铺	31.1	50.5	51.7	52.9	52.9	52.9
P3352	长塘	10.2	19.3	23.9	26.0	28.1	28.2
P3353	龙源	16.4	17.0	17.0	17.0	18.5	18.5
P3354	清正	8.5	11.9	12.2	12.5	15.5	18.5
P3355	城南	20.9	31.1	32.9	33.3	33.6	36.7
P3521	江南	1.9	2.0	2.2	3.2	4.2	5.1
P3522	贺畈	12.3	17.9	20.4	22.0	24.1	24.3
P3523	白羊田	25.4	30.6	33.0	34.2	34.6	34.6
P3524	聂市	44.8	46.3	47.8	47.9	47.9	47.9
P3528	定湖	28.8	35.8	53.1	59.6	65.7	72.2
P3552	黄盖湖	2.9	3.4	3.8	4.3	4.3	4.3
P3553	坦渡	29.6	37.8	38.8	43.1	47.4	48.0
P3555	詹桥	0.0	0.0	0.0	0.0	0.0	0.0
P3556	烟竹水库	0.4	0.7	1.0	1.2	1.3	1.3
P3557	乘风	9.2	10.4	10.6	10.8	14.0	15.2
P3558	儒溪	4.7	6.4	9.7	9.7	9.7	9.7
P3559	桃林	12.3	18.3	22.3	25.3	28.3	28.3
P3622	羊楼司	38.2	38.6	41.1	43.2	45.3	45.5

从实况雨量图及临湘市实况雨量统计来看，临湘市各站之间降雨分布极其不均，强降雨时段主要集中在19日16时至20日18时之间。强降雨期间1h最大雨量聂市站44.8mm，1h最小雨量詹桥站0mm，仅有一个单站一个时段的雨量值出现与临界雨量相当现象，其余各站均低于临界雨量值，且大部分站点大部分时段的最大雨量值明显低于临界雨量。临湘市的定湖站3h累计最大雨量达53.1mm，该站3h临界雨量53mm，与临界雨量值相当，除此之外，其余各站各时段降雨量值均未达到临界雨量值。

定湖站1h最大雨量28.8mm，2h最大雨量35.8mm，3h最大雨量53.1mm，4h最大雨量59.6mm，5h最大雨量65.7mm，6h最大雨量72.2mm。实况出现3h最大雨量超过对应的临界雨量 0.1mm 却并未发生山洪灾害，说明所拟定的临界雨量值有所偏低，达不到真正的预警效果，还应不断校正，再适当提高 3h 临界雨量阈值，另外，该次降水并未触发山洪灾害，分析其原因可能有：①从 1～3h 实况雨量值来看，降雨在 3h 内分布相对较均匀。1h 临界雨量值为 50mm，实况 1h 最大雨量 28.8mm 远低于临界雨量，2h 临界雨量值为 52mm，实况 2h 最大雨量 35.8mm 明显低于临界雨量。②定湖雨量值略超过临界雨量 0.1mm，可计入误差允许范围，与临界雨量相当，处于临界状态，也可能不会触发山洪灾害。

(2) 7 月 3—4 日强降雨过程

7 月 3—4 日，受高空槽、切变线及低空急流影响，乌江、洞庭湖水系、鄱阳湖水系北部及长江下游干流有大范围暴雨、局地大暴雨，该次强降雨过程也影响到岳阳市临湘地区。7 月 3 日、4 日临湘市实况雨量分布分别见图 9-12、图 9-13，7 月 3—4 日期间临湘市 19 个站实况时段累计最大雨量见表 9-5。

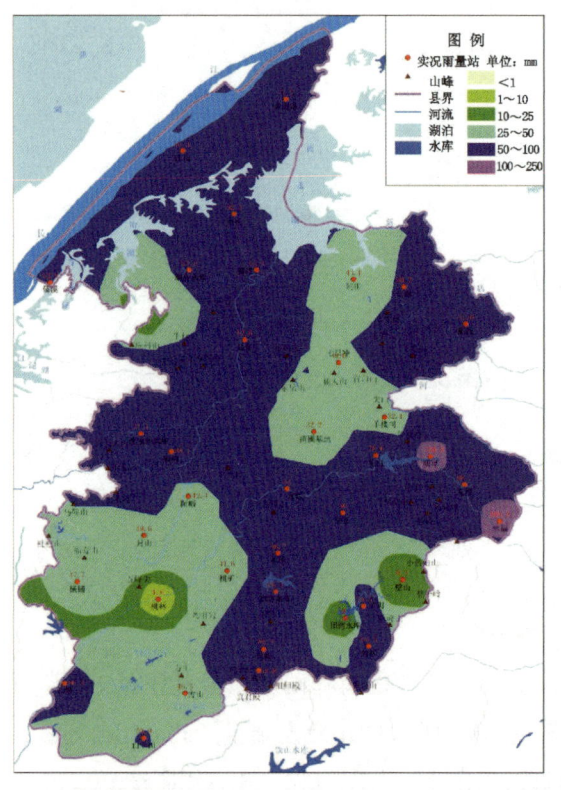

图 9-12　2014 年 7 月 3 日临湘市实况日雨量分布图

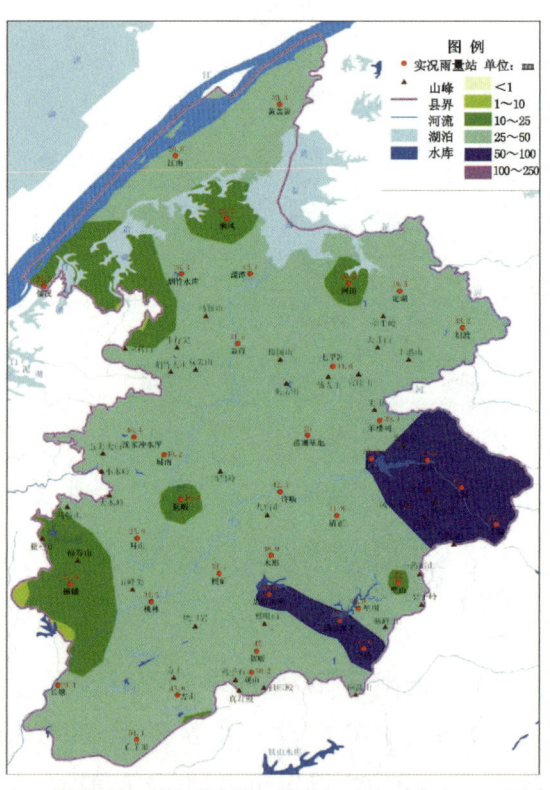

图 9-13　2014 年 7 月 4 日临湘市实况日雨量分布图

表 9-5　　　　　　　7月3—4日期间临湘市19个站实况时段累计最大雨量　　　　　　　（单位：mm）

站号	站名	1h	2h	3h	4h	5h	6h
P3350	忠防水库	16.5	32.2	38.9	45.3	47.8	52.0
P3351	横铺	18.9	32.0	34.3	38.4	40.1	41.9
P3352	长塘	29.9	31.0	31.0	31.0	31.0	33.0
P3353	龙源	30.1	39.9	40.0	44.9	48.4	50.4
P3354	清正	17.6	27.6	32.8	36.8	40.5	42.7
P3355	城南	25.5	45.4	64.4	68.4	72.1	74.3
P3521	江南	18.6	37.0	43.8	47.8	52.2	53.4
P3522	贺畈	39.1	39.1	39.1	42.2	40.6	51.6
P3523	白羊田	22.0	29.0	37.0	39.6	49.0	61.9
P3524	聂市	16.3	27.9	37.1	39.8	42.3	44.7
P3528	定湖	21.8	29.5	36.7	40.5	43.9	46.0
P3552	黄盖湖	43.6	54.1	59.4	64.8	67.4	68.9
P3553	坦渡	14.2	21.2	27.8	32.2	33.5	34.7
P3555	詹桥	14.3	26.8	40.0	44.8	48.5	58.5
P3556	烟竹水库	22.1	34.4	40.7	46.2	47.8	51.7
P3557	乘风	18.0	35.6	41.9	46.8	48.3	50.1
P3558	儒溪	27.0	39.3	46.2	51.3	52.9	54.7
P3559	桃林	20.6	20.9	21.3	21.4	21.5	21.6
P3622	羊楼司	12.9	16.6	18.9	20.7	21.0	21.3

从实况雨量图及临湘市境内各站点实况雨量信息来看，各站之间降雨分布极其不均，强降雨时段主要集中在3日14时至4日18时之间。强降雨期间1h最大雨量黄盖湖站43.6mm，1h最小雨量羊楼司站12.9mm，强降雨期间19个站1～6h各时段最大雨量均未超过临界雨量，且大部分站点大部分时段的最大雨量值明显低于相应的临界雨量，这与预警试验中未满足山洪预警条件相一致。

(3)7月16—17日强降雨过程

7月16—17日，受高空槽、切变线、低空急流及冷空气影响，长江流域乌江至长江中游干流一线有大雨、局地暴雨的降雨过程，岳阳市临湘地区也受该次强降雨过程影响。7月16日、17日临湘市实况日雨量分布分别见图9-14、图9-15,19个站实况时段累计最大雨量见表9-6。

从实况雨量图及临湘市站点实况雨量信息来看，各站之间降雨分布极其不均，强降雨时段主要集中在16日0—10时之间。强降雨期间1h最大雨量城南站45.9mm，1h最小雨量定湖站0mm，强降雨期间19个站各累计时段实况降雨均未达到相应的临界雨量值，这与预警机制中未满足山洪预警条件相一致。

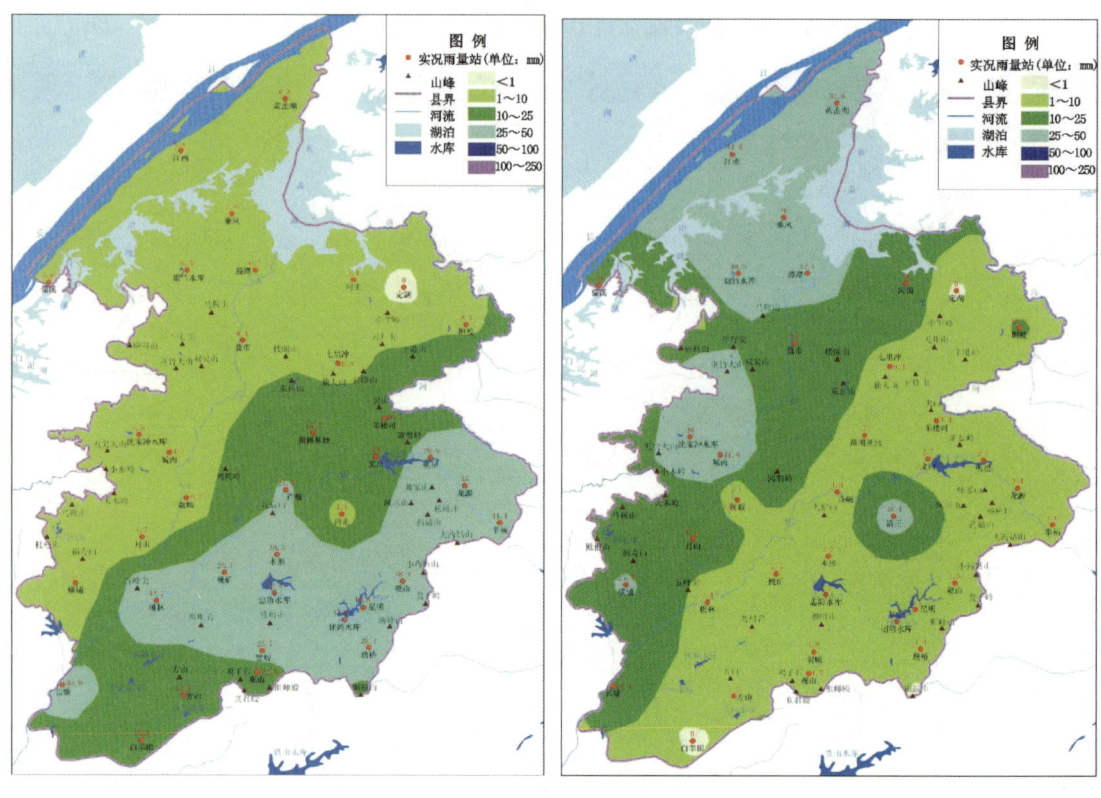

图 9-14　2014 年 7 月 16 日临湘市实况日雨量分布图　　图 9-15　2014 年 7 月 17 日临湘市实况日雨量分布图

表 9-6　　　　　　　7 月 16—17 日期间临湘市 19 个站实况时段累计最大雨量　　　　　　（单位：mm）

站号	站名	1h	2h	3h	4h	5h	6h	24h
P3350	忠防水库	25.9	37.8	38.6	41.5	48.6	60.1	83.6
P3351	横铺	15.9	30.1	33.0	33.6	34.1	38.8	43.8
P3352	长塘	24.7	43.4	62.5	64.1	65.9	67.5	106.9
P3353	龙源	21.8	27.5	36.2	40.5	41.6	49.5	84.8
P3354	清正	11.3	16.5	17.6	18.8	19.5	26.4	30.7
P3355	城南	45.9	50.1	50.9	52.0	58.6	73.5	92.6
P3521	江南	2.4	3.6	4.0	4.5	4.9	5.0	6.7
P3522	贺畈	25.9	38.4	49.1	64.2	74.9	76.7	101.0
P3523	白羊田	28.2	46.4	54.8	59.0	63.8	70.2	78.2
P3524	聂市	19.7	21.6	21.9	22.8	27.9	35.5	46.4
P3528	定湖	0.0	0.0	0.0	0.0	0.0	0.0	0.0
P3552	黄盖湖	0.9	1.5	1.8	1.9	2.4	2.7	4.1
P3553	坦渡	10.0	19.1	19.3	20.0	29.9	38.4	56.6
P3555	詹桥	25.6	44.5	55.8	59.9	64.6	66.6	81.5
P3556	烟竹水库	4.4	8.7	11.1	11.5	12.2	12.6	14.9
P3557	乘风	2.0	3.8	4.2	4.6	5.2	5.4	7.2
P3558	儒溪	2.4	3.0	3.0	3.1	3.3	3.6	5.2
P3559	桃林	31.0	38.6	47.0	53.0	56.0	68.8	98.2
P3622	羊楼司	11.7	23.1	23.5	24.1	28.5	39.5	67.6

9.5.2.2 基于实况雨量、预报雨量和临界雨量的预警试验检验

在实际山洪预警过程中,为了有效延长预警响应时间,可适度考虑降雨预报信息,采用基于实况雨量,考虑预报雨量信息,并对比相应时段临界雨量开展山洪预警是能有效增长预警时效性的有效措施之一。

重点针对与上节相同的 3 次降雨过程,实况为临湘市 19 个站的逐小时实况雨量,预报雨量为 WRF 模式预报经插值处理后生成的 19 个站的逐小时雨量,采用各站实况雨量与相应的时间上后续时段预报雨量累加进行滚动比较,对临湘市临界雨量的预警效果进行检验。

(1)6 月 19—20 日强降雨过程

6 月 19—20 日强降雨过程累加,强降雨时段主要集中在 19 日 16 时至 20 日 18 时之间,统计该强降雨时段实况与预报滚动雨量值。由于 WRF 数值预报运算需要占去一部分时间,数值预报的结果只能在整个预报运算完成之后才能获取,同时兼顾最新数值降雨信息,因而 WRF 模式的降雨预报获取情况为:采用 6 月 18 日 20 时预报信息,获取 6 月 19 日 16—17 时的临湘市 19 站逐小时雨量预报数据;采用 19 日 8 时预报信息,获取 6 月 19 日 18 时至 20 日 5 时的临湘市 19 站逐小时雨量预报数据;采用 19 日 20 时预报信息,获取 6 月 20 日 6—18 时的临湘市 19 站逐小时雨量预报数据。

WRF 数值预报 6 月 18 日 20 时、19 日 8 时及 19 日 20 时预报图分别见图 9-16、图 9-17、图 9-18。

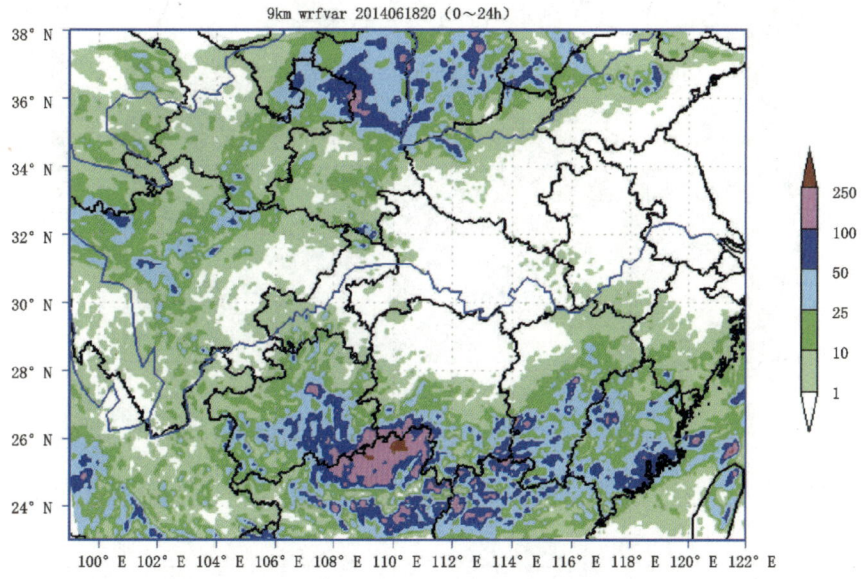

图 9-16　2014 年 6 月 18 日 20 时 WRF 模型 24h 降雨预报图(单位:mm)

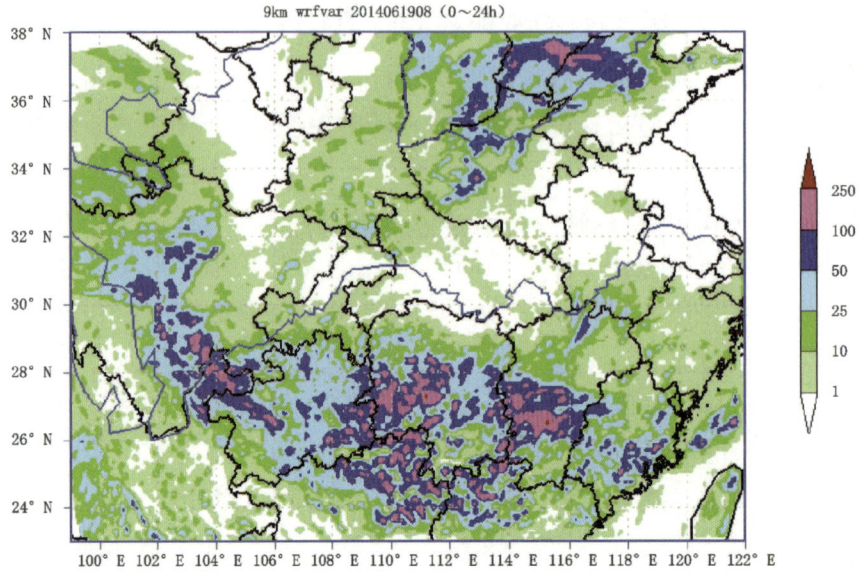

图 9-17　2014 年 6 月 19 日 8 时 WRF 模型 24h 降雨预报图(单位:mm)

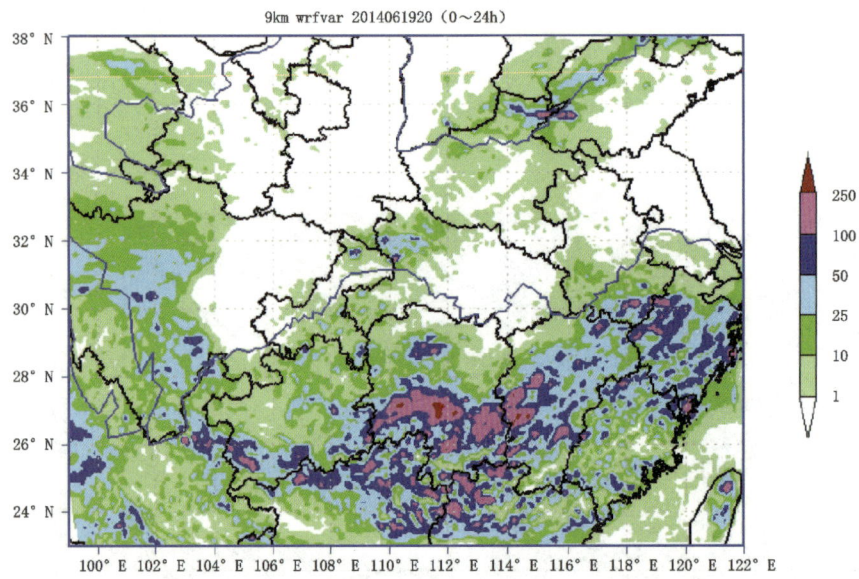

图 9-18　2014 年 6 月 19 日 20 时 WRF 模型 24h 降雨预报图(单位:mm)

从图中可以看出,19 日及 20 日长江流域的主要雨带位于长江上游部分地区及洞庭湖鄱阳湖水系,WRF 预报的主要雨带位置与实况对比大体正确,但雨区范围及强降雨中心预报并不准确,临湘地区位于洞庭湖水系北部边缘,预报的雨区范围并未笼括,临湘地区的降雨从预报图及格点预报信息看均为 0mm,WRF 模型对该次临湘地区的降雨过程预报出现偏差,对该次降雨过程的山洪预警检验失去意义。

(2)7 月 3—4 日强降雨过程

7 月 3—4 日强降雨过程,强降雨时段主要集中在 3 日 14 时至 4 日 18 时之间,统计该强降雨实况与预报滚动雨量值。WRF 模型的降雨预报获取情况为:采用 7 月 2 日 20 时的预报信息,获取 7 月 3 日 14—17 时的临湘市 19 站逐小时雨量预报数据;采用 3 日 8 时的预报信息,获取 7 月 3 日 18 时至 4 日 5 时的临湘市 19 站逐小时雨量预报数据;采用 3 日 20 时的预报信息,获取 7 月 4 日 6—18 时的临湘市 19 站逐小时雨量预报数据。

WRF 数值预报 7 月 2 日 20 时、3 日 8 时及 3 日 20 时预报图分别见图 9-19、图 9-20、图 9-21,强降雨时段临湘市 19 站的逐小时降雨量预报见表 9-7。

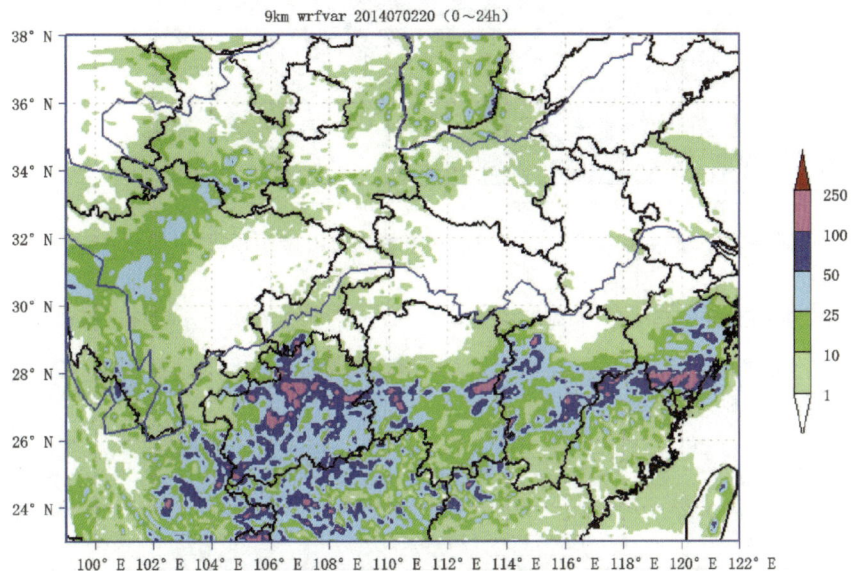

图 9-19　2014 年 7 月 2 日 20 时 WRF 模型 24h 降雨预报图(单位:mm)

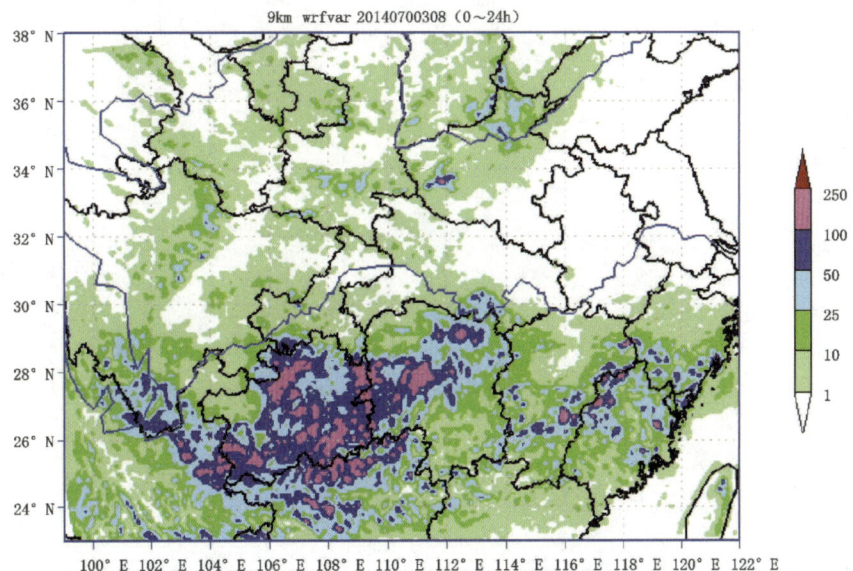

图 9-20　2014 年 7 月 3 日 8 时 WRF 模型 24h 降雨预报图(单位:mm)

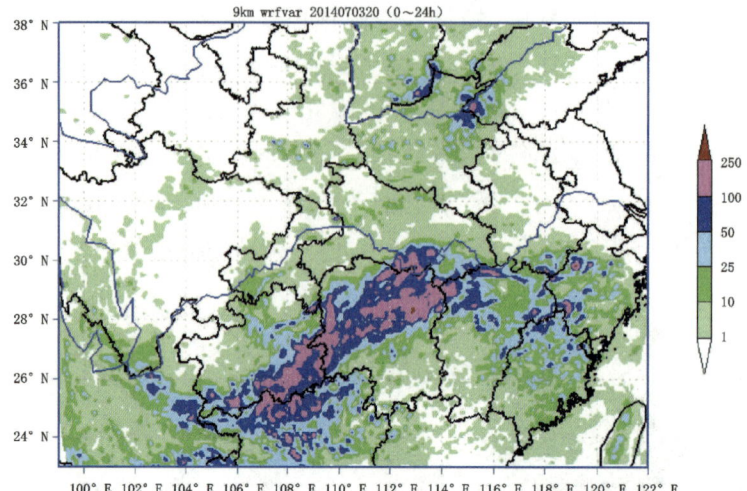

图 9-21　2014 年 7 月 3 日 20 时 WRF 模型 24h 降雨预报图(单位:mm)

表 9-7　7 月 3 日 14 时至 4 日 18 时期间临湘市 19 个站 WRF 模型逐小时降雨量预报　(单位:mm)

站点 时间	P3350	P3351	P3352	P3353	P3354	P3355	P3521	P3522	P3523	P3524	P3528	P3552	P3553	P3555	P3556	P3557	P3558	P3559	P3622
3 日 18 时	0.0	0.0	0.0	0.0	0.0	0.0	0.0	0.0	0.0	0.0	0.0	0.0	0.0	0.0	0.0	0.0	0.0	0.0	0.0
3 日 19 时	0.0	0.0	0.0	0.0	0.0	0.0	0.0	0.0	0.0	0.0	0.0	0.0	0.0	0.0	0.0	0.0	0.0	0.0	0.0
3 日 20 时	0.0	0.0	0.0	0.0	0.0	0.0	0.0	0.0	0.0	0.0	0.0	0.0	0.0	0.0	0.0	0.0	0.0	0.0	0.0
3 日 21 时	0.0	0.0	0.0	0.0	0.0	0.0	0.0	0.0	0.0	0.0	0.0	0.0	0.0	0.0	0.0	0.0	0.0	0.0	0.0
3 日 22 时	0.0	0.0	0.0	0.0	0.0	0.0	0.0	0.0	0.0	0.0	0.0	0.0	0.0	0.0	0.0	0.0	0.0	0.0	0.0
3 日 23 时	0.0	0.0	0.1	0.0	0.0	0.0	0.0	0.0	0.1	0.0	0.0	0.0	0.0	0.0	0.0	0.0	0.0	0.0	0.0
3 日 24 时	0.0	0.0	0.1	0.0	0.0	0.0	0.0	0.1	0.2	0.0	0.0	0.0	0.0	0.0	0.0	0.0	0.0	0.0	0.0
4 日 1 时	0.0	0.0	0.0	0.0	0.0	0.0	0.0	0.0	0.0	0.0	0.0	0.0	0.0	0.0	0.0	0.0	0.0	0.0	0.0
4 日 2 时	0.0	0.0	0.0	0.0	0.0	0.0	0.0	0.0	0.0	0.0	0.0	0.0	0.0	0.0	0.0	0.0	0.0	0.0	0.0
4 日 3 时	0.0	0.0	0.0	0.0	0.0	0.0	0.0	0.0	0.0	0.0	0.0	0.0	0.0	0.0	0.0	0.0	0.0	0.0	0.0
4 日 4 时	0.0	0.0	0.0	0.0	0.0	0.0	0.0	0.0	0.0	0.0	0.0	1.5	0.2	0.0	0.0	0.0	0.0	0.0	0.0
4 日 5 时	0.0	0.1	0.1	0.2	0.0	0.4	0.0	0.1	1.8	0.1	0.0	0.8	0.0	0.1	0.0	0.0	0.0	0.1	0.0
4 日 6 时	1.2	1.1	1.3	0.8	0.9	1.9	3.2	0.9	1.7	2.5	2.9	1.3	2.8	0.3	2.7	1.9	4.5	0.8	1.4
4 日 7 时	1.7	0.7	1.1	0.6	1.2	0.2	0.2	1.7	0.9	0.2	0.3	0.3	0.2	0.7	0.1	0.2	0.1	1.0	0.5
4 日 8 时	0.5	0.4	1.1	0.5	0.5	0.1	0.1	0.3	0.5	0.0	0.1	0.0	0.1	0.2	0.0	0.0	0.0	0.7	0.3
4 日 9 时	0.4	0.7	0.3	0.6	0.5	1.8	1.7	0.2	0.0	0.9	0.4	1.1	0.0	2.2	1.7	3.2	0.5	0.3	
4 日 10 时	0.0	0.3	0.6	0.1	0.0	0.7	0.3	0.0	1.2	0.3	0.5	0.0	0.7	0.5	0.7	0.3	0.0	0.4	
4 日 11 时	0.0	0.0	0.0	0.0	0.0	0.1	0.0	0.0	0.3	0.2	0.4	0.1	0.0	0.0	0.4	0.2	0.0	0.0	
4 日 12 时	0.0	0.0	0.0	0.0	0.0	0.0	0.0	0.0	0.0	0.0	0.0	0.0	0.0	0.0	0.0	0.0	0.0	0.0	
4 日 13 时	0.3	9.6	28.9	0.0	0.2	1.1	0.0	0.2	16.1	0.0	0.0	0.0	0.0	0.0	0.0	0.0	0.1	15.8	0.3
4 日 14 时	17.2	0.0	0.0	8.4	15.7	0.4	1.1	37.9	0.2	0.1	0.5	0.4	3.3	24.8	1.9	1.6	5.0	1.7	8.9
4 日 15 时	4.3	3.7	7.0	1.7	0.5	0.6	0.1	5.4	9.7	0.3	0.0	0.4	0.1	0.5	0.8	0.4	0.2	4.4	0.1
4 日 16 时	0.9	0.8	4.2	2.3	1.5	0.5	0.1	1.6	6.6	0.3	0.2	0.1	0.3	10.3	0.5	0.4	0.5	0.2	0.7
4 日 17 时	1.1	4.4	5.0	0.5	0.4	2.8	0.6	1.2	2.3	1.3	0.2	0.3	0.2	0.9	0.9	0.6	1.3	3.4	0.3
4 日 18 时	0.9	0.2	0.5	0.8	0.7	0.7	0.1	1.5	1.7	1.0	0.0	0.7	0.6	0.7	1.3	0.7	0.2	0.3	0.4

从预报图中可以看出,WRF 预报的主要雨带位置与实况对比基本上正确,但雨区范围及强降雨中心预报有所偏差。从预报图及雨量表可以看出,3 日 18 时至 4 日 12 时期间,19 个站预报雨量普遍偏小,最大 1h 预报雨量仅为 4.5mm;4 日 13—16 时,预报雨量强度明显增大,最大 1h 预报雨量为 37.9mm。

下面从基于实况雨量统计,并结合预报雨量分别与 1～6h 临界雨量阈值进行对比,从而检验基于实况雨量、预报雨量进行山洪预警的效果,具体如下:①统计每站 1h 实况雨量,并逐步滚动累加预报 1h、2h、3h、4h、5h 雨量,来检验有无达到相应的 2h、3h、4h、5h、6h 临界雨量阈值。②统计每站连续 2h 实况雨量,并逐步滚动累加预报 1h、2h、3h、4h 雨量,来检验有无达到相应的 3h、4h、5h、6h 临界雨量阈值。③统计每站连续 3h 实况雨量,并逐步滚动累加预报 1h、2h、3h 雨量,来检验有无达到相应的 4h、5h、6h 临界雨量阈值。④统计每站连续 4h 实况雨量,并逐步滚动累加预报 1h、2h 雨量,来检验有无达到相应的 5h、6h 临界雨量阈值。⑤统计每站连续 5h 实况雨量,并逐步滚动预报 1h 雨量,来检验有无达到 6h 的临界雨量阈值。

7 月 3—4 日强降雨期间,临湘市 19 个站强降雨时间段各不相同,且各站降雨强度不同,依据上述验证方法对 19 个站各自的强降雨区间分别进行对比检验。以黄盖湖站为例,该站最强降雨位于 7 月 4 日 6 时左右,统计该站 7 月 4 日 3—17 时期间实况雨量与预报雨量,其中,1h 实况、连续 2h、连续 3h、连续 4h、连续 5h 实况雨量与预报雨量逐时滚动累加雨量见表 9-8 至表 9-12。通过 1h 实况与其后 1～5h 的预报雨量分别滚动累加,发现最大累计雨量为 45.5mm,均低于黄盖湖站 2～6h 的临界雨量,以此类推,黄盖湖站 2～5h 实况雨量分别累加预报雨量均显示未达到相应各时段的临界雨量阈值条件。

限于篇幅,其余各站统计表不再列出,统计结果显示,临湘市的 19 个站在该次降雨过程中实况雨量与相应时段的预报雨量累加值并未达到各对应时段的临界雨量,因此也就未达到山洪灾害预警条件,这与临湘地区未发生山洪灾害实情符合。

表中"1h 实况＋未来 1～5h 不同历时预报"栏中,2h 代表 1h 实况与其后未来 1h 预报降雨量累加值,3h 代表 1h 实况与其后未来 2h 历时的预报降雨量累加值,4h、5h、6h 类同。表 9-8 至表 9-12 类同。

表 9-8 黄盖湖站逐小时实况与预报 1～5h 雨量累计表 (单位:mm)

时间 (年-月-日-时)	逐 1h 实况	逐 1h 预报	1h 实况＋未来 1～5h 不同历时预报				
			2h	3h	4h	5h	6h
2014-07-04-03	5.4		6.9	7.7	9.0	9.3	9.3
2014-07-04-04	5.3	1.5	6.1	7.3	7.6	7.7	8.8
2014-07-04-05	10.5	0.8	11.8	12.1	12.1	13.2	13.7
2014-07-04-06	43.6	1.3	43.9	43.9	45.0	45.5	45.5

续表

时间 (年-月-日-时)	逐1h实况	逐1h预报	1h实况＋未来1~5h不同历时预报				
			2h	3h	4h	5h	6h
2014-07-04-07	1.5	0.3	1.5	2.6	3.1	3.1	3.5
2014-07-04-08	1.4	0.0	2.5	3.0	3.0	3.3	3.4
2014-07-04-09	0.1	1.1	0.6	0.6	0.9	1.0	1.0
2014-07-04-10	0.1	0.5	0.1	0.5	0.5	0.5	0.9
2014-07-04-11	0.0	0.0	0.4	0.4	0.4	0.8	1.1
2014-07-04-12	0.2	0.4	0.2	0.2	0.6	1.0	1.1
2014-07-04-13	8.8	0.0	8.8	9.2	9.6	9.7	
2014-07-04-14	9.0	0.0	9.4	9.8	9.9		
2014-07-04-15	2.6	0.4	3.0	3.1			
2014-07-04-16	0.1	0.4	0.2				
2014-07-04-17	3.1	0.1					

注：表中"逐1h实况"表示同一行中所示时刻 t 至 $t+1$ 之间的1h降雨量，"逐1h预报"相同。

表9-9　　　　　黄盖湖站连续2h实况与预报1~4h雨量累计表　　　　　（单位：mm）

时间 (年-月-日-时)	逐1h实况	逐2h实况	逐1h预报	2h实况＋未来1~4h不同历时预报			
				3h	4h	5h	6h
2014-07-04-03	5.4						
2014-07-04-04	5.3	10.7		11.5	12.7	13.0	13.1
2014-07-04-05	10.5	15.8	0.8	17.1	17.4	17.4	18.5
2014-07-04-06	43.6	54.1	1.3	54.4	54.4	55.5	56.0
2014-07-04-07	1.5	45.1	0.3	45.1	46.2	46.7	46.7
2014-07-04-08	1.4	2.9	0.0	4.0	4.5	4.5	4.8
2014-07-04-09	0.1	1.5	1.1	2.0	2.0	2.3	2.4
2014-07-04-10	0.1	0.2	0.5	0.2	0.5	0.6	0.6
2014-07-04-11	0.0	0.1	0.0	0.5	0.5	0.5	0.9
2014-07-04-12	0.2	0.2	0.4	0.2	0.2	0.6	1.0
2014-07-04-13	8.8	9.0		9.0	9.4	9.8	9.9
2014-07-04-14	9.0	17.8	0.0	18.2	18.6	18.7	
2014-07-04-15	2.6	11.6	0.4	12.0	12.1		
2014-07-04-16	0.1	2.7		2.8			
2014-07-04-17	3.1	3.2	0.1				

表 9-10　　　　　　　　黄盖湖站连续 3h 实况与预报 1～3h 雨量累计表　　　　　　　（单位：mm）

时间(年-月-日-时)	逐1h实况	逐3h实况	逐1h预报	3h实况＋未来1～3h不同历时预报		
				4h	5h	6h
2014-07-04-03	5.4					
2014-07-04-04	5.3					
2014-07-04-05	10.5	21.2		22.5	22.8	22.8
2014-07-04-06	43.6	59.4	1.3	59.7	59.7	60.8
2014-07-04-07	1.5	55.6	0.3	55.6	56.7	57.2
2014-07-04-08	1.4	46.5	0.0	47.6	48.1	48.1
2014-07-04-09	0.1	3.0	1.1	3.5	3.5	3.8
2014-07-04-10	0.1	1.6	0.5	1.6	2.0	2.0
2014-07-04-11	0.0	0.2	0.0	0.6	0.6	0.6
2014-07-04-12	0.2	0.3	0.4	0.3	0.3	0.7
2014-07-04-13	8.8	9.0	0.0	9.0	9.4	9.8
2014-07-04-14	9.0	18.0	0.0	18.4	18.8	18.9
2014-07-04-15	2.6	20.4	0.4	20.8	20.9	
2014-07-04-16	0.1	11.7	0.4	11.8		
2014-07-04-17	3.1	5.8	0.1			

表 9-11　　　　　　　　黄盖湖站连续 4h 实况与预报 1～2h 雨量累计表　　　　　　　（单位：mm）

时间(年-月-日-时)	逐1h实况	逐4h实况	逐1h预报	4h实况＋未来1～2h不同历时预报	
				5h	6h
2014-07-04-03	5.4				
2014-07-04-04	5.3				
2014-07-04-05	10.5				
2014-07-04-06	43.6	64.8		65.1	65.1
2014-07-04-07	1.5	60.9	0.3	60.9	62.0
2014-07-04-08	1.4	57.0	0.0	58.1	58.6
2014-07-04-09	0.1	46.6	1.1	47.1	47.1
2014-07-04-10	0.1	3.1	0.5	3.1	3.5
2014-07-04-11	0.0	1.6	0.0	2.0	2.0
2014-07-04-12	0.2	0.4	0.4	0.4	0.4
2014-07-04-13	8.8	9.1	0.0	9.1	9.5
2014-07-04-14	9.0	18.0	0.0	18.4	18.8
2014-07-04-15	2.6	20.6	0.4	21.0	21.1
2014-07-04-16	0.1	20.5	0.4	20.6	
2014-07-04-17	3.1	14.8	0.1		

表 9-12　　　　　　　黄盖湖站连续 5h 实况与预报 1h 雨量累计表　　　　　　（单位：mm）

时间 (年-月-日-时)	逐 1h 实况	逐 5h 实况	逐 1h 预报	5h 实况＋未来 1h 预报 6h
2014-07-04-03	5.4			
2014-07-04-04	5.3			
2014-07-04-05	10.5			
2014-07-04-06	43.6			
2014-07-04-07	1.5	66.3		66.3
2014-07-04-08	1.4	62.3	0.0	63.4
2014-07-04-09	0.1	57.1	1.1	57.6
2014-07-04-10	0.1	46.7	0.5	46.7
2014-07-04-11	0.0	3.1	0.0	3.5
2014-07-04-12	0.2	1.8	0.4	1.8
2014-07-04-13	8.8	9.2	0.0	9.2
2014-07-04-14	9.0	18.1	0.0	18.5
2014-07-04-15	2.6	20.6	0.4	21.0
2014-07-04-16	0.1	20.7	0.4	20.8
2014-07-04-17	3.1	23.6	0.1	

(3)7月16—17日强降雨过程

7月16—17日强降雨过程，强降雨时段主要集中在16日0—10时之间，由于有部分站点在10时降雨较强，统计预报降雨时段为0—15时。强降雨时段降雨预报获取情况为：采用7月15日8时的WRF模型预报信息，获取7月16日0—5时的临湘市19站逐小时雨量预报数据；采用15日20时的WRF模型预报信息，获取7月16日6—15时的临湘市19站逐小时雨量预报数据。

WRF模型7月15日8时、15日20时24h降雨预报分别见图9-22、图9-23，强降雨时段临湘市的19站逐小时降雨量预报见表9-13。

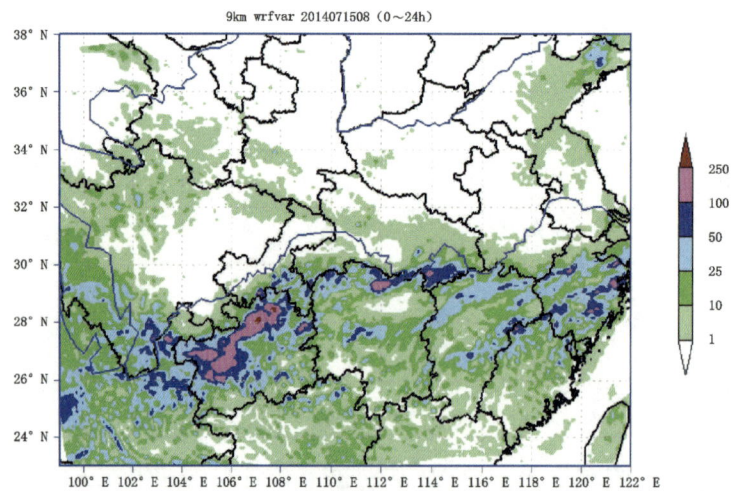

图 9-22　2014年7月15日8时 WRF 模型 24h 降雨预报图(单位：mm)

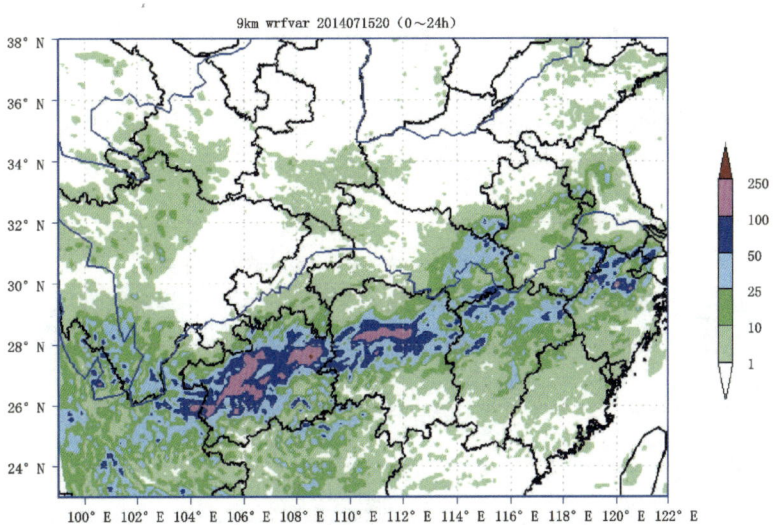

图 9-23　2014 年 7 月 15 日 20 时 WRF 模型 24h 降雨预报图(单位:mm)

表 9-13　　　7 月 16 日 0—10 时期间临湘市 19 个站 WRF 模型逐小时降雨量预报　　　(单位:mm)

站号 时间	P3350	P3351	P3352	P3353	P3354	P3355	P3521	P3522	P3523	P3524	P3528	P3552	P3553	P3555	P3556	P3557	P3558	P3559	P3622
16 日 0 时	0.0	0.0	0.0	0.0	0.0	0.0	0.0	0.0	0.0	0.0	0.0	0.0	0.0	0.0	0.0	0.0	0.0	0.0	0.0
16 日 1 时	0.0	0.0	0.0	0.0	0.0	0.0	0.0	0.1	0.0	0.0	0.0	0.0	0.0	0.0	0.1	0.0	0.0	0.0	0.0
16 日 2 时	0.0	0.0	0.0	0.3	0.0	0.1	0.1	0.1	0.0	0.1	0.1	0.1	0.1	0.1	0.1	0.2	0.0	0.0	0.0
16 日 3 时	0.0	0.0	0.0	0.1	0.0	0.0	0.0	0.0	0.0	0.0	0.0	0.0	0.0	0.0	0.0	0.0	0.0	0.1	0.0
16 日 4 时	0.0	0.1	0.0	0.7	0.0	0.0	0.0	0.0	0.0	0.0	0.0	0.0	0.0	0.0	0.0	0.0	0.0	0.0	0.1
16 日 5 时	2.8	3.0	1.0	0.4	0.2	0.0	0.0	6.5	9.2	0.0	0.0	0.0	2.7	0.0	0.0	0.0	0.0	1.3	0.1
16 日 6 时	0.0	0.0	0.0	0.0	0.0	0.1	0.0	0.0	0.0	0.0	0.0	0.1	0.0	0.0	0.0	0.0	0.0	0.0	0.0
16 日 7 时	0.0	0.0	0.0	0.0	0.0	0.0	0.0	0.0	0.0	0.0	0.0	0.0	0.0	0.0	0.0	0.0	0.0	0.0	0.0
16 日 8 时	0.6	0.3	0.3	0.2	0.2	0.1	0.0	0.0	0.0	0.0	0.0	0.0	0.0	0.0	0.1	0.6	0.3	2.7	0.4	0.0
16 日 9 时	6.8	15.1	4.4	12.3	19.0	4.6	1.8	6.0	9.8	0.0	0.0	1.0	0.9	2.8	11.0	1.6	3.2	10.4	11.4
16 日 10 时	1.4	3.6	4.4	4.1	3.1	6.8	0.0	2.3	2.4	14.3	7.8	0.8	17.0	3.5	0.3	0.3	1.5	2.7	10.0
16 日 11 时	1.1	0.9	1.4	0.9	2.1	0.7	0.7	1.3	1.4	1.3	6.4	0.2	2.7	1.5	0.7	0.5	0.5	1.5	1.1
16 日 12 时	0.2	0.1	0.1	0.4	0.4	0.0	0.0	0.0	0.0	0.0	0.0	0.0	0.3	0.0	0.0	0.0	0.0	0.1	0.1
16 日 13 时	0.0	0.0	0.0	0.0	0.0	0.0	0.0	0.0	0.0	0.0	0.0	0.0	0.0	0.0	0.0	0.0	0.0	0.0	0.0
16 日 14 时	0.0	0.0	0.0	0.0	0.0	0.0	0.0	0.0	0.0	0.0	0.0	0.0	0.0	0.0	0.0	0.0	0.0	0.0	0.0
16 日 15 时	0.0	0.0	0.0	0.0	0.0	0.0	0.0	0.0	0.0	0.0	0.0	0.0	0.0	0.0	0.0	0.0	0.0	0.0	0.0

16—17 日,长江流域的主要雨带位于乌江至长江中游干流一线,从预报图中可以看出,WRF 对这次降雨过程的预报同上述两次降雨过程相同,对该次降雨过程主要雨带位置预报与实况一致,对临湘市 19 站的降雨强度预报有所偏小,雨区范围及强降雨中心预报与实况有所偏差。从预报雨量表可以看出,16 日 0—4 时期间,19 站预报雨量较小,最大 1h 预报雨量为 0.7mm;5—8 时期间,最大 1h 预报雨量为 9.2mm;9—10 时期间,预报雨量继续增大,最大 1h 预报雨量为 19.0mm;11 时,预报雨量减弱,最大 1h 预报雨量为 6.4mm,12—15 时,预报雨量可约为 0.0mm。

实况雨量结合预报雨量分别与 1~6h 临界雨量阈值进行对比,检验方法同 7 月 3—4 日强降雨过程相同,限于篇幅,以贺畈站为例,其余各站统计表也不再列出。贺畈站最强降雨集中在 16 日 3—7 时期间,16 日 13 时后降雨停止,统计该站 7 月 16 日 0—13 时期间实况雨量与预报雨量,其中,1h 实况、连续 2h、连续 3h、连续 4h、连续 5h 实况雨量与预报雨量逐时滚动累加雨量见表 9-14 至表 9-18。

表 9-14　　　　贺畈站逐小时实况与预报 1~5h 雨量累计表　　　　（单位:mm）

时间 （年-月-日-时）	逐 1h 实况	逐 1h 预报	1h 实况＋未来 1~5h 不同历时预报				
			2h	3h	4h	5h	6h
2014-7-16-00	0.1		0.1	0.2	0.3	0.3	6.8
2014-7-16-01	2.4	0.0	2.5	2.6	2.6	9.1	9.1
2014-7-16-02	1.8	0.1	1.9	1.9	8.4	8.4	8.4
2014-7-16-03	10.7	0.1	10.7	17.2	17.2	17.2	17.3
2014-7-16-04	25.9	0.0	32.4	32.4	32.4	32.5	38.5
2014-7-16-05	12.5	6.5	12.5	12.5	12.6	18.6	20.9
2014-7-16-06	10.6	0.0	10.6	10.7	16.7	19.0	20.3
2014-7-16-07	15.2	0.1	15.3	21.3	23.6	24.9	25.2
2014-7-16-08	1.2	0.1	7.2	9.5	10.8	11.1	11.1
2014-7-16-09	10.0	6.0	12.3	13.6	13.9	13.9	
2014-7-16-10	9.1	2.3	10.4	10.7	10.7		
2014-7-16-11	1.1	1.3	1.4	1.4			
2014-7-16-12	0.3	0.3	0.3				
2014-7-16-13	0.1	0.0					

注:表中"逐 1h 实况"表示同一行中所示时刻 t 至 $t+1$ 之间的 1h 降雨量,"逐 1h 预报"相同。

表中"1h 实况＋未来 1~5h 不同历时预报"栏中,2h 代表 1h 实况与其后未来 1h 预报降雨量累加值,3h 代表 1h 实况与其后未来 2h 历时的预报降雨量累加值,4h、5h、6h 类同。表 9-14 至表 9-18 类同。

表 9-15　　　　贺畈站连续 2h 实况与预报 1~4h 雨量累计表　　　　（单位:mm）

时间 （年-月-日）	逐 1h 实况	逐 2h 实况	逐 1h 预报	2h 实况＋未来 1~4h 不同历时预报			
				3h	4h	5h	6h
2014-7-16-00	0.1						
2014-7-16-01	2.4	2.5		2.6	2.7	2.7	9.2
2014-7-16-02	1.8	4.2	0.1	4.3	4.3	10.8	10.8
2014-7-16-03	10.7	12.5	0.1	12.5	19.0	19.0	19.0
2014-7-16-04	25.9	36.6	0.0	43.1	43.1	43.1	43.2
2014-7-16-05	12.5	38.4	6.5	38.4	38.4	38.5	44.5
2014-7-16-06	10.6	23.1	0.0	23.1	23.2	29.2	31.5
2014-7-16-07	15.2	25.8	0.0	25.9	31.9	34.2	35.5
2014-7-16-08	1.2	16.4	0.1	22.4	24.7	26.0	26.3
2014-7-16-09	10.0	11.2	6.0	13.5	14.8	15.1	15.1
2014-7-16-10	9.1	19.1	2.3	20.4	20.7	20.7	
2014-7-16-11	1.1	10.2	1.3	10.5	10.5		
2014-7-16-12	0.3	1.4	0.3	1.4			
2014-7-16-13	0.1	0.4	0.0				

表 9-16　　　　　　　　贺畈站连续 3h 实况与预报 1~3h 雨量累计表　　　　　　（单位：mm）

时间 （年-月-日-时）	逐1h实况	逐3h实况	逐1h预报	3h实况＋未来1~3h不同历时预报		
				4h	5h	6h
2014-7-16-00	0.1					
2014-7-16-01	2.4					
2014-7-16-02	1.8	4.3		4.4	4.4	10.9
2014-7-16-03	10.7	14.9	0.1	14.9	21.4	21.4
2014-7-16-04	25.9	38.4	0.0	44.9	44.9	44.9
2014-7-16-05	12.5	49.1	6.5	49.1	49.1	49.2
2014-7-16-06	10.6	49.0	0.0	49.0	49.1	55.1
2014-7-16-07	15.2	38.3	0.0	38.4	44.4	46.7
2014-7-16-08	1.2	27.0	0.1	33.0	35.3	36.6
2014-7-16-09	10.0	26.4	6.0	28.7	30.0	30.3
2014-7-16-10	9.1	20.3	2.3	21.6	21.9	21.9
2014-7-16-11	1.1	20.2	1.3	20.5	20.5	
2014-7-16-12	0.3	10.5	0.3	10.5		
2014-7-16-13	0.1	1.5	0.0			

表 9-17　　　　　　　　贺畈站连续 4h 实况与预报 1~2h 雨量累计表　　　　　　（单位：mm）

时间 （年-月-日-时）	逐1h实况	逐4h实况	逐1h预报	4h实况＋未来1~2h不同历时预报	
				5h	6h
2014-7-16-00	0.1				
2014-7-16-01	2.4				
2014-7-16-02	1.8				
2014-7-16-03	10.7	15.0		15.0	21.5
2014-7-16-04	25.9	40.8	0.0	47.3	47.3
2014-7-16-05	12.5	50.9	6.5	50.9	50.9
2014-7-16-06	10.6	59.7	0.0	59.7	59.8
2014-7-16-07	15.2	64.2	0.0	64.3	70.3
2014-7-16-08	1.2	39.5	0.1	45.5	47.8
2014-7-16-09	10.0	37.0	6.0	39.3	40.6
2014-7-16-10	9.1	35.5	2.3	36.8	37.1
2014-7-16-11	1.1	21.4	1.3	21.7	21.7
2014-7-16-12	0.3	20.5	0.3	20.5	
2014-7-16-13	0.1	10.6	0.0		

表 9-18　　　　　　　　贺畈站连续 5h 实况与预报 1h 雨量累计表　　　　　　　　（单位：mm）

时间 (年-月-日-时)	逐 1h 实况	逐 5h 实况	逐 1h 预报	5h 实况＋未来 1h 预报 6h
2014-7-16-00	0.1			
2014-7-16-01	2.4			
2014-7-16-02	1.8			
2014-7-16-03	10.7			
2014-7-16-04	25.9	40.9		47.4
2014-7-16-05	12.5	53.3	6.5	53.3
2014-7-16-06	10.6	61.5	0.0	61.5
2014-7-16-07	15.2	74.9	0.0	75.0
2014-7-16-08	1.2	65.4	0.1	71.4
2014-7-16-09	10.0	49.5	6.0	51.8
2014-7-16-10	9.1	46.1	2.3	47.4
2014-7-16-11	1.1	36.6	1.3	36.9
2014-7-16-12	0.3	21.7	0.3	21.7
2014-7-16-13	0.1	20.6	0.0	

通过 1h 实况与其后 1～5h 的预报雨量分别滚动累加，发现最大累计雨量为 38.5mm，均低于贺畈站 2～6h 的临界雨量；2h 实况与其后 1～4h 的预报雨量分别滚动累加，最大累计雨量为 44.5mm，低于贺畈站 3～6h 的临界雨量；3h 实况与其后 1～3h 的预报雨量分别滚动累加，最大累计雨量为 55.1mm，低于贺畈站 4～6h 的临界雨量；4h 实况与其后 1～2h 的预报雨量分别滚动累加，最大累计雨量为 70.3mm，低于贺畈站 5～6h 的临界雨量；5h 实况与其后 1h 的预报雨量滚动累加，最大累计雨量为 75.0mm，低于贺畈站 6h 的临界雨量。不仅贺畈站实况雨量分别累加预报雨量均显示未达到相应各时段的临界雨量阈值条件，临湘市其余各站在该次降雨过程中实况雨量与相应时段的预报雨量累加值也未达到各对应时段的临界雨量，因此也就未达到山洪灾害预警条件，这与临湘地区未发生山洪灾害实情符合。

9.5.3　基于示范区分区临界雨量的实时预警试验

2014 年 5—9 月，临湘市山洪灾害监测预警平台投入实时预警试运行。本节仅从基于分区临界雨量阈值开展山洪预警实时试验情况进行检验分析，初步了解该预警方案用作山洪预警的实际应用效果。

与基于单站临界雨量检验方案相同，选择相同的降雨过程进行实况检验，由于实况强降雨过程较少，以及临湘市示范区未有山洪案例发生的报告；本节仅具体以 2014 年 7 月 3—4 日强降雨过程为例，进行具体检验分析。

基于实时面雨量预警依据实况降雨与累加预报雨量值是否达到各相应时段的分区临界雨量阈值。具体预警试验主要包括：①各分区 1h 实况面雨量分别累加预报的 1h、2h、3h、4h、5h 面雨量；②各分区连续 2h 实况面雨量分别累加预报的 1h、2h、3h、4h 面雨量；③各分区连续 3h 实况面雨量分别累加预报的 1h、2h、3h 面雨量；④各分区连续 4h 实况面雨量分别累加预报的 1h、2h 面雨量；⑤各分区连续 5h 实况面雨量累加预报 1h 面雨量。试验上述各累加后雨量值是否达到各相应时段的分区面临界雨量阈值，如果达到，则系统将会自动发布预警信息，若实况也发生山洪灾害事件，则表示所拟定的临界雨量及其用于山洪预警效果较好。

本次强降雨过程期间，临湘市的 10 个分区强降雨时段主要集中在 4 日 3—8 时，统计 3—14 时期间各分区面雨量实况与预报值。限于篇幅，以实况相对较强的黄盖湖区及源潭河上游区为例，两个分区的 1h 实况、连续 2h、连续 3h、连续 4h、连续 5h 实况面雨量与预报的后续时段降雨值分别累加后的雨量值见表 9-19 至表 9-28。通过黄盖湖区 1h 面雨量实况与其后 1~5h 的预报雨量分别滑动累加，6h 最大累计雨量 64.1mm，低于其对应的 6h 面临界雨量阈值，以此类推，黄盖湖区 2~5h 实况分别与预报值滑动累加，均显示未达到各对应时段的分区临界雨量阈值。源潭河上游区同理，临湘市其余分区在该次降雨过程中均未达到相应的预警条件，预警平台没有提示发出山洪灾害预警信息，这与临湘地区未发生山洪灾害的实际情况相符合。

表 9-19　　　　黄盖湖区逐小时实况与预报 1~5h 雨量累计表　　　　（单位：mm）

时间（年-月-日-时）	逐 1h 实况	逐 1h 预报	1h 实况＋未来 1~5h 不同历时预报				
			2h	3h	4h	5h	6h
2014-07-04-03	4.9		5.1	5.1	6.5	10.3	40.0
2014-07-04-04	8.5	0.2	8.5	9.9	13.8	43.5	50.7
2014-07-04-05	19.0	0.0	20.4	24.2	53.9	61.2	64.1
2014-07-04-06	15.5	1.4	19.4	49.1	56.8	59.2	61.6
2014-07-04-07	1.8	3.8	31.4	38.7	41.6	43.9	44.9
2014-07-04-08	0.0	29.7	7.3	10.2	12.5	13.5	14.1
2014-07-04-09	0.0	7.3	2.9	5.2	6.2	6.8	7.0
2014-07-04-10	0.0	2.9	2.3	3.3	3.9	4.1	
2014-07-04-11	0.0	2.3	1.0	1.6	1.8		
2014-07-04-12	0.0	1.0	0.8				
2014-07-04-13	0.0	0.6	0.2				
2014-07-04-14	0.0	0.2					

注：表中"逐 1h 实况"表示同一行中所示时刻 t 至 $t+1$ 之间的 1h 降雨量，"逐 1h 预报"相同。

表中"1h 实况＋未来 1~5h 不同历时预报"栏中，2h 代表 1h 实况与其后未来 1h 预报降雨量累加值，3h 代表 1h 实况与其后未来 2h 历时的预报降雨量累加值，4h、5h、6h 类同。表 9-19 至表 9-28 类同。

表 9-20　　黄盖湖区连续 2h 实况与预报 1~4h 雨量累计表　　（单位：mm）

时间 （年-月-日-时）	逐 1h 实况	逐 2h 实况	逐 1h 预报	2h 实况＋未来 1~4h 不同历时预报			
				3h	4h	5h	6h
2014-07-04-03	4.9						
2014-07-04-04	8.5	13.4		13.4	14.8	18.6	48.3
2014-07-04-05	19.0	27.5	0.0	28.9	32.7	62.4	69.7
2014-07-04-06	15.5	34.5	1.4	38.4	68.0	75.3	78.2
2014-07-04-07	1.8	17.3	3.8	47.0	54.2	57.1	59.5
2014-07-04-08	0.0	1.8	29.7	9.0	11.9	14.2	15.2
2014-07-04-09	0.0	0.0	7.3	2.9	5.2	6.2	6.8
2014-07-04-10	0.0	0.0	2.9	2.3	3.3	3.9	4.1
2014-07-04-11	0.0	0.0	2.3	1.0	1.6	1.8	
2014-07-04-12	0.0	0.0	1.0	0.6	0.8		
2014-07-04-13	0.0	0.0	0.6	0.2			
2014-07-04-14	0.0	0.0	0.2				

表 9-21　　黄盖湖区连续 3h 实况与预报 1~3h 雨量累计表　　（单位：mm）

时间 （年-月-日-时）	逐 1h 实况	逐 3h 实况	逐 1h 预报	3h 实况＋未来 1~3h 不同历时预报		
				4h	5h	6h
2014-07-04-03	4.9					
2014-07-04-04	8.5					
2014-07-04-05	19.0	32.3		33.7	37.6	67.3
2014-07-04-06	15.5	43.0	1.4	46.8	76.5	83.8
2014-07-04-07	1.8	36.3	3.8	66.0	73.2	76.1
2014-07-04-08	0.0	17.3	29.7	24.5	27.4	29.8
2014-07-04-09	0.0	1.8	7.3	4.7	7.0	7.9
2014-07-04-10	0.0	0.0	2.9	2.3	3.3	3.9
2014-07-04-11	0.0	0.0	2.3	1.0	1.6	1.8
2014-07-04-12	0.0	0.0	1.0	0.6	0.8	
2014-07-04-13	0.0	0.0	0.6	0.2		
2014-07-04-14	0.0	0.0	0.2			

表 9-22　　黄盖湖区连续 4h 实况与预报 1~2h 雨量累计表　　（单位：mm）

时间 （年-月-日-时）	逐 1h 实况	逐 4h 实况	逐 1h 预报	4h 实况＋未来 1~2h 不同历时预报	
				5h	6h
2014-07-04-03	4.9				
2014-07-04-04	8.5				
2014-07-04-05	19.0				
2014-07-04-06	15.5	47.9		51.7	81.4
2014-07-04-07	1.8	44.7	3.8	74.4	81.7
2014-07-04-08	0.0	36.3	29.7	43.5	46.4
2014-07-04-09	0.0	17.3	7.3	20.2	22.5
2014-07-04-10	0.0	1.8	2.9	4.1	5.0
2014-07-04-11	0.0	0.0	2.3	1.0	1.6
2014-07-04-12	0.0	0.0	1.0	0.6	0.8
2014-07-04-13	0.0	0.0	0.6	0.2	
2014-07-04-14	0.0	0.0	0.2		

表 9-23　　　　　　　黄盖湖区连续 5h 实况与预报 1h 雨量累计表　　　　　　　（单位：mm）

时间 (年-月-日-时)	逐 1h 实况	逐 5h 实况	逐 1h 预报	5h 实况＋未来 1h 预报 6h
2014-07-04-03	4.9			
2014-07-04-04	8.5			
2014-07-04-05	19.0			
2014-07-04-06	15.5			
2014-07-04-07	1.8	49.6		79.3
2014-07-04-08	0.0	44.7	29.7	52.0
2014-07-04-09	0.0	36.3	7.3	39.2
2014-07-04-10	0.0	17.3	2.9	19.6
2014-07-04-11	0.0	1.8	2.3	2.7
2014-07-04-12	0.0	0.0	1.0	0.6
2014-07-04-13	0.0	0.0	0.6	0.2
2014-07-04-14	0.0	0.0	0.2	

表 9-24　　　　　　源潭河上游区逐小时实况与预报 1～5h 雨量累计表　　　　　　（单位：mm）

时间 (年-月-日-时)	逐 1h 实况	逐 1h 预报	1h 实况＋未来 1～5h 不同历时预报				
			2h	3h	4h	5h	6h
2014-07-04-03	1.6		1.8	2.2	8.6	18.9	41.4
2014-07-04-04	20.2	0.2	20.6	27.0	37.3	59.8	62.8
2014-07-04-05	14.1	0.4	20.5	30.8	53.3	56.3	61.7
2014-07-04-06	8.4	6.4	18.7	41.2	44.1	49.6	53.7
2014-07-04-07	3.5	10.3	26.0	29.0	34.5	38.6	40.6
2014-07-04-08	0.0	22.5	3.0	8.4	12.6	14.6	15.0
2014-07-04-09	0.0	3.0	5.5	9.6	11.6	12.0	12.0
2014-07-04-10	0.0	5.5	4.1	6.2	6.5	6.5	
2014-07-04-11	0.0	4.1	2.0	2.4	2.4		
2014-07-04-12	0.0	2.0	0.4	0.4			
2014-07-04-13	0.0	0.4	0.0				
2014-07-04-14	0.0	0.0					

表 9-25　　　　　源潭河上游区连续 2h 实况与预报 1～4h 雨量累计表　　　　　　（单位：mm）

时间 (年-月-日-时)	逐 1h 实况	逐 2h 实况	逐 1h 预报	2h 实况＋未来 1～4h 不同历时预报			
				3h	4h	5h	6h
2014-07-04-03	1.6						
2014-07-04-04	20.2	21.8		22.2	28.6	38.9	61.4
2014-07-04-05	14.1	34.3	0.4	40.7	51.0	73.5	76.5
2014-07-04-06	8.4	22.5	6.4	32.7	55.3	58.2	63.7
2014-07-04-07	3.5	11.9	10.3	34.4	37.4	42.8	46.9
2014-07-04-08	0.0	3.5	22.5	6.5	11.9	16.1	18.1
2014-07-04-09	0.0	0.0	3.0	5.5	9.6	11.6	12.0
2014-07-04-10	0.0	0.0	5.5	4.1	6.2	6.5	6.5
2014-07-04-11	0.0	0.0	4.1	2.0	2.4	2.4	
2014-07-04-12	0.0	0.0	2.0	0.4	0.4		
2014-07-04-13	0.0	0.0	0.4	0.0			
2014-07-04-14	0.0	0.0	0.0				

表 9-26　　　　源潭河上游区连续 3h 实况与预报 1~3h 雨量累计表　　　　（单位：mm）

时间 (年-月-日-时)	逐1h实况	逐3h实况	逐1h预报	3h实况＋未来1~3h不同历时预报		
				4h	5h	6h
2014-07-04-03	1.6					
2014-07-04-04	20.2					
2014-07-04-05	14.1	35.9		42.3	52.6	75.1
2014-07-04-06	8.4	42.7	6.4	52.9	75.5	78.4
2014-07-04-07	3.5	26.0	10.3	48.5	51.4	56.9
2014-07-04-08	0.0	11.9	22.5	14.8	20.3	24.4
2014-07-04-09	0.0	3.5	3.0	9.0	13.1	15.1
2014-07-04-10	0.0	0.0	5.5	4.1	6.2	6.5
2014-07-04-11	0.0	0.0	4.1	2.0	2.4	2.4
2014-07-04-12	0.0	0.0	2.0	0.4	0.4	
2014-07-04-13	0.0	0.0	0.4	0.0		
2014-07-04-14	0.0	0.0	0.0			

表 9-27　　　　源潭河上游区连续 4h 实况与预报 1~2h 雨量累计表　　　　（单位：mm）

时间 (年-月-日-时)	逐1h实况	逐4h实况	逐1h预报	4h实况＋未来1~2h不同历时预报	
				5h	6h
2014-07-04-03	1.6				
2014-07-04-04	20.2				
2014-07-04-05	14.1				
2014-07-04-06	8.4	44.3		54.6	77.1
2014-07-04-07	3.5	46.2	10.3	68.7	71.6
2014-07-04-08	0.0	26.0	22.5	28.9	34.4
2014-07-04-09	0.0	11.9	3.0	17.4	21.5
2014-07-04-10	0.0	3.5	5.5	7.6	9.7
2014-07-04-11	0.0	0.0	4.1	2.0	2.4
2014-07-04-12	0.0	0.0	2.0	0.4	0.4
2014-07-04-13	0.0	0.0	0.4	0.0	
2014-07-04-14	0.0	0.0	0.0		

表 9-28　　　　源潭河上游区连续 5h 实况与预报 1h 雨量累计表　　　　（单位：mm）

时间 (年-月-日-时)	逐1h实况	逐5h实况	逐1h预报	5h实况＋未来1h预报
				6h
2014-07-04-03	1.6			
2014-07-04-04	20.2			
2014-07-04-05	14.1			
2014-07-04-06	8.4			
2014-07-04-07	3.5	47.8		70.3
2014-07-04-08	0.0	46.2	22.5	49.1
2014-07-04-09	0.0	26.0	3.0	31.4
2014-07-04-10	0.0	11.9	5.5	16.0
2014-07-04-11	0.0	3.5	4.1	5.5
2014-07-04-12	0.0	0.0	2.0	0.4
2014-07-04-13	0.0	0.0	0.4	0.0
2014-07-04-14	0.0	0.0	0.0	

9.6 小结

(1)临湘市示范区山洪灾害监测预警平台于 2014 年汛期(5—9 月)投入实时试验运行，系统运行情况总体上良好，基本上可实现基于地图信息的降雨实时监测和山洪预警功能。该系统开发实现了考虑预报降雨与实况监测降雨，并与临界雨量阈值进行比较，以此为依据是否发布山洪预警信息，有别于现有其他预警系统大多仅考虑实况监测降雨为主开展预警；考虑采取实况降雨信息和结合未来 1~6h 预报降雨作为预警条件，分析判断是否超过相应时段的临界雨量阈值，该预警应用方案可有效延长山洪灾害预警响应时间，可供做好准备或转移工作，对山洪灾害防治更有实用推广价值。

(2)针对预警站点，对基于拟定的临湘市 19 个站的临界雨量阈值与 2014 年汛期发生的强降雨个例进行相应的验证和检验分析。具体从两个方面进行验证，仅按实况雨量对比临界雨量阈值检验来看，除了 6 月 19—20 日强降雨过程中定湖站 3h 累计最大雨量超过所拟定的临界雨量值 0.1mm 外，其余各站各时段降雨量值均未达到临界雨量阈值，该现象也说明有必要对所选定的预警站如定湖站 3h 临界雨量阈值，需要不断进行校正完善。另外，从预报检验来看，采用 WRF 模型实现降雨定量预报是可行的，具有一定的预报能力。WRF 模型对几次强降雨过程均有较好的预示，主要雨带位置预报基本正确，但强雨区范围及强降雨中心预报与实况有所偏差，定量降雨预报存在一定的不确定性，有待日后加强对 WRF 预报的订正。具体到临湘市 19 个站定点定量预报明显偏小，实况与预报雨量累加进行实时滑动统计，大多站点的时段雨量值仍明显较临界雨量偏小，没有达到山洪灾害预警发布条件，与实际中也未有发生预警案例报告情况相符合。

(3)2014 年 5—9 月，临湘市示范区山洪灾害监测预警平台投入实时试运行，其中，该平台主要以临湘市 10 个预警分区为对象，开展基于分区临界雨量指标的实时预警试验。从所选取一次强降雨过程个例进行检验分析，对不同分区实况雨量与预报后续时段降雨分别滑动累加并对比相对应的时段临界雨量阈值，均显示未达到预警条件，实况也未有山洪灾害案例发生报告情况。实时山洪预警试验说明所提出的基于实测雨量、预报雨量和临界雨量开展山洪实时预警应用方案，对业务实践而言是可行的。

需要说明的是，由于 2014 年发生在临湘地区的强降雨过程少，且该地区实况中并未发生山洪灾害灾情报告，对拟定的临界雨量及用作山洪预警，因验证的样本个例偏少及预警试验时间短，暂还难以说明所拟定的临界雨量阈值及应用于山洪预警效果的好坏，还有待今后继续进行实时应用和检验。

第10章 面向山洪灾害防治区山洪预警综合应用技术方案

基于前述研究成果,重点考虑山洪致灾临界雨量拟定方案,结合可获取的实况降雨资料以及采用雷达和数值天气预报技术,可实现未来一定有效预见期降雨预报,提出面向山洪灾害防治区的一种综合预警技术方案和应用流程,供开展山洪预警工作提供技术指导。

10.1 基于临界雨量的山洪预警指标确定

一般而言,实际工作中针对山洪灾害的预警,往往有根据水位(流量)、雨量或综合二者而拟定的预警指标。本研究主要考虑拟定山洪预警临界雨量指标,根据前述研究成果,结合山洪防治区资料条件,初步提出下述三种拟定方案。

(1)有较好历史和实时降雨监测资料条件下的分区临界雨量阈值拟定方案

对具有一定降雨资料条件的地区,主要关注该地区所需要开展山洪预警的子流域或分区作为预警指标拟定对象,可采用本研究所推荐的改进统计分析法拟定山洪灾害临界雨量阈值。该方法基于2003年《山洪灾害临界雨量分析计算细则》推荐的单站法,从山洪预警实用性角度出发,对该单站法进行一定的改进。基于已有的历史山洪个例降雨资料,仅针对山洪灾害发生之前"雨峰"期间逐小时的降雨量进行分析,按照不小于10mm/h 为统计标准,分析确定触发山洪的降雨关键时段,并按照 1h、2h、3h、4h、5h、6h 为时间单位,分别统计对应时段的历史最小雨量值,作为对应时段的临界雨量阈值;同时,为了更好地避免山洪预警的空报或漏报现象,也拟定该分区 24h 的临界雨量值,该指标主要用作内部预警,便于提醒专业人员提前跟踪监测、预测分析。

(2)有部分降雨和水文观测资料条件下分区动态临界雨量拟定方案

为更好地改进山洪预警实际效果,减少空报现象;考虑当前国内外气象模型的定量降水预报水平,针对有部分雨量、流量资料条件下,提出了一种基于 API 模型拟定针对溪河洪水的动态临界雨量方法,该方法主要考虑前期不同初始影响雨量(土壤饱和度)条件下的警戒雨量。在溪河流域或中小河流流域,当某时段降雨量达到某一量级时,所形成的山洪超过该河道控制断面的安全泄洪能力（也即为河道的安全泄量，超过该值即可能致灾，该值可视情况调整）就会发生溪河洪水，假设已获取该河道的安全泄洪流量和前期影响雨量，根据降雨径流模型原理，反推未来该流域一定时间内可能会造成该河道出现致灾山洪的降雨量，该降雨量将随着前期土壤含水量不同而发生变化。如果预报未来 1h 时段发生的降雨量大于这一降雨量（1h）将可能引发山洪灾害，该降雨量称为动态临界雨量，本研究仅采用 1h 降雨量作为小流域山洪灾害预警指标，逐时滚动拟定临界雨量。另外，针对山洪防治区的中小河流，则可采用一种基于马氏距离法的临界雨量指标拟定方法。该方法是基于该流域历史上发生致灾山洪事件的前期降雨量指数和一定时段（如 6h，可视该河流的洪水传播时间而调整）最大观测雨量值之间的关系，采用马氏距离法构建临界雨量空间判别模型，从而拟定相同时段内的临界雨量值。该方法只需要具有整理一定时间长度的降雨量及洪水资料即可，对于缺少洪水资料地区可以通过调查洪水进行选样和插补。

(3) 无降雨资料或资料不足地区分区临界雨量阈值拟定方案

针对基本无资料地区的山洪预警工作，也提出一种仅有较短降雨资料或资料不全的地区基于流量反推法的临界雨量拟定方案，此种情况下统计分析法难以适用，采用流量反推法并同时结合参考灾害调查法、比拟法及暴雨频率法等综合拟定分区预警指标值。该方案拟定的临界雨量值较为粗略，可能会影响实际预警效果，有待今后积累一定的雨量资料，再采用统计分析或动态雨量等方法进一步校核完善。

10.2　面向山洪预警的定量降雨预报技术应用

基于山洪灾害预警机制，山洪灾害预警需要有预报降雨量信息，数值模式预报是实现定点定量的最有效技术途径，也是天气预报技术发展的方向，因而利用前述章节的研究成果，选用 WRF 模型逐小时及 24h 数值降雨预报成果作为山洪预警短期降雨预报输入。由于数值预报模型运算需要损耗时间，模式计算预报成果不能逐小时实时更新，因而可同时参考结合应用前述雷达短时 0～2h 预估降雨信息，但介于雷达预估降雨的实际效果，推荐可用于预估降雨的时效 0～1h 为宜。

10.3　山洪预警机制确定

目前，国内开展山洪灾害预警模式大多采用的是基于对降雨量的实时监测，对比所拟定的临界雨量值，从而确定是否预警；由于当前定量降雨预报还存在一定的不确定性，有的地区暂不具备获取实时定量降雨预报信息等，一般在山洪预警实际工作中较少定量考虑未来一定预见期降雨预测信息。但很明显，上述预警机制或方案存在较大的弊端，一方面，因不考虑未来预报降雨信息，往往可能会出现较多的漏报现象；另一方面，仅考虑基于实测降雨信息开展预警，即使发布的山洪预警信息准确可靠，但所提供的预警响应时间远远不够，预警响应时间一般指从预警信息发出到山洪暴发且可使受保护地区的人员进行安全转移的时间,存在预警信息在发布的同时或之前,山洪灾害实际上可能已经发生,最终达不到山洪预警目的。

结合山洪预警实际工作特点,充分考虑现有的降雨预报技术条件或现状,在进一步加强完善拟定致灾临界雨量阈值的基础上,将现有的定量降雨预报技术纳入山洪预警应用方案中,同时,考虑到现有不同预见期降雨预报(WRF 气象模型的 1~2d 定量降雨预报和基于雷达测雨预估技术的 0~2h 降雨预估信息)的不确定性,提出针对山洪灾害防治的三级预警应用方案,即内部告警、准备转移和立即转移。

(1)内部告警

考虑 WRF 气象模型未来 1~2d 定量降雨预报信息,特别是未来 1~2d 可能发生强降雨过程预报信息。其中,若 WRF 模型预报该分区可能 24h 的降雨值超过拟定的 24h 临界雨量值时,或预报未来 24h 以内,其中至少出现某个时段(如 1h,2h,3h,4h,5h 或 6h)的降雨预报值超过相对应时段的临界雨量阈值时,则确定为内部告警,即预警系统平台内部发出报警提示信息,但暂不对外直接发出预警信息,仅作为提醒专业技术人员或值班人员需要关注并加强实时监测和监视分析,此阶段,预示着已进入山洪预警阶段,需要加强值守和监视分析。

(2)准备转移

预警区域已开始降雨,并且已监测有明显的降雨加强现象,在此条件下,若已出现的实况降雨值,与未来 2~5h 内某个时段降雨预报信息的滑动累计值,超过相应时段临界雨量阈值,则确定此种情况下为准备转移山洪预警。该阶段的预警信息表示需要做好转移思想准备,随时高度关注实时雨情和后续预警信息,做好立即撤离的相关准备。

(3)立即转移

在已发生降雨期间,基于所获取的逐小时实测雨量(自动雨量计,建议至少 1 次/10min 频率报汛)统计信息,分别与相应时段的临界雨量阈值比较。其中,①若出现不足 1h 的实测雨量累计值已超过对应的 1h 临界雨量阈值;或出现 1~5h 内不同历时的实测雨量值,再累加未来 1h 的降雨预报值,超过相对应时段的临界雨量阈值,则确定为立即转移预警,即对外发布立即转移预警信息。②基于前期影响降雨量,按动态临界雨量法计算逐时动态临界雨量,其对应的实测 1h 以内(未达到 1h)的降雨量与基于雷达信息预估的 0~1h 降雨预测值的累加值,与动态拟定的 1h 临界雨量进行比较,若超过所计算的动态临界雨量值,则此种情况下确定为立即转移预警。③若出现上述两种情况之一,均确定为立即转移,即对外发布立即转移预警信息,马上撤离到安全地区。

10.4 面向山洪防治区的山洪预警综合应用技术方案

山洪灾害预警效果较大程度上取决于所拟定的临界雨量阈值的"准确性",但由于该值是不能直接实测获取，该临界雨量有待后期不断应用实践并在分析积累观测资料的基础上进一步修正。基于前述相关研究，结合之前的定量降水预报技术，提出一种基于实测降雨信息并兼顾考虑应用现有可行的短期和临近降雨预报信息的山洪预警技术方案。

(1) 临界雨量阈值拟定方案

针对山洪防治区的临界雨量拟定，若有较好资料条件的地区推荐采用前述"统计分析法"拟定的临界雨量阈值指标与动态临界雨量相结合的预警指标。无资料或资料不足地区可采用流量反推法，并结合参考应用灾害调查法、比拟法或暴雨频率法等。

(2) 降雨预报信息应用方案

山洪预警除重点需要分析拟定临界雨量对象外，还应当考虑预警响应时间这一因素。所谓预警响应时间，就是指从预警发出到山洪暴发且足以让受保护地区进行人员转移的时间。在一个集水面积很小的流域，预警响应时间也很短，如果采用基于实测降雨来进行山洪预警，则无法提供足够的时间来发布预警和实施避险转移，因此预警失去应用价值，这种情况下需要结合预报降雨信息而非实测降雨来发布预警；反之，如果流域面积较大，预警响应时间较长，流域上游发生山洪，并向中下游传播，这种情况可能有一定的预警响应时间，但山洪灾害多发生在小流域，或在特殊情况下，如降雨集中在流域出口附近，或者集中在河道两侧，汇流时间很短，往往需要酌情提前发布预警才有实际效果。本书的研究中所纳入的预警方案，不仅侧重实况降雨的监测，同时还兼顾考虑了当前可获取的定量降水预报手段及预报存在的不确定性，将有一定预报能力的降雨预报技术纳入了预警应用方案，该方案可改进当前大多山洪预警仅只考虑实况降雨监测信息为主的弊端，更大大提高了山洪预警的有效响应时间，提供了更多人员安全撤离的宝贵时间，这针对山洪防治工作更有明显的现实意义和价值。

考虑到基于天气雷达监测技术应用可提供 0～2h 内的短历时降雨预估信息，特别是反演未来 1h 的降雨预估信息具有一定的准确性；另外，随着现代数值天气预报技术的发展，更长预见期的降雨预报已能实现并投入实际应用之中，特别是未来 1～2d 内逐小时的精细化降水预报水平日趋完善和提高，这给山洪防治提供一种有效延长山洪预警响应时间的技术手段。

因此，为延长山洪预警响应时间，在设计开展山洪预警技术应用方案时，主要推荐采用基于天气雷达监测技术的短历时 0～1h 的降雨预估信息，以及基于数值天气模型 WRF 未来 24h 的定量降水预报信息。

(3) 山洪预警三级响应设计原则

为更好地指导并有效开展山洪预警工作，针对重点山洪防治区的山洪预警设计需要，本书的研究提出实施"内部告警、准备转移和立即转移"的三级预警机制应用原则。

(4) 山洪预警流程设计

从山洪预警实践过程来看，一般又大致分为准备阶段(内部告警)和预警关键阶段(准备转移和立即转移)两个阶段。山洪预警应用流程设计见图 10-1。

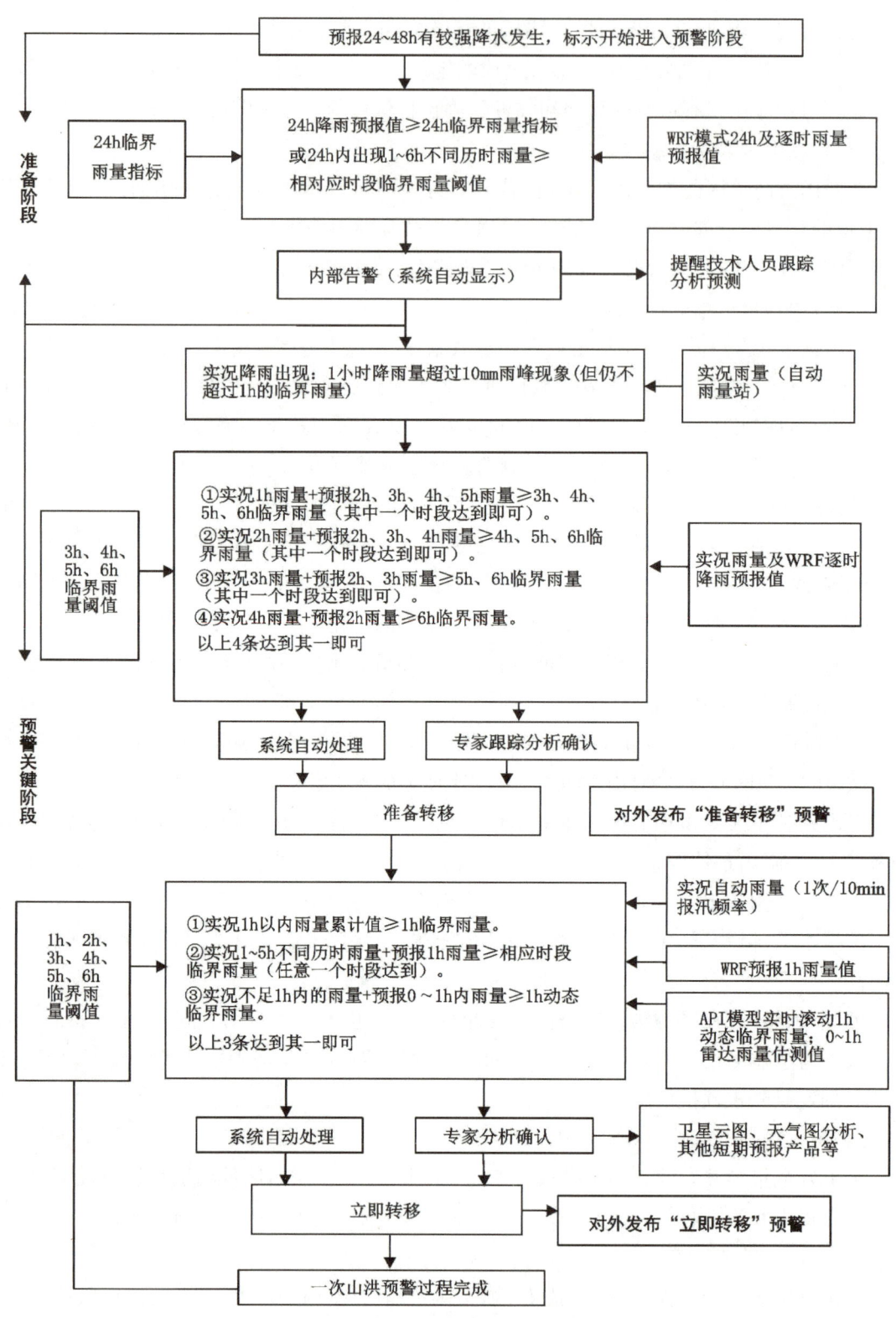

图 10-1 山洪预警应用流程设计框图

10.5 小结

针对不同资料条件确定适用的临界雨量阈值拟定方案,并以此作为预警指标,结合实际山洪预警现状,充分利用现有可实现的未来降雨预报信息,提出相应的山洪预警方案及流程,以期达到延长山洪预警响应时间,满足实际山洪预警的目的。

1)针对有一定历史降雨资料条件的地区,仍推荐采用"统计分析法"为主,但应重点分析山洪灾害发生之前逐小时降雨量(特别侧重分析山洪灾害发生前的"雨峰"现象),按照不小于 10mm/1h 为统计标准,以 1h、2h、3h、4h、5h、6h 触发山洪的强降雨关键有效时段为统计对象,分别统计 1~6h 不同时段的临界雨量阈值,并拟定 24h 临界雨量指标值,该指标主要供内部预警。同时也提出基于 API 模型拟定山洪预警分区逐时动态临界雨量方法,作为统计分析方法应用于山洪预警中的一个重要补充。该方法主要考虑假设已获取该河道的安全泄洪流量和前期影响雨量,根据降雨径流模型原理,反推未来 1h 该流域可能再需要多少降雨量则会造成该河道出现致灾山洪,该降雨量即动态临界雨量,本书的研究仅重点针对 1h 的动态临界雨量作为小流域山洪预警的一个重要指标。另外,针对山洪防治区内中小河流,也提出一种基于水文—统计法的马氏距离判别拟定临界雨量方法,以解决流域临界雨量分析确定问题。

2)针对无资料地区,或仅有较短系列降雨资料或资料不全的地区,此种情况下统计分析法难以适用,提出基于流量反推法的临界雨量拟定方案,采用流量反推法并同时结合参考应用灾害调查法、比拟法及暴雨频率法等可综合拟定该类地区的分区临界雨量预警指标。

3)基于当前可获取数值天气预报技术和雷达预估降雨技术的研究和应用试验,针对其可提供的有一定可靠性的降雨预报信息,充分考虑应用数值天气预报和雷达监测预估技术到山洪预警应用方案,提出以综合考虑实测雨量、预报雨量和临界雨量信息的山洪预警技术应用方案,供达到指导目的。

4)基于山洪预警实际应用特点,为充分延长山洪预警的响应时间,针对不同预警阶段的特点和条件,并结合利用现有可获取的降雨预报信息,提出山洪预警三级响应机制(内部告警、准备转移和立即转移)和预警实施中具体应用条件。

第 11 章　结论与建议

11.1　主要研究成果与结论

本书重点在不同概率条件下临界雨量分析方法、不同资料条件下临界雨量拟定方案、雷达短时 0~2h 预警技术方案、数值天气预报短期 1~2d 预警技术方案、山洪预警机制和山洪灾害综合预警应用方案等方面进行了一定的研究和探索，主要结论如下：

1) 综述了山洪灾害临界雨量国内外现状研究。临界雨量是一个关键的山洪灾害预警指标，了解国内外相关研究对山洪灾害防治有着重要意义。将临界雨量计算方法划分为数据驱动的统计分析法和基于灾变物理机制的水文水力学法分别进行概述，并介绍了临界雨量指标的两个拓展——动态临界雨量和暴雨临界曲线，以及临界雨量不确定性分析的研究进展。通过综述发现，国内目前应用的主要是统计分析法，而国外发达国家应用和研究的主要对象则是水文水力学法；目前山洪灾害临界雨量计算主要考虑前期降雨量（前期土壤饱和度）和时段累积降雨量两个因素或仅单一考虑后者；单一的临界雨量指标难以反映山洪灾害的规模；尽管临界雨量的不确定性已得到关注，但如何在决策中充分考虑不确定性的影响仍然是一个挑战。

2) 在参考《山洪灾害临界雨量分析计算细则》所提出的山洪灾害典型示范区的选取原则基础上，考虑资料条件、站网密度、山洪灾害防治区划、长江流域的代表性等因素提出典型示范区选取原则，并综合确定湖南省岳阳市临湘市为长江流域典型山洪灾害示范区。基于所收集的近几年发生在长江流域的典型山洪致灾强降雨个例，简要阐述了山洪灾害的灾情和致灾降雨过程天气形势，特别对致灾强降雨过程中的降雨特征进行一定统计和分析，对长江流域发生的典型山洪致灾案例有一定的普遍认识和了解，为做好山洪致灾临界雨量拟定和预警做好技术铺垫。

3) 以湖南省临湘市为例探讨临界雨量及其主要影响因素的关系，认为针对某一特定流域或区域进行山洪灾害临界雨量分析时，降雨因素仍然是需要重点分析的对象；通过统计分析不同时段致灾雨量之间的关系，发现不存在一个控制性的时段致灾雨量，但出于方便应用目的，初步认为绝大多数山洪灾害发生与否均可近似地由 6h 以内的某个时段累积雨量所反应；同样通过对山洪灾害历史个例统计分析发现，致灾雨量与前期降雨量之间不存在显著的线性相关关系，并特别指出致灾雨量并非临界雨量；临界雨量与前期降雨量之间显然存在负相关关系;采用经典的判别分析法和经验分析法分别构建了临界雨量—前期降雨量关系模型,二者结果具有较好的一致性,但都具有一定的误判率,因此在只考虑前期降雨量影响时,临界雨量的统计分析从理论上讲应表示为取值区间的形式为宜,但在实际预警应用中为应用方便起见,也可在取值范围内分析确定某一适当单值或某一发生可能性较大概率对应值为临界雨量阈值指标。

4)基于山洪灾害临界雨量—前期降雨量关系模型,给出了不同概率条件下临界雨量计算方法,并应用于4个典型区验证了其可行性和可靠性。根据已有的研究,将山洪灾害临界雨量的分布概型定为对数正态分布,并近似地假设山洪灾害临界雨量上下界曲线构成的取值区间为其3σ置信区间,据此以湖南省临湘市为例,给出推求不同概率条件下山洪灾害临界雨量的计算方法,通过与《全国山洪灾害防治规划》提出采用的临界雨量分析计算方法比较分析,认为提出的临界雨量概率分析方法具有可行性,推广应用在陕西宁强、贵州望谟和四川都江堰等3个地区也表明该方法在不同地区可行、可靠。通过比较4个典型区临界雨量—前期降雨量关系曲线初步认为:在无前期降雨或前期降雨量很小时,不同区域临界雨量的差异较大,而随着前期降雨量的增加,临界雨量逐步趋同;若只考虑前期降雨量影响的情况下,很难推论临界雨量—前期降雨量曲线在不同区域的规律性变化,未来需要采集更全面的信息进行更细致的研究。

5)通过全面收集示范区临湘市近年来发生的山洪灾害案例和降雨量资料等,重点提出拟定临界雨量阈值的主要方法或应用方案:①对于有一定资料条件的地区,提出了拟定过程中需要重点分析山洪灾害发生前出现"雨峰"特征和确定致灾有效时间等分析原则和要求,并基于统计分析法的拟定应用方案,该方法对资料条件要求较高,拟定的临界雨量阈值效果相对较好。②作为统计分析法的一个重要补充,研究提出考虑土壤不同含水量等级条件下的山洪动态临界雨量拟定方法,重点针对拟定1h动态临界雨量为对象,可作为山洪预警应用的一个重要指标;该方法原理简单,应用方便、易于实现,但因主要原理采用API模型建模,对资料要求较高;另外,研究提出一种基于马氏距离判别的临界雨量指标拟定方法,该方法将马氏距离识别法引入山洪灾害临界雨量指标判别应用探讨,且对资料的种类要求不高(只需要具有一定时间长度的降雨量及洪水资料即可,对于缺少洪水资料地区可以通过调查洪水进行选样),该方法的建模与应用均不复杂,简化实用,但方法较粗糙,仅可供开展山洪预警时参考使用。③若山洪灾例样本较少或降雨资料收集不够,基于统计分析法拟定的临界雨量阈值会有所偏差,可综合参考灾害调查、概率统计法或流量反推法的结果等来进一步确定完善。

6)针对基本无资料地区,可综合采用灾害调查法、比拟法、暴雨频率法或基于流量反推法等分析拟定临界雨量,但拟定的成果不确定性较大,可作为一项参考指标,在应用到山洪预警实践时应慎重,仍有待后期不断地完善。

7)主要采用改进的统计分析法,结合所提出的临界雨量分析拟定原则和要求,分别分析完成了针对典型山洪灾害示范区临湘市的19个代表站点和10个预警分区的1~6h不同时段的临界雨量阈值(表和图)系列成果。

8)为实现未来0~2h降雨预估,在国内外研究基础上,通过野外查勘、现场调研和个例分析方法,分析降水资料与雷达资料之间的关系,以常用的$Z—I$分型最优化估测降水技术为基础,利用人工智能技术自动识别雨型,结合自动站雨量订正技术,建立了$Z—I$分型动态最优化技术估测降水算法,用于估测复杂地形下的降水情况,同时开发了基于雷达监测信息的短时(0~2h)降水预警系统,并在此应用试验的基础上提出面向山洪灾害防治区的短时0~2h预警技术方案。

9)为解决满足山洪灾害防治区未来1~2d定量降雨预报需求应用问题,通过选用不同中尺度数值预报模式模拟对比,从模式系统的动力框架、可支持的最高分辨率、物理过程、同化系统及实际预报降水能力的对比来选择适用山洪灾害防治的数值模式。通过不同物理参数配置及同化试验模拟山洪灾害降雨过程,选用致灾降雨模拟较好的参数配置和同化方案,并对模拟结果进行降水偏差订正,在此基础上提出面向山洪灾害防治区短期(1~2d)预警预报技术方案。

10)为充分开展山洪预警技术应用试验,开发了示范区临湘市山洪灾害监测预警原型系统,基于临湘市示范区19个预警代表站和10个预警分区的临界雨量成果,结合当地山洪预警需要和可具备技术条件等,确定了临湘市示范区开展山洪预警试验的具体实施方案和流程。该系统于2014年汛期投入实时试运行,试运行期间主要采用基于分区临界雨量进行山洪预警,并对其临界雨量阈值和预警应用效果进行了初步检验分析。由于2014年发生在临湘地区的强降雨过程偏少,且该地区当年内并未有发生山洪灾害灾情的报告,对所拟定的临界雨量阈值及用于山洪预警实际效果检验,因验证样本个例偏少,暂还难以说明开展山洪预警效果好坏,还有待今后继续进行实时应用和检验完善。但通过该山洪预警应用试验,充分说明本书所提出的山洪预警技术综合方案是可行的,也具有一定的代表性。

11)基于对临湘市示范区开展的山洪预警应用试验,充分考虑应用现有基于雷达降雨预估技术可实现的0~2h定量降雨预估信息和基于数值预报技术实现的1~2d定量降雨预报信息,结合山洪预警的特点和目的,为延长山洪预警的响应时间,针对不同预警阶段的特点和条件,提出山洪预警三级响应机制(内部告警、准备转移和立即转移)和预警发布条件,并提出针对山洪预警技术综合应用方案及具体预警流程。

11.2 创新点

本书研究主要有三个方面的创新点。

(1)提出了山洪灾害临界雨量与其前期降雨量的关系模型,并应用于长江流域多个典型山洪灾害防治区,为更精确地分析计算山洪灾害临界雨量指标提供了重要指导;提出了一种山洪灾害临界雨量的概率分析方案,可用于计算不同概率条件下的临界雨量指标,这为实现山洪灾害的概率预报预警提供重要的技术基础。

(2)提出了基于雷达、高空、地面大气探测以及模式产品等多源信息融合的 0～72h 无缝滚动降雨预报方法,提高了致灾山洪的预报精度,延长了预见期。通过应用 $Z-I$ 分型最优化动态订正技术解决复杂地形条件下雷达强降水估算算法;同时,基于对交叉相关追踪技术 TREC 和光流法跟踪技术的有机结合,建立一种自动识别并外推预测强降水的技术方案,可有效及时实现短历时的精细化降雨预估。通过历史致灾山洪强降雨个例批量模拟,选择最适合致灾山洪强降雨预报的数值模式及该模式的参数化方案组合、同化方案及降水偏差订正方案,可对山洪灾害防治区短期降雨进行有效预报。在短期数值降雨预报、短时雷达降雨预报的基础上,利用地面高空探测资料等多源信息相结合实现不间断无缝滚动降雨预报。

(3)基于实测雨量、临界雨量及预报雨量(短期、短时预报雨量)信息,结合山洪预警的特点和需求,针对不同资料条件分别提出相应的拟定山洪临界雨量指标方法,并提出一种可适用于不同资料条件和预报技术条件等的山洪预报预警机制的应用技术方案,该技术方案创新了山洪灾害防御的"内部告警、准备转移、立即转移"三级预警体系,且以此方案为基础研发了山洪灾害监测预警平台,为开展山洪灾害防治实践提供一种有效延长山洪预警时效性的新途径。

11.3 建议

本书在临界雨量拟定和预警技术应用方案等方面进行了有益的探索,取得一些成果,但由于影响山洪灾害发生因素众多、山洪相关资料严重缺乏、山洪致灾机理复杂性以及山洪监测预警手段等存在较大不确定性等,且上述研究成果投入实际示范应用试验不充分,还有待继续加强应用试验和应用完善。

1)山洪灾害临界雨量计算方法已取得长足进步,当前国内大多提出一些优化或补充完善方法或手段,以有助于提高统计分析法的可靠性和适用范围,但就长期而言,研究重点应当是加强水文水力学法的改进完善和推广应用。目前,临界雨量指标解决的问题是应用于预警山洪灾害的发生与否,未来应当研究解决如何定量地反映山洪重点防治区域内山洪灾害发生场次以及灾害规模(程度)。解决这个问题存在较大的难度,但开展初步的探索也是有益的。

2)临界雨量不确定性及其对临界雨量指标优化以及其他决策的影响应予以重视,特别是临界雨量不确定性与降雨不确定性之间的关系及其对预警决策以及山洪灾害风险管理的联合影响,有待再开展专题研究。

3)由于山洪气象监测历史资料不足,极端山洪灾害的影响因子、形成机理还不甚清楚,短时及短期定量降雨预报技术存在较大的不确定性,预报成果的应用如果结合专业技术人员的跟踪分析订正，是可以适度提高降雨预报水平，减少山洪灾害预警的空报或漏报率，但长江流域不同地区降水预报技术现状差异及其不确定性对山洪预警实际效果可能会有一定的不利影响。

4）目前，临界雨量阈值的拟定是做好山洪预警的一项重要基础性工作，直接影响基于临界雨量开展山洪预警的实际效果。但长江流域面积大，河流众多，地区气候差异大，山洪灾害致灾强降雨的天气成因和降雨特征迥异，流域内不同地区的山洪监测资料条件差别等，可能会影响本书提出的临界雨量阈值拟定方案的应用效果。因此，建议应基于本书所提出的临界雨量拟定推荐方案或拟定原则为指导，因地制宜地结合对当地的气候、地理地貌及降雨等特征分析，投入实际中多开展应用总结，不断完善优化本地山洪致灾临界雨量阈值拟定。

5）本书提出的山洪预警技术方案在2014年投入应用试验不够，示范区当年未发生山洪灾害案例以及发生强降雨过程较少，致使开展的预警效果验证和分析还不充分，因此，建议今后还应多投入实际中进行山洪预警应用试验，并及时检验分析和总结完善。本书提出的山洪预警机制、流程等技术方案，可为有一定水文、气象专业技术条件的机构开展本地山洪预警提供重要的技术指导。

参考文献

[1] 刘志雨. 山洪预警预报技术研究与应用[J]. 中国防汛抗旱,2012,22(2):41-46.

[2] 矫梅燕. 天气业务的现代化发展[J]. 气象,2010,36(7):1-4.

[3] 矫梅燕,龚建东,周兵,等. 天气预报的业务技术进展[J]. 应用气象学报,2006,17(5):594-601.

[4] 陈德辉,薛纪善. 数值天气预报业务模式现状与展望[J]. 气象学报,2004,62(5):623-633.

[5] 薛纪善. 气象卫星资料同化的科学问题与前景[J]. 气象学报,2009,67(6):903-911.

[6] 龚建东. 同化技术:数值天气预报突破的关键——以欧洲中期天气预报中心同化技术演进为例[J]. 气象科技进展,2013,(3):6-13.

[7] 陈静,陈德辉,颜宏. 集合数值预报发展与研究进展[J]. 应用气象学报,2002,13(4):497-507.

[8] 彭新东,李兴良. 多尺度大气数值预报的技术进展[J]. 应用气象学报,2010,21(2):129-138.

[9] 朱国富. 中国气象局国家级数值天气预报业务的发展现状和几点展望[C]. 2007年海峡两岸气象科学技术研讨会,2007:31-34.

[10] 王太微,陈德辉. 数值预报发展的新方向——集合数值预报[J]. 气象研究与应用,2007,28(1):6-12.

[11] Bent A E. Radar echoes from at mospheric phenomena[J]. Mit Radiation Laboratory Rep,1943,8(79):173-180.

[12] Marshall J S,Palmer WM. The distribution of raindrops with size[J]. Journal of Meteorology. 1948,5(4):165-166.

[13] Twomey S. On the measurement of precipitation intensity by radar[J]. Meteor. 1953.10(1175):66-67.

[14] Joss,Waldvogel A. Precipitation measurement and hydrology Radar in Meteorology [J]. Battan Memorial and 40th Anniversary Radar Meteorology Conference,1990,15(7):577-606.

[15] Ninomiya K, Akiyama T. Obtective analysis of heavy rainfallsbased on radar and gauge measurements[J]. Metor SocJapan. 1978,12(45):54-60.

[16] Ahnert P R, Krajewski W F, Johnson E R. Kalman filter estimation of radar-rainfall field bias[C]. 23rd Conf. on Radar Meteorology. 1986.

[17] Joss J, Tanguay M, Robert A. An efficient optimum interpolation analysis scheme[J]. Atmosphere Ocean. 1990,28(3):365-377.

[18] 戴铁丕,傅德胜. 天气雷达—雨量计网联合探测区域降水量的精度[J]. 大气科学学报,1990,13(4):592-597.

[19] 林炳干,张培昌,顾松山. 天气雷达测定区域降水量方法的改进与比较[J]. 南京气象学报,1997,20(3):334-340.

[20] 李建通,高守亭,郭林,等. 基于分步校准的区域降水量估测方法研究[J]. 大气科学,2009,33:501-512.

[21] 郑媛媛,傅云飞,刘勇,等. 热带测雨卫星对淮河一次暴雨降水结构与闪电活动的研究[J]. 气象学报. 2004,62(6):790-802.

[22] 李建通,张培昌. 欧拉方程中三个参数选取与雷达测定区域降水量的精度[J]. 气象,1997,23(9):3-7.

[23] 黄小玉,陈媛,顾松山,等. 湖南地区暴雨的分类及回波特征分析[J]. 大气科学学报,2006,29(5):635-643.

[24] 黄勇,胡雯,何永健,等. 多部雷达联合估算淮河流域降水[J]. 气象科学,2014,30(2):268-273.

[25] 刘东红,张永顺,刘远亮,等. 一种提高超宽带雷达目标识别概率的方法[J]. 航天电子对抗,2005,21(6):36-39.

[26] Hapuarachchi H, Wang Q J, Pagano T C. A review of advances in flash flood forecasting[J]. Hydrological Processes,2011, 25(18):2771-2784.

[27] 李昌志,孙东亚. 山洪灾害预警指标确定方法[J]. 中国水利,2012,1(9):54-56.

[28] Neary D G, Swift L W. Rainfall thresholds for triggering a debris avalanching event in the southern Appalachian Mountains[C]. COSTA J E, WIECZORE G F. Reviews in Engineering Geology Volume VII, Colorado: The Geological Society of America, 1987:81-92.

[29] Dahal R K, Hasegawa S. Representative rainfall thresholds for landslides in the Nepal Himalaya [J]. Geomorphology,2008,100(3):429-443.

[30] 姚令侃. 用泥石流发生频率及暴雨频率推求临界雨量的探讨[J]. 水土保持学报,1988,2(4):72-77.

[31] 周伟,唐川,周春花. 汶川震区暴雨泥石流致灾雨量特征[J]. 水科学进展,2012,23

(5):650-655.

[32] DE VITA P, Reichenbach P, Bathurst J C, et al. Rainfall-triggered landslides: a reference list[J]. Environmental Geology,1998,35(2):219-233.

[33] 陈桂亚,袁雅鸣. 山洪灾害临界雨量分析计算方法研究[J]. 人民长江,2006,36(12):40-43.

[34] 王仁乔,周月华,王丽,等. 湖北省山洪灾害临界雨量及降雨区划研究[J]. 高原气象,2006,25(2):330-334.

[35] 赵然杭,王敏,陆小蕾. 山洪灾害雨量预警指标确定方法研究[J]. 水电能源科学,2011,29(9):49-53.

[36] 段生荣. 典型小流域山洪灾害临界雨量计算分析[J]. 水利规划与设计,2009(2):20-21.

[37] 李德,陈广才,谢平,等. 乌鲁木齐市无资料地区山洪泥石流临界雨量推求[J]. 干旱区地理,2006,28(4):441-444.

[38] 叶勇,王振宇,范波芹. 浙江省小流域山洪灾害临界雨量确定方法分析[J]. 水文,2008,28(1):56-58.

[39] Norbiato D, Borga M, Dinale R. Flash flood warning in ungauged basins by use of the flash flood guidance and model-based runoff thresholds[J]. Meteorological Applications,2009,16(1):65-75.

[40] Mogil H M, Monro J C, Groper H S. NWS′s flash flood warning and disaster preparedness programs[J]. Bulletin of the American Meteorological Society,1978,59(6):690-699.

[41] Smith K T, Austin G L. Nowcasting precipitation—A proposal for a way forward [J]. Journal of Hydrology,2000,239(1):34-45.

[42] Shamire, Georgakakos K P, Spencer C. Evaluation of real-time flash flood forecasts for Haiti during the passage of Hurricane Tomas, November 4-6, 2010[J]. Natural Hazards,2013,67(2):459-482.

[43] Dugwon S, Lakhankar T, Mejia J, et al. Evaluation of operational national weather service gridded flash flood guidance over the Arkansas Red River basin[J]. Journal of the American Water Resources Association,2013:1-12.

[44] Norbiato D, Borga M, Degli E S, et al. Flash flood warning based on rainfall thresholds and soil moisture conditions: An assessment for gauged and ungauged basins[J]. Journal of Hydrology,2008,362(3):274-290.

[45] Carpenter T M, Sperfslage J A, GEORGAKAKOS K P, et al. National threshold runoff estimation utilizing GIS in support of operational flash flood warning systems

[J]. Journal of Hydrology，1999，224(1)：21-44.

[46] Henderson F M. Open channel flow [M]. New York：Macmillan，1966.

[47] Georgakakos K P. Analytical results for operational flash flood guidance [J]. Journal of Hydrology，2006，317(1)：81-103.

[48] Reed S，Schaake J，Zhang Z. A distributed hydrologic model and threshold frequency-based method for flash flood forecasting at ungauged locations [J]. Journal of Hydrology，2007，337(3)：402-420.

[49] Looper J P，Vieux B E. An assessment of distributed flash flood forecasting accuracy using radar and rain gauge input for a physics-based distributed hydrologic model [J]. Journal of Hydrology，2012，412：114-132.

[50] Martina M，Todini E，Libralon A. A Bayesian decision approach to rainfall thresholds based flood warning[J]. Hydrology and Earth System Sciences Discussions，2006，10(3)：413-426.

[51] Montesarchio V，Ridolfi E，Russo F，et al. Rainfall threshold definition using an entropy decision approach and radar data[J]. Natural Hazards and Earth System Sciences，2011,11(7)：2061-2074.

[52] 刘志雨,杨大文,胡健伟．基于动态临界雨量的中小河流山洪预警方法及其应用[J]．北京师范大学学报：自然科学版，2010，46(3)：317-321.

[53] 江锦红,邵利萍．基于降雨观测资料的山洪预警标准[J]．水利学报，2010，41(4)：458-463.

[54] Ntelekos A，Georgakakos K P，Krajewski W. On the uncertainties of flash flood guidance：Toward probabilistic forecasting of flash floods [J]. Journal of Hydrometeorology，2006，7(5)：896-915.

[55] Chen S T，Yu P S. Real-time probabilistic forecasting of flood stages [J]. Journal of Hydrology，2007，340(1)：63-77.

[56] Yatheendradas S，Wagener T，Gupta H，et al. Understanding uncertainty in distributed flash flood forecasting for semiarid regions[J]. Water Resources Research，2008，44(5)：W05S19.

[57] Krzysztofoeicz R. Bayesian system for probabilistic river stage forecasting [J]. Journal of Hydrology，2002，268(1)：16-40.

[58] Villarini G，Krajewski W，Ntelekos A，et al. Towards probabilistic forecasting of flash floods：The combined effects of uncertainty in radar-rainfall and flash flood guidance [J]. Journal of Hydrology，2010，394(1)：275-284.

[59] Georgakakos K P. Modern operational flash flood warning systems based on flash

flood guidance theory: performance evaluation[C]. Proceedings of international conference on innovation advances and implementation of flood forecasting technology. Bergen-Tromso, Norway, 2005: 1-10.

[60] 胡凯衡,崔鹏,游勇,等.物源条件对震后泥石流发展影响的初步分析[J].中国地质灾害与防治学报,2011,22(1):1-6.

[61] Koi T, hotta N, Ishigaki I, et al. Prolonged impact of earthquake induce dlan dslides on sediment yield in a mountain watershed: The Tanzawa region, Japan[J]. Geomorphology, 2008, 101(4) : 692-702.

[62] Lin C W, Shieh C L, Yuan B D, et al. Impact of Chi-Chi earthquake on the occurrence of landslides and debris flows: example from the Chenyulan River watershed, Nantou, Taiwan[J]. Engineering Geology, 2004, 71(1): 49-61.

[63] 何平.剔除测量数据中异常值的若干方法[J].航空计测技术,1995,15(1):19-22.

[64] 全国山洪灾害防治规划领导小组办公室.全国山洪灾害防治规划·山洪灾害临界雨量分析计算细则[R].武汉:长江水利委员会水文局,2003.

[65] 王仁乔,王丽,谢明,等.湖北省山洪灾害气象成因研究[J].气象科技,2006,34(5):553-557.

[66] 王文川,徐冬梅,邱林,基于距离判别分析法的山洪泥石流预报模型研究[J],水电能源科学,2013,31(4):117-118.

[67] 林三益.水文预报[M].北京:中国水利水电出版社,2001.

[68] 宫凤强,李夕兵.距离判别分析法在岩体质量等级分类中的应用[J].岩石力学与工程学报,2007,26(1):190-194.

[69] 宫凤强,李夕兵,林杭.隧道岩爆预测的距离判别分析模型研究及应用[J].中国铁道科学,2007,28(4):25-28.

[70] 宫凤强,李夕兵.岩暴发生和烈度分级预测的距离判别方法及应用[J].岩石力学与工程学报,2007,26(5):1012-1018.

[71] 王吉亮,陈剑平,杨静,等.岩爆等级判定的距离判别分析方法及应用[J].岩土力学,2009,30(7):2203-2208.

[72] 何晓群.多元统计分析[M].北京:中国人民大学出版社,2008.

[73] 张培昌,杜秉玉,戴铁丕,等.雷达气象学[M],北京:气象出版社,2010.

[74] 王叶红,崔春光,赵玉春,等.变分技术在校准数字化天气雷达定量估测降水中的应用[J].气象,2001,27(10):3-7.

[75] 官莉,王振会,裴晓芳.雷达估测降水集成方法及其效果比较[J].气象科学,2004,24(1):104-111.

[76] 徐芬,慕熙昱,王卫芳.分类型最优法在江苏沿江地区降水估测中的应用与讨论[J].

气象科学,2013(1):51-58.

[77] 徐芬,夏文梅,王珂清,等. 江苏沿江地区分类型降水过程 Z-I 关系计算域讨论[C]. 第28届中国气象学会年会,2011.

[78] 曾小团,梁巧倩,农孟松,等. 交叉相关算法在强对流天气临近预报中的应用[J]. 气象,2010(1):32-40.

[79] 陈雷,戴建华,陶岚. 一种改进后的交叉相关法(COTREC)在降水临近预报中的应用[J]. 热带气象学报,2009,25(1):117-122.

[80] 韩雷,王洪庆,林隐静. 光流法在强对流天气临近预报中的应用[J]. 北京大学学报:自然科学版,2008,44(5):751-755.

[81] 周慧,杨令,刘志雄,等. 湖南省大暴雨时空分布特征及其分型[J]. 高原气象,2013,32(5):1425-1431.

[82] 陈垚森,任启伟,徐会军. 多普勒天气雷达估测降水及雨洪应用研究进展[J]. 水利信息化,2012(4):10-17.

[83] 胡胜,罗聪,黄晓梅,等. 基于雷达外推和中尺度数值模式的定量降水预报的对比分析[C].2011:274-280.

[84] 仲凌志. 层状云和对流云雷达回波的自动识别及其在估测降水中的应用[D]. 南京:南京信息工程大学,2006.

[85] 傅娜,陈葆德,谭燕,等. 基于快速更新同化的滞后短时集合预报试验及检验[J]. 气象,2013,39(10):1247-1256.

附录 面向山洪预警的中尺度数值模式 WRF 应用指南

本手册主要介绍面向长江流域山洪预警的中尺度数值模式 WRF 预报系统的组成、安装、运行及后处理步骤以及实时预报系统设计、模式预报再处理产品。

1 中尺度 WRF 模式简介

WRF(Weather Research and Forecasting Model)模式是由美国国家大气研究中心(NCAR)、美国国家大气海洋局的预报系统实验室、美国国家大气环境研究中心(FSL，NCEP/NOAA)和俄克拉荷马大学的暴雨分析预报中心等多单位联合发展起来的新一代非静力平衡、高分辨率、科研和业务预报统一的中尺度预报和资料同化模式[1]。为了使科研成果能尽快应用到业务当中，WRF 模式分为 ARW(Advanced Research WRF)和 NMM(Non-hydrostatic Mesoscale Model)两种，即用于研究和用于业务两种形式，分别由 NCAR 和 NCEP 中心管理维护，本文所用的是 ARW。

WRF 模式有完善的参数化方案，可实现单向嵌套、多向嵌套和移动嵌套，可以很好地模拟从几米到几千公里尺度的各种天气系统；不仅可以进行理想化研究，还适用于真实天气现象的模拟。WRF ARW 模式[2]是非静力及完全可压缩模式，采用 F90 语言编写，水平方向采用 Arakawa C(荒川 C)网格点(重点考虑 1~10km)，以便在高分辨率模拟中提高准确性，垂直方向则采用地形跟随质量坐标，在时间积分方面采用三阶的 Runge—Kutta 算法，水平和垂直采用二阶到六阶平流选项，水平方向采用小步长显式方案，垂直方向采用隐式方案。其控制方程如下[3]：

$$\frac{\partial U}{\partial t} + (\nabla \cdot \vec{v}U)_\eta + \mu\alpha\frac{\partial p}{\partial x} + \frac{\partial p}{\partial \eta}\frac{\partial \varphi}{\partial x} = F_U$$

---

[1] 本附录部分内容来源于 http://www.wrf-model.org/index.php。

[2] ARW Version 3 Modeling System User's Guide. Mesoscale & Microscale Meteorology Division, National Center for Atmospheric Research.

[3] Willian C. Skamarock, Joseph B. Klemp. A description of the Advanced Research WRF Version 3, June 2008.

$$\frac{\partial V}{\partial t} + (\nabla \cdot \vec{v}V)_\eta + \mu\alpha\frac{\partial p}{\partial y} + \frac{\partial p}{\partial \eta}\frac{\partial \varphi}{\partial y} = F_V$$

$$\frac{\partial W}{\partial t} + (\nabla \cdot \vec{v}W)_\eta + (\frac{\partial p}{\partial \eta} - \mu) = F_W$$

$$\frac{\partial \Theta}{\partial t} + (\nabla \cdot \vec{v}\Theta)_\eta = F_\Theta$$

$$\frac{\partial \mu}{\partial t} + (\nabla \cdot \vec{V})_\eta = 0$$

$$\frac{\partial \varphi}{\partial t} + (\vec{v} \cdot \nabla \varphi)_\eta = gw$$

其中

$$\eta = (p_h - p_{ht})/\mu, \mu = p_{hs} - p_{ht}$$

式中:p_h——气压的静力平衡分量;

p_{hs} 和 p_{ht}——地形表面和边界顶部的气压。

能量方程的形式如下:

$$\vec{V} = \mu\vec{v} = (U, V, W)$$
$$\Omega = \mu\eta$$
$$\Theta = \mu\theta$$

方程组要满足静力平衡关系:

$$\frac{\partial \varphi}{\partial \eta} = -\mu\alpha$$

同时还要满足气体状态方程:

$$p = (\frac{R\Theta}{p_0\mu\alpha})^\gamma$$

WRF 模式包括有多种物理过程,如微物理过程、长短波辐射过程、近地面层过程、陆面过程、边界层以及积云对流过程等。WRF 模式主要由模式的前处理、主模块、模式产品的后处理三部分组成。模式的前处理部分主要是为主模式提供初始场和边界条件,包括资料的预处理、地形区域的选取等静态数据的处理;主模式是对模式积分区域内的大气过程进行积分运算;后处理部分是对主模式输出的结果进行分析处理,包括将模式面物理量转化到标准等压面、诊断分析物理场以及通过 RIP、NCAR Graphic、Vis5D、GrADS 等绘图软件进行图形数据转换等。

WRF 模式是一个免费开放的模式,第一版的发布在 2000 年 11 月,目前已经更新到版本 3。关于该模式的详细说明、安装软件以及下载详见 WRF 的官方网站(http://

www.mmm.ucar.edu/wrf/users/download)。

WRF 模式主要应用于中小尺度天气系统的精细化研究,是现在被最为广泛使用的天气预报模式,该模式主要考虑从云尺度到天气尺度等重要天气的预报,水平分辨率重点考虑 1～10km。WRF 模式的流程示意图如图 1.1。

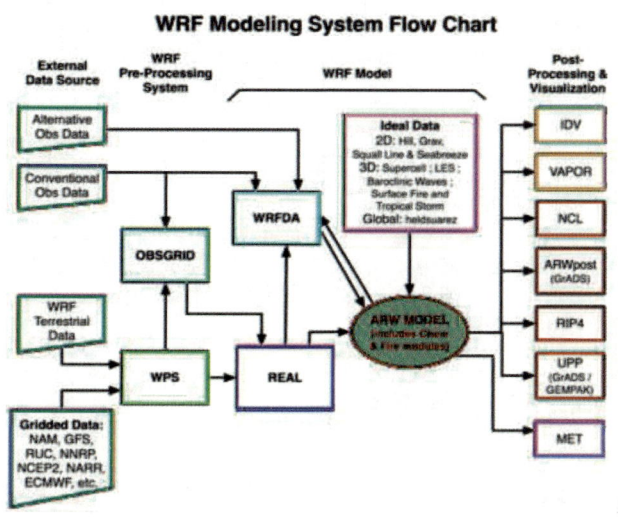

图 1.1　WRF 模式的流程图(出处:ARM Version 3.6 Modeling System User's Guide)

2　预报系统组成

该预报系统是基于中尺度气象模式 WRF,面向长江流域自动运行,系统预报思路可由图 2.1 加以说明。即把整个积分时段分成两部分,从前一天 20 时(北京时)开始到次日 8 时为预积分时段,而从次日 8 时开始之后的 24h 为当日的正式预报时间。这样经过预积分时段的充分调整,保证模式在正式积分时段有良好表现。WRF 预报模式系统的整体框架如图 2.2。系统分为气象场数据自动下载、模式预报和产品输出等三个主要部分,其中模式预报又分为 GFS 资料预处理、WRF 条件初始化和 WRF 运行等三个步骤。系统运行全部自动化,包括从初始输入边界文件的接收、模式运行及输出产品再加工处理、产品上传下发等过程。

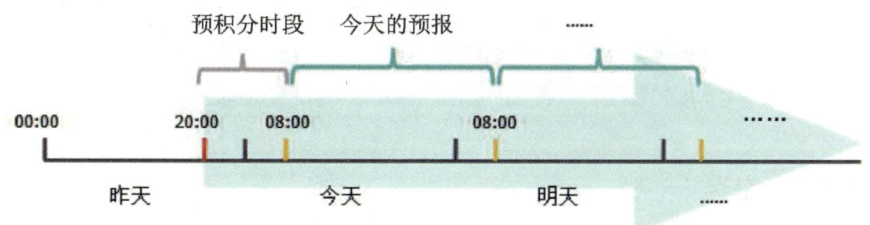

图 2.1　系统预报思路示意图

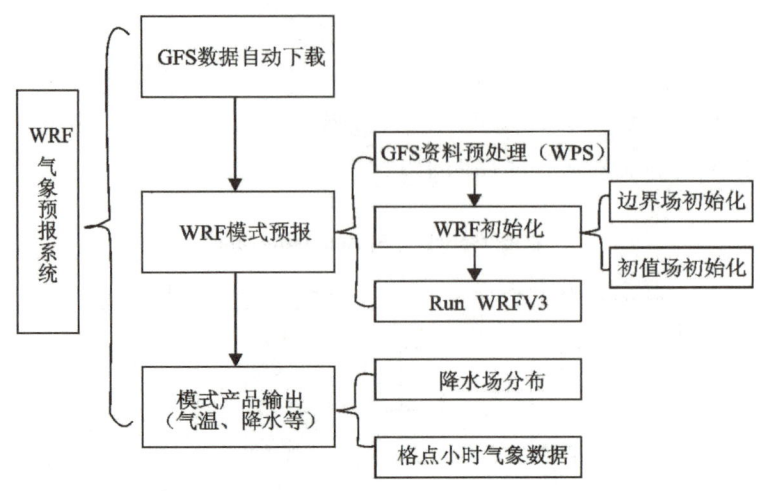

图 2.2　WRF 预报系统框架

3　WRF 系统的运行环境及安装

3.1　系统软硬件配置

WRF 模式是一个多机型、跨平台、标准化的模式,可以在 IBM、AIX、SGI IRIX、PC LINUX 等机型上运行,WRF 模式的运行系统中一般需要安装的软件环境包括:UNIX(LINUX)操作系统,Perl5.003 以上,Fortran 程序编译器(包括 Fortran90 和 Fortran77 编译器),C 程序编译器,NetCDF 函数库,且 NetCDF 函数库版本在 3.3.1 以上(必须包含 Fortran90、Fortran77 以及 C 程序调用接口),图形显示系统(GrADS、RIP 等)。

目前,使用的 WRF 系统总体软硬件配置如表 3.1。

表 3.1　　　　　　　　　WRF 系统总体软硬件配置

类别	种类	备注
服务器	HP(32 核)	基本要求
系统	64 位 Linux 操作系统	RedHat4.8
预报系统软件	Fortran 编译器	PGI;INTEL
	NETCDF 库	
	Mpich2 并行计算软件	
	WRF source codes	WRF;WPS;ARWpost
	自动化运行脚本	
	其他	Grads 绘图软件等

3.2　相关软件安装

(1)Fortran 编译器的安装

由于 INTEL 版本的 Fortran 编译器安装同 PGI 相似,下面以 INTEL Fortran 编译的安装为例(在 root 用户下)。

安装包:l_cprof_p_11.1.059_intel64.tar

首先安装包复制解压到用户指定的目录下,如/home/wrf/software/下:

tar – xvf　l_cprof_p_11.1.059_intel64.tar

生成 l_cprof_p_11.1.059_intel64 文件夹。进入该文件夹:

cd　l_cprof_p_11.1.059_intel64

在该文件夹下运行安装命令 install。如不熟悉安装步骤可先查看此目录下的 readme 文件。

接下来的操作如下所示:

[wrf@WRFTest l_cprof_p_11.1.059_intel64]$ ./install.sh

Please make your selection by entering an option.

Root access is recommended for evaluation.

1. Install as a root for system wide access for all users [default]

2. Install to root for system wide access for all users using sudo privileges and password

3. Install as current user to limit access to user level

h. Help

q. Quit

Please type a selection [1]: 1

注:1. 用 root 权限安装,安装后所有用户均有权限使用;2. 当前用户使用则安装后只有当前用户有权限使用

You will complete the steps below during this installation:

Step 1 : Welcome

Step 2 : License agreement

Step 3 : Activation option

Step 4 : Installation configuration

Step 5 : Configuration summary

Step 6 : Installation

Step 7 : Installation complete

Press "Enter" key to continue or "q" to quit: enter

―――――――――――――――――――――――――――――――――

 1. View the license agreement (required) [default]

 h. Help

 b. Back to the previous menu

 q. Quit

―――――――――――――――――――――――――――――――――

Please type a selection or press "Enter" to accept default choice [1]: q

Type "accept" to continue or "decline" to back to the previous menu: accept

 1. Use existing license [default]

 2. I want to activate and install my product

 3. I want to evaluate my product or activate later

 4. Alternative activation — necessary if you plan to activate remotely (because this system may not be set for successful Internet connection), or use a license file, or use a license server

 5. View additional information about software activation

 h. Help

 b. Back to the previous menu

 q. Quit

―――――――――――――――――――――――――――――――――

Please type a selection or press "Enter" to accept default choice [1]: enter

―――――――――――――――――――――――――――――――――

 1. Typical Install (Recommended) [default]

 2. Custom Install (For Advanced Users)

 h. Help

 b. Back to the previous menu

q. Quit

————————————————————————————

Please type a selection or press "Enter" to accept default choice [1]:enter

注:选 2,则可以选择安装到指定目录下,但需选择完整安装!

————————————————————————————

1. Skip missing optional pre-requisites [default]
2. Show the detailed info about issue(s)
3. Re-check the pre-requisites

h. Help
b. Back to the previous menu
q. Quit

————————————————————————————

Please type a selection or press "Enter" to accept default choice [1]:enter

1. Install [default]

h. Help
b. Back to the previous menu
q. Quit

————————————————————————————

Please type a selection or press "Enter" to accept default choice [1]:enter

Enter
Enter

安装完成后在. bashrc 中设置环境变量

export ifort=您的安装路径

export icc=您的安装路径

然后退出,运行 source ~./bashrc

检验:如果想验证 Intel 编译器是否安装成功,可运行 which ifort/which icc,如果返回的是您安装的路径,则表明安装成功。

(2) NETCDF 库安装

确定 intel 编译器安装成功的前提下,假设安装的目录是/software/netcdf/。则在 root 用户下:

cd /home/wrf/software/

tar – zxvf netcdf－3.6.1.tar.gz

cd netcdf－3.6.1/

这里有 configure 文件,运行 configure 并用－－prefix 命令输入预安装路径:

./configure - prefix＝/software/netcdf－intel

make check

make install(执行安装)

安装完成后在.bashrc 下设置环境参数

export NETCDF＝您的安装路径

保存退出并运行 source ~./bashrc

测试是否安装成功可运行 which ncdump,如果返回的是您安装的路径,则表明安装成功。

(3) MPICH2 并行计算软件安装

在 root 用户下,cd /home/wrf/software/

tar – zxvf mpich2.tar.gz

cd mpich2

按如下依次输入安装命令:

./configure －－prefix＝/software/mpich2－intel

./make

./make install

安装完成后在.bashrc 下设置环境参数

export MPICH＝您的安装路径

保存退出并运行 source ~./bashrc

测试是否安装成功可运行 which mpirun,如果返回的是您安装的路径,则表明安装成功。

3.3 WRF 模式安装

这里安装的 WRF 模式版本为 WRFV3.3.1,包括 3 个部分,依次是 WRFV3、WPS 和

ARWpost 三个子模块。安装 WPS 时要用到 WRFV3 里的几个文件库,所以在安装 WPS 之前要先安装好 WRFV3。安装编译顺序是 WRF—>WPS—>ARWpost。

需要说明的是,用的 FORTRAN 版本直接影响到编译 WRF 时的选项,若安装的是 INTEL-FORTRAN 则相应的 NETCDF 和 MPICH2 也是 INTEL 版本。

(1)WRFV3 安装编译

在预安装 WRF 系统目录下(如 Forecast)解压 WRFV3 安装包:

tar －zxvf　WRFV3.3.1.tar.gz

cd　WRFV3

里面有 configure 和 compile 文件,首先运行 configure:

./configure

则会出现:

```
Please select from among the following supported platforms.

  1. Linux x86_64, PGI compiler with gcc    (serial)
  2. Linux x86_64, PGI compiler with gcc    (smpar)
  3. Linux x86_64, PGI compiler with gcc    (dmpar)
  4. Linux x86_64, PGI compiler with gcc    (dm+sm)
  5. Linux x86_64, PGI accelerator compiler with gcc  (serial)
  6. Linux x86_64, PGI accelerator compiler with gcc  (smpar)
  7. Linux x86_64, PGI accelerator compiler with gcc  (dmpar)
  8. Linux x86_64, PGI accelerator compiler with gcc  (dm+sm)
  9. Linux x86_64 i486 i586 i686, ifort compiler with icc  (serial)
 10. Linux x86_64 i486 i586 i686, ifort compiler with icc  (smpar)
 11. Linux x86_64 i486 i586 i686, ifort compiler with icc  (dmpar)
 12. Linux x86_64 i486 i586 i686, ifort compiler with icc  (dm+sm)
 13. Linux i486 i586 i686 x86_64, PathScale compiler with pathcc  (serial)
 14. Linux i486 i586 i686 x86_64, PathScale compiler with pathcc  (dmpar)
 15. x86_64 Linux, gfortran compiler with gcc  (serial)
 16. x86_64 Linux, gfortran compiler with gcc  (smpar)
 17. x86_64 Linux, gfortran compiler with gcc  (dmpar)
 18. x86_64 Linux, gfortran compiler with gcc  (dm+sm)
 19. Cray XT CLE/Linux x86_64, PGI compiler with gcc  (serial)
 20. Cray XT CLE/Linux x86_64, PGI compiler with gcc  (smpar)
 21. Cray XT CLE/Linux x86_64, PGI compiler with gcc  (dmpar)
 22. Cray XT CLE/Linux x86_64, PGI compiler with gcc  (dm+sm)
 23. Cray XT CLE/Linux x86_64, Cray CCE compiler with gcc  (serial)
 24. Cray XT CLE/Linux x86_64, Cray CCE compiler with gcc  (smpar)
 25. Cray XT CLE/Linux x86_64, Cray CCE compiler with gcc  (dmpar)
 26. Cray XT CLE/Linux x86_64, Cray CCE compiler with gcc  (dm+sm)

Enter selection [1-26] : 11
```

(由于计算机的差异,有可能会显示出其他的平台选项)

输入 11(INTEL 编译器),或者输入 3(PGI 编译器),然后按回车

再按回车;

./compile em_real(根据研究需要选择,这里选择真实大气方案,约 30min。)

如果在 WRFV3/main/目录下生成了 ndown.exe、real.exe 和 wrf.exe 等可执行文件,则表明 WRFV3 编译成功。下一步可以进行安装 WPS 了。

(2)WPS 安装编译

若 WRFV3 编译成功,则可以进行 WPS 编译。在预安装 WRF 系统目录下(如

Forecast)解压 WPS 安装包：

 tar - zxvf WPSV3.3.1.tar.gz

 cd WPS

 里面有 configure 和 compile 文件，首先运行 configure

 ./configure

 则会出现：

```
------------------------------------------------------------
Please select from among the following supported platforms.

  1.  PC Linux x86_64, Intel compiler    serial, NO GRIB2
  2.  PC Linux x86_64, Intel compiler    serial
  3.  PC Linux x86_64, Intel compiler    DM parallel, NO GRIB2
  4.  PC Linux x86_64, Intel compiler    DM parallel
  5.  PC Linux x86_64 (IA64 and Opteron), PGI compiler 5.2 or higher, serial, NO GRIB2
  6.  PC Linux x86_64 (IA64 and Opteron), PGI compiler 5.2 or higher, serial
  7.  Cray XT Linux x86_64 (IA64 and Opteron), PGI compiler 5.2 or higher, DM parallel, NO GRIB2
  8.  PC Linux x86_64 (IA64 and Opteron), PGI compiler 5.2 or higher, DM parallel, NO GRIB2
  9.  PC Linux x86_64 (IA64 and Opteron), PGI compiler 5.2 or higher, DM parallel
 10.  PC Linux x86_64 (IA64 and Opteron), PathScale compiler 2.1 or higher, serial, NO GRIB2
 11.  PC Linux x86_64 (IA64 and Opteron), PathScale compiler 2.1 or higher, DM parallel, NO GRIB2
 12.  PC Linux x86_64, g95 compiler,    serial, NO GRIB2
 13.  PC Linux x86_64, g95 compiler,    serial
 14.  PC Linux x86_64, g95 compiler,    DM PARALLEL, NO GRIB2
 15.  PC Linux x86_64, g95 compiler,    DM PARALLEL

Enter selection [1-15] : 1
```

（由于计算机的差异，有可能会显示出其他的平台选项）

输入 1（INTEL 编译器，若为 PGI 编译器，则图中 1 选项中的 INTEL 会变成 PGI），选择 NO GRIB2 模式，然后按回车；

 然后开始编译该模块：

 ./compile>& complie.log

 此步编译安装大概需要 20min。

 如果编译成功，会有以下可执行文件生成：geogrid.exe，ungrib.exe 和 metgrid.exe。如果编译失败了，请确认 complie.log 里的错误信息。

（3）Geog 地形数据

在运行 WPS 模块前还需要地形资料文件 Geog，该地形数据直接解压即可，无需安装。

 tar - zxvf geog.tar.gz

 此步骤需要时间比较长，因为该文件为全球的地形数据，文件较大。

（4）ARWpost 安装

模式出来的结果一般用画图来分析，目前可以用于 WRF 模式结果画图的软件有 NCL、GrADS、RIP 等。由于各种绘图软件并不能直接读取 netCDF 数据格式，必须通过相应的软件来进行数据转换，这里安装的后处理软件为 ARWpost，绘图软件使用的是气象常用的绘图软件 GrADS。

 tar - zxvf ARWpost.tar.gz

cd ARWpost

./configure

```
-------------------------------------------------------------
Please select from among the following supported platforms.

  1.  PC Linux i486 i586 i686 x86_64, PGI compiler      (no vis5d)
  2.  PC Linux i486 i586 i686 x86_64, PGI compiler      (vis5d)
  3.  PC Linux i486 i586 i686 x86_64, Intel compiler    (no vis5d)
  4.  PC Linux i486 i586 i686 x86_64, Intel compiler    (vis5d)
  5.  PC Linux i486 i586 i686 x86_64, gfortran compiler (no vis5d)
  6.  PC Linux i486 i586 i686 x86_64, gfortran compiler (vis5d)

Enter selection [1-6] :
```

选择 1，回车

./compile

安装成功后会出现 ARWpost.exe 可执行程序。

到此为止，WRF 组件全部安装完成，剩下的就是设置各个模块的 namelist 并运行可执行文件了。

4 WRF 模式运行步骤及参数设置

WRF ARW 模式的运行主要包括四个模块，分别是：WPS 预处理、WRF-var、WRFV3 主模块运行、模式结果后处理。其中 WRF-var 是资料同化部分，这里不涉及。

WPS、WRFV3 和 ARWpost 的输入、读取输入文件主要通过 namelist 来控制，其对应的 namelist 名称分别为 namelist.wps、namelist.input 和 namelist.arwpost。

4.1 WPS 运行

WRF 前处理系统（WPS）是一个由三个程序组成的模块，这三个程序的作用是为真实数据模拟准备输入场。三个程序的各自用途为：①geogrid 确定模式区域并把静态地形数据插值到格点；②ungrib 从 GRIB 格式的数据中提取气象要素场；③metgird 则是把提取出的气象要素场水平插值到由 geogrid 确定的网格点上。metgrid 的输出文件将被用作 WRFV3 主模块的输入文件。把气象要素场垂直方向插值到 WRF eta 层则是 WRF 模块中的 real 程序的工作。

WPS 运行流程如图 4.1 所示。

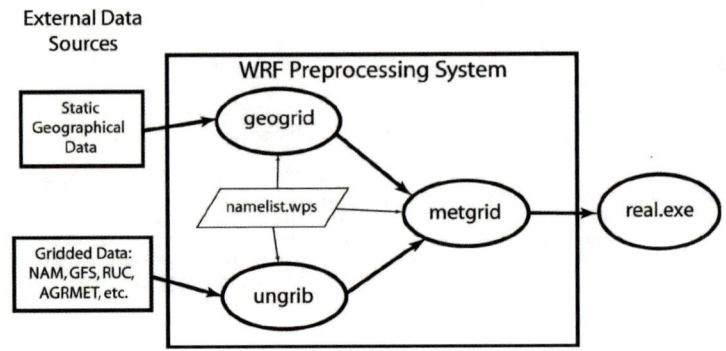

图 4.1 WPS 运行流程图

(摘自 User's Guide for the Advanced Research WRF (ARW) Modeling System Version 3)

图 4.1 给出了数据在 WPS 的三个程序之间的转换关系。如图所示,WPS 里每个程序都会从一个共同的 namelist 文件里读取参数。这个 namelist 文件按各个程序所需参数的不同分成了三个各自的记录部分及一个共享部分,它们分别定义了 WPS 系统所要用到的各种参数。

4.1.1 参数配置

WPS 运行的第一步是修改相应的 namelist.wps 中的参数设置,下面是 namelist.wps 的示例:

&share
wrf_core='ARW',
max_dom=2,
start_date= '2012-06-27_00:00:00','2012-06-27_00:00:00',
end_date = '2012-07-23_00:00:00','2012-07-23_00:00:00',
interval_seconds=21600
io_form_geogrid=2,
/

&geogrid
parent_id   =1,   1,
parent_grid_ratio = 1,   3,
i_parent_start = 1, 31,
j_parent_start = 1, 17,
e_we   =74, 112,
e_sn   =61, 97,
geog_data_res   ='10m','2m',
dx =30000,

```
dy = 30000,
map_proj = 'lambert',
ref_lat   =   34.83,
ref_lon   = -81.03,
truelat1  =   30.0,
truelat2  =   60.0,
stand_lon =  -98,
geog_data_path='/home/qxs/Forecast/geogqxs'
/

&ungrib
out_format='WPS',
prefix='FILE',
/

&metgrid
fg_name='FILE'
io_form_metgrid=2,
/
```

在"share"部分描述的变量被多个 WPS 程序使用。例如：变量 wrf_core 指明了 WPS 是为 ARM 核输出数据，还是为 NMM 核输出数据。

1. wrf_core：一个字符串，被设置成"'ARW'或'NMM'"，用于告诉 WPS 生成的数据是用于哪个动力核。缺省值是"ARW"。

2. max_dom：在模拟中用于指定区域/嵌套(包括父区域)总数的整数。缺省值是 1。

3. start_date：一系列具有"YYYY-MM-DD_HH:mm:ss"格式的字符串，用于给每个嵌套模拟指定起始的 UTC 日期。无缺省值。

4. end_date：一系列具有"YYYY-MM-DD_HH:mm:ss"格式的字符串，用于给每个嵌套模拟指定终止的 UTC 日期。无缺省值。

5. interval_seconds：随时间变化的气象输入文件的时间间隔，是整数的秒。无缺省值。

6. io_form_geogrid：程序 geogrid 输出的网格文件将会使用的 WRF I/O API 格式。能做的选择：1：二进制；2：NetCDF；3：GRIB1。当选择 1 时，网格文件会有后缀 .int；当选择 2 时，网格文件会有后缀 .nc；当选择 3 时，网格文件会有后缀 .gr1。缺省值是 2(NetCDF)。

在"geogrid"这个部分定义的变量只用于 geogrid 程序。在 geogrid 部分的变量主要定义了模式网格的大小和位置，以及静态地表数据的位置。

1. parent_id：对于每个嵌套，它表示嵌套的父网格数；对于最粗的网格，这个变量被设置成1。缺省值是1。

2. parent_grid_ratio：对于每个嵌套，它表示嵌套相对于父网格的比率。对于WRF-ARW。它要被设置成3。无缺省值。

3. i_parent_start：对于每个嵌套，它表示在父网格不交错的格点中，嵌套网格左下角的x坐标。对于最粗的网格，它要被设为1。无缺省值。

4. j_parent_start：对于每个嵌套，它表示在父网格不交错的格点中，嵌套网格左下角的y坐标。对于最粗的网格，它要被设为1。无缺省值。

5. e_we：对于每个嵌套，它表示嵌套的整个东西范围。对于被嵌套的网格，e_we必须比嵌套网格的parent_grid_ratio值的整数倍大1（即 e_ew$=n*$parent_grid_ratio$+1$，其中n为正整数）。无缺省值。

6. e_sn：对于每个嵌套，它表示了嵌套的整个南北范围。对于被嵌套的网格，e_sn必须比嵌套网格的parent_grid_ratio值的整数倍大1（即 e_sn$=n*$parent_grid_ratio$+1$，其中n为正整数）。无缺省值。

7. geog_data_res：对于每个嵌套，它表示数据源相应的一个分辨率。

8. dx：在地图比例因子为1地方，用于表示x方向格点距离的实数。对于ARW，用于"polar"，"lambert"和"mercator"投影，格点距离的单位是m，对于"lat-lon"投影，格点距离是经度度数。嵌套的格点距离是基于parent_grid_ratio和parent_id的值递归确定的。无缺省值。

9. dy：在地图比例因子为1地方，用于表示y方向格点距离的实数。对于ARW，用于"polar"，"lambert"和"mercator"投影，格点距离的单位是m，对于"lat-lon"投影，格点距离是纬度度数。嵌套的格点距离是基于parent_grid_ratio和parent_id的值递归确定的。无缺省值

10. map_proj：对于ARW，可以接受的投影是"polar"，"lambert"和"mercator"和"lat-lon"投影。缺省值是"lambert"。

11. ref_lat：实数，用于表示某点在(latitude，longitude)坐标上的纬向位置latitude，且该点在模拟网格中的(i,j)已知。对于ARW，ref_lat缺省给定了粗网格中心点的纬度（例如：当ref_x和ref_y没有被指定时）。无缺省值。

12. ref_lon：实数，用于表示某点在(latitude，longitude)坐标上的经向位置longitude，且该点在模拟网格中的(i,j)已知。对于ARW，ref_lon缺省给定了粗网格中心点的经度（例如：当ref_x和ref_y没有被指定时）。对ARW和NMM，西经是负值，ref_lon的值要在[-180,180]范围内。无缺省值。

13. truelat1：对于ARW来说，是一个用于表示Lambert正形投影中第一条真实纬度的

实数,或者是表示 Mercator 和 polar 球面投影的唯一一条真实纬度的实数。无缺省值。

14. truelat2：对于 ARW 来说,是一个用于表示 Lambert 正形投影中的第二条真实纬度的实数,对所有其他投影,truelat2 被忽略。无缺省值。

15. stand_lon：对于 ARW 中的 Lambert 正形投影和 polar 球面投影,是一个表示平行于 y 轴的经线的实数。对于规则的 latitude—longitude 投影,这个值给定了围绕地球的地理极点的旋转。无缺省值。

16. geog_data_path：一个字符串,表示地球数据库目录的相对路径或绝对路径。无缺省值。

在"ungrib"这个部分只包含两个变量,这两个变量用来决定 ungrib 的输出格式和输出文件的名字。

1. out_format：一个被设置成"WPS"、"SI"或"MM5"的字符串。如果设成"MM5",ungrib 的输出会写成 MM5 程序的格式;如果设置成"SI",ungrib 的输出会写成 grib_prep.exe 的格式;如果设置成"WPS",ungrib 的输出会写成 WPS 的中间格式。缺省值是"WPS"。

2. prefix：一个字符串,用作 ungrib 生成的中间格式文件的前缀。这里,prefix 是指在中间文件的文件名 $PREFIX:YYYY-MM-DD\_HH$ 中的 prefix 字符串。前缀可以包含相对路径或绝对路径的信息,无论是哪一个,中间文件都将被写入指定的目录中。在 ungrib 用 GRIB 数据的多种数据源来运行时,这个选项可以避免重复的命名中间文件。缺省值是"FILE"。

在"metgrid"这部分定义的变量只被 metgrid 程序使用。一般而言,用户会对变量 fg_name 感兴趣,对于其他的变量修正的就比较少了。

1. fg_name：字符串,表示 metgrid 数据文件的路径和前缀。路径可以是绝对的也可以是相对的。前缀需要包含文件所有的前缀,但是不包含数据之前的冒号。当指定了多于 1 个的 fg_name 且在两个或更多的输入数据源内可以找到同样的场时,最后遇到的数据源将要比这个场之前的所有数据源都更优先。缺省值是空表。

2. io_form_metgrid：程序 metgrid 的输出使用的 WRF I/O API 格式。可以的选择：1,二进制;2,NetCDF;3,GRIB1。当使用选项 1 时,输出文件有后缀 .int;当使用选项 2 时,输出文件有后缀 .nc;当使用选项 3 时,输出文件有后缀 .gr1。缺省值是 2。

4.1.2 嵌套区域的设置

在 namelist.wps 中,"share"中 max_dom 的数值表示嵌套的区域个数,"geogrid"中的参数则设定了嵌套的范围。首先 ref_lat、ref_lon 设定了最外层的中心经纬度,dx、dy 设定了格距大小。parent_id 设定了每个区域的父区域,每个父区域和其子区域的格点距离的比值是通过参数 parent_grid_ratio 来设定的。参数 i_parent_start 和 j_parent_start 设定了子区域左下角在父区域内的位置(i,j),而每个区域的格点个数通过参数 e_we、e_sn 来设置,为了保证每个嵌套区域的右上角与父区域的无参差格点相重合,e_sn 和 e_we 的大小必须要比 parent_grid_ratio 所设数值的 N 倍再大一个,如图 4.2 所示。

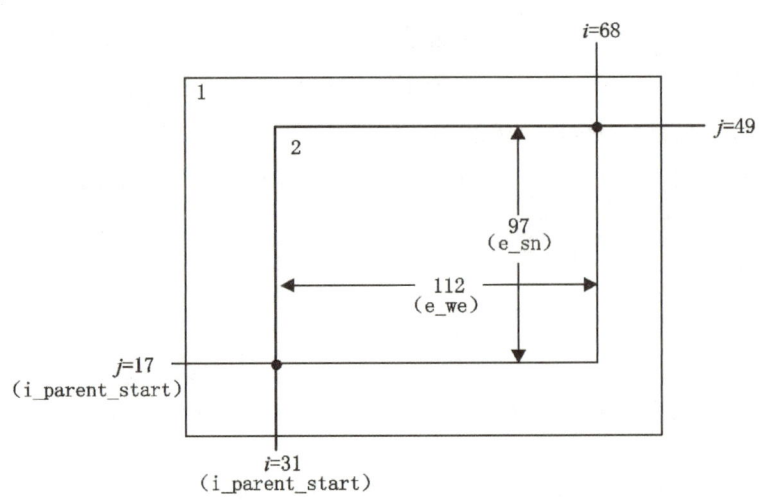

图 4.2　WPS 嵌套网格设置示例

4.1.3　运行 WPS

namelist.wps 里参数设置好了之后便可以运行 WPS 了。

在终端运行：

$./geogrid.exe

./geogrid.exe 成功后出现提示"successful complete geogrid"，生成几个 geo_em.d0X.nc。

如果 WPS 文件夹中没有 Vtable，则需要进行下一步（以 GFS 数据为例）：

$ ln – sf ungrib/Vtable_table/Vtable.GFS Vtable

然后把 gfs 文件链接为 GRIBFILE.*，输入：

$./link_grib.chs /…/gfs*　（读入数据）

$./ungrib.exe

成功后出现提示！Successful completion of ungrib.　！

生成 FILE*的一系列数据文件。

$./metgrid.exe

成功后出现提示！Successful completion of metgrid.！，并且出现：met_em.d0*名称文件。此文件即为 WRF 需要输入的文件。

4.2　WRFV3 运行

这里以 em_real 为例（真实大气）。WRFV3 中 test/em_real/中代码 real.exe 可执行程序生成 WRF 模式（wrf.exe）的初始和边界条件，由 WPS 的输出文件得到。在 WRF 的计算中，namelist.input 的设定最为重要。

4.2.1 namelist.input 及变量说明

这里给出 namelist.input 的一个示例：

```
&time_control
run_days                   = 0,
run_hours                  = 12,
run_minutes                = 0,
run_seconds                = 0,
start_year                 = 2000, 2000, 2000,
start_month                = 01,   01,   01,
start_day                  = 24,   24,   24,
start_hour                 = 12,   12,   12,
start_minute               = 00,   00,   00,
start_second               = 00,   00,   00,
end_year                   = 2000, 2000, 2000,
end_month                  = 01,   01,   01,
end_day                    = 25,   25,   25,
end_hour                   = 12,   12,   12,
end_minute                 = 00,   00,   00,
end_second                 = 00,   00,   00,
interval_seconds           = 21600
input_from_file            = .true., .true., .true.,
history_interval           = 180, 60, 60,
frames_per_outfile         = 1000, 1000, 1000,
restart                    = .false.,
restart_interval           = 5000,
io_form_history            = 2
io_form_restart            = 2
io_form_input              = 2
io_form_boundary           = 2
debug_level                = 0
/

&domains
time_step                  = 180,
time_step_fract_num        = 0,
time_step_fract_den        = 1,
max_dom                    = 1,
```

```
e_we=74,        112,    94,
e_sn            =61,    97,     91,
e_vert          =30,    30,     30,
p_top_requested=5000,
num_metgrid_levels=27,
num_metgrid_soil_levels=4,
dx              =30000, 10000,  3333.33,
dy              =30000, 10000,  3333.33,
grid_id         =1,     2,      3,
parent_id       =0,     1,      2,
i_parent_start= 1,      31,     30,
j_parent_start= 1,      17,     30,
parent_grid_ratio=1,    3,      3,
parent_time_step_ratio=1, 3,    3,
feedback        =1,
smooth_option   =0
/

&physics
mp_physics      =3,     3,      3,
ra_lw_physics   =1,     1,      1,
ra_sw_physics   =1,     1,      1,
radt            =30,    30,     30,
sf_sfclay_physics=1,    1,      1,
sf_surface_physics=2,   2,      2,
bl_pbl_physics=1,       1,      1,
bldt            =0,     0,      0,
cu_physics      =1,     1,      0,
cudt            =5,     5,      5,
isfflx=1,
ifsnow          =1,
icloud          =1,
surface_input_source=1,
num_soil_layers =4,
sf_urban_physics=0,     0,      0,
/
```

&fdda
/

&dynamics
w_damping   = 0,
diff_opt = 1,
km_opt   = 4,
diff_6th_opt = 0,   0,   0,
diff_6th_factor = 0.12, 0.12, 0.12,
base_temp   = 290.
damp_opt   = 0,
zdamp   = 5000., 5000., 5000.,
dampcoef   = 0.2,   0.2,   0.2
khdif   = 0,   0,   0,
kvdif   = 0,   0,   0,
non_hydrostatic = .true., .true., .true.,
moist_adv_opt   = 1,   1,   1,
scalar_adv_opt = 1, 1, 1,
/

&bdy_control
spec_bdy_width   = 5,
spec_zone   = 1,
relax_zone   = 4,
specified   = .true., .false., .false.,
nested   = .false., .true., .true.,
/

&grib2
/

&namelist_quilt
nio_tasks_per_group = 0,
nio_groups = 1,
/

变量说明

namelist.input 主要由时间控制（time_control）、区域定义（domains）、物理方案（physics）、资料同化（fdda）、模式框架设置（dynamics）、边界条件设置（bdy_control）、输入输出（namelist_quilt）等组成。

具体变量见表 4.1。

表 4.1 namelist.input 变量说明表

变量名	取值	描述
&time_control		
run_days	1	运行时间（天）
run_hours	0	运行时间（小时）
run_minutes	0	运行时间（分钟）
run_seconds	0	运行时间（秒）
start_year	2000	四位数字表示的起始年份
start_month	01	两位数字表示的起始月份
start_day	24	两位数字表示的起止日数
start_hour	12	两位数字表示的起始小时数
start_minute	00	两位数字表示的起始分钟数
start_second	00	两位数字表示的起始秒数
end_year	2000	四位数字表示的结束年份
end_month	01	两位数字表示的结束月份
end_day	25	两位数字表示的结束日数
end_hour	12	两位数字表示的结束小时数
end_minute	00	两位数字表示的结束分钟数
end_second	00	两位数字表示的结束秒数
interval_seconds	21600	模式实时输入数据的时间间隔,以秒为单位
input_from_file	.true./.false.	嵌套初始场输入选项。嵌套时,指定嵌套网格是否用不同的初始场文件
history_interval	180	模式结果输出的时间间隔,以分钟为单位
frames_per_outfile	1000	每一个结果文件中保存输出结果的次数,因此可以将模式结果分成多个文件保存,默认值为 10
restart	.true./.false	模式运行是否为断点重启
restart_interval	5000	模式断点重启输出的时间间隔,以分钟为单位
io_form_history	2	模式结果输出的格式,2 为 NetCDF 格式
io_form_restart	2	模式断点重启输出的格式,2 为 NetCDF 格式
io_form_input	2	模式初始场数据的格式,2 为 NetCDF 格式
io_form_boundary	2	指定模式边界条件数据的格式,2 为 NetCDF 格式,4 为 PHD5 格式,5 为 GRIB1 格式（目前没有后处理程序）,1 为二进制格式（目前没有后处理程序）
debug_level	0	此选项指定模式运行时的调试信息输出等级。取值可为 0,50,100,200,300,数值越大,调试信息输出就越多,默认值为 0

续表

变量名	取值	描述
		&domains
time_step	180	积分的时间步长,为整型数,单位为秒
time_step_fract_num	0	实数型时间步长的分子部分
time_step_fract_den	1	实数型时间步长的分母部分
		说明:如果想以 60.3s 作为积分时间步长,那么可以设置 time_step=60,time_step_fract_num=3,并且设置 time_step_fract_den=10。其中 time_step 对应与时间步长的整数部分,time_step_fract_num/time_step_fract_den 对应于时间步长的小数部分
max_dom	1	计算区域个数。计算区域默认值为1,如果使用嵌套功能,则 max_dom 大于 1
e_we	74	x 方向(西—东方向)的终止格点值(通常为 x 方向的格点范围)
e_sn	61	y 方向(南—北方向)的终止格点值(通常为 y 方向的格点范围)
e_vert	30	z 方向(垂直方向)的终止格点值,即全垂直 eta 层的总层数
p_top_requested	5000	模式的顶部气压,单位为 Pa
num_metgrid_levels	27	来自 WPS 的 metgrid 的输入数据的垂直层次数
num_metgrid_soil_levels	4	土壤层数
dx	30000	x 方向的格距。在真实大气方案中,此参数值必须与输入数据中的 x 方向格距一致
dy	30000	y 方向的格距。通常与 x 方向格距相同
grid_id	1	计算区域的编号。一般是从 1 开始
parent_id	0	嵌套网格的上一级网格(母网格)的编号。一般是从 0 开始
i_parent_start	1	嵌套网格的左下角(LLC)在上一级网格(母网格)中 x 方向的起始位置
j_parent_start	1	嵌套网格的左下角(LLC)在上一级网格(母网格)中 y 方向的起始位置
parent_grid_ratio	1	母网格相对于嵌套网格的水平网格比例。在真实大气方案中,此比例必须为奇数;在理想大气方案中,如果将反馈选项 feedback 设置为 0 的话,则此比例也可以为偶数。
parent_time_step_ratio	1	嵌套时,母网格相对于嵌套网格的时间步长比例
feedback	1	嵌套时,嵌套网格向母网格的反馈作用。设置为 0 时,无反馈作用。而反馈作用也只有在母网格和子网格的网格比例(parent_grid_ratio)为奇数时才起作用
smooth_option	0	向上一级网格(母网格)反馈的平滑选项,只有设置了反馈选项为 1 时才起作用的

续表

变量名	取值	描述
		&physics
mp_physics	3	此选项设置微物理过程方案，默认值为 0 0　不采用微物理过程方案 1　Kessler 方案（暖雨方案） 2　Lin 等的方案（水汽、雨、雪、云水、冰、冰雹） 3　WSM 3 类简单冰方案 4　WSM 5 类方案 5　Ferrier(new Eta)微物理方案（水汽、云水） 6　WSM 6 类冰雹方案 7　Goddard GCE 方案 8　新 Thompson 的冰雹方案 9　Milbrandt—Yau 2—moment 方案 10　Morrison 2—moment 方案 11　CAM 5.1 5 类方案 13　SBU—YLin 5 类方案 14　WDM 5 类方案 16　WDM 6 类方案 17　NSSL2—mom 方案 18　NSSL2—mom+CCN 方案 19　NSSL1—mom 方案 21　NSSL—LFO 1—mon 6 类方案 98　NCEP 3 类简冰方案（水汽、云/冰和雨/雪） 99　NCEP 5 类方案（水汽、雨、雪、云水和冰）
ra_lw_physics	1	长波辐射方案，默认值为 0 0　不采用长波辐射方案 1　RRTM 方案 3　CAM 方案 4　RRTMG 方案 5　Goddard 方案 7　FLG(UCLA)方案 31　Earth Held—Suarez 强迫 99　GFDL（Eta）长波方案（semi—supported）
ra_sw_physics	1	短波辐射方案，默认值为 0 0　不采用短波辐射方案 1　Dudhia 方案 2　Goddard 短波方案 3　CAM 方案 4　RRTMG 短波方案 99　GFDL（Eta）短波方案（semi—supported）
radt	30	指定调用辐散物理方案的时间间隔，默认值为 0，单位为分钟。通常比较合理的间隔值为 30 分钟。此参数当网格水平分辨率提高时，则需将间隔时间相应地缩短。建议为水平分辨率的 1 倍，如 dx=10km，则取 10 分钟

续表

变量名	取值	描述
sf_sfclay_physics	1	指定近地面层方案,默认值为 0 0 不采用近地面层方案 1 MM5 Monin—Obukhov 方案 2 MYJ Monin—Obukhov 方案（仅用于 MYJ 边界层方案） 3 NCEP GFS 方案(仅适用于 NMM) 4 QNSE 表面层方案 5 MYNN 地表层方案 7 Pleim—Xiu 方案(仅适用于 ARW) 10 TEMF 方案(仅适用于 ARW) 11 Revised MM5 方案
sf_surface_physics	2	指定陆面过程方案,默认值为 0 0 不采用陆面过程方案 1 5 层热量扩散方案 2 Noah 陆面过程方案 3 RUC 陆面过程方案 4 Noah—MP 陆面过程方案 5 CLM4 陆面过程方案 7 Pleim—Xiu 陆面模式方案(仅适用于 ARW) 8 SSiB 陆面过程方案(仅适用于 ARW)
bl_pbl_physics	1	边界层方案,默认值为 0 0 不采用边界层方案 1 YSU 方案 2 Eta Mellor—Yamada—Janjic TKE(湍流动能) 方案 3 NCEP GFS 方案 4 准正态尺度消元行星边界层方案 5 Mellor—Yamada Nakanishi and Niino Level 2.5 PBL 6 Mellor—Yamada Nakanishi and Niino Level 3 PBL 7 ACM2 边界层方案 8 BouLac 边界层方案 9 9MRF 方案
bldt	0	调用边界层物理方案的时间间隔,默认值为 0,单位为分钟。 0(推荐值)表示每一个时间步长都调用边界层物理方案
cu_physics	1	积云参数化方案,默认值为 0 0 不采用积云参数化方案 1 浅对流 Kain—Fritsch (new Eta)方案 2 Betts—Miller—Janjic 方案 3 Grell—Freitas 集合方案 4 简化的 Arakawa—Schubert 方案 5 新 Grell(G3)方案 6 Tiedtke 方案(仅适用于 ARW) 7 Zhang_McFarlance fromYSU 方案(仅适用于 ARW) 14 新 GFS SAS 方案(仅适用于 ARW) 84 新 SAS(HWRF)方案 93 Grell—Devenyi 集合方案 99 老 Kain—Fritsch 方案

续表

变量名	取值	描述
cudt	5	积云参数化方案的调用时间间隔,默认值为 0,单位为分钟
isfflx	1	在选用扰动边界层和陆面物理过程时,是否考虑地面热量和水汽通量,默认值为 1 0 不考虑地面通量 1 考虑地面通量
ifsnow	1	是否考虑雪盖效应。考虑雪盖效应时,必须要有雪盖输入场。默认值为 0,只有在利用扰动边界层 PBL 预报土壤温度时才有效,即 sf_surface_physics=1 0 不考虑雪盖效应 1 考虑雪盖效应
icloud	1	辐射光学厚度中是否考虑云的影响,默认值为 1。仅当 ra_sw_physics=1 和 ra_lw_physics=1 时有效 0 不考虑云的影响 1 考虑云的影响
surface_input_source	1	土地利用类型和土壤类型数据的来源格式,默认值为 1 1 SI/gridgen(由 SI 的 gridgen_model.exe 程序产生) 2 其他模式产生的 GRIB 码数据(VEGCAT/SOILCAT 数据)
num_soil_layers	4	陆面模式中的土壤层数,默认值为 5 5 热量扩散方案 4 Noah 陆面过程方案 6 RUC 陆面过程方案
sf_urban_physics	0	城市边界层方案

&dynamic

变量名	取值	描述
w_damping	1	垂直速度拟制标志选项(用于实际业务),默认值为 0 0 无抑制作用 1 有抑制作用
diff_opt	1	湍流和混合作用选项,默认值为 0 0 没有湍流或者显式空间数值滤波 1 老扩散方案,计算坐标面上的 2 阶扩散项 2 新扩散方案,计算物理空间(x、y、z)中的混合作用项(应力形式)
km_opt	4	湍涡系数选项,默认值为 1 1 固定不变 2 1.5 阶 TKE(湍流动能)闭合(3D) 3 Smagorinsky 一阶闭合 4 水平 Smagorinsky 一阶闭合 说明:2 和 3 在水平格距大于 2km 时,不推荐使用;4 在水平格距小于 10km 时,推荐使用

续表

变量名	取值	描述
diff_6th_opt	0	六阶数值扩散 0 没有6阶扩散 1 有6阶扩散 2 有6阶扩散,但没有梯度扩散
diff_6th_factor	0.12	六阶数值扩散率(无量纲)
base_temp	290	基准海平面气温(K)。用于真实数据,欧拉质量坐标方案
damp_opt	0	顶层抽吸作用标志选项(当 diff_opt=1 时,此选项失效),默认值为0 0=无抽吸作用 1=有抽吸作用
zdamp	5000	模式顶部的抽吸厚度(米),适用于理想大气
dampcoef	0.2	抽吸系数(理想大气)
khdif	0	水平扩散系数(m^2/s),默认值为0
kvdif	0	垂直扩散系数(m^2/s),默认值为0
non_hydrostatic	.true/.false	模式动力框架参数,制定模式动力框架是否为非静力模式。true 为非静力,false 为静力
moist_adv_opt	1	水汽平流方案 0 单一 1 正定(默认) 2 单调 3 第5阶 WENO 4 正定第5阶 WENO
scalar_adv_opt	1	无相量平流方案 0 单一 1 正定(默认) 2 单调 3 第5阶 WENO 4 正定第5阶 WENO
&bdy_control		
spec_bdy_width	5	指定用于边界过渡的格点总行数,默认值为5。此参数只用于真实大气方案。参数的大小至少为 spec_zone 和 relax_zone 的和
spec_zone	1	指定区域(specified zone)的格点数,默认值为1。指定边条件时起作用
relax_zone	4	指定松弛区域的格点数,默认值为4。指定边条件时起作用
specified	.true/.false	指定是否使用特定边条件,默认值为.false.。特定边条件选项只用于真实大气方案的数值模拟中,并且要求多个时次的边条件数据(文件wrfbdy)
nested	.true/.false	设定嵌套边界条件
&namelist_quilt		
nio_tasks_per_group	0	指定模式需要多少个I/O处理器
nio_groups	1	预留参数,默认为1,请勿改动

4.2.2 运行 WRF

WRF 模式运行简明流程见图 4.3。

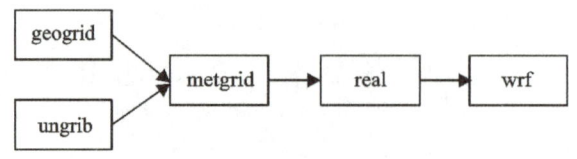

图 4.3 WRF 模式运行流程图

进入 WRFV3/test/em_real/目录下，把 WPS 产生的 met_em.d0* 文件链接到 WRFV3/test/em_real/下：

ln -sf /…/WPS/met_em* .

修改好 namelist.input 后，运行：

./real.exe

运行过程中会产生 rsl.out.0000 和 rsl.error.0000 文件，可以查看该文件了解详细的运行情况。如果运行成功，文件末尾会有提示"real_em：SUCCESS COMPLETE REAL_EM INIT"。运行结束后会在当前目录下生成 wrfinput_d0X，wrfbdy_d0X 等。

运行 wrf.exe，可以采用并行计算提高运行速度：

mpirun -n 8 wrf.exe >& wrf.log

说明：mpirun 表示并行计算；-n 8 表示 8 个核计算；wrf.exe：要运行的程序；>& 表示运行的输出信息输出到 wrf.log 文件里。

运行过程中同样会生成 rsl.out.0000 和 rsl.error.0000 文件，可以查看该文件了解详细的运行情况。如果运行成功，文件末尾会有提示"wrf：SUCCESS COMPLETE WRF"。运行过程中会在当前目录下生成最终结果数据：wrfout_d0X_yyyy-mm-dd_hh:00:00 等文件。

4.3 后处理

WRF 模式的输出结果为 NetCDF 格式的，目前 WRF 支持的后处理工具有 NCL、RIP4、ARWpost、UPP、VAPOR 等。

比较常用的方法是安装 ARWpost，ARWpost 是一个把 WRF 的模拟结果转化为 GrADS 或者 Vis5D 可以辨识的数据格式的软件。

ARWpost 的安装编译步骤如下：

tar -xzvf ARWpost.tar.gz

解压后进入文件夹：

cd ARWpost

然后进行如下操作：

./configure

选择(no vis5d)的选项,如果有装 vis5d 的话,也可以选择(vis5d)的项。

./complie

生成 ARWpost.exe,表明安装成功。

运行时,先修改 namelist.ARWpost,这里给出一个 namelist.ARWpost 的示例:

&datetime
start_date='2013-05-19_12:00:00',
end_date='2013-05-22_12:00:00',
interval_seconds=3600,
tacc=0,
debug_level=0,
/

&io
io_form_input   = 2,
input_root_name='./wrfout*'
output_root_name='20130520_mete4'
plot='list'
fields='height,U,V,U10,V10,T2,slp,rh,rh2,tc,RAINC,RAINNC'
output_type='grads'
mercator_defs=.true.
/
split_output=.true.
frames_per_outfile=2

plot='all_list'
! Below is a list of all available diagnostics
fields='height,theta,tc,tk,td,td2,rh,rh2,umet,vmet,pressure,u10m,v10m,wdir,wspd,wd10,ws10,slp,mcape,mcin,lcl,lfc,cape,cin,dbz,max_dbz,clfr'

&interp
interp_method=1,
interp_levels=1000.,850.,700.,500.,400.,200.,
/

各变量说明见表 4.2。

表 4.2　　　　　　　　　　namelist.ARWpost 变量说明表

变量	值	描述
		&datetime
start_date end_date		开始和结束的日期，格式：YYYY-MM-DD_hh:mm:ss
interval_seconds	0	数据处理的时间间隔，单位为秒
tacc	0	
debug_level	0	
	0	
		&io
io_form_input		输出数据的格式
input_root_name	./	输入数据的路径和名称
output_root_name	./	输出数据的路径和名称
plot	"all"	处理变量说明。 "all"—WRF 模式中所有的变量 "list"—列表中的变量 "all-list"—WRF 模式和列表中的变量
fields		变量名，list 选项使用的变量名
output_type		输出变量说明，"grads"或者"v5d"
mercator_defs	.true./.false	墨卡托投影出现变形，设置成"true"
split_output		将输出的结果分成若干个较小的文件
frames_per_outfile		输出的多个文件的数据格式
		&interp
interp_method	0	差值方法， 0—sigma 差值 -1—代码定义的高度差值 1—用户自定义的差值（高度或气压差值）
interp_levels		用户自定义差值高度

运行

./ARWpost.exe

这样就会生成 output_root_name.dat、output_root_name.ctl 或 output_root_name.v5d 然后就可以通过 GrADS 或 Vis5D 画图。

4.4　其他功能

该手册简单介绍了 WRF 模式的安装和使用，为了提高模式的预报水平，还可以对初始场资料进行资料同化，WRF 模式中带有资料同化模块，目前可以实现三维变分同化、四维变分同化、混合数据同化、集合卡尔曼滤波同化等。只需在 WRF 模式官网上下载 WRFDA 模块安装即可。这里不再详细介绍。

对于预报结果,也可以采用统计学的方法,根据历史实况资料对预报产品进行订正,提高预报精度。

5 实时自动预报系统设计

为了实现 WRF 模式的自动化预报,通过编写脚本控制程序运行,实现 WRF 模式面向山洪灾害示范区的自动化预报系统,该系统可以实现初始资料的自动下载、WRF 模式的自动运行、结果的自动画图和面雨量计算。

自动运行预报系统包括 5 大模块,见表 5.1。

表 5.1　　　　　　　　　　自动运行系统模块表

模块名称	内容	备注
Scripts	包括 run.forcast、run.wrf、run.post、run.gfs 等脚本文件	自动运行脚本,其中 run.gfs 实现 GFS 资料的自动下载;run.wrf 实现 WRF 模式的自动运行;run.post 实现模式结果的自动化处理;run.forcast 为整个流程控制脚本。
WRF	WRFV3,WPS,ARWpost	WRF 主程序
Setpath	Setpath	环境变量路径说明
Data	GFS,Products,WRFout	输入、输出存储,GFS 为输入场存储,WRFout 为 WRF 模式初始结果输出,Products 为图形、文本格式输出结果。
Post	PlotMete.gs,CJpost.exe	后处理程序,PlotMete.gs 为 GrADS 绘图脚本,CJpost.exe 为格点数据计算程序。

该预报系统设计每天 01 时(北京时)开始自动运行,初始场资料为 GFS 模式 20 时(北京时)的资料,其中资料的下载约 10 分钟(带宽 500k/s 以上),模式运行 5~6 个小时,早上 08 时(北京时)前可以出来模式结果,供预报员预报使用。

6 面向山洪灾害示范区 WRF 模式输出产品

WRF 模型产品输出有两种形式,一种是图像文件产品,一种是文本文件产品。

图像文件产品:逐小时、逐 3 小时、逐 6 小时、逐 12 小时、逐 24h 降雨、温度以及天气形势预报图,包括各嵌套区域的地面、850hPa、700hPa、500hPa 高空环流以及地面降雨预报场。

文本文件产品:逐小时、逐 3 小时的常规气象要素,输出的气象要素包括:格点经纬度信息、降水、气温、风向风速、相对湿度、气压等。

其输出产品示例如下:

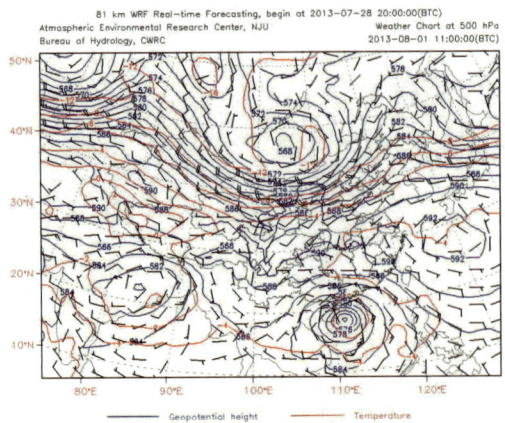

图 6.1 东亚区域 500hPa 层大气环流预报场(格点距 81km)

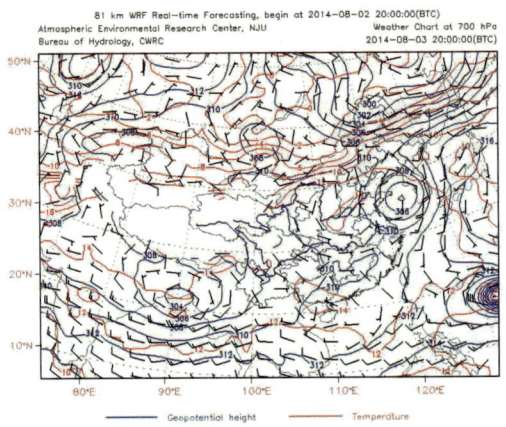

图 6.2 东亚区域 700hPa 层大气环流预报场(格点距 81km)

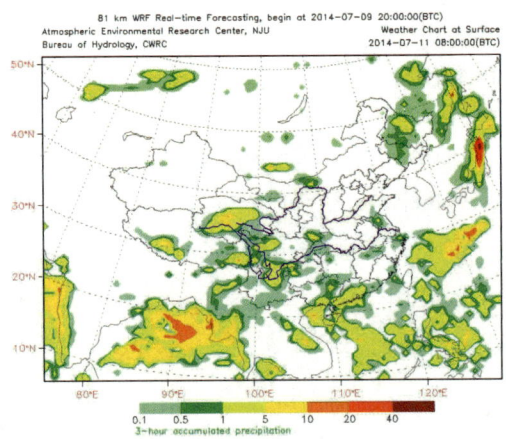

图 6.3 东亚区域地面降水预报图(分辨率 81km,降水:mm)